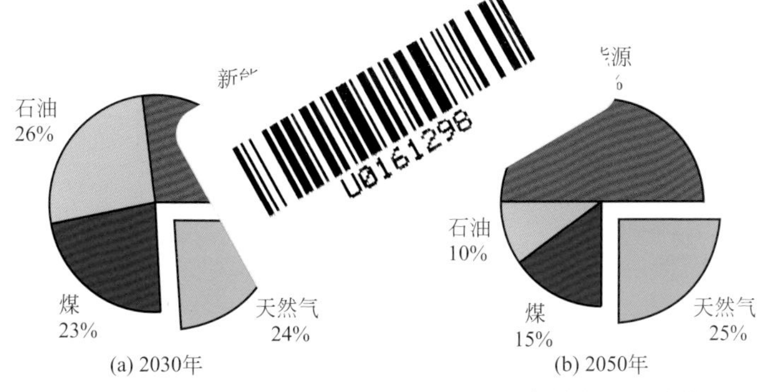

图 1-1　2030 年、2050 年世界一次能源比例结构发展趋势

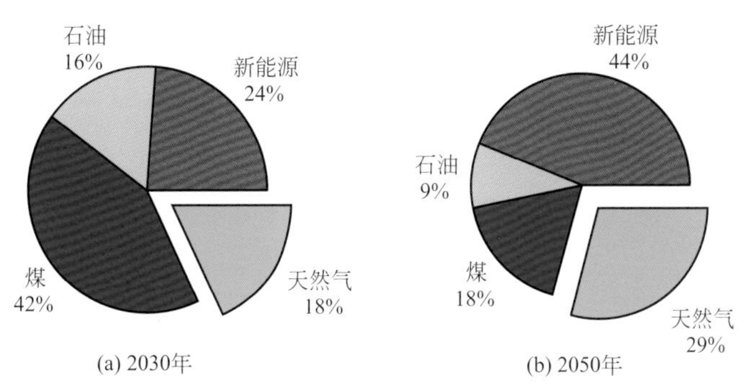

图 1-2　2030 年、2050 年中国一次能源比例结构发展趋势

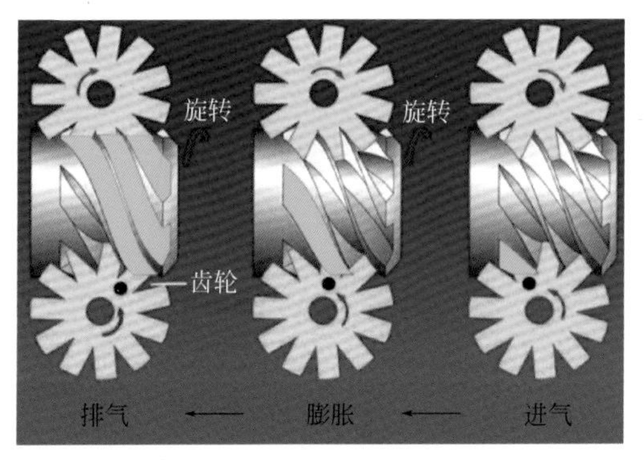

图 2-11　单螺杆膨胀机的工作过程

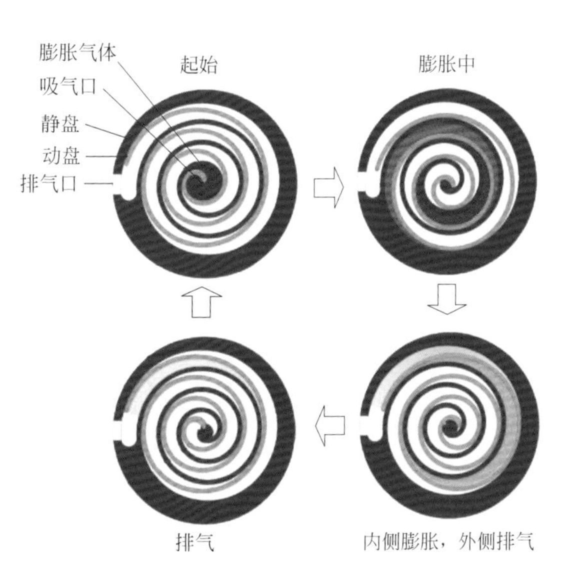

图 2-16　涡旋式膨胀机工作过程示意图

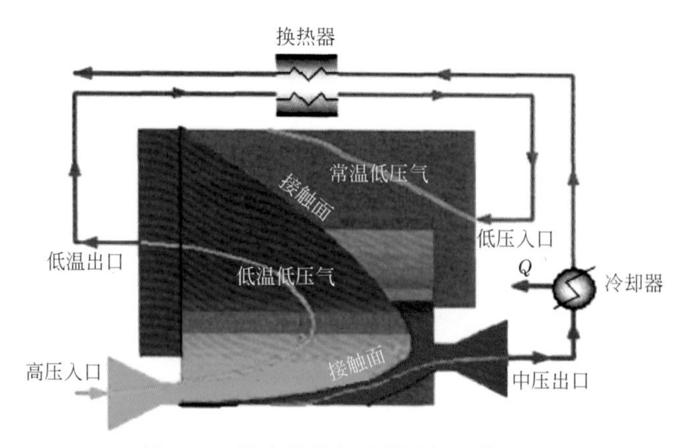

图 2-22　深度膨胀气波制冷机工作过程

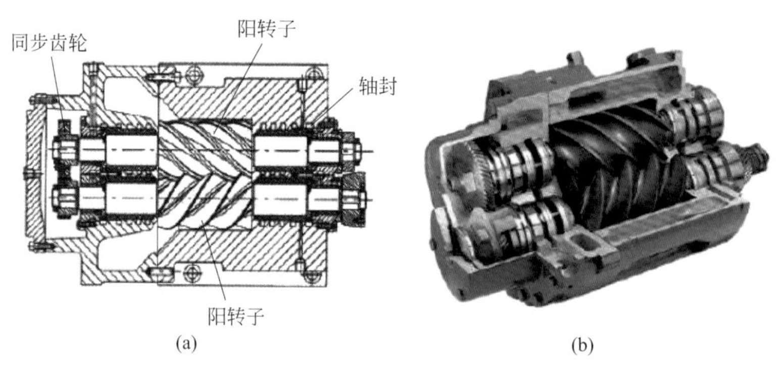

图 3-22　螺杆式压缩机结构

图 4-5　压力能利用换热器实物

图 4-6　压力能利用透平膨胀机实物

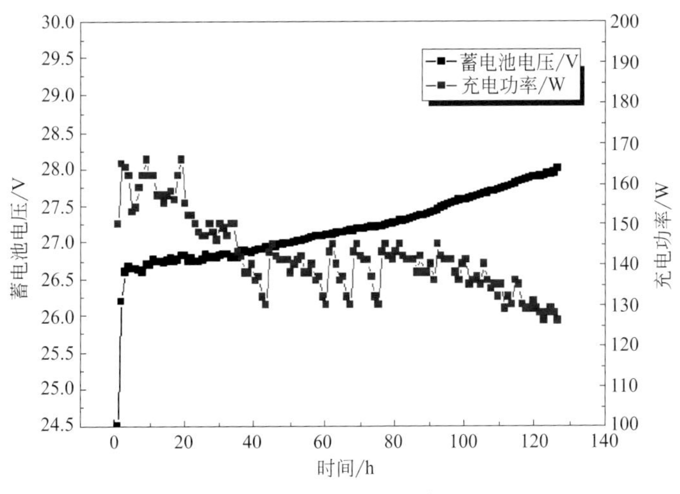

图 4-17　充电时间与参数关系

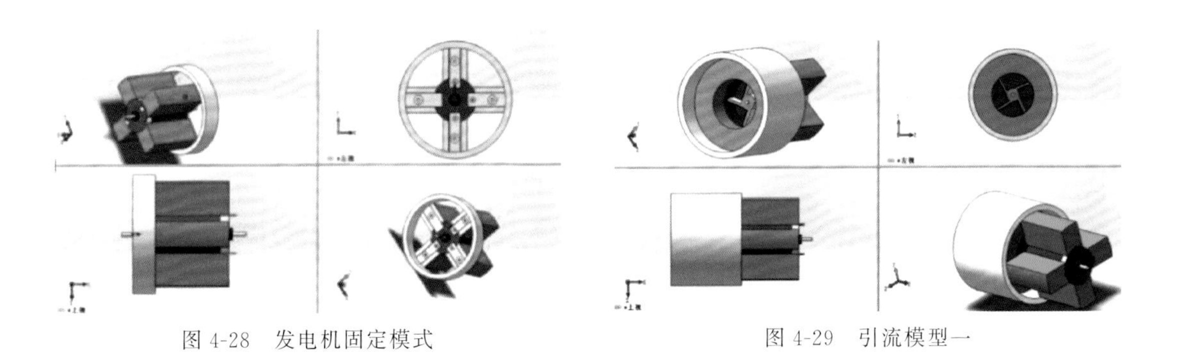

图 4-28　发电机固定模式　　　　图 4-29　引流模型一

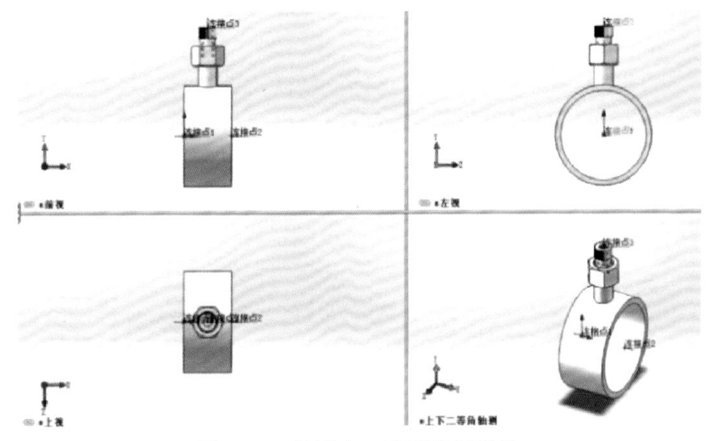

图 4-31　导线出口密封防爆设计

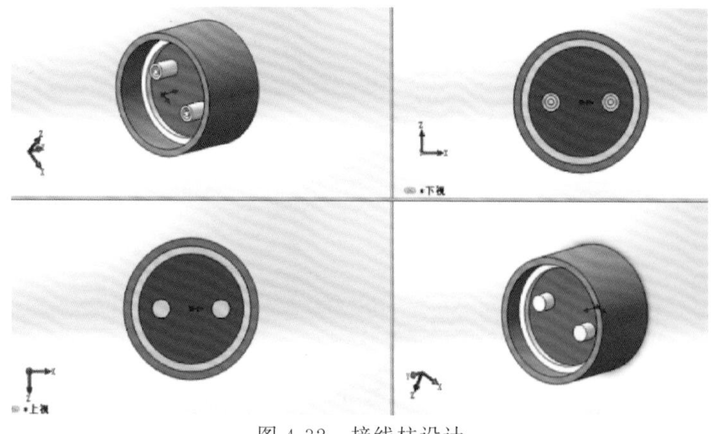

图 4-32 接线柱设计

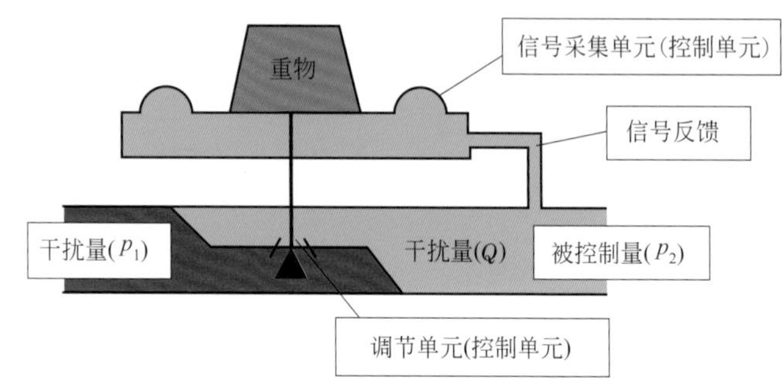

图 5-4 直接作用式调压器

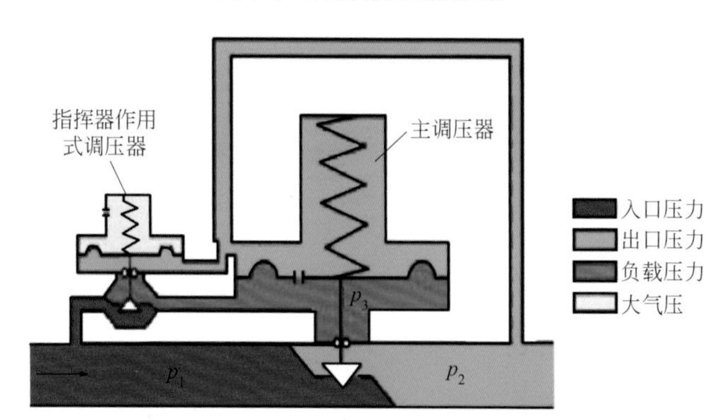

图 5-5 间接作用式调压器

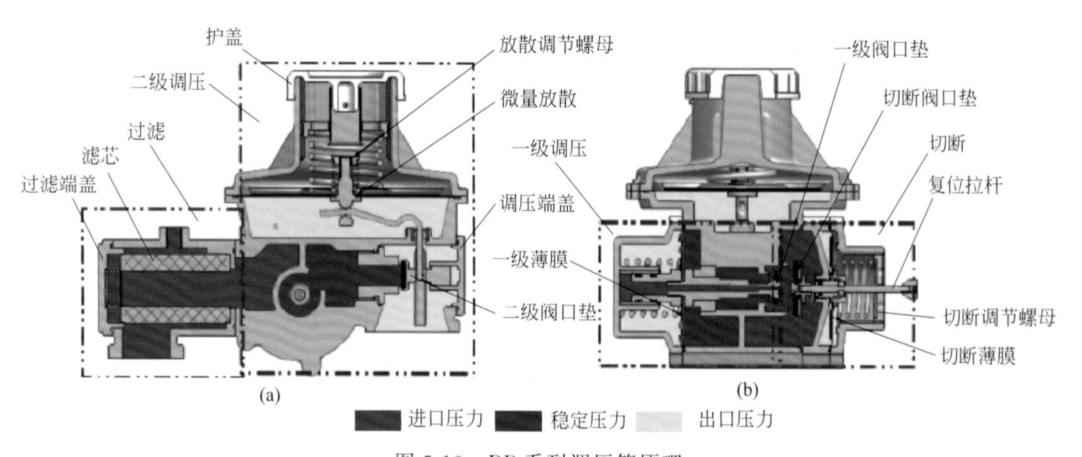

图 5-13 RB 系列调压箱原理

主薄膜
执行器
调节螺杆
调节弹簧
阀芯总成
主阀瓣
双级指挥器
阀口
指挥器薄膜
阀瓣
进口压力p_1
出口压力p_2
操作压力p_3
稳定后压力

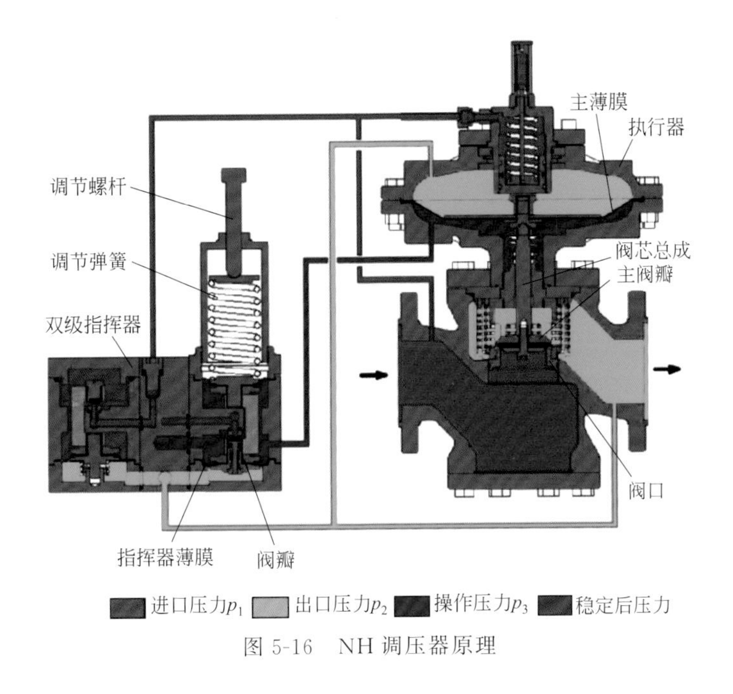

图 5-16　NH 调压器原理

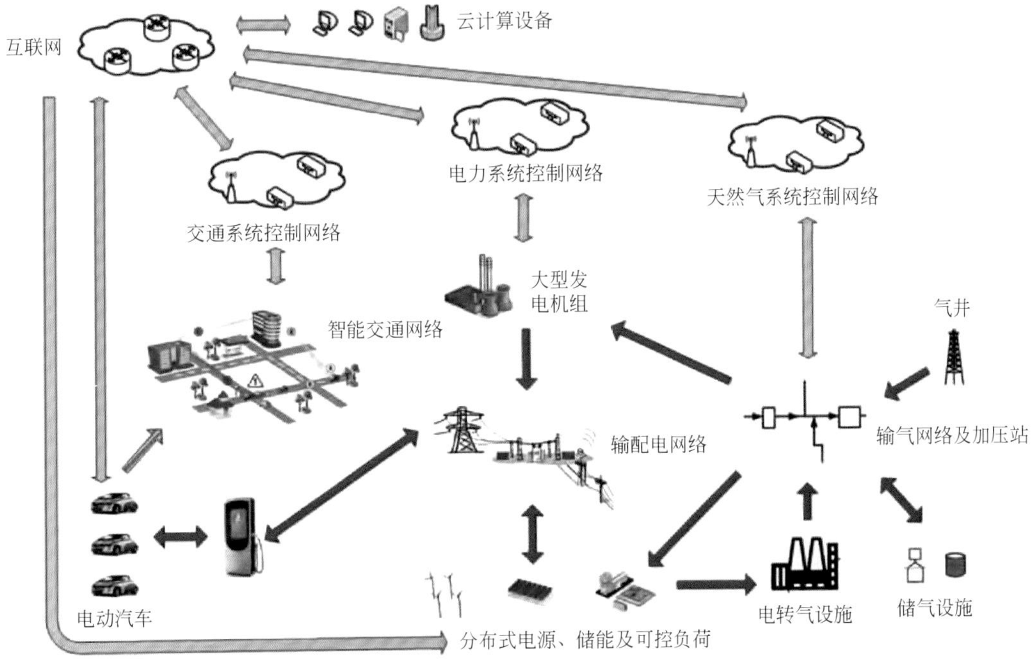

互联网
云计算设备
电力系统控制网络
天然气系统控制网络
交通系统控制网络
大型发电机组
智能交通网络
气井
输配电网络
输气网络及加压站
电动汽车
电转气设施
储气设施
分布式电源、储能及可控负荷

图 5-17　能源互联网的基本架构与组成元素

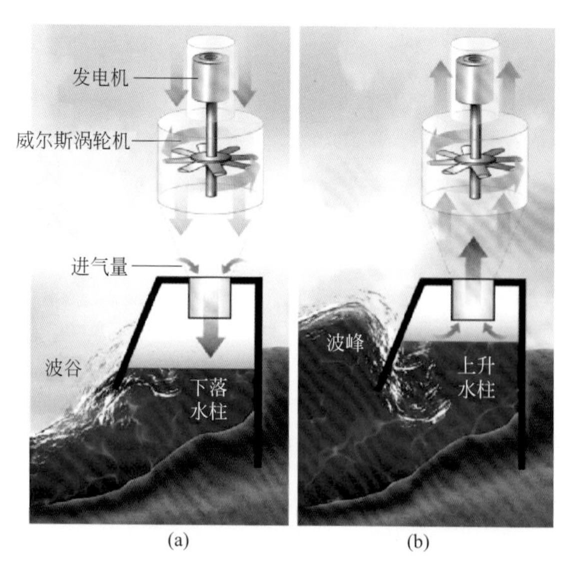

图 5-19 振荡水柱式波浪能发电原理

图 5-20 振荡浮子式波浪能发电原理

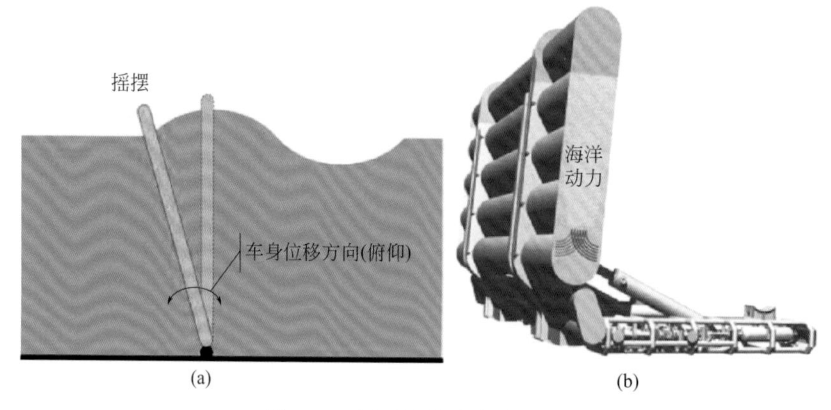

图 5-21 摆式波浪能发电原理

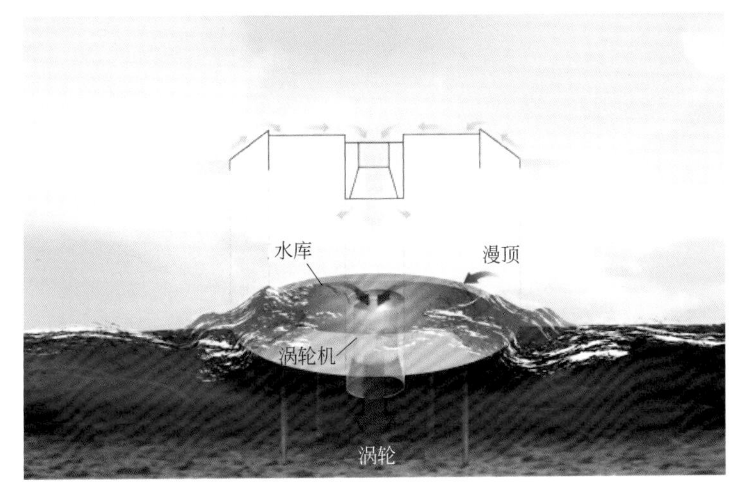

图 5-22 越浪式波浪能发电原理

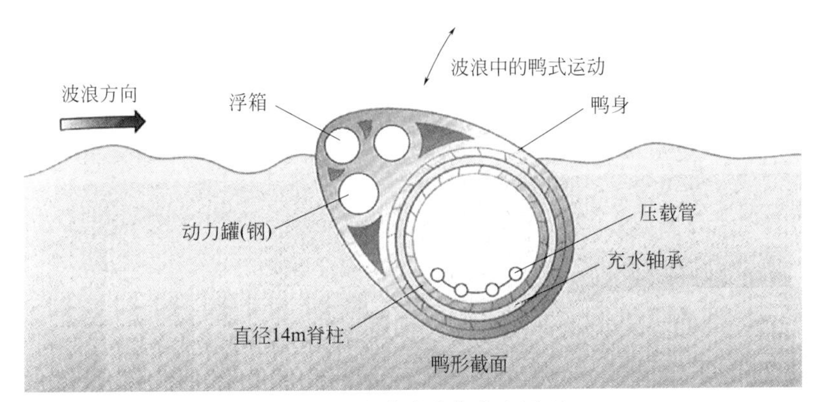

图 5-23 鸭式波浪能发电原理

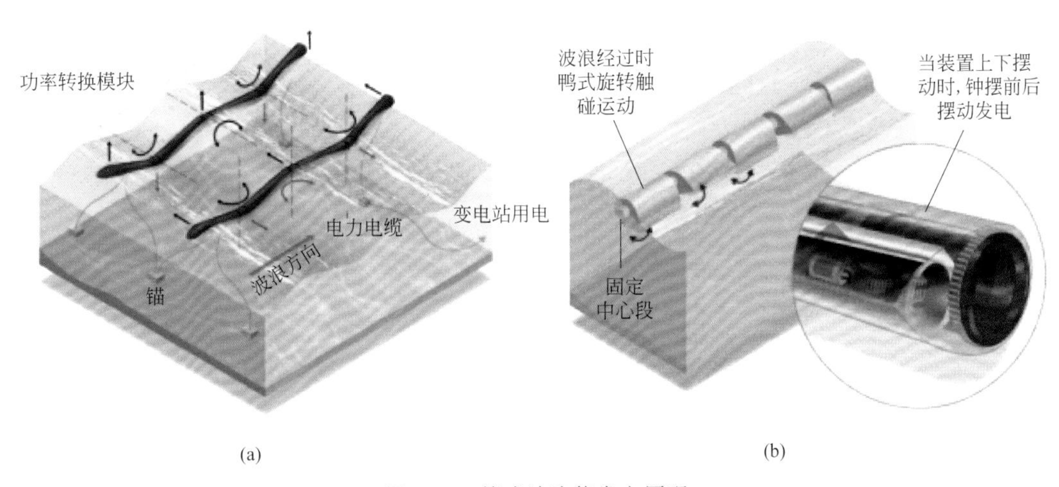

图 5-24 筏式波浪能发电原理

(a)

(b)

图 6-3　潮州港华 LNG 冷能用于制冰现场

图 9-1　留仙洞压力能项目现场装置

图 9-2　留仙洞压力能项目制冰图

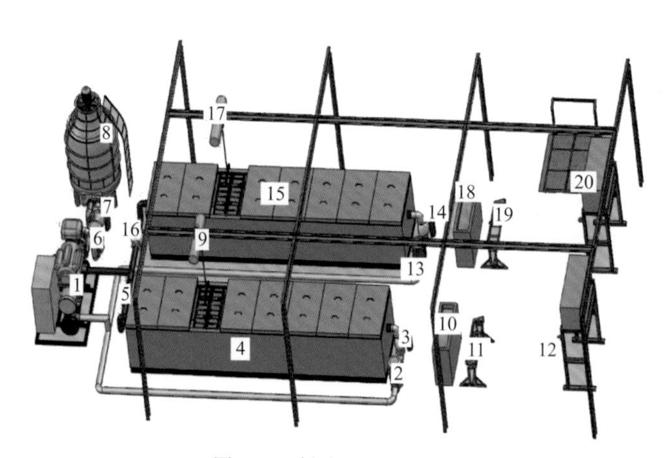

图 9-3　制冰系统示意图

1—机组；2,13—盐水水泵；3,5,14,16—球阀；4,15—盐水池；6—冷却水泵；7—冷却系统球阀；8—冷却塔；9,17—行车；10,18—融冰池；11,19—倒冰架；12,20—补水装置

TIANRANQI GUANWANG
YALINENG LIYONG JISHU

天然气管网
压力能利用技术

高顺利　徐文东　李夏喜　编著

化学工业出版社
·北京·

本书以天然气管网压力能利用技术为核心，内容上涵盖了天然气管网压力能工艺系统、装置设备以及相关支撑技术、项目运营管理等，对燃气管网压力能利用行业和相关行业进行了深入的阐述和解析。对燃气行业内的相关研发人员与管理人员具有较高的参考价值；对相关工艺研发创新、机械制造优化升级以及项目运营管理等方面有一定的指导意义。

本书可供天然气行业、城市燃气行业等技术人员参考阅读，也可供相关专业高等院校师生参考。

图书在版编目（CIP）数据

天然气管网压力能利用技术/高顺利，徐文东，李夏喜编著.—北京：化学工业出版社，2020.6

ISBN 978-7-122-36379-4

Ⅰ.①天… Ⅱ.①高…②徐…③李… Ⅲ.①天然气输送-管网-管线压力-研究 Ⅳ.①TE832

中国版本图书馆CIP数据核字（2020）第040702号

责任编辑：袁海燕　　文字编辑：汲永臻
责任校对：宋　夏　　装帧设计：王晓宇

出版发行：化学工业出版社（北京市东城区青年湖南街13号　邮政编码100011）
印　　刷：北京京华铭诚工贸有限公司
装　　订：三河市振勇印装有限公司
787mm×1092mm　1/16　印张15½　彩插4　字数384千字　2020年6月北京第1版第1次印刷

购书咨询：010-64518888　　售后服务：010-64518899
网　　址：http://www.cip.com.cn
凡购买本书，如有缺损质量问题，本社销售中心负责调换。

定　　价：128.00元

前言

2017 年国家发改委、能源局等 13 部委联合印发《关于加快推进天然气利用的意见》，提出逐步将天然气培育成为我国的主体能源之一；到 2020 年天然气在一次能源中的占比将提升至 10%，2030 年提升至 15%。目前我国已建成西气东输管线，陕京系统、涩宁兰、川气东送、哈沈等多条大口径的长输天然气管道，以及用于大区域资源调配的中贵联络线和冀宁联络线两大跨省联络线工程，已基本建成“横跨东西、纵贯南北、联通境外”的全国天然气管网格局。

根据能源发展“十三五”及“十四五”规划，仅天然气管道，我国在 2019~2020 年和 2021~2025 年分别有 2.8 万千米和 5.9 万千米的建设计划。随着国家管网公司的成立和运营，将建设更多长输管线，燃气管道在全国范围内的覆盖率越来越密集，所蕴含的管网压力能也将越来越丰富。天然气管网压力能是一种依附于管网、能量密度较低、分布广泛的绿色能源，可充分用于发电和制冷行业。国内外对此已开展诸多研究，随着深燃留仙洞天然气管网压力能利用项目的顺利调试，开启了我国管网压力能利用的新高潮。2010~2017 年间，开展类似研究的单位从 20 多家增加至 60 家，专利申请数量从 20 余项增加至 325 项，文章发表数量从 90 篇增加至 350 篇，相关技术及示范逐步扩展至发电、制冷甚至冷-电集成利用等领域，未来将会有更多的单位和公司加入这个行列，从而促进天然气产业升级和智能化发展。

笔者以科研项目为基础，结合国内外研究现状，系统严谨地论述了天然气管网压力能利用技术，主要分为工艺设备、相关产业、项目管理和运营三个层面共 9 章内容。第 1 章主要论述天然气发展现状、管网建设和运营现状、发展趋势以及压力能蕴涵量及特点、应用场站和发展潜力等；第 2 章主要介绍气体压力能利用原理、几种膨胀设备的结构特点；第 3 章主要介绍相关系统和设备，包括天然气换热系统及设计、发电机、压缩机、仪表控制系统等；第 4 章主要讲述天然气管网压力能用于发电、制冷、调峰以及综合利用等多个系统的工艺，包括大型、中型、小型、微型以及管道内置发电等多个规模的利用方式；第 5 章主要介绍和分析了其他相关技术对压力能利用技术的影响，包括新型调压技术与发电技术、智能电网和管网、噪声控制技术等；第 6 章主要介绍冷库、制冰、空调、干冰、LNG、废旧橡胶深冷粉碎、数据中心等行业发展现状、特点及与压力能利用站点结合的可能性；第 7~9 章详细介绍大型天然气压力能利用项目的规范、设计、建设施工和管理、运营等。

《天然气管网压力能利用技术》由北京燃气集团高顺利副总裁团队和华南理工大学徐文东老师团队执笔编写，由高顺利副总裁和徐文东老师审核。在编著过程中得到王青教授的大力支持和帮助，在修改过程中樊栓狮教授和高学农教授提供了专业的技术支持和咨询服务，在此深表谢意！为保证知识的系统性也引用了相关文献内容，在此对被引用文献的作者表示感谢。由于编者水平有限，书中不足之处在所难免，还望读者不吝赐教。

编著者

2019 年 12 月

目录

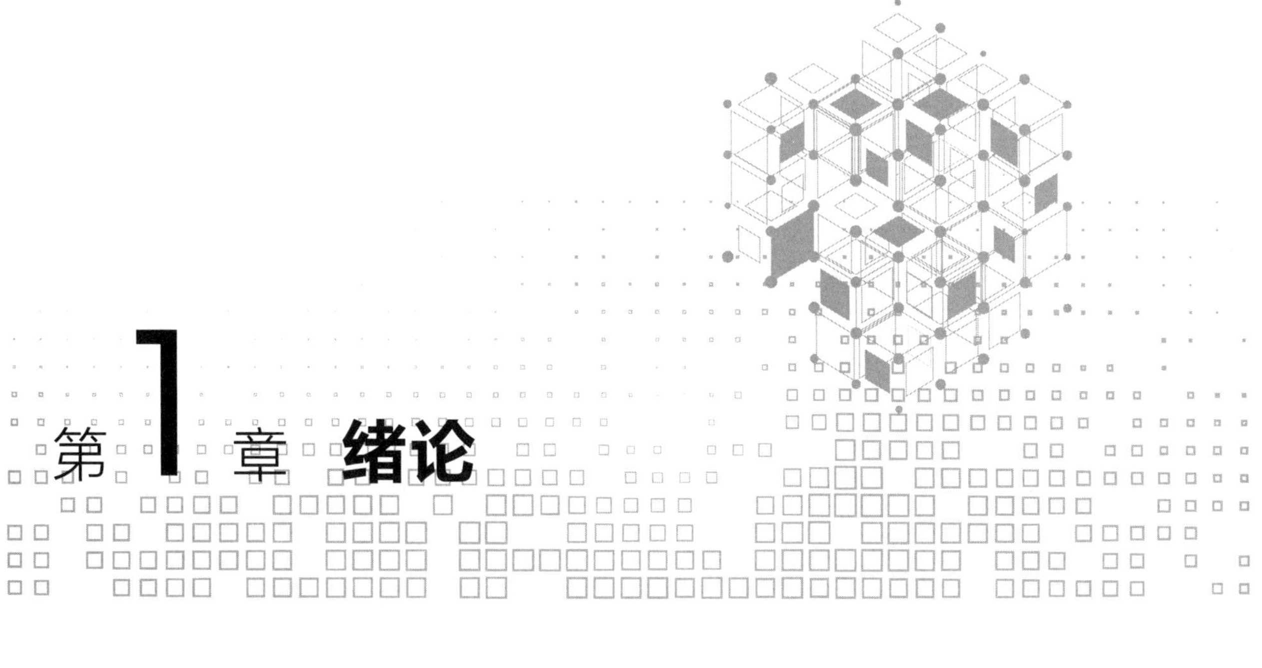

第1章 绪论

1.1 引言

绪论部分主要围绕天然气管网建设与天然气压力能的“昨天、今天和明天”展开讨论。天然气在能源领域内的地位，天然气管网建设、运营现状与发展趋势，天然气压力能的分析、应用和挖掘，三者前后继起地构成了绪论的线索。此外，绪论部分还利用长输燃气管道与市政管道的差异性对比、国家燃气管网区域性分布差异等示例，侧面隐喻了当前我国管网建设的发展方向。

1.2 天然气管网建设与发展方向

1.2.1 天然气产业发展现状及趋势

天然气产业在我国新能源的新潮中和雾霾日益严重的形势下，将得到迅猛发展。据统计，在世界能源消费结构中，相比于风能、太阳能、核能等新能源，石油、天然气、煤炭仍占据着能源消费结构中的主导地位。2000年以后，天然气在全球能源比例结构中所占有的比例逐步上升，但是我国作为能源消耗大国，天然气所占比例却远低于平均水平。结合当今的政策和经济发展形势估计，2030年、2050年世界和中国的一次能源构成结构见图1-1、图1-2[1]（见文前彩图）。

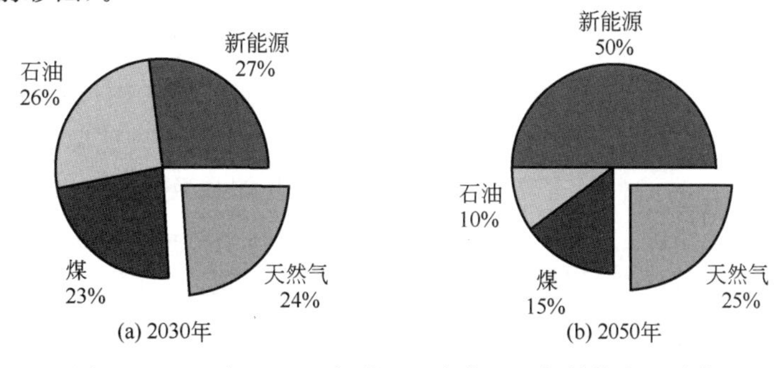

图1-1　2030年、2050年世界一次能源比例结构发展趋势

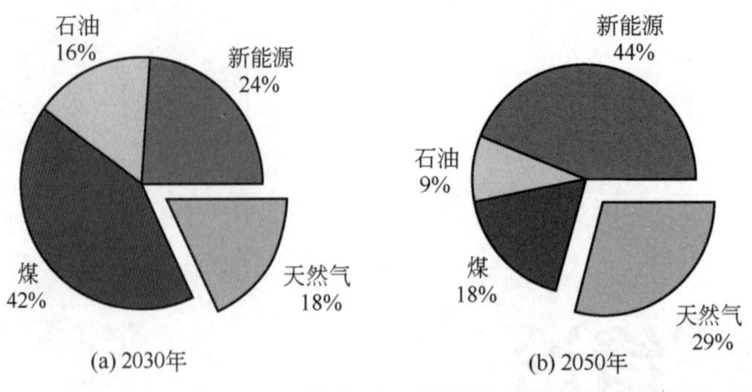

图 1-2　2030 年、2050 年中国一次能源比例结构发展趋势

同为三大化石燃料，天然气有着煤炭、石油不可比拟的优点。进入 21 世纪后，在气候变化影响与低碳、绿色发展趋势共同作用下，天然气的优质、经济、安全、环保四大优势，使其在能源结构中扮演着越来越重要的角色[2]。据 2017《BP 世界能源展望》预计，未来二十年三大化石燃料仍将是拉动世界经济的主要能源来源，其中，天然气是增速最快的化石能源（年均 1.6%），它将超越煤炭在 2035 年前成为世界第二大燃料来源。

在雾霾环境日益严重和环境保护的压力下，天然气作为一种清洁能源被广泛地使用在工业生产和日常生活中，如中俄西线管道向我国供气项目的推进以及西气东输、川气东送、沿海其他大型 LNG 站线项目的规划建设[3]。根据 2010 年国家能源统计报告说明，国内年消耗天然气达到 1070 亿立方米，同比情况下是 21 世纪初期的 4 倍多。据国际能源署按国内天然气消耗年增长 0.16 倍计算，截至未来 20 年国内天然气消耗量将接近 3500 亿立方米，将达到世界天然气消耗总量的 7%之多。目前天然气的成熟工业化运输可分为管道天然气（PNG）运输、液化天然气（LNG）运输和压缩天然气（CNG）运输三种主要的储运方式，另外还有逐步发展起来的吸附储运（ANG）和水合物储运（NGH）技术。我国在深圳大鹏接收的澳大利亚的天然气主要以液化天然气船舶运输至港口，但对于国内长距离运输，大部分的天然气都是经过 PNG 的方式储运。现有的这五种天然气储运方式的储运压力和温度、技术特点如表 1-1 所示。

表 1-1　天然气储运方式对比

类型	LNG	CNG	ANG	NGH	PNG
温度/℃	−160	室温	常温	0～20	常温
压力/MPa	常压	20	3.5～8	2～6	10
技术特点	安全性好，易储存	工艺简单，压缩耗能大	吸附条件限制，并未完全工业化	操作安全，但未完全工业化	建成后，运行费用低，适合长距离运输

近些年来，我国的发展保持恒定的增长状态，对不同能源的品质和能耗的期望值与日俱增，对能源使用后所引发的下游链的问题以及在环境方面的要求较以往而言也相对苛刻一些。在石油和煤消耗逐渐减少的情况下，天然气将成为人类向低碳能源过渡时期的最重要的化石能源[1]。天然气作为一种具有高热值、污染小以及储量巨大的一次能源，得到了人们的广泛关注，并得到了迅速的发展，成为人类社会能源利用增长率最快的一种基本能源。为了更加充分地利用天然气能源，将燃气能源的利用最广泛化，我国先后建立起“西气东输”“陕京输气”以及“川气东送”等系统，每一个输气系统都含有数条输气线路，线路之间相互交错，编织成了覆盖全国的燃气管网[4]。

我国的国家建设已经进入一个新的阶段，具体表现在每个领域内都有一些新的发展方式和新的特点；在能源领域内，能源的转型已经是大势所趋，要坚持深化能源体制改革，向构建清洁低碳、安全高效的现代能源体系迈进[5]。天然气作为当下最理想的清洁能源之一，不可避免地被用于补足我国环境保护方面的能源短板。2016 年，我国天然气表观消费量为 $2058\times10^8m^3$，同比增长 6.6%，增速超过 2015 年，用气人口首次突破 3 亿人。根据“十三五”规划的预期数据可知，现阶段天然气的消费比例在能源结构中占 6%，到 2020 年会增长到 10%，到 2030 年会增到 18%，2050 年则增长到 29%。《天然气发展“十三五”规划》进一步提出，“十三五”期间，国内天然气综合保供能力需达到 $3600\times10^8m^3$ 以上；我国的天然气消费水平将会在以后的 30 年内呈现持续增长的态势，要逐步把天然气培育成主体能源之一，构建现代天然气产业体系。

燃气行业储运技术不断成熟化的同时，各大燃气运营企业对管网的信息化、智能化的全面监控需求也极为迫切[6]。考虑燃气行业对安全的高标准、严要求，未来将实现对燃气输送的全程信息采集和数据远传分析。

以国家能源局为例，其 2016 年发布了关于组织实施“互联网+”智慧能源（能源互联网）示范项目的通知，其中提到能源互联网示范项目建设的目的就是建立一种将能源生产、传输、存储、消费与互联网密切关联的能源产业发展新模式，最终促进能源互联网的健康发展。其要求的试点内容包括且不局限于以下方面：

① 多能协同能源网络的优化建设与协同运营；

② 化石能源的智能化生产与清洁化应用；

③ 化石能源的互联网化交易运营；

④ 绿色能源的多样化应用与互联网化交易；

⑤ 电动汽车与储能的互联网化运营。

智能燃气的创意落实与燃气高效节能技术的创新密不可分。智慧能源的载体是能源，天然气作为一种燃料能源，如何能清洁、环保、智能地转化为电能，并且并入智能电网，使得城市能源供应向需求侧供应进行转变，制度是其得以落实的强有力保障。智慧能源的动力是科技，智慧能源的发展需要科技创新来推动；作为智慧能源的一部分，利用先进的天然气高效利用技术，可提高区域能源供应安全程度，并有效减少企业的运营费用。

1.2.2 天然气管网建设特点和预期目标

从 2016 年开始，我国密集出台了若干天然气领域的文件和政策措施，其中不乏天然气能源综合利用以及天然气管网智能建设的建议和举措。《能源发展“十三五”规划》[7] 和《天然气发展“十三五”规划》[8] 指出，“天然气作为能源转型革命的关键能源，要因地制宜地推广天然气管网能源的利用”，在保证供气的同时，大力推动智慧能源的建立，提倡并鼓励构建智慧天然气管网，整体提升天然气管网的运行效率与安全保障。在《关于深化石油天然气体制改革的若干意见》和《加快推进天然气利用的意见》[9] 中，针对“天然气市场中出现的能源利用效率低下，要积极开拓天然气能源的相关市场”，要着重推动天然气压力能利用系统工艺和关键技术的研发，促进天然气能源的多效整合利用，实现天然气能源利用的系统化和多样化[10]。

随着我国能源结构向低碳转型的不断推进，天然气在我国的一次能源消费结构中将占据愈发重要的地位。2017 年，我国天然气表观用气量为 2367.2 亿立方米，2018 年这个数据已经上涨到2766亿立方米，同比增长16.6%；2020年，我国天然气总需求量预计将达到3600亿立方米，而2030年更是达到5000亿立方米的规模，届时每年可回收的能量达600×10^8kW·h。根据“十三五”规划，我国将于“十三五”期间新建天然气主干及配套管道4万千米，到2020年，天然气输气管道总里程达到10.4万千米，干线输气能力每年超过4000亿立方米；而截止到2018年底，我国已建天然气管道约7.6万千米，干线管道总输气能力每年约为3500亿立方米，已建成由跨境管线、主干线与区域联络线、省内城际管线、城市配气网与大工业直供管线构建的全国性天然气管网，已初步形成“横跨东西、纵贯南北、联通境外”的格局[11]。

目前我国已建成西气东输管道Ⅰ线、Ⅱ线、Ⅲ线，陕京系统、涩宁兰、中贵、中缅、川气东送、秦沈、哈沈等多条大口径的长输天然气管道，以及用于大区域资源调配的中贵联络线和冀宁联络线两大跨省联络线工程，已经形成了“西气东输、海气登陆、就近供应”三大供应格局。为保证天然气需求广泛分布、点多面广、跨区调配等需要，需加快启动新一轮天然气管网建设，到2025年逐步形成“主干互联、区域成网”的全国天然气基础网络。

我国天然气管网空间分布区域跨度较大，分布密度在不同区域有着明显差距，燃气管道多“缠绕”于经济发达的东部沿海地区以及中部人口密集区域，燃气站点也多集中建造于人口密集的发达地区以及气源丰富的地区。以北京市为例，北京市燃气管网已经超过1.3万千米，包括调压箱（100～500W）15880个、调压站（1～5kW）99个、20多个厂区用电装置、30多个CNG加压站。

与长输燃气管道相对应[12]，市政燃气管道的建设同样如火如荼地进行着[13]。近年来，我国城市化进程建设不断加快，市政建设节奏也快马加鞭，其中燃气管线就是一项直接关系到人民群众日常生活的重要工程[14]。为了有效防止燃气泄漏、爆炸等问题的出现，在市政燃气管网规划中需要遵循安全性、先进性以及整体性的设计原则[15]；燃气管网规划设计也要符合城市规划设计工作、符合终端用户的需求以及符合企业发展目标等，全面推动城市燃气利用的趋势，提高一次能源的利用质与量，扩大城市居民用气的比例，为人们的生活便利性提供保障。

在国家和政府的强烈政策带动下，我国的燃气管网建设规模年年攀高，覆盖面积逐年增长，尤其在建设经验和技术方面的积累更加丰富[16]。但是这并不代表天然气能源的利用已经全面普及，我国的燃气管网覆盖仍然呈现出不均衡性，这种不均衡既体现在宏观的地理区域上，又体现在燃气利用方式以及城乡发展差异方面，而造成这种不均衡的原因也并不仅仅来自大自然的“鬼斧神工”，城乡发展的不平等性也许能够从另一方面做出解释。从全国范围来看，我国的燃气管网分布特征是根据地区的发达性和人口的密集程度来衡量，东部地区的管网密集程度要优于西部地区。具体到某一省市时，情况却变得不同，以河南省为例，由于受国家“中部崛起战略”的积极影响，河南省的燃气行业得以快速发展，主要有城镇用气和工业用气两种；工业用气受“煤改气”工程的推动发展迅速，而城镇用气却举步维艰，原因有很多，包括城镇发展不平衡、市场拓展艰难、气体分配不合理等。鉴于此，我国在全面普及天然气能源利用的道路上还需要继续努力。

事实上，国家已经针对上述的问题提出了有效的解决措施[17]。在能源政策调整的整体背景下，政府将逐步推进能源价格改革机制，各新能源将参与价格竞争，新能源的高速发展也倒逼着天然气的产业升级。因此，天然气产业如果要保持增长势头，就必须通过各种技术手段或运营模式实现高效利用，在提高产品利用率及附加值的同时，降低综合运营成本，不断拓展燃气在产业链上、下游的生存空间。

同时，国内其他各大燃气公司已经开始由粗放型燃气经营，向智能化、高效化、集约化的生产经营模式转变[18]，逐步挖掘自身输配系统存在的大量可利用能源价值，特别是在天然气输配管网压力能利用方面，开展了各类回收利用方式的探索[19]。

1.3 天然气压力能应用特点与发展潜力

1.3.1 天然气管网压力能的含量及特征

我国地域广阔，且拥有庞大的天然气管网系统，而目前对于天然气的长距离输送，普遍采用高压输送，例如西气东输Ⅰ线、Ⅱ线分别采用 10MPa 和 12MPa 的压力进行天然气输送，从而减少燃气输送的损失[20]。

上游的高压天然气输送到大型用户和城市燃气管网前，根据不同用户需求进行降压，供给下游用户使用[21]。传统的调压方式一般是使用减压阀对高压天然气直接进行节流膨胀降压，浪费大量的压力能。例如管网压力为 10MPa、用户端压力为 0.8MPa 时，可回收的最大压力能甚至达到 359.12kJ/kg；以 $120 \times 108\text{m}^3/\text{a}$ 的输气量计算，每年这样的管网可回收的最大压力能约为 3.5×10^{12}kJ。整个管网系统蕴含了巨大的压力能，如果能回收天然气管网的压力能，将能够有效地提高能源利用率，提高管网的运行经济性。

天然气管网压力能利用是天然气产业的智能管网建设、安全生产、节能减排、精细化经营、产业升级以及创新创业国策的具体体现，也是我国未来 10 年甚至更长时期社会发展的重要目标；不仅能产生很好的经济效益和社会效益，也能带动相关制造和技术服务的健康发展。因此，天然气管网压力能的利用具有以下几个特点：

① 体量大、前景广阔。仅西气东输Ⅰ线的年供气能力已逾 160 亿立方米，西气东输Ⅱ线为 300 亿立方米，如果压力从 8.0MPa 降至 0.4MPa，则可分别回收能量 24.3×10^8kW・h 和 45.6×10^8kW・h，其总量是黄河小浪底年发电量（58.5×10^8kW・h/a）的 1.2 倍。根据目前制定的天然气发展战略，我国将大幅提高天然气在一次能源中的比例，预计 2030 年用气规模将达到 5000 亿立方米，其蕴含的压力能发电量每年至少有 600×10^8kW・h，资源量非常丰富。以平均每千瓦投资约 12000 元计算，这些压力能利用项目总投资能达到 1000 亿元，且尚未计算管网压力在 0.4MPa 以下的能量和项目，以此带动相关产业的投资比实际的市场规模容量还要大得多。

② 品质高、利用工艺和设备简单。高压气体减压时释放的能量很容易转换为机械能，并通过膨胀连轴设备转化为电能，其压力能的品质比热能高。目前常用的压力能回收方式为压力能发电，主要是通过膨胀机、气动马达、发电机、调压阀及节流阀等技术以及这几种技术的组合来实现[22,23]；使用膨胀机或气动马达使气体膨胀输出外功[24]，其工作原理是将压缩气体的位能转变为机械能，然后推动发电机将机械能转化为电能，而其中调压阀及节流阀完成必要的工艺控制。相比于原有的单一调压阀模式，该套装置更能保障燃气降压过程中的温压平衡及系统安全；所有设备生产和制造都非常成熟，且为常见设备，国内部分设备制造已经达到国际先进水平。所以压力能回收系统是具有核心知识产权的、简单高效的利用系统，并且能够实现完全国产化。

③ 资源分布特点有利于规模利用。压力能利用环节也是在各门站、调压站、调压箱等

地方，其宏观环境处于人口或工业集中区，正好是能源消费区，与压力能利用功能相吻合；其微观环境要求与其他建筑或产业有合适的空间和距离，正好为压力能利用留有足够用地和发展空间。管网压力能利用的开展将辐射下游高电耗产业、冷产业、精细橡胶粉产业以及燃气相关产业等[25]，就单一的冷产业而言，如果发电功率达到1000kW，则可以以此为依托建立一座8万吨级的冷物流产业园区，结合冷链物流可辐射周边500千米区域，直接或间接提供城市就业岗位5000个以上，将形成上亿规模的冷产业链。这不仅给燃气公司带来可观的收益，也将给城市带来新的经济增长点。

1.3.2 天然气管网压力能的应用背景

国内外对管网压力能的存在和回收理论研究已久[26,27]，在北京燃气和深圳燃气进入压力能利用工程项目前，国内外有两次典型的工程研究和应用。第一阶段城镇天然气管网压力能发电技术最早研究于20世纪60～70年代，最早采用大型膨胀机用于开发石炭系气藏的高压能。利用4.0MPa的进口压力，2.0MPa的出口压力，日处理7万～10万立方米气流量设计研究的特制发电机发出电流15A、电压230V、功率3.5kW的电能，其效果相当于当时一台TQ-4-1/230型汽油发电机的供电能力；该技术受一些因素影响未得到推广，但无疑是综合利用气田压力能的途径之一。第二阶段城镇天然气压力能发电技术利用膨胀机在大型调压站发电。在该阶段，城镇天然气管网压力能发电技术经过科研攻关和技术攻关，在发电规模和发电性能上均有所突破。国外成功建站的是日本东京电力公司采用高压天然气管网压力能直接膨胀发电利用技术，建设了一座发电能力为7700kW的示范站。这些也仅仅是压力能用于发电的应用研究，其他制冷应用技术以及与冷产业结合等研究工作尚未有效开展。

自天然气产业在我国发展至今，全国已有数十所高校及研究单位进行了天然气高效利用的研究，但是这些研究主要集中在天然气的采集、运输等领域；受限于国家政策及产业发展不均衡等条件，关于压力能利用的研究发展也比较缓慢，落后于日本、美国等天然气消费大国。并且在技术研发过程中并没有很好地对市场进行调研，存在设备单体投资大、部分设备无法满足其工艺需求、产品成本竞争力优势不明显的问题，而工程化研究的推进也十分缓慢，致使出现与产业化应用脱节的现象。

一些有前瞻性的企业如深圳燃气集团、北京燃气集团等联合华南理工大学进行了工业化的压力能回收装置探索。华南理工大学与北京燃气、深圳燃气共同开发的几个示范装置，具有很强的辐射推广潜力；同时这几个示范装置、相关装备制造技术、系统集成技术也奠定了坚实的研发基础。国内管网压力能利用装置的开发重新燃起了该技术的应用热潮，燃气、能源、设备制造企业均开始将目光聚焦到该领域，天然气管网压力能利用市场正在被打开，行业竞争也开始显现。

由于我国的天然气管网建设存在天然的时间上不均衡性和空间上区域性差异，由此延伸出来的燃气管网建设完成度、技术利用成熟度以及燃气管网与当地人文环境的契合程度都存在很大的差异。燃气管网建设的差异无处不在，压力能利用技术的实际应用也得因地制宜、因时制宜，灵活、妥善处理好生产过程中的安全问题和管理问题。

随着行业竞争的开始显现，压力能利用市场也逐渐被更多地关注，目前除已知的西气东输Ⅰ线、Ⅱ线所蕴藏的压力能外，各个城市管网的压力能储量也相当的惊人。仅北京市99个调压站压力能利用潜力期望值就为16×10^8kW·h，实际可利用的瞬时工况压力能值为12.29×10^8kW·h，实地调研可利用值为1.85×10^8kW·h；现有调压箱（柜）多达15000

个左右，绝大部分为无电、无监控状态。而深圳市有天然气门站 3 座、调压站 21 座，市区内中压管网 1505 千米，全市次高压管网 162 千米。按照目前深圳使用气量约每年 30 亿标方(标准立方米)，4.0MPa 调压至 1.6MPa 的调压等级，利用率为 30%来计算，年发电量约 4000 万度。其他城市也都存在着这样相当巨大的市场。而发展压力能利用后还可发展相关的 CNG、冷库、制冰、空分、粉碎橡胶及高电耗等产业，增加城市数以千计的就业岗位，使得压力能利用成为新的城市经济增长点，其发展潜力十分巨大。

1.3.3 天然气管网压力能的应用方式和发展潜力

天然气管网的压力远高于用户所需的压力，蕴藏有大量的压力能。天然气从高压管网进入低压管网时，存在着很大的压力能损失。如果能回收天然气管网的压力能，将能够有效地提高能源利用率，提高管网的运行经济性。准确地分析天然气在输送管道内流动时的压力能及其变化，是合理利用天然气压力能的第一步。利用㶲分析法可以科学、简洁地分析出天然气管网可以利用的压力能。

自我国发展天然气能源以来，天然气作为替代煤炭等旧燃料的新型燃料被大力推广，也对能源市场进行了重新洗牌，在全国催生了大量从事天然气产业链的企业；各企业将发展的目光均锁定在天然气推广本身，以占据市场为主要战略目标，从而忽视了产品技术革新和产业升级。自天然气产业在我国发展至今，全国已有数十所高校及研究单位进行了天然气高效利用的研究，但是这些研究主要集中在天然气的采集、运输等领域，而伴随着计算机技术、网络技术、数据库技术、管理信息系统等 IT 技术的飞速发展[28]，燃气设备也在向着智能化、无人化的方向迈进。受限于国家政策及产业发展不均衡等条件，关于天然气智能化管网建设的研究发展比较缓慢，远远落后于日本、美国等天然气消费大国。

燃气输配的智能化是未来燃气管网发展的趋势。随着天然气产业的飞速发展，我国的天然气行业逐渐由粗犷型向集约化发展，燃气输配的智能化配套服务建设，即天然气的高效利用逐渐引起人们的广泛关注。尤其是天然气利用过程中的节能减排成为目前研究的热点。

天然气管网压力能利用项目的整体运营规划，会有资源方、投资方、建设方以及运营方等角色参与，还有下游用户也参与其中[29]。由于每一部分关注的焦点不同，因此对项目整体的效益偏好也不一，甚至具体到某一个角色内部都会有各自的利益瓜葛；不同企业乃至不同行业之间的职能交互与资源切换问题，比如产区占地、基础设施运维以及产品衔接等，都会引发相应的矛盾与冲突[30]。针对天然气能源应用链的环节衔接不足等问题，《天然气发展“十三五”规划》提出“完善市场竞争机制，促进公平竞争”，这一政策促进了整个天然气能源以及管网压力能的合理分配和良性竞争，可最大限度地解决上述纠纷，增强项目的可实施性，对管网压力能利用的长足稳定发展具有重要意义。

国家相继出台了《关于发展天然气分布式能源的指导意见》《关于促进智能电网发展的指导意见》《关于加强城市地下管线建设管理的指导意见》《关于做好分布式电源并网服务工作的意见》等政策，而在“十二五”规划中，将绿色经济的发展列为重中之重，明确了余热、余压利用的方向；在“十三五”规划中再一次提出了生态经济发展的目标，通过政策倾斜、直接补贴等手段鼓励新能源的发展。省级、市级的相关科技资金支持也在逐步开展中，这些政策的实施都为压力能利用铺设了快速发展的通道。

参考文献

[1] 朱军. 小型天然气管网压力能发电工艺开发 [D]. 广州：华南理工大学，2016.

[2] 张再军，彭知军，刘波. 天然气供应侧能效管理研究与实践 [J]. 煤气与热力，2011，31 (06)：41-44.

[3] 万群峰. 我国天然气储运设施现状及发展趋势 [J]. 中国石油和化工标准与质量，2017，37 (12)：102-103.

[4] 马铁量. 长输天然气管道配送方案研究 [D]. 武汉：华中科技大学，2016.

[5] Chen Jiaru. Review of China's Oil and Gas Policies in 2018 [J]. China Oil & Gas，2019，26 (01)：13-20.

[6] 李博，张忠东，康阳，等. 天然气管网运行最优化探讨 [J]. 油气储运，2018，37 (10)：1147-1152.

[7] 国家发改委，国家能源局. 能源发展"十三五"规划. 2016.

[8] 国家发改委. 天然气发展"十三五"规划. 2016.

[9] 李伟. 从供给侧和体制机制两个维度构建现代能源体系 [J]. 开放导报，2017 (05).

[10] 胡奥林. 新版《天然气利用政策》解读 [J]. 天然气工业，2013，33 (02)：110-114.

[11] 李伟，张园园. 中国天然气管道行业改革动向及发展趋势 [J]. 国际石油经济，2015，23 (09)：57-61.

[12] 燕群. 成立国家天然气管道公司的必要性及实施建议 [J]. 天然气工业，2016，36 (10)：163-172.

[13] 刘旋. 城镇燃气智能管网生产运营技术管理 [D]. 北京：北京建筑大学，2017.

[14] 孙岩峰. 天然气新形势下的城镇管网规划策略 [A] //中国土木工程学会燃气分会. 2017 中国燃气运营与安全研讨会论文集 [C]. 天津：《煤气与热力》杂志社有限公司，2017：3.

[15] 王馨艺. 天然气管道可靠性研究进展 [J]. 天然气与石油，2017，35 (04)：1-5.

[16] 高芸，张长缨，高钰杰，等. 2016 年中国天然气市场发展述评及 2017 年展望 [J]. 天然气技术与经济，2017，11 (02)：61-66，84.

[17] 刘毅军. 天然气地方输气管网改革新看点 [N]. 中国石油报，2017-06-27 (002).

[18] 陈兴阳，严俊伟，项智. 城市燃气管网安全管理的研究及建议 [J]. 化工管理，2019 (16)：115-116.

[19] Su Huai，Zhang Jinjun，Enrico Zio，et al. An integrated systemic method for supply reliability assessment of natural gas pipeline networks [J]. Applied Energy，2018，209.

[20] 刘宗斌，徐文东，边海军，等. 天然气管网压力能利用研究进展 [J]. 城市燃气，2012 (01)：14-18.

[21] 袁丹，徐文东，阮宝荣，等. 天然气管网及工业气体压力能利用技术开发 [J]. 煤气与热力，2015，35 (09)：30-33.

[22] 张晓瑞，刘瑶，孙明烨，等. 燃气调压箱小型压力能发电设备研究和测试 [J]. 煤气与热力，2018，38 (11)：40-43，61.

[23] 王庆余，熊亚选，邢琳琳，等. 膨胀机替代天然气调压器方案的模拟研究 [J]. 煤气与热力，2016，36 (01)：81-87.

[24] Olivier Dumont，Rémi Dickes，Vincent Lemort. Experimental investigation of four volumetric expanders [J]. Energy Procedia，2017，129.

[25] 张辉，李夏喜，徐文东，等. 天然气高压管网余压冷电联供系统研究 [J]. 煤气与热力，2015，35 (07)：35-37.

[26] 段蔚，张辉，尹志彪，等. 天然气管网余压发电技术在智能管网建设中的应用研究 [J]. 城市燃气，2015 (10)：33-36.

[27] 李夏喜，荆亚州，高岷，等. 北京天然气管网压力能发电潜能研究及应用前景分析 [J]. 城市燃气，2014 (10)：10-15.

[28] 孙延波. 我国天然气数字管网应用平台展望 [J]. 中国石油石化，2017 (02)：1-2.

[29] 黄俊岑. 城市燃气管网的设计要点论述 [J]. 建材与装饰，2018 (18)：84-85.

[30] 李大光. 城镇燃气管网压力能的综合利用装置 [J]. 化工管理，2018 (32)：33-34.

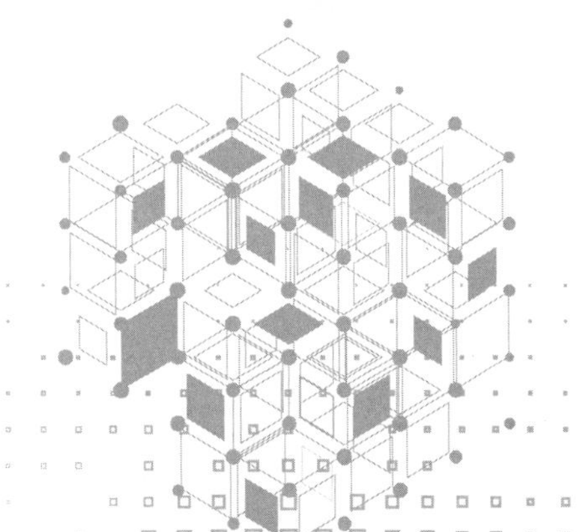

第2章 高压气体膨胀技术与设备

2.1 引言

高压气体膨胀作为天然气管网压力能利用的关键环节之一，需要深入研究其膨胀过程以及膨胀实现的设备。本章对高压气体膨胀技术进行了细致探讨，包括高压气体膨胀类型研究、膨胀过程热力学分析以及不同膨胀类型对应的膨胀设备。深刻理解高压气体膨胀过程，有助于理解压力能利用实现原理以及优化膨胀设备。

2.2 高压气体膨胀技术

2.2.1 气体膨胀过程分析

相比于常压以及低压气体膨胀过程，高压气体在膨胀过程中节流效应更为明显，造成局部温降更大，高压气体中的易凝结气体可能形成冰堵造成设备失调。因此高压气体膨胀对设备耐低温性要求更高，同时由于需要承受气体的高压，对设备的耐高压性也提出了一定的要求。

2.2.1.1 卡诺循环

卡诺循环是工作于温度分别为 T_1 和 T_2 的两个热源之间的正向循环，由两个可逆定温过程和两个可逆绝热过程组成。工质为理想气体时，卡诺循环的 p-V 图和 T-S 图如图 2-1 所示。图中，d—a 为绝热压缩；a—b 为定温吸热；b—c 为绝热膨胀；c—d 为定温放热[1]。

根据定义，循环热效率为

$$\eta_1=\frac{W_{\text{net}}}{Q_1}=1-\frac{Q_2}{Q_1} \tag{2-1}$$

理想气体可逆定温过程热量计算式用于 a-b、c-d 过程，得

$$Q_1=R_{\text{g}}T_1\ln\frac{V_{\text{b}}}{V_{\text{a}}} \tag{2-2}$$

$$Q_2=R_{\text{g}}T_2\ln\frac{V_{\text{c}}}{V_{\text{d}}} \tag{2-3}$$

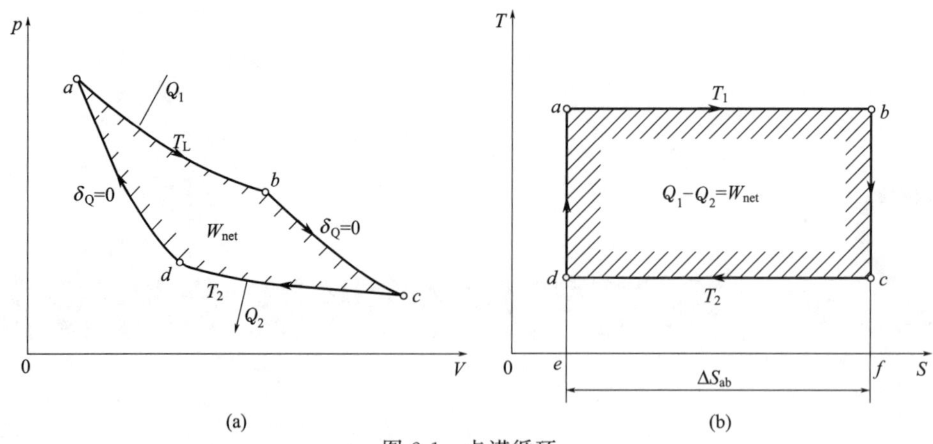

图 2-1　卡诺循环

利用绝热过程状态参数间的关系，对于 $b—c$、$d—a$ 过程可写出

$$\frac{T_1}{T_2}=\frac{T_b}{T_c}=\left(\frac{V_c}{V_b}\right)^{k-1},\frac{T_1}{T_2}=\frac{T_a}{T_d}=\left(\frac{V_d}{V_a}\right)^{k-1}$$

故

$$\frac{V_c}{V_b}=\frac{V_d}{V_a} \tag{2-4}$$

将式(2-2)～式(2-4) 代入式(2-1)，经整理后得出卡诺循环的热效率

$$\eta_c=1-\frac{T_2}{T_1}$$

分析卡诺循环热效率公式，可得出如下几点重要结论：

① 卡诺循环的热效率只取决于高温热源和低温热源的温度，也就是工质吸热和放热时的温度；提高 T_1、降低 T_2，可以提高热效率。

② 卡诺循环的热效率只能小于1。这就是说，在循环发动机中，即使在理想的情况下也不可能将热能全部转化为机械能，热效率当然更不可能大于1。

③ 当 $T_1=T_2$ 时，循环热效率为0。它表明，在温度平衡的体系中热能不可能转化为机械能，热能产生动力一定要有温度差作为热力学条件，从而验证了借助单一热源连续做功的机器是制造不出来的，或第二类永动机是不存在的。

虽然至今为止未能造出严格按照卡诺循环工作的热力发动机，但是卡诺循环是实际热机选用循环时的最高理想。以气体为工质时，实现卡诺循环的困难在于：第一，要提高卡诺循环热效率，T_1 和 T_2 的值相差要大，因而需要很大的压力差和体积压缩比，这两点都给实际设备带来很大的困难。这时的卡诺循环在图上的图形显得狭长，循环功不大，因而摩擦损失等各种不可逆损失所占的比例相对很大，根据动力机传到外界的轴功而计算的有效效率实际上不高。第二，气体的定温过程不易实现、不易控制。

2.2.1.2　节流膨胀

当流体在管道内流动，遇到一狭窄的通道时，如阀门、孔板等，由于局部阻力，使流体压力显著降低，这种现象称为节流现象[2]。由于过程进行得很快，可以认为是绝热的，即 $Q=0$；且该过程不对外做功，$W_s=0$，节流前后动能和势能的变化可以忽略不计。根据稳定流动能量衡算式，得：

$$\Delta H=0$$

节流前后流体的焓值不变，这是节流过程的主要特征。节流时存在摩擦阻力损耗，故节流过程是典型的不可逆过程，节流后熵值必定增加。

流体节流时，由于压力变化而引起的温度变化称为节流效应。节流中温度随压力的变化率称为微分节流效应系数，以 μ_J 表示，即：

$$\mu_J=\left(\frac{\partial T}{\partial p}\right)_H \tag{2-5}$$

由于

$$\left(\frac{\partial H}{\partial p}\right)_T=V-T\left(\frac{\partial V}{\partial T}\right)_p;\left(\frac{\partial H}{\partial T}\right)_p=C_p$$

所以

$$\mu_J=\left(\frac{\partial T}{\partial P}\right)_H=\frac{-\left(\frac{\partial H}{\partial p}\right)_T}{\left(\frac{\partial H}{\partial T}\right)_p}=\frac{T\left(\frac{\partial V}{\partial T}\right)_p-V}{C_p} \tag{2-6}$$

对于理想气体，$pV=RT$，由式得知：$\mu_J=0$，即理想气体节流后温度不变。对于真实气体，如已知真实气体状态方程，则利用式(2-6) 可近似算出微分节流效应系数的值，准确的 μ_J 值由实验测定。

同一气体在不同状态下的节流，具有不同的微分节流效应系数值，即 μ_J 值可为正值、负值或者等于零。若 $\mu_J>0$，节流后温度降低，称为冷效应；若 $\mu_J=0$，节流后温度不变，称为零效应；若 $\mu_J<0$，节流后温度升高，称为热效应。

微分节流效应系数为零的点称为转化点，相应于转化点的温度称为转化温度。将不同压力与温度下的一系列转化点连起来可形成一条转化曲线。图 2-2 是氮及氢的转化曲线，在曲线上任何一点，$\mu_J=0$；在曲线区域以内，$\mu_J>0$，称为冷效应区；在曲线区域以外，$\mu_J<0$，称为热效应区[3]。利用转化曲线可以确定节流膨胀获得低温的操作条件。大多数气体的转化温度都较高，它们在室温下即可产生冷效应；少数气体如氦、氖、氢等的转化温度低于室温，欲使其节流后产生冷效应，必须在节流前进行预冷。

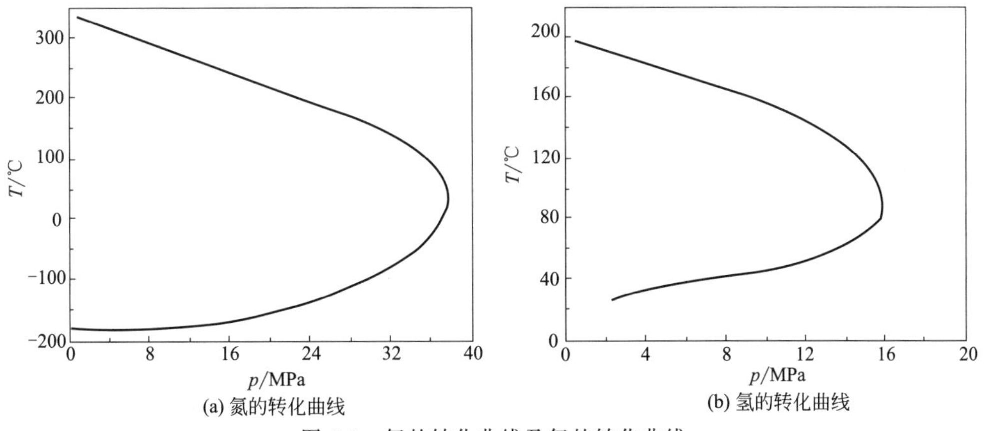

图 2-2　氮的转化曲线及氢的转化曲线

实际节流时，一定的压力变化引起的温度变化，称为积分节流效应。

$$\Delta T_H=T_2-T_1=\int_{p_1}^{p_2}\mu_J\,\mathrm{d}p \tag{2-7}$$

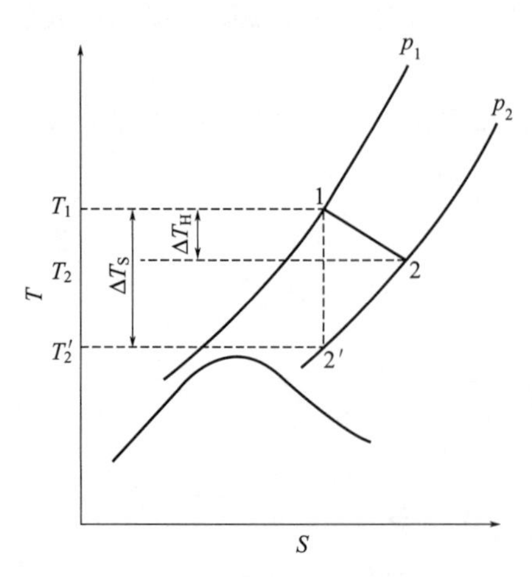

图 2-3 节流效应及等熵膨胀效应在 T-S 图上的表示

工程计算中，利用 T-S 图求取积分节流效应ΔT_H最为简便。如图 2-3 所示，若由气体初始状态点 1（p_1,T_1）沿等焓线确定膨胀后的状态点 2（p_2,T_2），则状态点 2 所对应的温度即为节流后的温度，积分节流效应$\Delta T_H=T_2-T_1$。

2.2.1.3 做外功的绝热膨胀

流体从高压向低压做绝热膨胀时，如在膨胀机中进行，则可对外做轴功；如果绝热膨胀是可逆的，就是等熵膨胀。

流体等熵膨胀时，由于压力变化而引起的温度变化称为等熵膨胀效应。等熵膨胀中温度随压力的变化率称为等熵效应系数，以 μ_S 表示。

$$\mu_S=\left(\frac{\partial T}{\partial p}\right)_S \tag{2-8}$$

利用热力学关系可以推导

$$\mu_S=\frac{T\left(\frac{\partial V}{\partial T}\right)_p}{C_p} \tag{2-9}$$

对于任何气体，由于 $C_p>0$，$T>0$，$\left(\frac{\partial V}{\partial T}\right)_p>0$，因此 μ_S 永远为正值。这表明任何气体在任意条件下进行等熵膨胀时，气体温度必定是降低的，总是产生冷效应。

气体等熵膨胀时，一定的压力变化引起的温度变化称为积分等熵膨胀效应ΔT_S。

$$\Delta T_S=T_2-T_1=\int_{p_1}^{p_2}\mu_S\mathrm{d}p \tag{2-10}$$

如图 2-3 所示，与积分节流效应ΔT_H类同，积分等熵膨胀效应ΔT_S也可在 T-S 图上由膨胀前的状态点沿等熵线确定膨胀后的状态点，然后从纵坐标上直接读取。

式(2-9) 减式(2-6) 得：

$$\mu_S-\mu_J=\frac{T\left(\frac{\partial V}{\partial T}\right)_p}{C_p}-\frac{T\left(\frac{\partial V}{\partial T}\right)_p-V}{C_p}=\frac{V}{C_p} \tag{2-11}$$

从压力 p_1 积分至压力 p_2，得：

$$\Delta T_S=\Delta T_H+\int_{p_1}^{p_2}\frac{1}{C_p}V\mathrm{d}p \tag{2-12}$$

对等熵膨胀过程，利用稳定流动能量衡算式，有：

$$\Delta H_S=W_{S,\mathrm{rev}}=\int_{p_1}^{p_2}V\mathrm{d}p$$

当气体的比定压热容为常数时，积分上式并将结果代入式(2-12)，得：

$$\Delta T_S=\Delta T_H+\frac{\Delta H_S}{C_p} \tag{2-13}$$

由上式可知，等熵膨胀的温度降可看成两部分，一部分是由于等焓节流膨胀所引起的温度变化ΔT_H；另一部分是体系在绝热可逆膨胀中，由于对外做轴功而引起焓值减小所导致的温降，这种因对外做轴功 $W_{S,\ rev}=\int V\mathrm{d}p$ 而造成的温降，不仅与压力差有关，还随着膨胀过程中气体体积的增大而增加。因此，对于等熵膨胀，要想获得较大的温度降，采取较高的初温是有利的[4]。

综上所述，从热力学的角度来看，做外功的绝热膨胀要比节流膨胀优越，其不但温度降大，而且可以回收部分轴功，此外做外功的绝热膨胀适用于任何气体。

2.2.2 气体膨胀热力学分析

根据热力学第一定律，仅仅通过一个过程或系统的能量衡算确定能源利用率并不能够对能源利用进行综合评价。能量在传递的过程中，虽然不能减少或者消散，但是会有品味的高低，低品位的能量再转化为高品位能量时，势必会引起其他能量的损耗。为了比较在不同情况下可转化为功的能量的大小，提出了有效能（available energy）的概念，我国国标称它为㶲（exergy）[5]。㶲分析对于节能分析是一种十分有效的分析方法，特别是对系统或者工艺的节能优化方面很有帮助。

在热力学角度上，利用㶲分析法分析天然气膨胀的压力能时，可以把天然气管道看成是开口系统。由卡诺循环可知，冷源从热源吸收热量时，会引起其他能量的变化，㶲作为可以转化为功的最大能量，被称之为最大可用能。

天然气在经过各种装置（如膨胀阀、节流阀等）节流后，会造成压力和温度变化，在该情况下㶲可视为在压力一定时由于温度变化形成的温度㶲和温度一定时由于压力变化形成的压力㶲，二者之和为最大可用能，即：

$$e_x=e_{x,T}+e_{x,p}$$

式中　e_x——天然气的比㶲，J/kg；

$e_{x,T}$——天然气的比温度㶲，J/kg；

$e_{x,p}$——天然气的比压力㶲，J/kg；

天然气膨胀过程中由于焦耳-汤姆孙效应导致温度降低，天然气由环境温度 T_0 降低至温度 T 的过程，可以看作是系统在压力一定时，由于热量不平衡（显热）引起的变温过程[6]：

$$e_{x,T}=e_x(T,p_1)-e_x(T_0,p_1)=\int_{T_0}^{T}C_p\left(1-\frac{T_0}{T}\right)\mathrm{d}T=C_p(T-T_0)-C_pT_0\ln\frac{T}{T_0}$$

式中　T_0——环境温度，K；

T——状态变化后的天然气温度，K；

p_1——状态变化前的天然气绝对压力，MPa；

C_p——天然气的比定压热容，J/(kg·℃)。

压力㶲则可以看作是温度一定时，系统压力不平衡导致的变压过程，即：

$$e_{x,p}=e_x(T_0,p_1)-e_x(T_0,p_2)=\int_{p_2}^{p_1}V\mathrm{d}p=T_0\frac{R}{M}\ln\frac{p_1}{p_2}$$

式中　p_2——状态变化后的天然气绝对压力，MPa；

V——天然气的比体积，m^3/kg；

R——摩尔气体常数，一般取 8.3145J/(mol·K)；

M——天然气摩尔质量，kg/mol。

则通过降压后，天然气所能提供的㶲为：

$$e_x = C_p(T - T_0) - C_p T_0 \ln\frac{T}{T_0} + T_0 \frac{R}{M} \ln\frac{p_1}{p_2}$$

采用㶲分析法进行压力能计算时，还应确定天然气节流降压后的温度。由于天然气流经调压装置时与壁面存在摩擦、涡流等损失，膨胀过程为非等熵过程，因此调压装置出口处天然气的温度可采用下式计算[7]：

$$T_2 = T_1 \left(\frac{p_2}{p_1}\right)^{\frac{n-1}{n}}$$

式中　T_1——调压装置进口处温度，K；

T_2——调压装置出口处温度，K；

p_1——调压装置进口压力，Pa；

p_2——调压装置出口压力，Pa；

n——绝热非等熵指数，$n = \dfrac{k}{k - \varphi^2 (k-1)}$，其中 k 为等熵绝热指数，φ 为速度系数，表征速度的损失大小。

2.3 高压气体膨胀设备

高压气体在膨胀过程中，依照不同的膨胀路径可分为容积型膨胀、速度型膨胀以及气波制冷。不同的膨胀类型下对应不同的膨胀设备。膨胀机是用来使气体膨胀输出外功以产生冷量的机器，其工作原理是将压缩气体的位能转变为机械功，因此，膨胀机也是一种气体发动机；与蒸汽透平和燃气透平等气体发动机不同之处是在于，膨胀机以使气体冷却获得冷量为主，利用所得到的机械功是次要的。根据气体膨胀输出外功的方法，膨胀机分为容积式和透平式两大类。容积式又分活塞式、波纹管式、膜片式、齿轮式、转子式、螺杆式等几种，其中应用最广泛的是活塞式。下面就上述类型分别予以介绍。

2.3.1 气体膨胀类型

2.3.1.1 容积型膨胀

容积型膨胀机是通过改变容积来获得膨胀比和焓降的。这种类型的膨胀机一般比较适合于小流量、大膨胀比的场合，适用于中小型或者微型系统。容积型膨胀机通常输出功率较小，转速也较低，并且输出功率随着转速的增加而增加。常见的容积型膨胀机有活塞式、螺杆式、旋叶式、三角转子式、摆线式以及涡旋式。

2.3.1.2 速度型膨胀

速度型膨胀机利用喷嘴和叶轮将高温、高压气体转化为高速流体，然后再将高速流体的动能转化为旋转机械的轴功。这种类型的膨胀机通常适用于大流量场合，其输出功率较高，同时转速也相应较高；并且速度型膨胀机功率越小，其转速越高，甚至可能达到十几万转每分钟，这也就限制了速度型膨胀机不可能做得很小，因为现有的轴承及轴封等都无法承受这么高的转速。一般速度型膨胀机的单级膨胀比较低，需要多级来实现高膨胀比。速度型膨胀机通常是各种透平，如径流向心透平、轴流透平等。

速度型和容积型膨胀机各自有不同的适用范围，速度型膨胀机在中大型系统中比容积型膨胀机效率更高，输出功率更大，而容积型膨胀机则适用于相对较小的系统。

2.3.1.3 气波制冷

气波制冷利用高压气在激波管内直接与低压气接触，高压气膨胀对低压气做功，形成激波和膨胀波；通过激波和膨胀波作用，产生冷热分离现象，高压气降压降温，实现制冷。由于激波管内高压气以激波和膨胀波形式作用于低压气，因此其等熵膨胀效率较高，目前国内可达 60%以上。气波制冷设备结构简单，加工和维护方便，成本低廉，抗波动能力强，带液工作能力强。

2.3.2 活塞式膨胀机

活塞式膨胀机是通过气体膨胀推动活塞向外界输出功以产生制冷量的机器，如图 2-4 所示；工质在气缸内推动活塞输出外功，同时本身内能降低；多适用于中、高压，小流量，大膨胀比工况[8]。

活塞式膨胀机工作过程大致可分为[9~11]：

① 进气过程：高压介质经进气口进入转子的齿间容积后，将推动转子旋转，并使齿间容积不断扩大；当齿间容积完全与进气口脱离时，进气过程结束。

② 膨胀过程：随着齿间容积继续增大，高压介质体积膨胀、温度降低，同时输出动力到转子的伸出轴处。

③ 排气过程：当齿间容积与排气口相通时，便开始排气过程，直至齿间容积减少为零，完成一个工作循环。

对应的热力学过程（图 2-5）如下：

图 2-4 活塞式膨胀机结构示意图

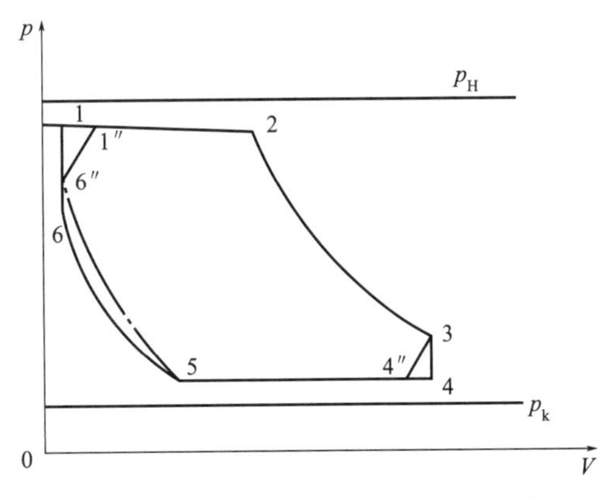

图 2-5 活塞式膨胀机的热力学过程示意图

（1）6—1 充气过程

从进气阀提前开启 6 到活塞运动到上止点 1 这一段时间内，活塞式膨胀机所经历的过程被称为充气过程。在实际充气过程中，膨胀机进气阀是逐步开启的，这样会使气体在进气过程中压力沿图 2-5 中 6″—1″—2 变化，最终膨胀机的做功能力减小，因此进气阀可提前开启。

（2）1—2 进气过程

膨胀机活塞从上止点 1 向下运动至进气阀关闭点 2 的这一过程被称为进气过程。因高压气体（p_H）通过进气阀进入气缸时有阻力损失，所以进入气缸中的气体压力 p_1 要低于压力 p_H。

（3）2—3 膨胀过程

从进气阀关闭点 2 开始到排气阀提前开启点 3 的这一过程被称为膨胀过程。由于摩擦热、外界传热及内部交换等作用，2—3 膨胀过程是一个多变过程，而非等熵绝热过程，一般多变过程的多变指数随 2—3 膨胀曲线压力下降而逐渐减小。

（4）3—4 祛气过程

理论上，排气阀在活塞到达下止点时瞬间完全打开，气体立即流出缸外。但若排气阀在下止点 4 时才开始开启，则此时气阀的通道截面积较小，缸内气体将无法及时流出缸外，缸内压力变化曲线将如图 2-5 中的 3—4″变化。这样，膨胀机对外做功减少。因此，和进气阀一样，排气阀也是在下止点 4 前打开。而从排气阀开启点 3 到下止点 4 之间的过程称为祛气过程。

（5）4—5 排气过程

活塞从下止点 4 到排气阀完全关闭点 5 之间的过程被称为排气过程。排气阀开启后，活塞上行，气缸中压力为 p_4 的气体排出；由于排气阀阻力损失，因此缸内气压 p_4 大于缸外排气管道中的压力 p_k。

（6）5—6 压缩过程

在实际过程中，5—6 压缩过程也是一个多变过程，而非绝热等熵过程。

由于活塞式膨胀机主要用于获得冷量，因此活塞密封既要保证工作气缸有良好的密封性，也要使其沿气缸壁运动的摩擦热量小，同时摩擦热对工作气体的影响也要尽可能小；气阀是强制式控制；需设置防止转速超过允许转速的超速安全设备。对于不同用途、工作条件及运转要求的活塞式膨胀机，其结构亦不尽相同。下面对几种常见的活塞式膨胀机进行介绍。

2.3.2.1 滚动式活塞膨胀机

滚动式活塞膨胀机可应用于要求大压比的系统中，特别是超临界 CO_2 循环，其内容积比为 6～14，适用于低温热源系统（40～90℃）[12]；其结构如图 2-6 所示，工作过程如图 2-7 所示。

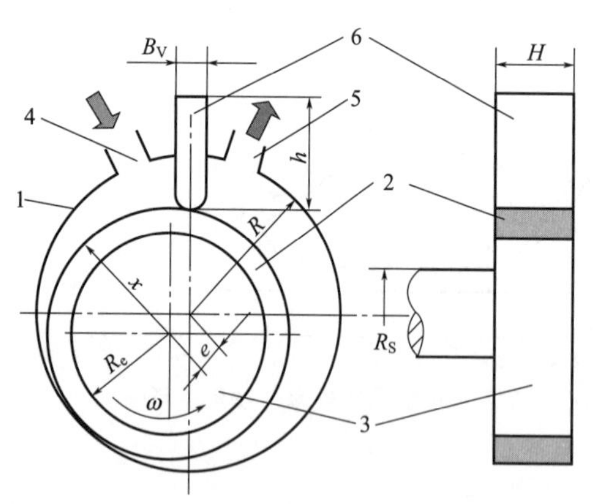

图 2-6　滚动式活塞膨胀机结构

1—气缸；2—滚动活塞；3—偏心轮轴；4—吸入口；5—排出口；6—滑板

如图 2-6 所示，由气缸、滑板以及滚动活塞组成了一左、一右两个月牙形工作腔。当膨胀机的偏心轴受驱动力开始绕气缸中心旋转时，膨胀机的两个工作腔容积便会发生周期性变化，从而依次完成吸气、膨胀和排气的工作过程。一个工作气腔完成一个工作循环需要偏心轮轴转动两圈，但两个工作气腔的吸气、膨胀与排气可以在同一时刻进行，也就是说在本次循环的吸气与膨胀过程中同时也进行着上次循环中的排气过程，所以偏心轮轴每转一圈，滚动式活塞膨胀机完成一个工作循环，如图 2-7 所示。

2.3.2.2 自由活塞膨胀机

自由活塞膨胀机结构如图 2-8 所示。

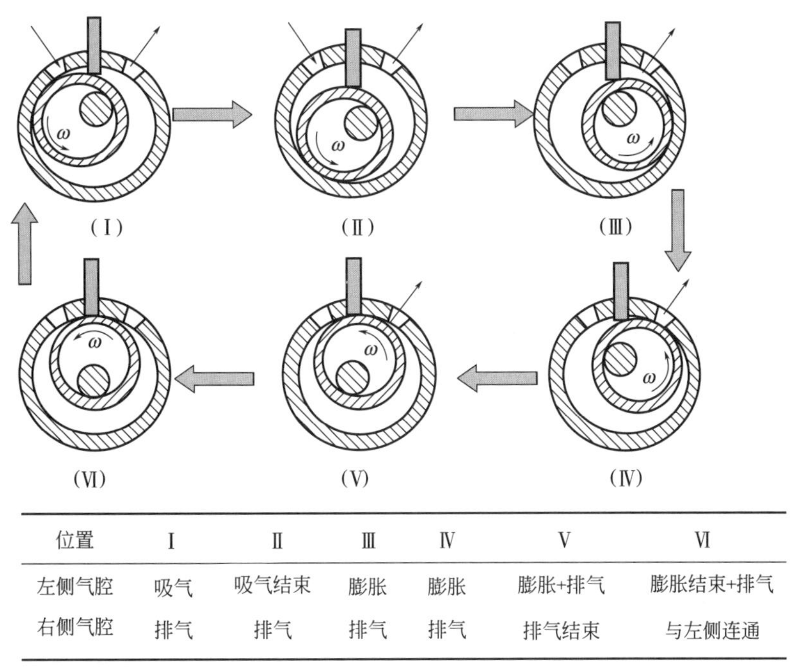

位置	Ⅰ	Ⅱ	Ⅲ	Ⅳ	Ⅴ	Ⅵ
左侧气腔	吸气	吸气结束	膨胀	膨胀	膨胀+排气	膨胀结束+排气
右侧气腔	排气	排气	排气	排气	排气结束	与左侧连通

图 2-7 滚动式活塞膨胀机工作过程

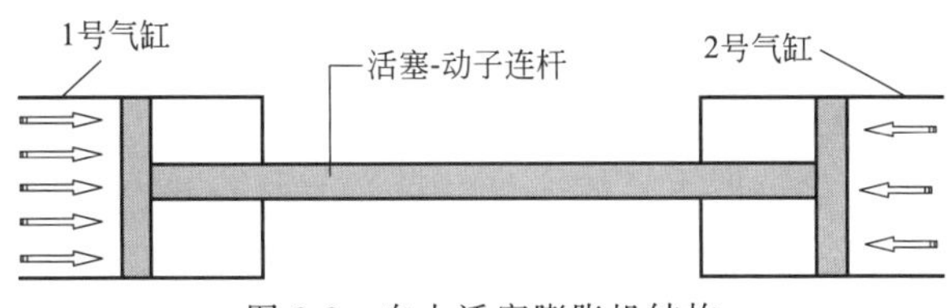

图 2-8 自由活塞膨胀机结构

自由活塞膨胀机膨胀原理为：当配气机构的进气门打开后，高压气体经进气门进入其中一个气缸（设为 1 号气缸），而另一个气缸（设为 2 号气缸）排气门则处于开启状态，使得 1 号气缸内气体压力大于 2 号气缸内气体压力，由于两个气缸缸内压力差的存在，将推动活塞-动子连杆运动；当高压气体进入 2 号气缸内时，此时 1 号气缸的排气门处于开启状态，活塞-动子连杆将向相反的方向运动；高压气体交替进、出自由活塞膨胀机的两个气缸，使得活塞-动子连杆在其自由行程内不停地做往复运动[13,14]。

2.3.3 螺杆膨胀机

2.3.3.1 单螺杆膨胀机

单螺杆膨胀机是一种新型的容积型膨胀机，它是在单螺杆压缩机的基础上发展起来的，其工作过程为单螺杆压缩机工作过程的逆过程。单螺杆压缩机的一个螺杆可以和两个或两个以上的星轮啮合[15]。按照外形，螺杆和星轮可以分为圆柱形（C 型）和平面形（P 型）。因此，这两种类型可以组合成四种形式的单螺杆结构（图 2-9）：PC 型、PP 型、CC 型以及 CP 型。由于前三种形式的加工难度比较大，因此现在最常用的是 CP 型。下文对 CP 型单螺杆膨胀机进行详细分析。

CP 型单螺杆膨胀机由其核心部件——一个圆柱螺杆和两个对称配置的平面星轮组成啮

合副装在机壳内，如图 2-10 所示。这样，螺杆螺槽、机壳缸体和星轮齿顶面构成封闭的齿间容积。运转时，高压、高温气体由进气口进入螺槽内推动螺杆转动，同时由于螺杆的转动齿间容积逐渐增大，气体在此不断膨胀做功，做完功的气体由缸体上的排气口排出。螺杆通常有 6 个螺槽，由两个星轮将它分隔成上、下两个空间，各自实现进气、膨胀和排气过程。因此，单螺杆膨胀机相当于一台六缸双作用的活塞发动机。

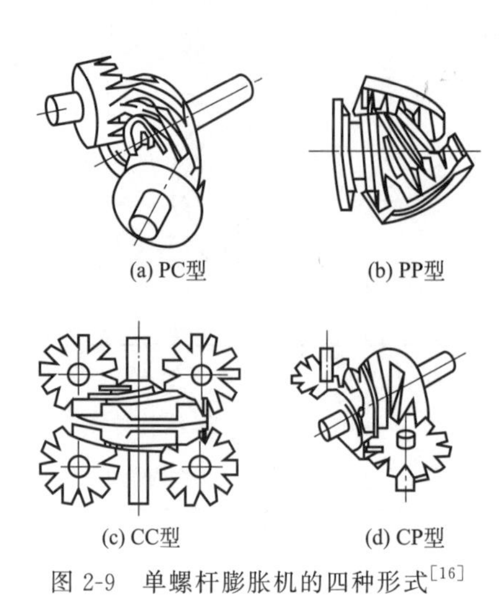

图 2-9　单螺杆膨胀机的四种形式[16]

图 2-10　单螺杆膨胀机的关键部件

图 2-11　单螺杆膨胀机的工作过程

单螺杆膨胀机的工作过程（图 2-11，见文前彩图）如下[17]：

① 进气过程。高压气体经进气口进入齿间容积后，将推动螺杆旋转，并使齿间容积不断增大；当单螺杆膨胀机的关键部件齿间容积完全与进气口脱离时，进气过程结束。

② 膨胀过程。进气结束后，螺杆在高压气体的作用下继续转动，随着星轮齿沿着螺槽推进，齿间容积继续增大；高压、高温气体将膨胀为低压、低温的气体，同时输出轴功。当齿间容积与排气口连通时，膨胀过程结束。

③ 排气过程。当齿间容积与排气口连通后，由于螺杆继续旋转，做完功的气体通过排气口输送至排气管，直至星轮齿脱离该螺槽。

螺杆膨胀机是活塞式膨胀机的一种，其对热源要求不高，使用范围广，并且安装施工比较简单。与汽轮机相比，造价低、适应性强，能适应各种工质，如过热蒸汽、饱和蒸汽、汽水两相流体和热水（包括高盐分热水）工质。螺杆膨胀机在负荷变化不超过 50％范围内能平稳可靠地工作，在低负荷状态下仍能维持 45％以上的内效率，这是螺杆膨胀机最大的优势。

2.3.3.2　双螺杆膨胀机

双螺杆膨胀机具有两根旋转轴（图 2-12），其工作原理是转轴旋转形成变化的容积腔体，将工质内能提取出来转换为轴功[18]。由于螺杆膨胀机不像活塞式机械由气阀、活塞等滑动部件构成，因而能够进行高速运转，气流速度也比普通容积式机械大很多。与双螺杆压缩机基本相同，双螺杆膨胀机也是由一对螺杆转子、缸体、轴承、同步齿轮、密封组件以及联轴器等较少零件组成的，相比其他旋转机械，具有结构简单的特点。双螺杆膨胀机的气缸呈两圆相交的“∞”形，两根阴、阳转子平行地置于气缸中，按照一定传动比反向相互啮合旋转（图 2-13）。

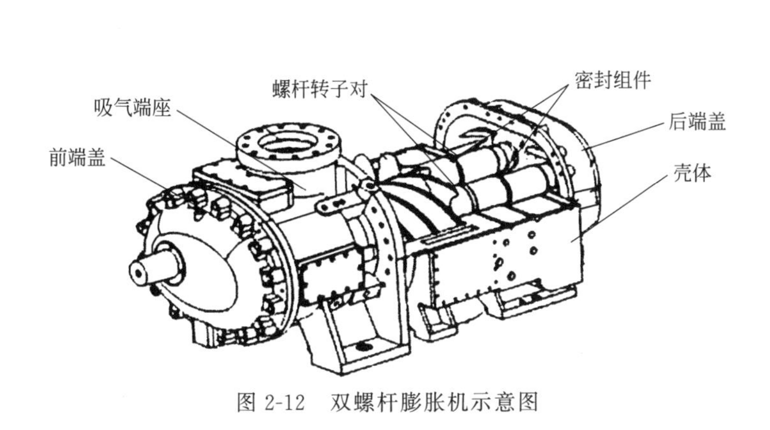

图 2-12　双螺杆膨胀机示意图

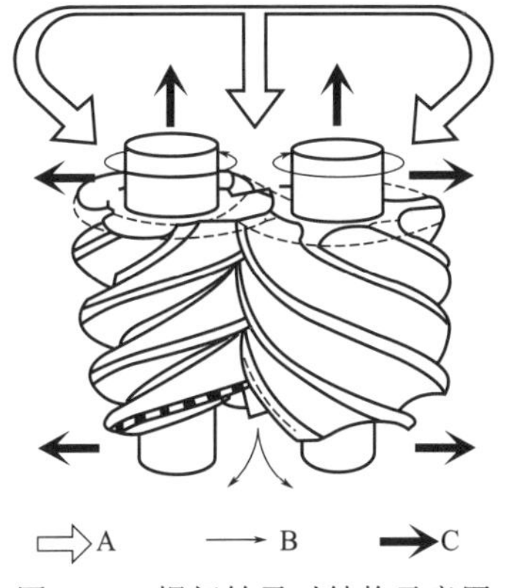

图 2-13　螺杆转子对结构示意图

双螺杆膨胀机相互啮合的齿依次进行吸气、膨胀和排气三个工作循环，如图 2-14 所示。高压工质进入转子的基元容积后，推动阴、阳转子朝反方向旋转，使基元容积不断扩大，开始吸气过程［图(a)］；当与进气孔口脱离时［图(b)］，膨胀过程开始，高压工质在封闭空间内体积膨胀、压力降低，气体内能转换为转子旋转的动能，转子再通过齿轮或联轴器带动发电机工作输出电能，从而实现热电能量转换［图(c)］；当基元容积与排气孔口连通时，膨胀后的工质经排气孔口排出，便开始排气过程［图(d)］。在螺杆旋转过程中，新的啮合点不断形成，原有的啮合点不断分离，形成持续的吸气、膨胀和排气过程。在每个膨胀过程中，工质的压力、温度和焓值下降，比体积和熵值升高，气体内能转换为机械能对外输出轴功。

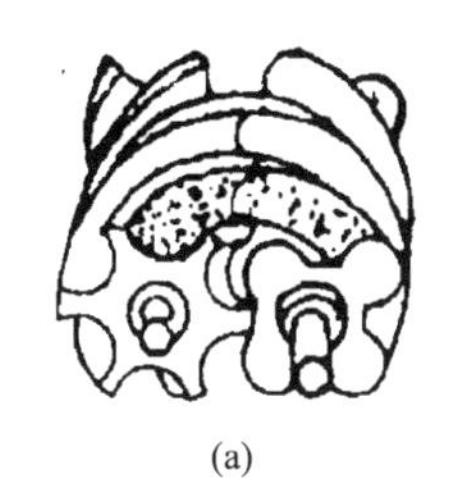

(a)

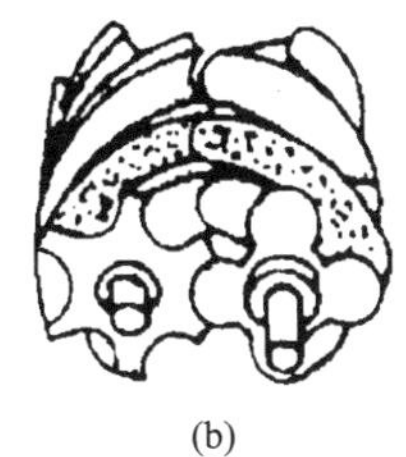

(b)

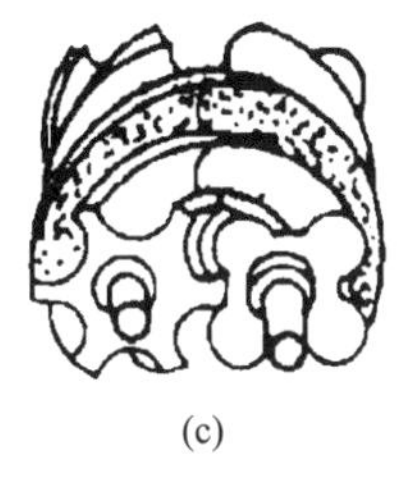

(c)

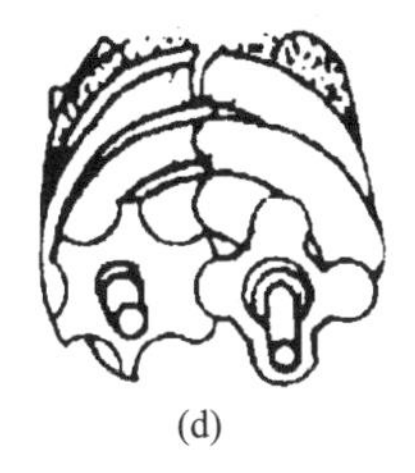

(d)

图 2-14　双螺杆膨胀机工作过程

表 2-1 为两种膨胀机在不同方面的比较，从中可以看出，双螺杆膨胀机相比于单螺杆膨胀机而言，在低温热发电领域具有独特的优势。

表 2-1　单螺杆膨胀机与双螺杆膨胀机比较

比较项目	单螺杆膨胀机	双螺杆膨胀机
噪声水平	螺杆转子受力平衡、振动小、噪声低	螺杆转子力平衡性差，易产生振动和噪声
可靠性	星轮易磨损，需定期维护更换	易损件少，可长期高效运转
加工设备	无成熟专用加工设备，产品性能不稳定	有成熟的专用铣床和磨床，确保产品性能
维护性	现场维修，维护方便	正常运行实现全自动无人管理
适用范围	适用于高压范围	适用于中、低压范围

2.3.4 涡旋式膨胀机

涡旋式膨胀机是通过流体的体积膨胀变化来获得输出动能的，通常有较大的膨胀比和较小的流量，属于容积型透平机[19]。涡旋式膨胀机具有压力变化平滑和运行平稳等特点，而且由于其多个膨胀室的压力同时作用，因此输出轴力矩的变化波动较小。此外，涡旋式膨胀机还具有运动部件少、低噪声、等熵膨胀效率较高等优点。

如图 2-15 所示，当高压天然气从天然气井口流入涡旋室后，即经旋流器的旋流通道高速喷向旋流器内壁并推动旋流器旋转，将动力传递给发电机；而经旋流器膨胀做功后的涡旋气流，从天然气引出管排出供用户使用。由于涡旋气流的能量分离效应，热气流贴壁流动就不会发生冰堵，充分利用了天然气的压力能，既提高了能源利用率，又避免了冰堵。

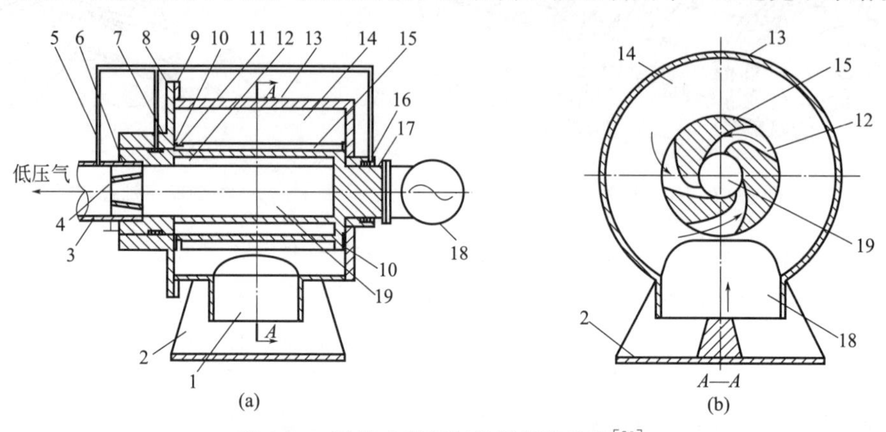

图 2-15 涡旋式高压气体膨胀机结构[20]

1—天然气进口管；2—机壳底座；3—天然气引出管；4—冷热气流调节阀；5—气封回气管；6—天然气管端出轴；7—气端轴承；8—热风管凸缘；9—涡旋室凸缘；10—聚四氟乙烯密封垫片；11—旋流器压紧弹簧；12—旋流通道；13—机壳；14—涡旋气室；15—旋流器；16—气封轴承；17—传动出轴；18—发电机；19—旋流器中心气管

在涡旋式透平机的结构上，静涡旋盘和动涡旋盘在平面坐标互补（相差 180°），相互啮合，构成了月牙形工作膨胀腔体。涡旋式膨胀机工作过程如图 2-16（见文前彩图）所示。涡旋式膨胀机的工作过程分为三个阶段：工质在蒸发器中形成的高温、高压工质蒸气就在其月牙形工作腔体内进行膨胀对外做功；膨胀状态下的工质蒸气推动着动涡旋盘旋转；工质蒸气通过涡旋式膨胀机的进气孔进入到中心腔，然后在工作腔体内膨胀后从涡旋体出口排出。由上述的工作过程分析可知，由动、静涡旋盘的相对位置而形成了很多的月牙形膨胀腔，且受涡旋盘圈数的影响。故涡旋式膨胀机在结构上属于多腔体结构，运行过程较稳定，不像活塞式膨胀机需要多个气缸同时配合才可完成平稳运行。

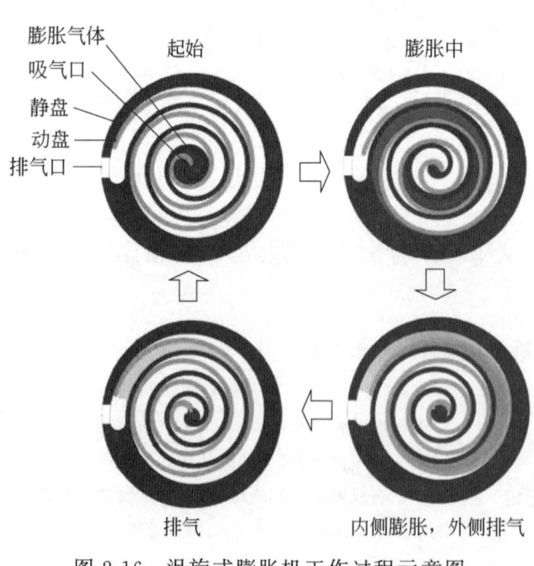

图 2-16 涡旋式膨胀机工作过程示意图

2.3.5 透平膨胀机

透平膨胀机利用工质流动时速度的变化来进行能量转换，工质在透平膨胀机的通流部分中膨胀获得动能，并由工作轮轴输出对外做功；工质到达出口时内能和温度都有所降低，而轴上输出功根据工业需要可以用于不同的生产活动。

透平膨胀机有多种分类方式，根据工质在工作轮中膨胀的程度可以分为反动式透平膨胀机和冲动式透平膨胀机；根据工质在叶轮中的流动方向可以分为径流式、径-轴流式和轴流式；根据膨胀机的级数多少可以分为单极透平膨胀机和多级透平膨胀机；按照工质的膨胀过程所处状态可以分为气相膨胀机和两相膨胀机，而两相膨胀机又可以分为气液两相、全液膨胀及超临界状态膨胀。此外还可以按照工质的性质、工作参数、用途以及制动方式来区分不同类型的透平膨胀机[21]。

某型号透平膨胀机的结构如图 2-17 所示[22]，透平膨胀机主要由通流部分、增压部分和机体三部分组成。通流部分是获得低温的主要部件，气体工质从管道进入膨胀机的蜗壳 2，把气流均匀地分配给喷嘴 4。气流在喷嘴中第一次膨胀，把一部分比焓降转换成气流的动能，因而推动膨胀轮 10 输出外功。同时，剩余的一部分比焓降也因气流在膨胀轮中继续膨胀而转换成外功输出。膨胀后的低温工质经过扩压器 1 排出到低温管道中。增压部分是透平膨胀机功率的消耗元件，机械功通过主轴 6 由增压轮 11 压缩气体耗功。制动空气通过端盖上的进口管吸入，经增压轮 11 压缩后，再经无叶扩压器及增压机蜗壳 9 扩压，最后排入出口管道中。机体 8 在这里起着传递、支撑和隔热的作用。由膨胀轮、增压轮和主轴等旋转零件组成的部件称为转子。膨胀轮和增压轮悬挂在主轴两端，由两个滑动轴承支撑在机体中，形成双悬臂式转子。主轴的中间段加大了直径，可以增大刚度，提高临界转速，避免共振。

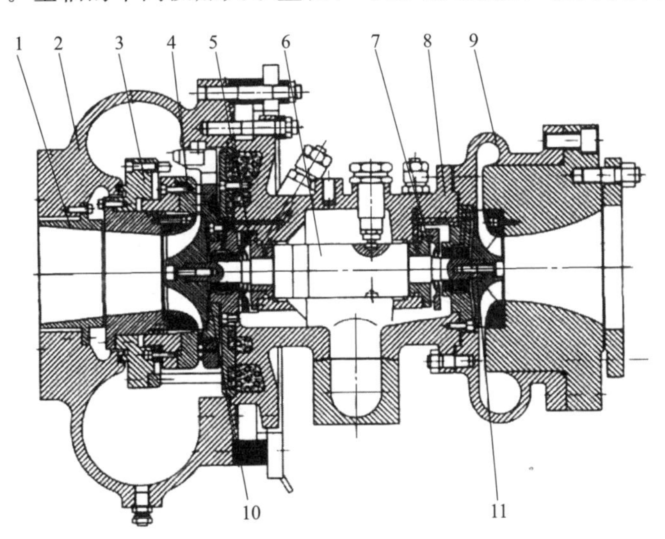

图 2-17 某型号透平膨胀机的基本结构

1—扩压器；2—蜗壳；3—喷嘴压紧机构；4—转动喷嘴；5—内轴承；6—主轴；7—外轴承；8—机体；9—增压机蜗壳；10—膨胀轮；11—增压轮

透平膨胀机具有高转速、低温、压差大等工作特点，优点是体积小、重量轻、效率高、噪声小、节能省电、操作方便、运转时间长、无油污染等；适宜于大流量、中高压力而初温较低的工质，但其膨胀比不能太大，否则损失较大；可广泛地使用于空气分离装置、天然气液化装置、回收能量和其他需要紧凑动力源的系统[23]。在以氢、氦为工质时，由于氢、氦分子量小、密度小、流量小，要求透平圆周速度很高，几何尺寸很小，不仅给加工制造带来困难，而且使流道水力损失相应增大。因此，目前在液化和制冷装置中的氢、氦膨胀机，透平式的效率不及活塞式。

2.3.6 气波制冷机

气波制冷机主要分为传统气波制冷机和压力交换气波制冷机。传统气波制冷机的核心部件是单开口的振荡管，而压力交换气波制冷机与传统气波制冷机结构完全不同，其核心部件是圆周布满双开口压力振荡管的波转子[24]。

2.3.6.1 传统气波制冷机

传统气波制冷机根据结构不同主要分为两种，分别为静止式气波制冷机和旋转式气波制冷机。静止式气波制冷机结构如图 2-18(a) 所示。设备运行时，高压气通过喷嘴后降压提速，形成高速射流，对振荡管进行喷射。同时气体高速射流时，由于气体有表面附壁效应，由装在喷嘴两侧的共鸣腔压力脉动改变方向，这样就使高速气流间歇性地射入振荡管，射入振荡管中的气流在两次射气间隔内从排气管排出[25]。静止式气波制冷机的特点是结构简单，没有运动部件，操作维护方便，但因为充气和排气时气体大量掺混，造成其效率较低，一般为 30%左右。

旋转式气波制冷机结构如图 2-18(b) 所示。设备运行时，高压气首先进入气体分配器，在气体分配器上设置有喷嘴，高压气经过喷管时降压加速，形成高速射流。气体分配器由动力源带动旋转，喷嘴也随之转动，从而使高速射流周期性地对振荡管喷射，射入振荡管中的气流在两次射气间隔内从排气管排出。由于采用动力驱动分配器转动的方式，因此相比静止式气波制冷机其射气的可控性更强。旋转式气波制冷机的特点是充、排气不易掺混，制冷效率较高，可达 60%～70%。但是因为存在运动部件，旋转式气波制冷机结构和维护相对复杂。

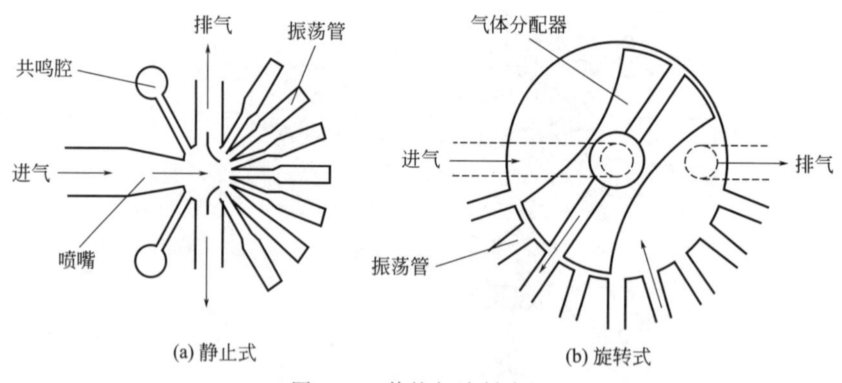

图 2-18 传统气波制冷机

静止式气波制冷机与旋转式气波制冷机虽然结构不同，但都属于传统气波制冷机，振荡管内的气体工作过程基本相同。高压气经过喷嘴后加速降压，形成高速射流。在射气过程中，高速、高压气对外膨胀做功，自身降压、降温，同时通过接触面压缩振荡管内气体，产生一系列压缩波，压缩波逐渐汇聚，形成激波。激波向振荡管内运动，激波通过的地方，压力与温度骤增，气体升温后通过管壁向外散热。当激波向前运动到通道封闭端时，发生反射形成强度较弱的反射激波，反射激波推动接触面向开口端运动，将冷气排出，振荡管内气体则回到初始状态，此即为传统气波制冷机的一个工作周期[26]。对于旋转式气波制冷机，射气结束后，接触面由于惯性继续向前运动。此时通道开口端被固壁段封堵，从而使接触面后气体继续膨胀降温。而对于静止式气波制冷机，射气结束后，开口端没有闭合环节，而是直接与出口管接通，这样导致接触面后方气体没有继续膨胀过程，这也是造成两者效率有差别的原因之一。

传统气波制冷机主要依靠射流气将自身能量转化为振荡管气体内能，然后再耗散出去，从而降低高压气内能，这样不可避免地导致了能量的浪费。同时，为了更好地散热，振荡管长度会设计得很长，这导致了设备体积庞大，并且振荡管也容易断裂。另外，高速射流气压缩通道气体时会产生一个较强的反射激波，这个激波会压缩制冷气体导致其温度升高，尽管通过优化可以削弱，但对制冷效果仍有较大影响。

2.3.6.2 压力交换气波制冷机

压力交换气波制冷机是基于压力交换技术的气波制冷机，其结构和工作原理与压力交换机相似。压力交换机是一种使不同压力的流体实现压力能传递的设备，压力不同的流股通过设备后，低压流体压力升高，而高压流体压力降低。其主要部件是波转子，波转子是一个圆周均匀布满通道的转鼓，结构如图 2-19 所示。工作时，转鼓旋转，均布在转鼓上的通道周期性地与喷嘴接通，在通道内形成压缩波和膨胀波，正是通过这些波实现压力能的传递[27,28]。

图 2-19 波转子结构示意图

根据气体流动过程的不同，目前压力交换气波制冷机可分为外循环耗散式气波制冷机以及深度膨胀气波制冷机。下面分别就设备结构和原理进行介绍。

外循环耗散式气波制冷机有四个端口，分别是高压端口（HP）、高温端口（HT）、低温端口（LT）以及回气端口（LP），如图 2-20 所示。整体制冷过程可分为高压气体膨胀制冷的低温循环和循环气带出热量的高温循环两个过程[29]。

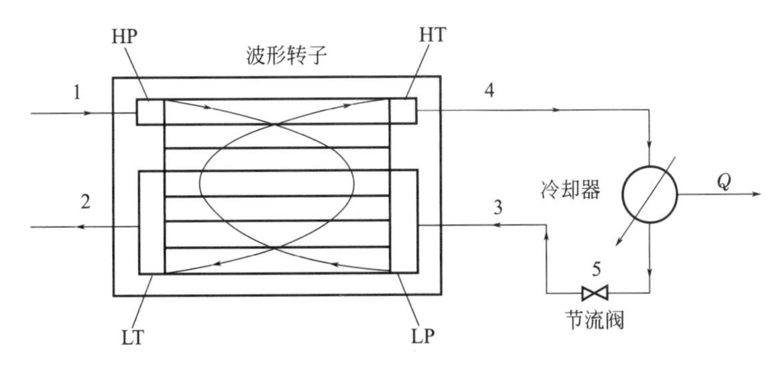

图 2-20 外循环耗散式气波制冷机工作流程图

1—高压气体；2—低压气体；3—低温循环气；4—高温循环气；5—节流阀；Q—循环气流量

高压气体膨胀制冷的低温循环过程：高压气作为驱动气体，经高压进口入射进入与之相连通的波转子通道内，对通道内的原有循环气做功，在膨胀的高压气与循环气之间形成一个接触面，接触面两侧的压力相同但温度不同。当波转子通道运动到离开高压进口喷嘴时，高压射气过程结束，通道内入射的高压气会进一步膨胀降温，同时对循环气进一步做功。当转子通道运动到与低温出口接通时，在经回流气进口进入转子通道内的循环气排挤作用下，逐渐排出转子通道，最后由低温出口排出系统，得到所需的制冷气。

循环气带出热量的高温循环过程：转子通道内原有的循环气被高压气压缩做功后，温度和压力都会上升，同时会向转子通道右端运动。当转子通道与高温出口接通时，高温循环气在压力驱动下逐渐排出转子通道。为了实现系统的冷热分离，高温循环气在外部进行了热量的耗散，当然这部分热量也可作为热能予以回收。降温后的循环气在压力驱动下经回流气进口重新进入转子通道，一方面将制冷低温气排挤出转子通道，另一方面准备吸收下一周期高压膨胀产生的膨胀功。

深度膨胀气波制冷机结构与外循环耗散式制冷机结构类似，也是四端口逆流型的。它的主要部件包括波转子、筒体、密封端板、端盖、支座、喷嘴以及传动系统等。波转子与设备转轴一体，转轴通过轴承固定在两个密封端板上。高压入口喷嘴和中压出口喷嘴相应固定在入口端板和出口端板上。两密封端板固定在筒体内，其间通过O形圈密封，两端由端盖固定。筒体被固定在支架上。工作时，电动机通过传动系统带动波转子转动，波转子上的通道周期性地与喷嘴接通，实现制冷[30]。图2-21是深度膨胀气波制冷机结构示意图。

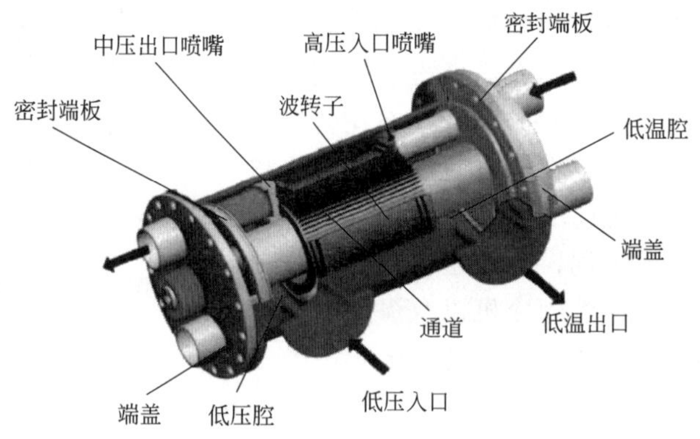

图2-21　深度膨胀气波制冷机结构示意图

深度膨胀气波制冷机的工作过程主要分为五步：高压气入射膨胀过程、低温气循环过程、通道气体压缩过程、高温气体排放过程以及中压气冷却过程[31]，如图2-22（见文前彩图）所示。

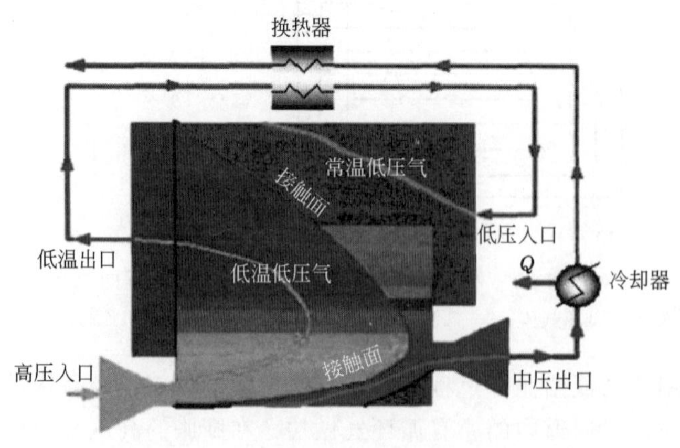

图2-22　深度膨胀气波制冷机工作过程

(1) 高压气入射膨胀过程

高压气入射膨胀过程是指高压气从喷嘴射入通道的过程。在这个过程中，从高压端口输入的高压气不断膨胀对外做功，同时自身压力和温度降低。这是深度膨胀制冷的核心过程，正是利用该过程实现了高压气膨胀制冷。

(2) 低温气循环过程

低温气循环过程是指通入深度膨胀气波制冷机的高压气体完成膨胀后排出，经过换热又重新被引入通道的过程。高压气完成膨胀后形成的低温低压气充满通道，在风机的作用下，通道内的低温气体被吸出，而低压腔的低压气被吹进通道，代替低温气，从而实现了低温气换热后重新引入通道进行压力能回收的环节。

(3) 通道气体压缩过程

通道气体压缩过程是指高压气膨胀的同时，对通道内气体进行绝热压缩的过程。高压气膨胀是一个连续的过程，在这个过程中会形成一系列压缩波，这些压缩波不断汇聚，形成激波。激波对通道内气体进行增压作用，完成绝热压缩过程。对于深度膨胀气波制冷，该压缩过程也是系统的核心过程，正是通过该过程实现了压力能的有效回收。

(4) 高温气体排放过程

高温气体排放过程是指通道气体被压缩后，从中压端口排出的过程。这是一个非常考验水平的过程，排气效果对中压端口的位置和大小非常的敏感，这需要经过计算、模拟和实验共同确定。

(5) 中压气冷却过程

中压气冷却过程包括两步，第一步是中压气水冷，第二步是与低温气通过换热器换热冷却。由于中压端口排气温度较高，因此先采用水冷到常温，然后再用低温气冷却到低温，这样可以增加冷量的品质。

通过以上五个过程作用后，深度膨胀气波制冷的过程基本完成。五个过程相辅相成，共同作用。

参考文献

[1] 傅秦生. 能量系统的热力学分析方法 [M]. 西安：西安交通大学出版社，2005.

[2] 廉乐明，谭羽非，吴家正，等. 工程热力学 [M]. 5 版. 北京：中国建筑工业出版社，2007.

[3] Hausner M，Dixon M. Advanced Equation for Natural Gas Flow Prediction. 2004，SPE87632.

[4] Maric Ivan. The Joule-Thomson in natural gas flow rate measurements [J]. Flow Measurement and Instrumentation，2005，16 (6)：387-395.

[5] 申安云，熊永强. 天然气管网压力能利用工艺的㶲分析 [J]. 煤气与热力，2008，28 (11)：43-47.

[6] 李静静，城市门站天然气调压过程中冷能的回收及应用研究 [D]. 广州：华南理工大学，2011.

[7] 李静静，彭世尼. 高压天然气降压过程中冷能的计算方法研究 [J]. 天然气与石油，2011，29 (2)：04-07.

[8] 王伟. CO _ 2 双缸滚动活塞膨胀机的结构改进和实验研究 [D]. 天津：天津大学，2010.

[9] 姜云涛. CO _ 2 跨临界水-水热泵及两缸滚动活塞膨胀机的研究 [D]. 天津：天津大学，2009.

[10] Weiss L W. Study of a mems-based free piston expander for energy sustainability [J]. Journal of Mechanical Design，2010，132 (9)，1-8.

[11] 王小龙. 朗肯循环自由活塞式余能回收相似系统研究 [D]. 长春：吉林大学，2014.

[12] Han Y，Kang J，Wang X，et al. The Effect of Cylinder Clearance on Output Work of ORC-FP used in Waste Energy Recovery [C]. SAE Technical Paper，2014，2014-01-2563.

[13] 张波，彭学院，张芳玺，等. 一种新型自由活塞式膨胀机的研制及试验研究 [J]. 西安交通大学学报，2006 (07)：

776-780.
[14] 常莹. 自由活塞膨胀机-直线发电机集成系统的试验与仿真研究 [D]. 北京：北京工业大学，2016.
[15] 张志伟，李凤臣，邱菊. 螺杆膨胀机在高炉冲渣水余热回收中的应用 [J]. 北方钒钛，2013 (Z1)：3-6.
[16] 刘林顶. 单螺杆膨胀机及其有机朗肯循环系统研究 [D]. 北京：北京工业大学，2010.
[17] 韩巍，李志. 螺杆膨胀动力机余热利用系统介绍及前景分析 [J]. 船电技术，2009，29 (09)：55-58.
[18] 吴高捷. 中低温双螺杆膨胀机结构设计与动力性能研究 [D]. 扬州：扬州大学，2017.
[19] 童明伟，胡鹏. 涡旋式高压气体膨胀机做功过程的热力学分析 [J]. 机械工程学报，2010，46 (20)：139-144.
[20] 黄晓烁. 微型天然气管网压力能发电智能化工艺开发及设计 [D]. 广州：华南理工大学，2018.
[21] 计光华. 透平膨胀机 [M]. 西安：西安交通大学出版社，2006.
[22] 徐忠. 离心压缩机原理 [M]. 西安：西安交通大学出版社，2008.
[23] 陈克平，钟丽娜. 杭氧透平膨胀机发展现状 [J]. 深冷技术，2009，3 (6).
[24] 刘伟，胡大鹏. 气波制冷技术研究现状 [J]. 制冷，2004 (4)：19-24.
[25] 胡大鹏. 压力振荡管流动和热效应的研究 [D]. 大连：大连理工大学，2009.
[26] Coanda H. Device for deflecting a stream of elastic fluid projected into an elastic fluid：US 2052869 [P]. 1936-09-01.
[27] 李兆慈，徐烈，赵兰萍. 脉管制冷与气波制冷耦合的研究 [J]. 低温与超导，2000 (2)：1-5.
[28] 李兆慈. 脉管式气波制冷机耦合特性的研究 [D]. 上海：上海交通大学，2001.
[29] Akbari P，Nalim R，Mueller N. A Review of recent developments in wave rotor combustion technology [J]. Journal of Engineering for gas turbines and power，2006，128 (4)：717-735.
[30] Ishida M，Kawamra K. Energy and exergy analysis of a chemical process system with distributed parameters based on the energy-direction factor diagram [J]. Industrial Engineering & Chemistry Process Design and Development，1982 (21)：690-702.
[31] Jin H，Ishida M. Graphical exergy analysis of complex cycles [J]. Energy，1993，18 (6)：615-625.

第3章 天然气管网压力能利用其他相关系统和设备

3.1 引言

在天然气压力能利用过程中，除了第 2 章详细介绍的高压膨胀系统及设备外，根据不同的用途还需要其他一些重要的系统和设备提供必要的支撑，如低温天然气复温换热系统、压力能发电系统及设备、气体压缩系统及设备、自动控制系统及常用仪表。

低温天然气复温换热系统是将膨胀后降温的天然气温度升高到符合下游运输规范的温度范围，主要换热设备根据需求不同可分为空温式换热器和管壳式换热器。根据焦耳-汤姆孙效应，高压天然气在膨胀后不仅压力降低，温度也会下降。当天然气温度低于－20℃时，如果直接进入下游将会带来问题，一方面下游管道要根据相关的低温管道运输规范进行全面的调整，另一方面低温很可能会造成局部区域的冻堵，给管道的运行带来严重的安全隐患[1]。所以，为保证下游天然气管道的正常运行，将降温后的天然气升温到符合要求的温度是非常重要的。

压力能发电系统是利用天然气管网压力能发电的重要组成部分，通过膨胀机做功带动磁力发电机工作，实现压力能转化为电能。目前常见的天然气压力能发电设备主要分为透平膨胀发电机、螺杆膨胀发电机和星旋流体马达发电机。其中，透平膨胀发电机制造工艺成熟、效率高；螺杆膨胀发电机能用于全流膨胀，转速低；星旋流体马达发电机具有覆盖全流体、全压力、全功率的适应能力。

气体压缩系统是利用天然气管网压力能制冷的重要组成部分，通过压缩机将吸入的低温低压制冷剂变成高温高压气体输出，从而实现整个制冷系统的循环。压缩机按工作原理可分为容积型和速度型，天然气制冷系统中常用的容积型有往复式压缩机和螺杆式压缩机，速度型有离心式压缩机[2]。其中，往复式压缩机在小型和中型商用制冷系统中应用较多，螺杆式主要用于大型商用和工业系统，离心式则广泛用于大型楼宇的空调系统。

自动控制系统是实现智能管网的重要一环。其中，常用仪表主要有压力仪表、温度仪表、物位仪表和流量仪表。将各仪表与控制中心连接，以达到对工况的实时监控分析、快速控制调整，保证系统的安全平稳运行，实现整个系统的监测、控制、自动切断以及报警功能。

3.2 低温天然气复温换热系统

高压天然气进入用户管网需要经过调压站降至中压标准。根据不同的气体组分，一般节流降压将产生 4.5～6℃/MPa 的温度降，膨胀降压温降会达到 15～20℃/MPa。对于常规管道气而言，露点较高（国家标准规定露点温度应比输送条件下最低环境温度低 5℃）、温度过低容易导致水合物的产生，将会堵塞管道。而对于 LNG 产品汽化后的天然气，虽然不会产生水合物，但其温度过低也不能直接接入城市管网，需要有额外的热源使天然气复温。

经过多年发展，越来越多针对天然气的换热器被开发出来，包括开架式换热器、中间介质换热器、浸没燃烧式换热器、空温式换热器、缠绕管式换热器和板翅式换热器。换热器的设计和选用除了要满足规定的化工工艺条件外，还需要满足换热效率高，流体流动阻力小，结构可靠，制造成本低，便于安装、检修等要求。在天然气管网压力能利用系统中常用的有空温式换热器和管壳式换热器[3]。

3.2.1 空温式换热器

3.2.1.1 空温式换热器简介

空温式换热器以空气作为换热介质，不使用附加能源，抗腐蚀性强，使用寿命长，操作和维修方便。

空温式换热器按照用途可分为增压式和供气式两类，本文主要介绍供气式空温式换热器；此类空温式换热器将低温天然气升温为具有一定过热度的天然气，以满足城市燃气管网要求。图 3-1 为空温式换热器外形图。

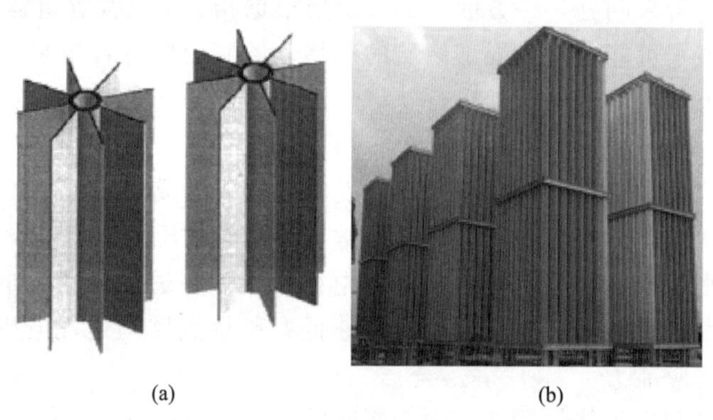

(a) (b)

图 3-1 空温式换热器外形图

空温式换热器的布置方式多为并列管束式，其中竖直并列蛇形管在我国最为常见，该形式包括竖直向上和向下的流动通道。然而，Klimenko 研究后提出：竖直向下的流动沸腾换热强度最差，而竖直向上的流动传热效果最好。本文介绍的空温式换热器为竖直向上流动[4]。

空温式换热器主要由换热管、压力调节装置和液位显示系统组成。换热器主要是由传热性能较高的低温铝合金纵向翅片管组成，横截面一般为星形翅片，每根翅片管又分为蒸发段和过热段；蒸发段吸收管外空气侧热量，将低温天然气升温，过热段将天然气进一步加热，提高天然气的出口温度以满足燃气管网输配要求。调压箱内有串联的两个调压器 A、B，通过设定调压器 A、B 的出口压力来保证设备稳定供气；令出口压力 $p_B > p_A$，其中 p_A 设定为设备的实际工作压力。由调压器的工作原理可知，正常情况下，调压器 B 不起作用，但是当时 $p_A > p_B$ 时，调压器 B 起作用，保证换热器的入口压力不大于 p_B。空温式换热器的工艺流程见图 3-2。

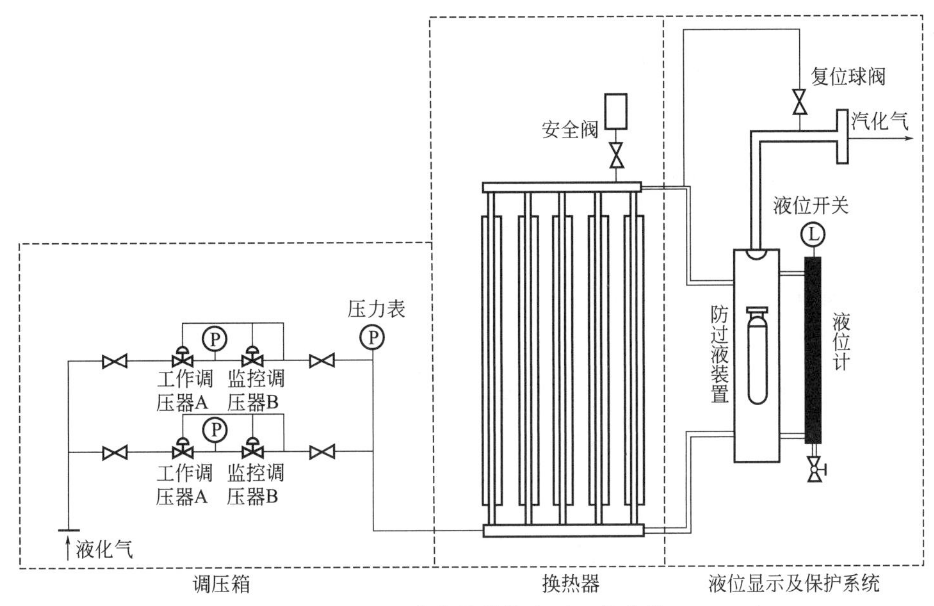

图 3-2　空温式换热器的主要工艺流程

空温式换热器的液位显示系统是由液位计和液位开关组成的。通过液位计可直观显示空温式换热器内的液位升降，液位开关起到预警作用，会将超标液位信号传给远程预警系统，进而提示操作人员采取相应措施；若未及时采取措施，则低温天然气汽化吸收来自大气的热量，空气的流动直接影响到空温式换热器的传热效果，因此应安装在空气流动性好的位置，橇体高出地面 0.2m 以上。另外，可以根据不同要求增设强制通风及强制热风装置。空温式换热器带液运行或除霜时，在温度应力的交替影响下易产生疲劳断裂，因此要求换热器在结构设计上应有减除温度应力的措施[5]。

空温式换热器的换热能力按照城市用气高峰小时计算流量的 1.3～1.5 倍确定，出口温度应不低于环境温度−5℃，且为保证空温式换热器在额定汽化量下的工作时间，在达到汽化量要求的条件下，最大汽化能力保持的时间应大于或等于 8h。依据出口压力的不同，可将空温式换热器分为以下等级：0～1.6MPa 为低压，1.6～3.2MPa 为中压，3.2～15MPa 为高压，15MPa 以上为超高压。

空温式换热器是在低温介质和外界空气的温差驱动下工作的，传热面积越大则换热量越大，可通过加长加宽翅片管或增加翅片数量来增大翅片管的翅片面积；前者使得单台空温式换热器的体积增大，加大了换热器的结构设计难度，后者会受到铸造工艺的限制，因此空温式翅片管换热器的设计需要合理优化结构参数[6]。国内产品多为 8 翅片以下，12 翅片的较少，但为了减小单台换热器的体积，要求换热器的翅片管为 12 翅片。

空温式换热器从大气中获得热量来升温，无需额外的能量或动力消耗，具有节能环保、结构简单和制造使用方便等优点；然而与其他形式的换热器相比应用率较低，容易受到外界环境的影响。

3.2.1.2 空温式换热器工作原理

(1) 膨胀后天然气温度

天然气经过调压装置调压后温度会降低，根据选择的调压装置不同，温度下降情况也不同。对于天然气管道来说，分输后的温度应该高于 0℃，以防止低温天然气造成的管道周围冻胀情况发生[7]。因此，还需确定调压后天然气的排气温度。

对于天然气的一般关系式 $S=(T,V)$，以温度和比体积为独立变量，则

$$dS=\left(\frac{\partial S}{\partial T}\right)_V dT+\left(\frac{\partial S}{\partial V}\right)_T dV \tag{3-1}$$

根据 Maxwell 关系，可得

$$\left(\frac{\partial S}{\partial V}\right)_T=\left(\frac{\partial S}{\partial T}\right)_V \tag{3-2}$$

根据链式关系及比热容定义

$$\left(\frac{\partial S}{\partial T}\right)_V=\frac{\left(\frac{\partial T}{\partial u}\right)_V}{\left(\frac{\partial u}{\partial S}\right)_V}=\frac{c_V}{T},\left(\frac{\partial S}{\partial T}\right)_V\left(\frac{\partial T}{\partial u}\right)_V\left(\frac{\partial u}{\partial S}\right)_V=1 \tag{3-3}$$

因此

$$dS=\frac{c_V}{T}dT+\left(\frac{\partial p}{\partial T}\right)_V dV \tag{3-4}$$

同理，若以 T、p 为独立变量，可得

$$dS=\frac{c_p}{T}dT-\left(\frac{\partial V}{\partial T}\right)_p dp \tag{3-5}$$

所以

$$c_p dT-T\left(\frac{\partial V}{\partial T}\right)_p dp=c_V dT+T\left(\frac{\partial p}{\partial T}\right)dV \tag{3-6}$$

可得

$$dT=\frac{T\left(\frac{\partial V}{\partial T}\right)_p}{c_p-c_V}dp+\frac{T\left(\frac{\partial p}{\partial T}\right)_V}{c_p-c_V}dV \tag{3-7}$$

以 V、p 为独立变量时，有

$$dT=\left(\frac{\partial T}{\partial V}\right)_p dV+\left(\frac{\partial T}{\partial p}\right)_V dp \tag{3-8}$$

比较上式 dT 的两个表达式，可得

$$\left(\frac{\partial T}{\partial V}\right)_p=\frac{T\left(\frac{\partial p}{\partial T}\right)_V}{c_p-c_V},\left(\frac{\partial T}{\partial p}\right)_V=\frac{T\left(\frac{\partial V}{\partial T}\right)_p}{c_p-c_V} \tag{3-9}$$

由此可得

$$c_p-c_V=T\left(\frac{\partial V}{\partial T}\right)_p\left(\frac{\partial p}{\partial V}\right)_V \tag{3-10}$$

对于实际气体，$pV=zRT$，可得

$$\left(\frac{\partial p}{\partial T}\right)_V=\frac{ZR}{V} \tag{3-11}$$

$$\left(\frac{\partial V}{\partial T}\right)_{\mathrm{p}}=\frac{ZR}{p} \tag{3-12}$$

经整理后得到

$$c_{\mathrm{p}}=c_{\mathrm{V}}+ZR \tag{3-13}$$

因此天然气的绝热指数

$$k=\frac{c_{\mathrm{p}}}{c_{\mathrm{V}}}=\frac{c_{\mathrm{V}}+ZR}{c_{\mathrm{V}}} \tag{3-14}$$

天然气绝热膨胀过程 $T_2=T_1\left(\frac{p_2}{p_1}\right)^{\frac{k-1}{k}}$，对于膨胀比确定的压力能回收系统系统，膨胀机出口温度只与进口温度和绝热指数相关。

(2) 空温式换热器复热温度

根据计算可知，经过膨胀后的天然气温度低至－20～－30℃，在低温状态下，不利于天然气安全输送，也不满足下游用户要求，因此必须提升天然气温度至0℃以上。

空气换热器属于表面式换热器，是指利用换热表面将冷、热流体隔开，并实现热流体向冷流体传递热量的设备[8]。换热器热平衡方程为

$$\Phi=\dot{m}_{\mathrm{g}}c_{\mathrm{pg}}(t_{\mathrm{g}}'-t_{\mathrm{g}}'')=\dot{m}_{\mathrm{a}}c_{\mathrm{pa}}(t_{\mathrm{a}}'-t_{\mathrm{a}}'') \tag{3-15}$$

式中 $\dot{m}_{\mathrm{g}}$，$\dot{m}_{\mathrm{a}}$——天然气、空气的质量流量，kg/s；

c_{pg}，c_{pa}——天然气、空气的比定压热容，J/(kg·℃)；

t_{g}'，t_{g}''和t_{a}'，t_{a}''——天然气和空气进、出口温度,℃。

对于空气换热器，风机功率消耗由下式计算。

$$N=\frac{26.7\times10^{-6}}{9.8\eta_1\eta_2\eta_3}HV_{\mathrm{a}}\frac{273+t}{273+20}F_{\mathrm{L}} \tag{3-16}$$

式中 N——每台风机的功率，kW；

H——风机的全风压，Pa，计算中取200Pa；

V_{a}——每台风机的风量，$\mathrm{m^3/h}$；

t——环境湿度,℃；

F_{L}——海拔修正系数，见图3-3，计算中取1.0；

η_1——风机效率，一般不低于0.65，计算中取0.80；

η_2——传动效率，直接传动为1.0，皮带传动为0.95，计算中取直接传动1.0；

η_3——电动机效率，0.86～0.92，计算中取0.92。

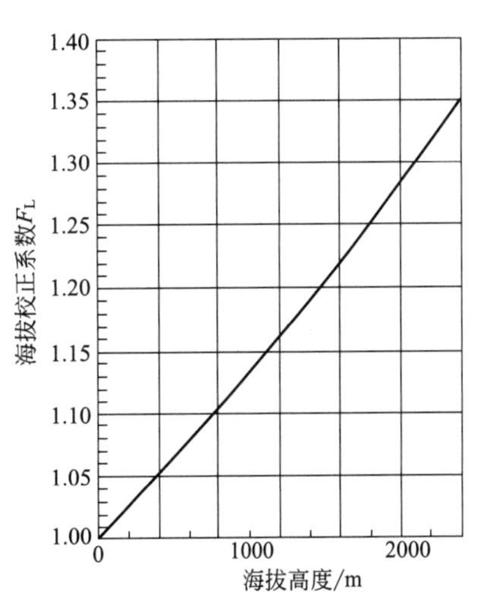

图3-3 海拔修正系数

对于风机风量，可由下式计算：

$$V_{\mathrm{a}}=\frac{\dot{m}_{\mathrm{a}}}{M_{\mathrm{a}}}\times\frac{22.4}{1000}\times3600\times1000 \tag{3-17}$$

$$V_{\mathrm{g}}=\frac{\dot{m}_{\mathrm{g}}}{M_{\mathrm{g}}}\times\frac{22.4}{1000}\times3600\times1000 \tag{3-18}$$

可得

$$V_{\mathrm{a}}=\frac{\dot{m}_{\mathrm{a}}}{M_{\mathrm{a}}}\times\frac{M_{\mathrm{g}}}{\dot{m}_{\mathrm{g}}}V_{\mathrm{g}}=\frac{M_{\mathrm{g}}c_{\mathrm{pg}}(t_{\mathrm{g}}'-t_{\mathrm{g}}'')}{M_{\mathrm{a}}c_{\mathrm{pa}}(t_{\mathrm{a}}'-t_{\mathrm{a}}'')}V_{\mathrm{g}} \tag{3-19}$$

式中 M_{a}——标况下空气平均分子量，28.8g/mol；

c_{pa}——取 1.003kJ/(kg·K)。

$$N=\frac{26.7\times10^{-6}}{9.8\eta_1\eta_2\eta_3}H\frac{273+t_a'}{273+20}F_L\frac{M_g c_{pg}(t_g'-t_g'')}{M_a c_{pa}(t_a'-t_a'')}V_g \tag{3-20}$$

假定进站天然气温度等于环境温度，进入空气换热器的天然气温度为膨胀机排气温度，经过换热后，天然气温度至少提升至 1℃；空气进入空冷器的温度为环境温度，经过换热后，空气温度至少高于天然气 4℃，即 $t_a'-t_g''\geqslant4$℃。

3.2.1.3 空温式换热器发展状况

空温式换热器以其节能环保的优势被广泛应用，现如今我国自行生产的空温式换热器的规模和装备量日益增多，但设计和制造水平均为初级阶段。首先，目前我国生产的空温式换热器缺少行业及国家标准，导致其设计制造及运行调节缺乏依据；其次，我国天然气空温式换热器的生产厂家大多是模仿国外先进的设计方案，在设计和制造中采用经验方法进行估算，忽略了实际使用中空温式换热器的传热传质过程和影响因素[9]。在研究创新和优化缺乏的条件下，与国外空温式换热器相比，我国自主生产的空温式换热器具有以下缺点：汽化量不足、流道布置不合理、造价高、占地面积大、流动阻力较大。

目前对于空温式换热器的研究还比较少，一般是依据现有的相关经验来进行设计制造，经济性和可靠性较差；空温式换热器的运行调节主要依靠工作人员的经验，与实际运行偏差较大。因此，研究空温式换热器的传热传质是一项十分重要的技术基础性工作，可为合理选择空温式换热器及其经济评价提供理论依据，也可作为工程设计的参考，具有现实意义。

轴向导热及温度场的不均匀导致该类换热器性能下降，传热效率低。

3.2.2 管壳式换热器

3.2.2.1 管壳式换热器简介

管壳式换热器具有处理能力大、适应性强、可靠性高、设计和制造工艺成熟、生产成本低、清洗较为方便等优点，是目前生产中使用最为广泛的一种换热设备。

管壳式换热器，其换热管内组成的流体通道称为管程，换热管外组成的流体通道称为壳程；管程以及壳程分别经过两个不一样温度的流体时，温度相对高的流体经过换热管壁把热量传递给温度相对低的流体，温度相对高的流体被冷却，温度相对低的流体被加热，进而完成两流体换热工艺的目标。其工作原理和结构见图 3-4。

管壳式换热器的关键是由管箱、管板、管子、壳体以及折流板等组成的一般圆筒形壳体；管子为直管或 U 形管；为把换热器的传热效能提高，也能使用螺纹管、翅片管等；管子的安排有等边三角形、正方形、正方形旋转 45°以及同心圆形等几种方式，最为常见的是前面三种。依照三角形部署时，在一样直径的壳体内能排列相对多的管子，以把传热面积增加，但管间很难用机械办法清洗；在管束中横向部署一些折流板，引导壳程流体几次改变流动目标，管子有效地冲刷，以把传热效能提高，同时对管子起支承作用。弓形、圆形以及矩形等是折流板的形状。为把壳程以及管程流体的流通截面减小、流速加快，以把传热效能提高，在管箱以及壳体内纵向安排分程隔板，把壳程分为二程以及把管程分为二程、四程、六程以及八程等[10]。

3.2.2.2 管壳式换热器工作原理

传热工作原理和结构是相互关联的。在传热计算中需要确定的传热系数与结构有关，而

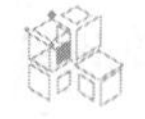

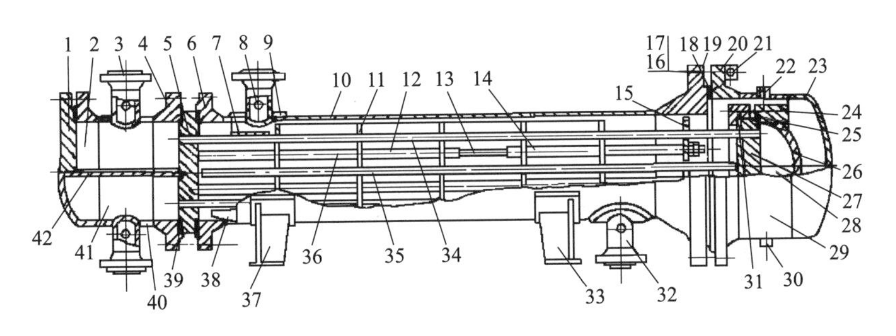

图 3-4　管壳式换热器结构图

1—平盖；2—平盖管箱（部件）；3—接管法兰；4—管箱法兰；5—固定管板；6—壳体法兰；7—防冲板；8—仪表接口；9—补强圈；10—圆筒壳体；11—折流板；12—旁路挡板；13—拉杆；14—定距管；15—支持板；16—双头螺柱或螺栓；17—螺母；18—外头盖垫片；19—外头盖侧法兰；20—外头盖法兰；21—吊耳；22—放气口；23—凸形封头；24—浮头法兰；25—浮头垫片；26—无折边球面封头；27—浮头管板；28—浮头盖（部件）；29—外头盖（部件）；30—排液口；31—钩圈；32—接管；33—活动鞍座（部件）；34—换热管；35—挡管；36—管束（部件）；37—固定鞍座（部件）；38—滑道；39—管箱垫片；40—管箱短节；41—封头管箱（部件）；42—分程隔板

结构尺寸的确定又必须根据传热方程先计算出换热面积。

结构计算的任务在于确定设备的主要尺寸，对于管壳式换热器而言则包括下列各项。

(1) 管程流通截面积

单管程换热器管程所需流通截面积 A_t 为

$$A_t = G_t / \rho_t w_t \tag{3-21}$$

式中　G_t——管程流体的质量流量；

ρ_t——管程流体的密度；

w_t——管程流体的流速。

为保证流体以选定流速通过换热器，所需管数 n 为

$$n = 4A_t / \pi d^2 \tag{3-22}$$

为满足热计算所需的传热面积 F，每根管子的长度 L 为

$$L = F / \pi d n \tag{3-23}$$

换热管长度 L 与壳体直径 D 之比（简称长径比）：

$$\text{卧式布置}:L/D = 6 \sim 10 \tag{3-24}$$

$$\text{立式布置}:L/D = 4 \sim 6 \tag{3-25}$$

如果管长过长，就应做成多流程的换热器。当管子的长度选定为 l 后，所需的管程数 Z_t 就可按下式确定。

$$Z_t = L / l \tag{3-26}$$

(2) 壳体直径

在确定壳体直径时，应先确定内径。壳体内径与管子的排列方式密切相关，在排列管子时，要考虑每一拉杆也占一根管子的位置。在多程换热器中，分程隔板和纵向隔板所占位置也增大了壳体内径。因此，在确定内径，尤其是多程换热器的内径时，最可靠的方法是作图。

下述公式可用来粗估内径 D_s：

$$D_s = (n_c - 1)s + d_o + 2b' \tag{3-27}$$

式中　d_o——管外径；

b'——管束中心线上最外层管中心至壳体内壁的距离，一般取 $b'=(l-1.5)\ d_o$；

n_c——中心管排管数。

中心管排管数 n_c 计算：

$$\text{当管子按等边三角形排列时：}n_c=1.1\sqrt{n_t} \tag{3-28}$$

$$\text{当管子按正方形排列时：}n_c=1.19\sqrt{n_t} \tag{3-29}$$

（3）壳程流通截面积

对于弓形折流板，其缺口高度 h 应能保证流体在缺口处的流通截面积与流体在两折流板间错流的流通截面积接近，以免因流动速度变化引起压降。当选好壳程流体的流速后，就可方便地确定为保证流速所需的流通截面积 A_s。

若以 A_b 表示流体在缺口处的流通截面积，则

$$A_b=\text{缺口总截面积 }A_{wg}-\text{缺口处管子所占面积 }A_{wt}$$

$$A_{wg}=\frac{D_s^2}{4}\left[\frac{1}{2}\theta-\left(1-\frac{2h}{D_s}\right)\sin\frac{\theta}{2}\right] \tag{3-30}$$

$$A_{wt}=\frac{\pi d_o^2}{8}n_t(1-F_c) \tag{3-31}$$

式中，F_c 为错流区内管子数占总管数的百分数。

$$F_c=\frac{1}{\pi}\left\{\pi+2\left(\frac{D_s-2h}{D_L}\right)\sin\left[\arccos\left(\frac{D_s-2h}{D_L}\right)\right]-2\arccos\left(\frac{D_s-2h}{D_L}\right)\right\} \tag{3-32}$$

流体在两折流板间错流的流通截面积，以中心线或靠近中心线处的流通截面积为基准，以 A_c 表示：

$$A_c=B\left[D_s-D_L+\left(\frac{D_L-d_o}{s}\right)(s-d_o)\right] \tag{3-33}$$

以上各计算式是以管子均匀排列为依据的，在其他情况下，例如分程隔板相应位置处不能排管等，则应对 A_c 加以修正。

A_s、A_b 和 A_c 之间满足以下关系：

$$A_s=\sqrt{A_bA_c} \tag{3-34}$$

（4）进、出口连接管直径

确定连接管直径的基本公式仍是连续性方程，经简化之后的计算公式为

$$D=\sqrt{\frac{4G}{\pi\rho w}}=1.13\sqrt{M/\rho w} \tag{3-35}$$

其中，流速的数值应尽量选择与设备中的相同，按上式算出的管径，还应圆整到最接近的标准管径。

（5）传热系数的确定

由于换热器传热面的几何形状复杂、冲刷传热面的条件多种多样、流体温度沿传热面变化很大以及传热面的非等温性等，确定传热系数主要通过以下三种方法。

选用经验数据：由设计者根据经验或参考书籍选用工艺条件相仿、设备类型类似的传热系数值作为设计依据。

实验测定：通过实验测定的传热系数比较可靠，不但可为设计提供依据，而且可以了解设备的性能；若能进一步测定换热系数，还可借以探讨改善设备生产能力的途径。

通过计算：在缺乏合适的经验数值或需要知道比较准确的数值时，传热系数只能通过计算获得。

对于通过管壁的传热，传热系数按下式计算：

$$\frac{1}{K_o}=\frac{1}{\alpha_i}\left(\frac{d_o}{d_i}\right)+\sum_{j=1}^{n}\frac{d_o}{2\lambda_i}\ln\left(\frac{d_{j+1}}{d_j}\right)+\frac{1}{\alpha_o} \tag{3-36}$$

若考虑管内、外污垢热阻，并假定管壁较薄，可用以下的近似公式计算传热系数。

$$\frac{1}{K_o}=\frac{1}{\alpha_i}\left(\frac{d_o}{d_i}\right)+r_{s,i}\left(\frac{d_o}{d_i}\right)+\frac{\delta_w}{\lambda_w}\left(\frac{d_o}{d_m}\right)+r_{s,o}+\frac{1}{\alpha_o} \tag{3-37}$$

一般情况下，金属壁面的导热热阻比流体的对流换热热阻小得多；对于新的或污垢热阻可忽略不计的换热器，甚至可以用下式来估计传热系数。

$$K=\frac{\alpha_o\alpha_i}{\alpha_o+\alpha_i} \tag{3-38}$$

(6) 管内换热系数

流体流过管内时的换热系数，一般是在实验基础上，将其变化规律用努塞尔数 Nu、传热因子 j_h 与雷诺数 Re 之间的关系以公式或线图的形式表示出来。

传热因子有科恩传热因子和柯尔本传热因子之分，其定义分别为：

科恩传热因子：
$$j_h=NuPr^{-1/3}(\mu/\mu_w)^{-0.14} \tag{3-39}$$

柯尔本传热因子：
$$j_H=\frac{Nu}{RePr}Pr^{2/3}(\mu/\mu_w)^{-0.14}=\frac{\alpha}{\rho\omega c}Pr^{2/3}(\mu/\mu_w)^{-0.14} \tag{3-40}$$

对于 $Pr>0.7$、$l/d\geqslant 24$ 的管内层流、过渡流与湍流时的强制对流换热，可按图 3-5 查取 j_h 值后，计算换热系数。

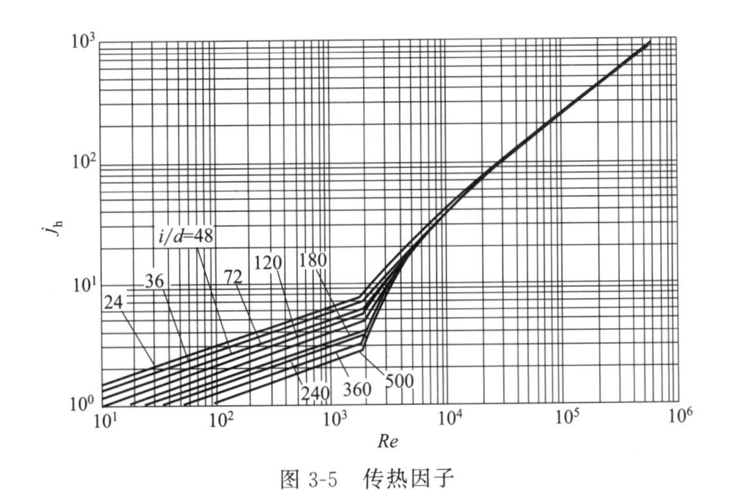

图 3-5 传热因子

(7) 壳程换热系数

对于具有弓形折流板的情形，采用比较多的方法是贝尔法，其中心内容是首先假定全部壳程流体都以错流形式通过理想管束，求得理想管束的传热因子；然后根据换热器结构参数及操作条件的不同，引入各项校正因子修正。

由图 3-6 可查出在换热器中心线处，假定壳程流体全部错流流过管束，在此理想管束中纯错流时的柯尔本传热因子 j_H。

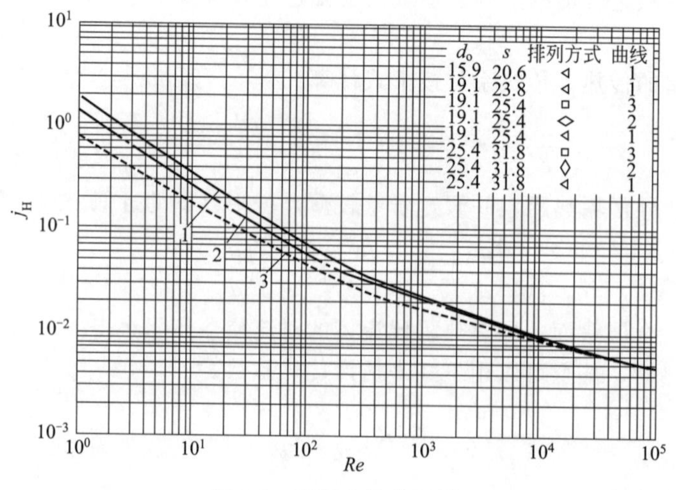

图 3-6 柯尔本传热因子

折流板缺口校正因子 j_c 由图 3-7 查取，对于缺口处不排管的结构 $j_c=1$。

折流板泄漏影响校正因子 j_l 由图 3-8 查取。

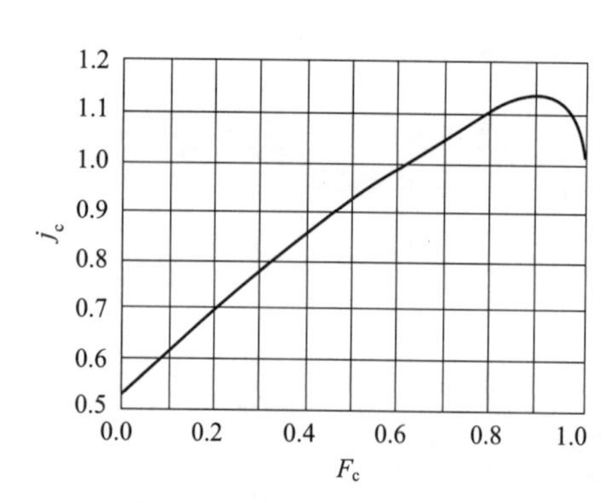

图 3-7 折流板缺口校正因子

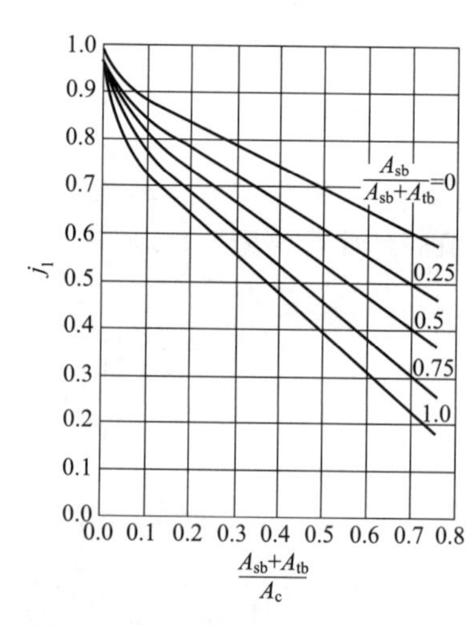

图 3-8 折流板泄漏影响校正因子

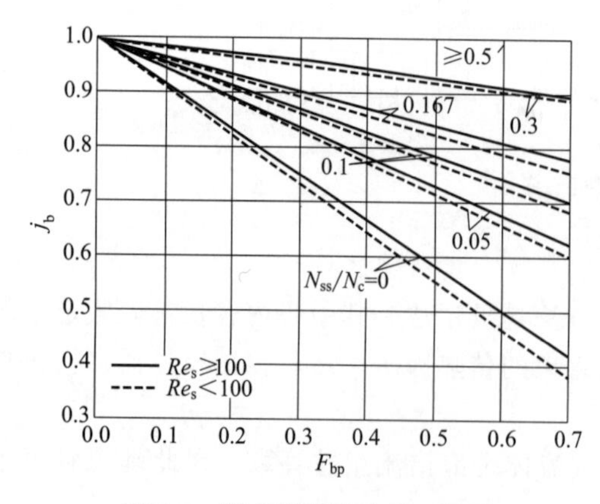

图 3-9 管束旁流影响校正因子

管束旁流影响校正因子 j_b 由图 3-9 查取。

换热器进、出口段折流板间距不等时的校正因子 j_s：

$$j_s=\frac{(N_b-1)+\left(\frac{B_i}{B}\right)^{1-n}+\left(\frac{B_o}{B}\right)^{1-n}}{(N_b-1)+\left(\frac{B_i}{B}\right)+\left(\frac{B_o}{B}\right)} \tag{3-41}$$

式中，当 $Re \geqslant 100$ 时，$n=0.6$；当 $Re<100$ 时，$n=\frac{1}{3}$。

计算壳程传热因子 j_o：

$$j_o = j_H j_c j_l j_b j_s \tag{3-42}$$

3.2.2.3 管壳式换热器发展状况

中间介质汽化器 IFV（intermediate fluid vaporizer）是一种新型的汽化器，其换热效率较高，能适应不同水质的海水，同时可很好地解决低温天然气换热过程中的结冰问题[11]。一般选用丙烷作为换热介质。换热过程中，丙烷进行气-液态的闭式循环，无需重复添加。丙烷的沸点为零下 40℃，用丙烷作为中间介质来换热，可以避免海水与低温天然气直接换热导致的结冰问题，增强传热效果。IFV 的工作原理如图 3-10 所示。

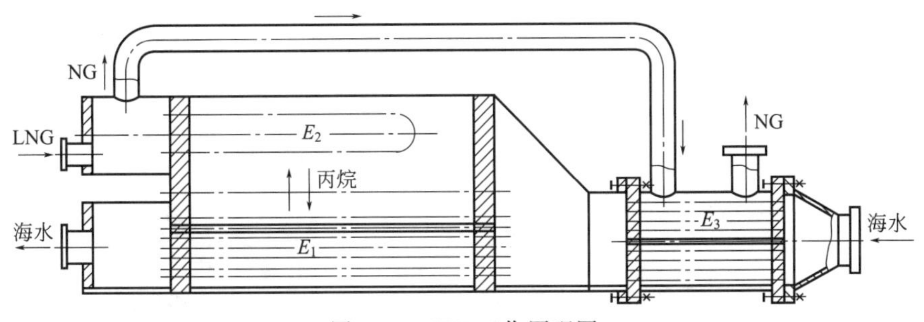

图 3-10　IFV 工作原理图

目前关于 IFV 的科研成果较少，基本上都是模拟分析其传热过程特性。Liang Pu 等建立了集成 IFV 的系统物理以及数学模型，总结得到增大 LNG 入口压力，LNG 的出口温度、调温器的热负荷都有所提高。白宇恒、廖勇等将 IFV 中蒸发器、凝结器和调温器分离开建立一维模型，计算出各换热器的换热面积以及换热管数量等重要参数；Xu 等从水浴工质角度分析了不同制冷剂对总传热面积的影响，得出使用丙烯、二甲醚和甲烷有利于加强传热[12]。

佛山杏坛 LNG 冷能用于冷库项目、梅林 LNG 冷能用于冰蓄冷空调项目、潮州港华 LNG 冷能用于除雾制冰项目等均采用中间介质汽化器进行换热，而影响中间介质汽化器换热效率的关键在于换热管的选择。由于换热管涉及众多行业，是国家发展工业、设备制造等许多过程中必不可少的设备，同时也是社会发展过程中，所需要进行的环保及节能减排工作的关键设备，用强化型高效传热管取代原来的普通光滑圆管，可以显著提高换热效率，降低单位换热量所需要的设备费用。故几十年来各国学者一直对换热管强化传热技术进行不断探索。从传统的二维强化到三维，目前研究的较高效的换热管有加翅片型换热管、螺旋槽管、不连续双斜向内肋管、螺旋扁管、波纹管等，使换热效率显著提高，减少换热管长度及换热器的占地面积。以上换热管的作用原理主要分为管内强制对流强化换热及管外强化换热，或将二者结合起来增强传热效果。下面对各换热管进行讨论分析。

(1) 加翅片型换热管

加翅片型换热管即通过机械工艺在光滑圆管的外表面或内表面加上翅片，通过增加换热面积及减薄附在管上边界层的厚度，达到强化换热的目的。最初采用的整体翅片管主要为低肋管，而后德国 Wieland 公司又在低肋管的基础上，开发出 V 字形的 GEWA 翅片管，该管的管外冷凝传热系数是低肋管的 1.2～1.6 倍。

随着机械加工技术的提升，三维翅片管——翅片 C 管出现。翅片 C 管由于其三维的翅片结构，增加了液膜的表面张力，从而减薄液膜的厚度，强化传热。翅片 C 管的冷凝传热系数是低肋管的 1.5～2 倍，相对于 GEWA 翅片管的换热效率亦有明显提高。

由于三维翅片管优秀的换热效果，随后日本也制造了凝结换热效果与翅片 C 管相当的 CCS 管，后来华南理工大学开发了锯齿形翅片管、花瓣形翅片管、A 形翅片管等。其中，当冷凝传热温差相同时，锯齿形翅片管的冷凝传热系数是普通低肋管的 1.5～2.0 倍；而当热流密度相同时，花瓣形翅片管的换热性能比锯齿形翅片管还好，其凝结换热系数相当于普通光滑圆管的 14～20 倍；A 形翅片管的冷凝换热性能相当于普通光滑圆管的 7 倍。除此之外，新研发的三维翅片换热管还有斜翅管、矩翅管等，换热性能比翅片 C 管有所提升[13]。图 3-11 展示了几种三维翅片换热管的表面结构。

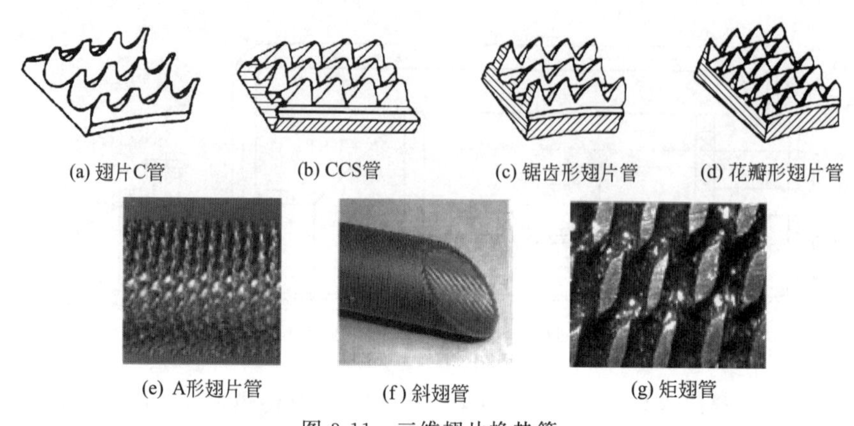
(a) 翅片C管　(b) CCS管　(c) 锯齿形翅片管　(d) 花瓣形翅片管

(e) A形翅片管　(f) 斜翅管　(g) 矩翅管

图 3-11　三维翅片换热管

综合来看，从加工难易程度及换热性能两方面作对比，花瓣形翅片管为目前加翅片型换热管的优先选择。

(2) 螺旋槽管

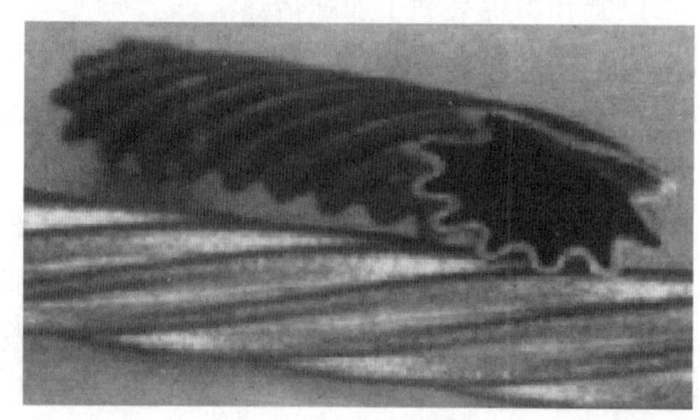
图 3-12　螺旋槽管

螺旋槽管如图 3-12 所示。由于螺旋槽管管内壁上的螺旋形凹槽，使得冷媒在近壁面流动时产生一种附加的螺旋形流动，可以减薄边界层厚度及减小热阻；且管外冷凝液在表面张力和螺旋形排液通道的作用下产生了较高的离心力，有利于排出冷凝液，减少液膜厚度。经大量测试，螺旋槽管的管外传热系数约为光滑管的 1.5 倍，整体传热性能较光滑圆管提高 2～4 倍。但螺旋槽管由于槽的存在，容易结垢，长时间使用亦会影响换热效率[14]。

(3) 不连续双斜向内肋管

不连续双斜向内肋管是采用对流换热场协同理论的一种新型换热管，不同于传统在换热管表面安装涡流发生器的方法，它是直接在换热管的内壁面形成许多不连续的、与轴线有一定夹角并向两个不同方向倾斜的条状凸起物——双斜内肋，使管内发生多纵向涡流，达到强化传热的目的。不连续双斜向内肋管[15] 如图 3-13 所示。

(4) 螺旋扁管

螺旋扁管是先将普通圆管用模压机直接压扁，再通过选择固定值的节距将扁管扭曲旋转。螺旋扁管的横截面一般为椭圆形或扁圆形，管体沿轴向连续均匀螺旋变形。螺旋扁管可以使管程流体和壳程流体均产生旋转流动。流体在螺旋通道内向前流动的过程中连续地改变方向，会产生垂直于主流方向的二次流，加强流体的湍流程度，从而减少换热边界层的厚度。管外冷凝传热过程中换热表面曲率半径发生变化，有助于冷凝液的排除，因此传热阻力较小，从而达到强化传热的目的。同时由于其特殊的螺旋结构，还促进了污垢的自清洁，抗结垢能力强。而且螺旋扁管换热器壳程不需要折流板，避免了流动死区的产生。图 3-14 是螺旋扁管的结构示意图[16]。

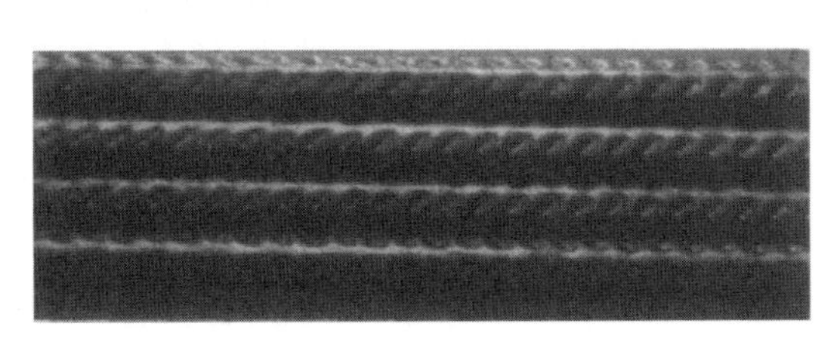

图 3-13　不连续双斜内肋管

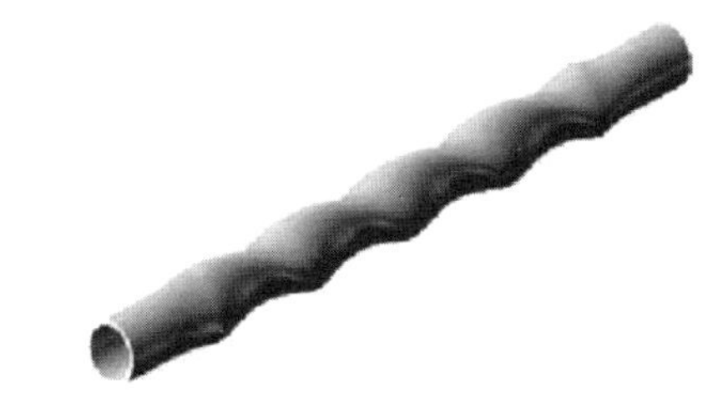

图 3-14　螺旋扁管

(5) 波纹管

波纹管是近年来强化传热领域出现的新的换热管。波纹管表面波纹曲率很小，冷凝液膜受表面张力的影响使波峰区液膜变薄，且内壁存在两次反向扰动而破坏了边界层，所以管内传热系数也有所增大[16]。波纹管的传热系数在珠状传热时，是光滑圆管的 6～9 倍。波纹管结构如图 3-15 所示。

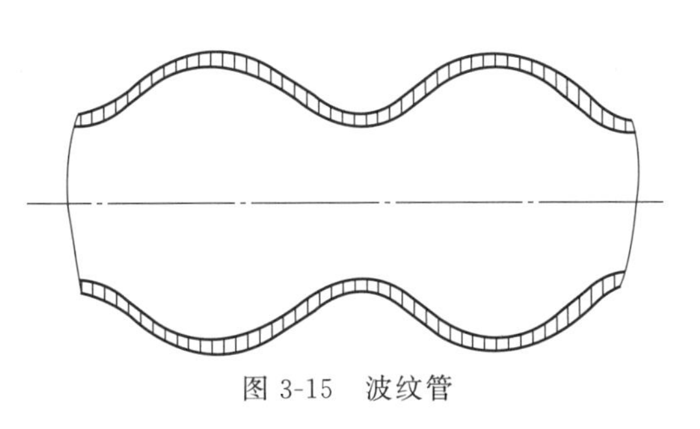

图 3-15　波纹管

虽然换热管的研究有许多，但目前应用在 LNG 冷能回收利用领域的只有光滑圆管。而 LNG 低温强化传热的理论研究及换热设备的研究，对 LNG 冷能利用过程至关重要，具体表现在：

① 提高 LNG 冷能回收利用效率。LNG 低温换热研究可以更好地帮助我们了解 LNG 换热过程中影响换热效率的各种因素，可针对性地改善可变因素，提高换热效率，从而提高 LNG 冷能的回收利用效率。

② 降低企业生产成本。由于 LNG 低温换热研究可以帮助提高 LNG 冷能回收利用效率，因此可以使企业捕获更多冷量从而提高收益。即使当所需冷量固定时，进行 LNG 低温换热研究也可以使换热设备换热面积变小，降低换热设备制造成本。

从以上分析可知，LNG 低温换热具有很大优点。我国 LNG 接收站及卫星站众多，若均能有效提高 LNG 冷能回收利用效率，则该能量及价值巨大，故在 LNG 冷能利用过程中进行 LNG 低温换热研究具有必要性。

3.2.2.4　换热介质

换热介质选择的适当与否对天然气冷能的利用率和设计方案的整体循环性能有直接影响，选择合适的换热介质非常重要。目前市场上常见的制冷介质有无机物、氟利昂、碳氢化合物及混合制冷剂四大类，每一类又包括多种工质，不同制冷工质具有各自的特点，下面一一简单介绍。

(1) 无机物

氨是一种无色有刺激性臭味的气体，常压下它的蒸发温度是−33.4℃，凝固温度是−77.7℃，临界温度132.4℃，临界压力11.5MPa。氨在常温常压下不燃烧，但氨气与空气的混合气体能发生爆炸，爆炸极限为13%～27%。由于氨的比热容较大，约为4.55kJ/(kg·℃)，单位制冷量大，热导率高，因此液氨常被作为制冷剂而广泛应用。但是氨对一些金属具有腐蚀性，它强烈的刺激性对人体器官危害很大。液氨一旦泄漏，不仅会造成食品污染、人员中毒，而且容易引起火灾、发生爆炸。另外，氨的凝固点相对于LNG的温度来说较高，如果用来作冷媒和LNG换热，则容易发生凝固、阻塞管路。盐水也是最常用的载冷剂。常用的盐水溶液主要有氯化钠水溶液和氯化钙水溶液。盐水的性质与溶液中的含盐量有关，浓度决定了它的凝固点。盐水溶液的凝固点随浓度的变化呈先降后升的趋势，存在一个最低凝固点，这是因为盐和水生成了共晶体，该点称为冰盐共晶点，此时对应的浓度称为共晶浓度；当盐水的浓度小于共晶浓度时，其凝固温度随浓度的增加而降低，当浓度大于共晶浓度后，凝固温度随浓度的增加反而升高。冰盐共晶点时，全部盐水溶液冻结成一块冰盐结晶体。共晶点之前的盐水溶液，浓度不变、温度降低时，析出的晶体是盐和冰；共晶点后面的盐水溶液，浓度不变、温度降低时，析出的晶体则是结晶盐。氯化钠盐水的共晶温度为−21.2℃，共晶浓度为22.4%；而氯化钙盐水的共晶温度为−55℃，共晶浓度为29.9%[17]。

(2) 氟利昂

氟利昂又称“氟氯烷”或“氟氯烃”，是几种氟氯代甲烷和氟氯代乙烷的总称。它是一种透明无味的制冷剂，化学性质稳定，具有低毒、不易燃烧、介电常数低、临界温度高、易液化等特征，广泛用作冷冻设备和空调装置的制冷剂。不同化学组成和结构的氟利昂制冷剂热力学性质相差很大，常用的氟利昂制冷剂有二氟二氯甲烷（R12）、二氟一氯甲烷（R22）、三氟甲烷（R23）及四氟乙烷（R134A）等，它们的主要物性参数如表3-1所示。

表3-1 常用单工质冷媒物性参数

制冷剂	分子式	常压沸点/℃	凝固点/℃	临界温度/℃	临界压力/MPa	比热容/[kJ/(kg·℃)]
R12	CF_2Cl_2	−29.8	−158	112	4.12	1
R22	CHF_3Cl	−40.8	−160	96.1	4.97	1.4
R23	CHF_3	−82.1	−155.2	25.8	4.79	6.5
R134A	CH_2FCF_3	−26.1	−96.6	101.1	4.06	1.4

由于R12、R22会造成严重的臭氧层破坏，因此根据国际协议《蒙特利尔议定书》和《京都议定书》，将对它们进行有计划的淘汰。R134A主要作为R12的环保替代品，广泛用于制冷空调系统，还可作为医药、化妆品等产品的气雾推进剂、阻燃剂及发泡剂，以及一些共沸混合制冷剂（如R404A等）的配制原料。R134A的ODP（消耗臭氧潜能值）为0，GWP（全球变暖潜能值）为875，在国内普遍被视为环保制冷剂。但是由于GWP过高，在欧洲存在很大争议，目前已经被列入淘汰程序。所以R134A只是作为向环保产品过渡中的替代品，全面淘汰只是时间问题。

(3) 碳氢化合物

可作为冷媒的碳氢化合物主要包括丙烷、丁烷、乙烯、乙醇、乙二醇等，如表3-2所示；它们有良好的温度特性，不仅能满足制冷过程的温度需求，而且多数凝固点低，能避免被凝固。碳氢化合物制冷剂的 ODP 为零，GWP 值也很小，与水不起化学反应，不腐蚀金属，可直接从石油天然气等化工流程中提取，价格便宜[18]。但是碳氢化合物是易燃易爆的，而且有的具有毒性，使用时要着重考虑系统的安全性问题。

表 3-2　常用碳氢化合物制冷剂物性参数

制冷剂	分子式	常压沸点/℃	凝固点/℃	临界温度/℃	临界压力/MPa
乙烷	C_2H_6	−88.6	182.8	32.1	4.93
丙烷	C_3H_8	−42.2	−187.7	96.8	4.25
正丁烷	C_4H_{10}	−0.6	−135	153	3.53
异丁烷	$CH(CH_3)_3$	−11.7	−159.6	134.7	3.64
乙烯	C_2H_4	−103.7	−169.5	9.5	5.06
丙烯	C_3H_6	−47.7	−185	91.4	4.6
乙醇	C_2H_5OH	78	−117.3		
乙二醇	$(CH_2OH)_2$	197.3	−11.5	372	7.7

(4) 混合制冷剂

混合制冷剂主要是指由单工质的氟利昂混合而成的制冷剂。单工质氟利昂制冷剂如 R134A，其标准沸点仅为−26.1℃，限制了它在低温下的应用；而混合制冷剂由两种及以上工质组成，各单工质之间相互补充，使混合工质表现出更加优良的性能。常见混合工质制冷剂及其物理性质如表 3-3 所示。

表 3-3　常见混合工质制冷剂及其物理性质

物理性质	单位	R502	R407C	R404A
分子量	g/mol	111.6	86.2	97.6
常压沸点	℃	−45.4	−43.6	−46.5
凝固点	℃	−160	−115	
临界温度	℃	89.9	86.7	72.4
临界压力	MPa	4.07	4.62	3.74
25℃下蒸气压力	MPa	1.16	1.17	1.25

其中，R502 是出现最早且目前应用较多的混合制冷剂，它是由 R22 和 R115（C_2F_5Cl）以质量百分比 48.18∶51.82 组成的共沸混合物。由于 R502 对大气层中的臭氧有严重的破坏作用，目前已经被国际相关协议列为淘汰产品。R407C、R404A 是近些年随着制冷剂替代步伐的加快和混合工质制冷剂研究的深入，研制出的 R502 替代制冷剂，是目前比较成熟的环保型混合制冷剂。

R407C 是由 R32、R125（CHF_2CF_3）和 R134A 按照质量百分比 23∶25∶52 混合而成的近共沸制冷剂，虽然它的主要成分仍是 R134A，但是由表 3-1 和表 3-3 可知，与 R134A 相比，R407C 的沸点、凝固点及临界温度均降低，说明 R407C 性质更加优良，能够作更低温度带的制冷剂。但是，R407C 属于“非共沸的混合工质”，它的一个组分容易发生泄漏，使得其制冷温度发生变化，而且一旦发生组分泄漏，只能对系统进行液态重注，造成的损失巨大。

R404A 是一种对臭氧层不起破坏作用的近共沸混合制冷剂，其物理性质及其具体组成分别如表 3-1、表 3-3 所示。它是商用制冷剂 R502 与 R22 的长期替代品，广泛适用于冷冻柜、冷库、制冰机等领域，在设备中具有优良的性能[19]。

表 3-4 混合制冷剂 R404A 的物理组成

制冷剂	R125	R143A	R134A
分子式	CHF_2CF_3	CH_3CF_3	CH_2FCF_3
分子量	120.03	84.04	102.03
重量百分比	44%	52%	4%
常压下沸点	−48.5℃	−47.3℃	−26.2℃
凝固点	−103℃	−111℃	−96.6℃
ODP	0	0	0
GWP	0.65	0.76	0.25
毒性	低毒性	低毒性	低毒性
极性	强极性	强极性	强极性
在空气中的可燃性	不可燃	弱可燃性	不可燃

由表 3-4 可知，R404A 是由 R125、R143A 及 R134A 组成的三元非共沸混合工质；由于其各组分均为低毒性物质，且为物理混合，因此 R404A 为低毒性物质。三种组分中 R143A 为弱可燃性，但 R125 能起到抑制 R143A 可燃性的作用，因此 R404A 整体是不可燃的，属于 A1/A1 类型，即在任何泄漏工况下，泄漏出来的 R404A 组分及其留在容器内部未泄漏的组分均是不可燃烧的。因为 R404A 中各组分的强极性，R404A 不能与矿物油和烷基苯油混溶，但能与酯类油 POE 混溶。R404A 制冷剂泄漏对其制冷性能影响不大，其变化值在工程允许范围之内。

3.3 压力能发电系统及设备

3.3.1 磁力发电机原理

磁力发电机通常由定子、转子、端盖及轴承等部件构成。定子由定子铁芯、线包绕组、机座以及固定这些部分的其他结构件组成。转子由转子铁芯（或磁极、磁轭）绕组、护环、中心环、滑环、风扇及转轴等部件组成。由轴承及端盖将发电机的定子、转子连接组装起来，使转子能在定子中旋转，做切割磁力线的运动，从而产生感应电势；通过接线端子引出，接在回路中，便产生了电流[20]。

磁力连轴设计主要从磁力驱动器选型、永磁体排列形式设计、磁性材料选择、永磁体极数确定、永磁体厚度确定等角度分析磁传动装置的设计。

3.3.1.1 磁力驱动器选型

根据结构的不同，磁力驱动器可分为圆筒式和圆盘式两种，如图 3-16 所示。圆盘式磁力驱动器多应用于小功率磁传动机械上，而圆筒式由于可设计成多行排列式，能满足大功率传动需求。由于本设计属于小功率发电机设计，再结合这两者制作难易程度以及占用空间大小，因此拟选用圆盘式结构。

3.3.1.2 永磁体排列形式设计

根据永磁体排列形式的不同，磁路的形式主要有间隙分散式和组合推拉式两种。间隙分散式的永磁体间按固定长度的间隙排列。分析表明，组合推拉式不仅比间隙分散式能传递更大的磁场能量，还可排列较多的永磁体以减小占用空间（图 3-17）。因此选用组合推拉式。

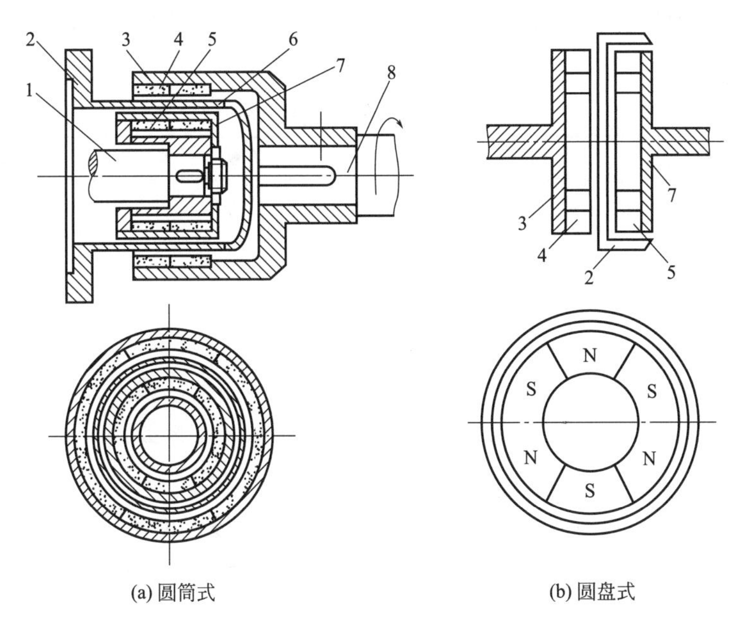

图 3-16 磁力驱动器类型

1—从动轴；2—隔离套；3—外磁转子；4—外磁转子用永磁体；
5—内磁转子用永磁体；6—工作间隙；7—内磁转子；8—主动轴

3.3.1.3 磁性材料选择

磁性材料选择的原则有：一是高剩余磁感应强度 B_r，以保证较大的磁转矩；二是高矫顽力 H_c，不易退磁；三是在一定温度范围内，磁性变化不大。根据表 3-5 中常用永磁体磁性性能数据，结合本文设计工作温度范围，拟选用钕铁硼材料作为本设计的永磁材料。

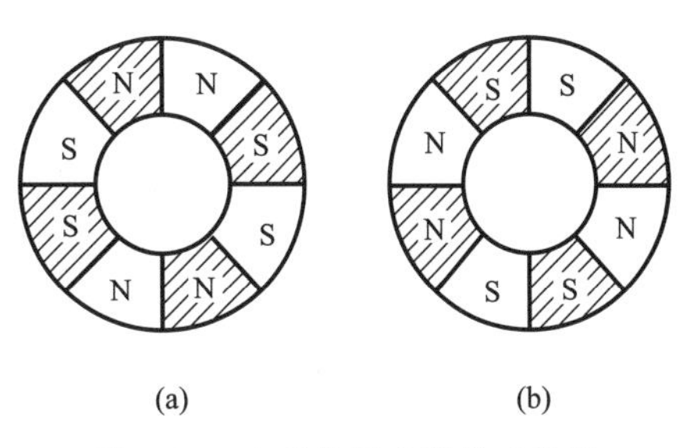

图 3-17 永磁体组合推拉式排列

表 3-5 常用永磁材料性能参数表

性能	单位	铁氧体	Sm_2Co_{17}(钐钴)	Nd-Fe-B(钕铁硼)	AlNiCo(铝镍钴)	FeCrCo(铁铬钴)
剩磁 B_r	T	≥0.39	≥1.05	≥1.17	≥1.15	1.4
磁感应矫顽力 H_{cB}	kA/m	≥240	≥676	≥844	≥127.36	51.74
内禀矫顽力 H_{cj}	kA/m	≥256	≥1194	≥1595	≥127.36	52.54
最大磁能积 $(BH)_{max}$	kJ/m^3	≥27	≥209.96	247～263	≥87.56	47.76
B_r 温度系数	%/℃	−0.18	−0.03	−0.126	−0.02	−0.03
可逆磁导率 μ	H/m	1.1	1.03	1.05	1.3	2.6
居里温度 T_c	℃	460	670～850	340～400		
抗弯强度	MPa	127.4	117.6	245		
抗压强度	MPa		509.6	735		
热膨胀系数	$\times10^{-6}$/℃	11	9	3.4(//) −4.8(⊥)	11	12

3.3.1.4 永磁体极数确定

磁极数是转矩的直接影响因素。若磁极数太少，则不利于静磁能的储存，从而使磁能的传递量减少；反之磁极数太多，那么磁极之间的漏磁量也会随之增多，传递磁能的效率随之下降，转矩也会下降。表 3-6 为磁极数与转矩的关系。

表 3-6 磁极数与转矩关系

磁极数	转矩/N·m	磁极数	转矩/N·m
4	76.6	14	166.1
6	104.7	16	308.1
8	144.5	18	345.3
10	185.2	20	322.4
12	225.6	24	380.5

可以看出，当磁极数越多时，磁转矩值越高。但由于磁极数越多，组装磁力联轴器的难度也越大，且设计工艺的功率要求较小，因此拟采用较低的磁极数。

3.3.1.5 永磁体厚度确定

结合转矩以及单位厚度利用率，可以大致得出永磁体较为理想的厚度为 4～10mm。永磁体理想厚度也和工作气隙大小有关，见表 3-7。综上，设计永磁体厚度为 6mm。

表 3-7 工作气隙与最佳磁极厚度的关系 mm

工作气隙	最佳磁极厚度	工作气隙	最佳磁极厚度
4	4～6	9	7～9
6	6～8	12	8～10

3.3.1.6 磁转矩的计算

磁力驱动器的传递转矩，平面轴向式的磁传递转矩计算公式如下：

$$T=\frac{1}{2}\times\frac{V_m B_r^2 r L_m}{\mu_0 L_g^2}\times\frac{K_f}{K_r}\times\frac{\sin\phi\cos^2\phi}{[1+(K_f/K_r)\times(L_m/L_g)\cos\phi]^2} \tag{3-43}$$

式中 V_m——主动轴和从动轴上全部永磁体的体积，m^3；

L_m——永磁体平均轴向长度，m；

L_g——主、从动轴的轴向间隙，即气隙厚度，m；

r——永磁体分布的平均半径，m；

μ_0——磁常数，$\mu_0=4\pi\times10^{-7}$ H/m；

B_r——永磁体剩磁，T；

K_f，K_r——主、从动轴产生相对转动时的漏磁系数和磁阻系数，不考虑漏磁的影响，$K_f/K_r=1$。

$$\tan\phi=r\theta/L_g$$

式中，θ 为主、从动轴的相对转角，rad。

3.3.1.7 不同磁极数、不同磁体半径磁力传动轴功率的预测分析

磁力传动系统输出功率公式如下：

$$P=\frac{Tn}{9550} \tag{3-44}$$

根据永磁体与管道的位置关系可得气隙厚度与管道外径和永磁体外径的关联式：

$$L_g=R-\sqrt{R^2-R_0^2}+\delta+\delta_1+\delta_2 \tag{3-45}$$

式中　L_g——气隙厚度，m；

R——管道外径，m；

R_0——永磁体外径，m；

δ——管道壁厚，m；

δ_1，δ_2——永磁体与管壁间隙，m。

假设管道内径为80mm，根据上式可得不同磁极数和不同永磁体半径组合在不同转速下的轴功率，如表3-8所示。

表3-8　不同磁极数和不同永磁体半径的磁力轴功率　　kW

磁极数	转速/(r/min)	永磁体半径/m				
		0.01	0.02	0.03	0.04	0.05
$m=2$	50	0.0002	0.020	0.0052	0.0086	0.0107
	100	0.0004	0.0039	0.0105	0.0173	0.0214
	200	0.0009	0.0078	0.0210	0.0345	0.0428
	400	0.0017	0.0157	0.0420	0.0691	0.0856
	800	0.0035	0.0313	0.0840	0.1382	0.1711
$m=4$	50	0.0007	0.0050	0.0125	0.0208	0.0269
	100	0.0014	0.0099	0.0251	0.0416	0.0539
	200	0.0028	0.0199	0.0502	0.0833	0.1077
	400	0.0056	0.0398	0.0833	0.1665	0.2155
	800	0.0113	0.0795	0.1665	0.3331	0.4310

设磁传动轴效率为50%，选择磁极数为4，永磁体半径为0.05m，设计的磁力连轴符合设计要求。

3.3.2　压力能发电设备

传统的可用于压力能回收的装置包括节流阀、涡流管、气波制冷机、透平膨胀机、单双杆膨胀机、流体马达等。节流阀为传统调压装置，高压天然气流经节流阀的过程可近似为等焓节流。在这个过程，大量的流体机械能转化为冷能散失在环境中，降低能量利用率。涡流管是一种可将气体压力能转化为热能和冷能的装置，在天然气门站方面多运用于加热和副产LNG[21]。气波制冷机是一种利用气体的压力能产生激波和膨胀波使气体制冷的设备。上述三种装置多用于天然气冷能的开发，天然气压力能发电多用膨胀机以及流体马达。

3.3.2.1　透平膨胀发电机

透平膨胀机是利用压缩气体在通过喷嘴和工作轮时膨胀，推动工作轮回转输出外功，同时使本身冷却的。如果压缩气体的膨胀过程完全在喷嘴中进行，工作轮仅受气流的冲动作用，称为冲动式透平膨胀机；如果在工作轮流道中还继续着气体的膨胀，工作轮除接受从喷嘴来的动能外，还利用反作用原理产生向前的推力，称为反动式透平膨胀机。冲动式透平膨胀机因具有较大的速度和气体转折角，使其损失高于反动式，绝热效率远比反动式低，目前已很少采用。透平膨胀机的工作过程与透平式压缩机正好相反。

根据结构与工作参数，透平式膨胀机还分为：按照流向可分为轴流、径流（向心与离心）与径-轴流；按照结构划分为立式与卧式；按照膨胀方式分为单级与多级；按照压力等级分为低压

（从 0.5～0.6MPa 膨胀到 0.13～0.14MPa）、中压（从 1.6MPa 左右膨胀到 0.1MPa 或 0.5～0.6MPa）与高压（从 4.0MPa 膨胀到 1.6MPa），大型（大于 10000m^3/h）、中型（4000m^3/h 左右）、小型（1000m^3/h 左右）与微型（250m^3/h 左右），低速（1500～3000r/min）、中速（3000～4000r/min）与高速（高于 40000r/min）等[22]。

透平膨胀机存在许多优点：膨胀效率高，可达到 80%甚至以上（压力越高，效率越高）；重量相对较轻，体积不大；工质气量处理范围广（几千至几十万标准立方米每小时）等。但同时透平膨胀机结构复杂、制造成本高。

3.3.2.2 螺杆膨胀发电机

螺杆膨胀机是活塞式膨胀机的一种，其对热源要求不高，使用范围广，并且安装施工比较简单。与汽轮机相比较，造价低，适应性强，能够适应多种工质，如饱和蒸汽、过热蒸汽、热水（包括高盐分热水）和汽水两相流体等工质。螺杆膨胀机在负荷变化不超过 50%范围内能平稳可靠地工作，在低负荷状态下仍能维持 45%以上的内效率，这是螺杆膨胀机最大的优势。

螺杆膨胀机具有活塞式膨胀机和透平膨胀机均不具有的独特优点，这是由于其间隙密封，因而对进气为含有液滴的湿蒸汽具有良好的适应性。液滴在进气为湿蒸汽的情况下对密封起到加强作用。螺杆膨胀机工作介质的进气口状态可以是干蒸汽、二相流体或者全液体，也就是它可作为全流膨胀机使用。在螺杆膨胀机中，高压介质直接作用于转子的齿面上，因此具有近似于直流电动机启动时的转矩特性，即能进行重负荷启动。螺杆膨胀机的转速较低，一般约为同容量透平膨胀机转速的 1/10，因而可不通过减速装置而直接驱动发电机或其他低速耗能机械，并且轴封的效果好、寿命长[23]。

可见，螺杆膨胀机的优点主要体现在以下几个方面，它是一种能适应过热蒸汽、饱和蒸汽、汽水两相流体和热水（包括高盐分热水）等多种工质的容积式全流动力设备，并且设备紧凑、占地少、工程施工量小；单机功率为 50～200kW；在热源参数、功率及热负荷 50%变化范围内，能保持平稳工作，且有较高的运行效率；相比同功率汽轮机，有较高的内效率，一般在 65%以上；无级调速，转速一般设计为 1500～3000r/min；启动不需要盘车、暖机；操作方便，运行维护简单，而且具有除垢自洁能力，大修周期长；噪声低、平稳、安全可靠，可全自动无人值守运行。

由上述螺杆膨胀机的优点可以发现：螺杆膨胀机是当前唯一能适应过热蒸汽、饱和蒸汽、两相湿蒸汽及热水液等多种不同气液状态的动力机，能很好地适应负荷、参数（压力、流量及干湿度）波动范围大的工质，设备运行稳定、高效。但同时，螺杆式膨胀机存在占地面积大、体积笨重等不足。

3.3.2.3 活塞膨胀发电机

活塞式膨胀机是利用气体在气缸容腔中膨胀对外做功，通过曲柄连杆机构传给曲轴、曲轴连轴变速箱及发电机，驱动发电机发电的。根据结构划分，活塞式膨胀机分为立式与卧式。根据工作压力划分，可分为：高压（16～20MPa 膨胀至 0.6～0.7MPa）、中压（2～6MPa 膨胀至约 0.6MPa）与低压（0.6～1MPa 膨胀至约 0.13MPa）。膨胀等级可以分为单级膨胀和多级膨胀。

活塞式膨胀机多用电动机制动，膨胀机产生的功通过发电机输入电网，启动时电动机带动膨胀机运转。调节活塞式膨胀机产冷量的方法有改变膨胀机转速、改变充气度（即改变进气量）和节流调节（降低进气压力）三种。改变膨胀机转速的方法，可用于采用压缩机制动或直流电动机制动的膨胀机，不适用于采用一般转速不可调节的交流电动机制动的膨胀机；节流调节虽最为简单，但最不经济；改变充气度的方法，由于充气度改变时，特别是在接近最佳充气度范围内改变时，对绝热效率的影响不大，因此目前被广泛采用。

活塞式膨胀机的性能指标主要包括：绝热焓降（理想单位产冷量）、实际焓降（实际单位产冷量）、单位冷量损失、绝热效率。其中，绝热效率是最能体现膨胀机性能好坏的关键指标。活塞式膨胀机的进气压及进气温度对膨胀效率的影响并无较大差别，主要差异体现在工质气量的不同，绝热效率基本能保持在60%～80%之间[24]。

由上述活塞式膨胀机的工作原理可知，这种膨胀机在启动时通过电动机运转带动膨胀机运转，主要还是为了获得冷能。另外，活塞式膨胀机附属设备较多、操控复杂、操作弹性小。

3.3.2.4 星旋流体马达

近几年，节能减排、余压废气利用被提到政策层面上予以支持。余压气体有压降后，一方面压力降产生动能，另一方面气体变冷，变成低温流体的冷能。膨胀机可应用于余压气体的回收，主要是为了获得低温流体，而对于动能方面，可以通过连轴技术，形成膨胀机＋连轴＋发电机的模式。星旋流体马达是最近研制出来的高科技产品，在压力能回收方面基本可覆盖膨胀机的使用范围，并且具有无油结构、低转速、高扭矩、低能耗、低成本、寿命长、易维护、体积小、重量轻等多项技术优势。星旋流体马达的最大特征为全流体（气体/液体/油/含杂质的混合流体）、全压力（0.02～10MPa）、全功率（1～1000kW），可应用于直接取代各种膨胀机、微型燃气轮机和蒸汽轮机、气动/油压/水压马达、各种发动机、新型气动能发电机组等领域。采用星旋流体马达解决余压的回收是具有重要意义的。

星旋流体马达内部有若干个工作容腔，这些工作容腔是由马达的定子和转子组成的密闭空间，工作容腔的容积大小随转子的转动而改变。当有压力的流体通过星旋流体马达上的入口进入工作容腔时，此时工作容腔的容积最小，随着流体膨胀，工作容腔的容积增加，推动转子运转。当工作容腔达到最大容积时，整个工作容腔的位置随着转子的运转而到达星旋流体马达的出口位置，流体从出口排出。如此是星旋流体马达一个工作容腔的热力过程，若干个工作容腔连续循环工作，对外输出机械能。流体在膨胀做功过程中，作用到活塞上的力与主轴（动力输出轴）径向垂直，即全部用于推动主轴运动对外输出机械能，流体的所有能量都转化为机械能。

星旋流体马达主要具有以下几个方面的特点：

① 滚动摩擦和可控边界摩擦，摩擦损失优化到最小；

② 在可能的几何空间中达到最大且恒定，扭矩力臂达到最大且恒定；

③ 无启动死点，随时可自动启动；

④ 零件少且形状简单，由圆和直线构成，零件制造容易且成本低；

⑤ 滚动面密封，密封可靠耐用且损耗低；

⑥ 采用完全对称平衡构造，变形小、效率高、精度高、寿命长、性能可靠、运行圆滑；

⑦ 体积小、重量轻、占地面积小。

不同压力能发电设备的比较见表3-9。

表 3-9　不同压力能发电设备的比较

项目	透平膨胀机	螺杆膨胀机	星旋流体马达
体积	较小	大	小
功率范围/kW	50～500	15～200	0.1～1000
转速/(r/min)	8000～80000	<6000	<1200
流量	大	较小	小
工况要求	高	工质可带液，负荷可波动	气体/液体/油/含杂质的混合流体
安全性	存在“飞车”等安全事故隐患	不存在重大事故隐患	不存在重大事故隐患
优势	制造工艺成熟，效率高	能用于全流膨胀，转速低	覆盖全流体、全压力、全功率的广谱适应能力
劣势	造价高，在非设计工况下效率低	需要润滑，制造和密封较困难	速度稳定性差，效率较低，耗气量大

3.4　气体压缩系统及设备

压缩机是压缩制冷工艺的心脏，起着吸入、压缩、输送制冷剂蒸气的作用。容积式压缩机，直接对一可变容积中的气体进行压缩，使该部分气体容积缩小、压力提高。其特点是压缩机具有容积可周期变化的工作腔。离心式压缩机，它首先使气体流动速度提高，即增加气体分子的动能，然后使气流速度有序降低，使动能转化为压力能，与此同时气体容积也相应减小，其特点是压缩机具有驱使气体获得流动速度的叶轮[25]。

目前较为常见的压缩机有五大类型，主要包括往复式压缩机、螺杆式压缩机、回转式压缩机、涡旋式压缩机和离心式压缩机。往复式、螺杆式、回转式及涡旋式均属于容积式压缩机，只有离心式是速度式压缩机。这里主要介绍天然气中常用的离心式压缩机、活塞式压缩机和螺杆式压缩机。

3.4.1　离心式压缩机

第一台工业上使用的离心式压缩机是人类在进入 20 世纪时与早期内燃机同时出现的，这些压缩机最早用来在炼铁中充当高炉鼓风机。1963 年开始对离心式压缩机进行开创性研究，1967 年投入工业运行试验的紧凑式中小流量离心式空压机组，已成为供应无油压缩空气的重要设备。

3.4.1.1　离心式压缩机的结构

离心式压缩机用途很广。例如石油化学工业中，合成氨化肥生产中的氮、氢气体的离心压缩机，炼油和石化工业中普遍使用各种压缩机，天然气输送和制冷等场合的各种压缩机。在动力工程中，离心式压缩机主要用于小功率的燃气轮机、内燃机增压以及动力风源等。

离心式压缩机零件很多，这些零件又根据它们的作用组成各种部件。我们把离心式压缩机中可以转动的零部件统称为转子，不能转动的零部件称为静子。

转子是离心式压缩机的主要部件，它是由主轴、叶轮、平衡鼓等组成的。

(1) 主轴

主轴上安装所有的旋转零件，它的作用就是支持旋转零件及传递转矩，主轴的轴线也就确定了各旋转零件的几何轴线。

如图 3-18 所示，主轴通常为阶梯轴，以便于零件的安装，各阶梯的突肩起轴向定位作用；也可采用光轴，因为它具有形状简单、加工方便的特点。

（2）叶轮

叶轮也称为工作轮，它是压缩机中最重要的一个部件。气体在叶轮叶片的作用下，跟着叶轮做高速的旋转。而气体由于受旋转离心力的作用以及在叶轮里的扩压流动，使气体通过叶轮后的压力得到了提高。此外，气体的速度能也同样在叶轮里得到了提高。因此，可以认为叶轮是使气体提高能量的唯一途径。图 3-19 为常见的离心式压缩机叶轮。

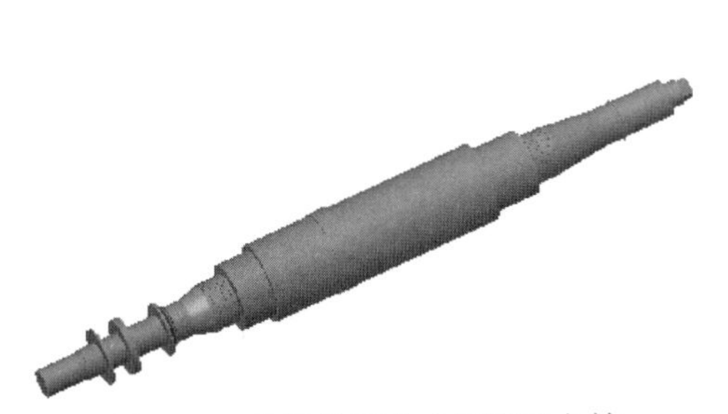

图 3-18　常见的离心式压缩机主轴

图 3-19　常见的离心式压缩机叶轮

（3）平衡鼓

在多级离心式压缩机中，由于每级叶轮吸入口两侧的气体作用力大小不等，因此使转子受到一个指向低压端的合力，这个合力称为轴向力。轴向力对于压缩机的正常运转是不利的，它使转子向一端窜动，甚至使转子与机壳相碰，造成事故。因此，要设法平衡这种轴向力。

平衡鼓就是利用两边气体压力差来平衡轴向力的零件。它位于高压端，高压侧压力是末级叶轮轮盘侧间隙中的气体压力；低压侧通向大气或进气管，压力是大气压或进气压力。由于平衡盘也是用热套法套在主轴上，因此上述两侧压力差就使转子受到一个与轴向力反向的力，其大小决定于平衡盘的受力面积。通常平衡鼓只平衡一部分轴向力，剩余的轴向力由止推盘承受。平衡鼓的外缘安装气封，可以减少气体泄漏。图 3-20 为常见的离心机平衡鼓。

图 3-20　常见的离心机平衡鼓

静子中所有零件均不能转动，它是由机壳、扩压器、弯道、回流器、蜗室和密封等组成的。

（1）机壳

机壳也称为气缸。机壳是静子中最大的零件，它通常是用铸铁或铸钢浇铸出来的。对于高压离心式压缩机，采用圆桶形锻钢机壳，以承受高压。

吸气室、蜗壳也是机壳的一部分，它的作用是把气体均匀地引入叶轮，然后顺畅地导出机壳。吸气室内通常浇铸有分流肋，使气流更加均匀，也起到增加机壳刚性的作用。

（2）扩压器

气体从叶轮流出时，具有较高的流动速度，为了充分利用这部分速度能，常常在叶轮后面设置流通面积逐渐扩大的扩压器，用以把速度能转化为压力能，以提高气体的压力。扩压器一般有无叶型、叶片型、直壁型等多种形式。

（3）弯道

在多级离心式压缩机中，气体欲进入下一级就必须拐弯，为此要采用弯道。弯道是由机壳和隔板构成的弯环形通道空间。

(4) 回流器

回流器的作用是使气流按所需要的方向均匀地进入下一级，它由隔板和导流叶片组成。通常，隔板和导流叶片整体铸造在一起，隔板借销钉或外缘凸肩与机壳定位。

(5) 蜗室

蜗室的主要目的是把扩压器后面或叶轮后面的气体汇集起来，引导到压缩机外面，使它流到气体输送管线或冷却器去进行冷却。此外，在汇集气体的过程中，在大多数情况下，由于蜗室外径的逐渐增大和通流截面的渐渐扩大，也对气流起到一定的降速扩压作用。

(6) 密封

密封有隔板密封、轮盖密封和轴端密封，作用原理是利用气流经过密封时的阻力来减少泄漏量，防止气体在级间倒流及向外泄漏。

为防止通流部分中的气体在级间倒流，在轮盖处设有轮盖密封；在隔板和转子之间设有隔板密封，这两种密封统称为内密封。

为减少和杜绝机器内部的气体向外泄漏或外界空气向机器内部窜入，在机器端安置端密封，这种密封称为外密封。

最常用的是迷宫密封，密封片为软金属制成，将它嵌入密封体内。由于密封片较软，当转子发生振动与密封片相碰时，密封片易磨损，而不致使转子损坏[26]。

3.4.1.2 离心式压缩机工作原理

(1) 天然气状态方程

在工程上，描述真实流体性质的状态方程有多种。1970 年，Starling-Han 提出了 BWRS 方程，这是目前计算天然气物性最精确的方程之一。

$$p=\rho RT+\left(B_0RT-A_0-\frac{C_0}{T^2}+\frac{D_0}{T^3}-\frac{E_0}{T^4}\right)\rho^2+\left(bRT-a-\frac{d}{T}\right)\rho^3+ a\left(\alpha+\frac{d}{T}\right)\rho^6+\frac{c\rho^3(1+\gamma\rho^2)e^{-\gamma\rho^2}}{T^2} \tag{3-46}$$

式中，各参数通过相关公式即可求解。BWRS 方程具有较宽的应用条件，在对比温度 $T_r=0.3$、对比密度 $\rho_r=3.0$ 时仍可用于计算天然气物性。

(2) 密度的计算

密度是指单位体积物质所具有的质量。在压缩机质量流量的计算过程中，密度是重要的物性参数。密度的求解采用 BWRS 状态方程，具体形式如下：

$$F(\rho)=1+\left(B_0RT-A_0-\frac{C_0}{T^2}+\frac{D_0}{T^3}-\frac{E_0}{T^4}\right)\rho^2+\left(bRT-a-\frac{d}{T}\right)\rho^2+ a\left(\alpha+\frac{d}{T}\right)\rho^6+\frac{c\rho^3(1+\gamma\rho^2)}{T^2}\exp(-\gamma\rho^2)-p=0 \tag{3-47}$$

上述公式在给定温度、压力和气体组分的条件下，当 $F(\rho)=0$ 时，用抛物线法可求得 ρ 值。迭代公式如下：

$$\rho_{t+1}=\frac{\rho_{t-1}F(\rho_t)-\rho_tF(\rho_{t-1})}{F(\rho_t)-F(\rho_{t-1})} \tag{3-48}$$

式中　t——迭代序号。

具体解法是先假定两个密度初始值，定出密度区间。对于初始值的设定可根据理想气体状态方程变形，有：

$$\rho=\frac{p}{RT} \tag{3-49}$$

设 $\rho_1=0$，$\rho_2=\frac{p}{RT}$，迭代计算直到：

$$|\rho_{t+1}-\rho_t|\leqslant\varepsilon_\rho \tag{3-50}$$

式中，ε_ρ 为收敛指标。一般情况下，收敛指标取 10^{-4} 即可满足精度要求。

(3) 压缩因子的计算

压缩因子是离心式压缩机相关计算的关键参数。在离心式压缩机的计算过程中，多变指数和多变能头方程的推导和求解，都需要考虑压缩因子的影响，才能得到准确的结果。

根据 BWRS 方程求解压缩因子的方程式为：

$$Z=1+\left(B-\frac{A}{RT}-\frac{C}{RT^3}+\frac{D}{RT}-\frac{E_0}{RT}\right)\rho+\left(b-\frac{a}{RT}-\frac{d}{RT}\right)\rho^2+\frac{a}{RT}\left(\alpha+\frac{d}{T}\right)\rho^5+\frac{C\rho^3(1+\gamma\rho^2)}{RT^2}\exp(-\gamma\rho^2) \tag{3-51}$$

将实际气体状态方程变形有：

$$Z=\frac{p}{\rho RT} \tag{3-52}$$

可求出气体压缩因子。

(4) 压缩机流量

流量可以表示为体积流量，也可以表示为质量流量。体积流量是指单位时间内通过离心式压缩机的气体体积。工程上通常采用入口条件下的体积流量，表示离心式压缩机的气体通过能力。离心式压缩机在不同的工况下运行，流量的计算方法和数值也是不同的，可以分为两种，标准工况体积流量和实际工况体积流量。

① 标准工况体积流量。

在标准工况下，天然气的压缩因子约等于 1。标准工况体积流量计算式为：

$$V_0=\frac{nR_M T_0}{p_0} \tag{3-53}$$

式中 R_M——每千摩尔气体的气体常数；

n——气体物质的量；

T_0——标准工况下气体的温度，K；

p_0——标准工况下气体的压力，Pa；

V_0——标准工况下气体的体积，m^3。

② 实际工况体积流量。

实际工况体积流量计算式为：

$$V=Z\frac{T}{T_0}\times\frac{p_0}{p}V_0 \tag{3-54}$$

式中 V——实际工况下气体的体积，m^3；

Z——实际工况下气体的压缩因子。

(5) 压比计算

压力比是指压缩机出口压力和进口压力的比值。压力比反映了气体能头增加的多少。

(6) 功率计算

离心式压缩机的功率是指单位时间内压缩机对气体所做的功。通常用压缩机所需要轴功率的大小作为选择原动机额定功率的依据。功率也是求解原动机能耗的一个重要参数。

设通过压缩机的气体流量为V（m^3/s），则压缩机对气体做功所消耗的理论功率为：

$$N_t=\frac{V\rho H_{pol}}{1000} \tag{3-55}$$

式中 ρ——气体密度，kg/m^3；

H_{pol}——压缩气体多变能头，kJ/kg；

V——气体体积流量，m^3/h。

(7) 压缩过程多变指数

气体在压缩过程中存在热力状态变化，当气体从某一初始状态压缩到给定的终了状态时，比体积、温度和压力都将发生变化，使得压缩过程包含了多种形式，包括多变压缩、等熵压缩和等温压缩。实际上，等熵压缩和等温压缩分别是在某些特定条件下，多变压缩的特殊情况。多变指数的计算式为：

$$m=\frac{\lg\left(\frac{p_2}{p_1}\right)}{\lg\left(\frac{p_2}{p_1}\right)-\lg\left(\frac{T_2Z_2}{T_1Z_1}\right)} \tag{3-56}$$

式中 p_1，p_2——气体压缩前、后的压力，kPa；

T_1，T_2——气体压缩前、后的温度，K；

Z_1，Z_2——气体压缩前、后的压缩因子。

通过上述推导过程可以看出，多变指数跟气体状态参数密切相关。在实际生产中，如果已知天然气压气机的进、出口状态参数，即可求出多变指数。

(8) 多变能头

多变能头是指压缩机中叶轮通过叶片直接对气体所做的功中用来使气体压力升高并且不包括动能损失的那部分能头。多变能头的大小直接反映了被压缩气体压力升高的程度。多变能头计算式为：

$$H_{pol}=W_{pol}=\frac{m}{m-1}ZRT_1\left[\left(\frac{p_2}{p_1}\right)^{\frac{m-1}{m}}-1\right] \tag{3-57}$$

式中 H_{pol}——多变能头，kJ/kg；

W_{pol}——多变压缩功，kJ/kg；

T_1——离心压缩机的入口温度，K。

(9) 总功耗

叶轮工作时的总功耗转化为气体获得的总能头，气体所获得的总能头是通过四种方式得到的。第一种是叶轮的叶片直接对气体做功，机械能转化为气体的能头，这里包括气体的动能和势能。势能就是使气体压力升高的那部分能量，也就是多变能头，正是因为它直接反映了气体压力的升高，所以，多变能头是我们关心的性能参数。而动能通过压缩机进出口的速度不同可以计算，通常，压缩机进出口动能差较小，可忽略不计。第二种是气体与叶轮发生摩擦而产生热量传给气体，使气体能量增加，这部分能量表示为 H_{df}。第三种是由于叶轮的轮盖密封不严，造成少量气体反复进出轮盖，产生摩擦，生成的热量被气体吸收，这部分能量表示为 H_l；第四种是气体在流道中流动所产生的各种流动损失消耗的能量，表示为 H_{hyd}。根据以上分析，可得出下面关系式：

$$H_{tol}=H_{pol}+E_k+H_{df}+H_l+H_{hyd} \tag{3-58}$$

式中　H_{tol}——总能头，J；

E_k——动能增量，J；

H_{df}——叶轮摩擦产生的能量，J；

H_l——泄漏损失产生的能量，J；

H_{hyd}——流动损失所产生的能量，J。

(10) 压缩机运行效率

由于气体在压缩机中流动是一个多变过程，包括多变压缩、等温压缩和绝热压缩。因此，效率也存在多变效率、绝热效率和等温效率三种。因为多变能头直接反映了叶轮对气体做功的多少，所以在生产实际中，通常使用多变效率来描述叶轮所做有用功的程度。多变效率 η_{pol} 的表达式如下：

$$\eta_{pol}=\frac{H_{pol}}{H_{tol}}=\frac{H_{pol}}{h_d-h_s} \tag{3-59}$$

式中　η_{pol}——多变效率，%；

h_d——离心式压缩机出口气体焓，kJ/kg；

h_s——离心式压缩机入口气体焓，kJ/kg。

3.4.1.3　离心式压缩机的特点

离心式压缩机优点：在相同冷量的情况下，机组的重量及尺寸较小；结构简单紧凑，运动件少，工作可靠，经久耐用，运行费用低；容易实现多级压缩和多种蒸发温度，容易实现中间冷却，耗功较低；离心机组中混入的润滑油极少，对换热器的传热效果影响较小，机组具有较高的效率[27]。

其缺点是转子转速较高，为了保证叶轮一定的宽度，离心式压缩机必须用于大中流量场合，不适合于小流量场合；单级压比低，为了得到较高压比，须采用多级叶轮，一般还要用增速齿轮；喘振是离心式压缩机的固有缺点，机组须添加防喘振系统；只能在设计压力下运转，离心式压缩机同一台机组工况不能有大的变动，适用的范围比较窄。

3.4.2　活塞式压缩机

活塞式压缩机是一种依靠活塞往复运动使气体增压和输送气体的压缩机；属容积型压缩机，又称“往复活塞式压缩机”或“往复式压缩机”；主要由工作腔、传动部件、机身及辅助部件组成。工作腔直接用来压缩气体，由气缸、气缸套、气阀、填料、活塞及活塞杆组成。活塞由活塞杆带动在气缸内作往复运动，活塞两侧的工作腔容积大小轮流做相反变化；容积减小一侧气体因压力增高通过气阀排出，容积增大一侧因气压减小通过气阀吸进气体。传动部件用以实现往复运动，有曲轴连杆、偏心滑块、斜盘等；其中以曲轴连杆机构使用最普遍，它由十字头、连杆和曲轴等组成。

3.4.2.1 活塞式压缩机的结构

如图 3-21 所示，活塞式压缩机主要由机体、曲轴、连杆、活塞组、气阀、轴封、油泵、能量调节装置、油循环系统等部件组成。

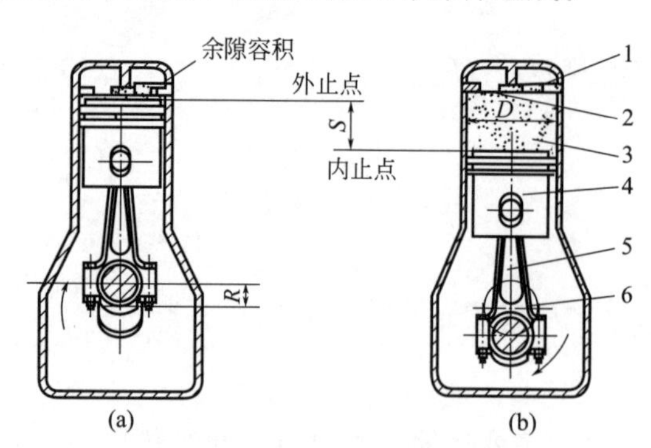

图 3-21 活塞式压缩机结构图

1—排气阀；2—吸气阀；3—气缸；4—活塞；5—连杆；6—曲轴旋转中心

机体：包括气缸体和曲轴箱两部分，一般采用高强度灰铸铁铸成一个整体。它是支承气缸套、曲轴连杆机构及其他所有零部件重量并保证各零部件之间具有正确的相对位置的本体。气缸采用气缸套结构，安装在气缸体上的缸套座孔中，当气缸套磨损时便于维修或更换。其结构简单，检修方便。

曲轴：曲轴是活塞式制冷压缩机的主要部件之一，传递着压缩机的全部功率。其主要作用是将电动机的旋转运动通过连杆改变为活塞的往复直线运动。曲轴在运动时，承受拉、压、剪切、弯曲和扭转的交变复合负载，工作条件恶劣，要求具有足够的强度和刚度以及主轴颈与曲轴销的耐磨性。故曲轴一般采用 40、45 或 50 优质碳素钢锻造，但已广泛采用球墨铸铁铸造。

连杆：连杆是曲轴与活塞间的连接件，它将曲轴的回转运动转化为活塞的往复运动，并把动力传递给活塞对气体做功。连杆包括连杆体、连杆小头衬套、连杆大头轴瓦和连杆螺栓。

活塞组：活塞组是活塞、活塞销及活塞环的总称。活塞组在连杆带动下，在气缸内作往复直线运动，从而与气缸等共同组成一个可变的工作容积，以实现吸气、压缩、排气等过程。

气阀：气阀是压缩机的一个重要部件，属于易损件。它的质量及工作的好坏直接影响压缩机的输气量、功率损耗和运转的可靠性。气阀包括吸气阀和排气阀，活塞每上、下往复运动一次，吸、排气阀各启闭一次，从而控制压缩机并使其完成膨胀、吸气、压缩、排气四个工作过程。

轴封：轴封的作用在于防止制冷剂蒸气沿曲轴伸出端向外泄漏，或者是当曲轴箱内压力低于大气压时，防止外界空气漏入。因此，轴封应具有良好的密封性和安全可靠性，且结构简单、装拆方便，并具有一定的使用寿命。

能量调节装置：在制冷系统中，随着冷间热负荷的变化，其耗冷量亦有变化，因此压缩机的制冷量亦应作必要的调整。压缩机制冷量的调节是由能量调节装置来实现的，所谓压缩机的能量调节装置实际上就是排气量调节装置。它的作用有二，一是实现压缩机的空载启动或在较小负荷状态下启动，二是调节压缩机的制冷量。

3.4.2.2 活塞式压缩机工作原理

活塞式空压机主要由机体、曲轴连杆、气缸活塞、吸排气阀等组成。当曲轴在电动机带动下运转时，通过连杆带动活塞在气缸内作往复运动，并在吸、排气阀的配合下完成对制冷剂的压缩、排气、膨胀和吸气过程。

① 膨胀过程：当活塞到达上端点后即开始沿气缸向下移动，排气阀自动关闭；此时残存在余隙容积内少量的高压气态制冷剂压力下降、体积增大，称为膨胀过程。

② 吸气过程：活塞自上端点开始向下移动到一定位置时，气缸内残存的气态制冷剂压力达到吸气压力，膨胀过程结束，活塞继续下移。当气缸内的气体压力低于吸气压力时，吸气阀就自动开启，低压气态制冷剂又进入气缸内。当活塞下移至下端点时，气缸内又充满了气体，此时即完成了吸气过程。

③ 压缩过程：使低压气态制冷剂经过压缩之后而成为高压气态的过程，称为压缩过程。当活塞运动到下端点时，气缸内充满了低压气态制冷剂，活塞开始沿气缸向上移动，此时吸气阀关闭，气缸内容积逐渐减少。而在密闭的气缸内，气态制冷剂受到压缩，压力和温度会逐渐升高。

④ 排气过程：当压力达到排气压力时，排气阀自动打开，开始排气。气态制冷剂在压缩过程结束时，开始从排气阀排出，活塞继续上移，气缸内的气体压力不再升高，并不断排气，直至活塞运动到达上端点时排气过程结束。

如此作循环往复运动在压缩机内将低压气体变成高压气体，并将制冷剂从蒸发器输送至冷凝器中。

3.4.2.3 活塞式压缩机的特点

活塞式压缩机具有如下优点：

① 适用压力范围广，活塞式压缩机可设计成低压、中压、高压和超高压，而且在等转速下，当排气压力波动时，活塞式压缩机的排气量基本保持不变；

② 压缩效率较高，活塞式压缩机压缩气体的过程属封闭系统，其压缩效率较高；

③ 适应性强，活塞式压缩机排气量范围较广，而且气体密度对压缩机性能的影响不如速度式压缩机那样显著，同一规格的活塞式压缩机往往只要稍加改造就可以适用于压缩其他的气体介质。

同时活塞式压缩机也存在着一些问题，主要缺点如下：

① 气体带油污，尤其对于有油润滑更为显著；

② 转速不能过高，因为受往复运动惯性力的限制；

③ 排气不连续，气体压力有波动，有可能造成气流脉动共振；

④ 易损件较多，维修量较大。

3.4.3 螺杆压缩机

20 世纪 30 年代，瑞典工程师发明了螺杆压缩机。1937 年，SRM 公司研制成功了两类螺杆压缩机试验样机。1946 年，欧洲、美国和日本的多家公司陆续获得螺杆压缩机的生产和销售许可证，从事螺杆压缩机的生产和销售。最先发展起来的螺杆压缩机是无油螺杆压缩机。1957 年，喷油螺杆空气压缩机投入了市场应用。1961 年，又研制成功了喷油螺杆制冷压缩机和螺杆工艺压缩机[28]。随后持续的基础理论研究和产品开发试验，通过对转子型线的不断改进和专用转子加工设备的开发成功，螺杆压缩机的优越性能得到了不断的发展。

3.4.3.1 螺杆压缩机的结构

如图 3-22（见文前彩图）所示，在压缩机的机体中，平行地配置着一对相互啮合的螺旋形转子。通常把节圆外具有凸齿的转子，称为阳转子或阳螺杆；把节圆内具有凹齿的转子，称为阴转子或阴螺杆。一般阳转子与原动机连接，由阳转子带动阴转子转动。转子上的最后一对轴承实现轴向定位，并承受压缩机中的轴向力。转子两端的圆柱滚子轴承使转子实现径向定位，并承受压缩机中的径向力。在压缩机机体的两端，分别开设一定形状和大小的孔口。一个供吸气用，称为进气口；另一个供排气用，称作排气口。

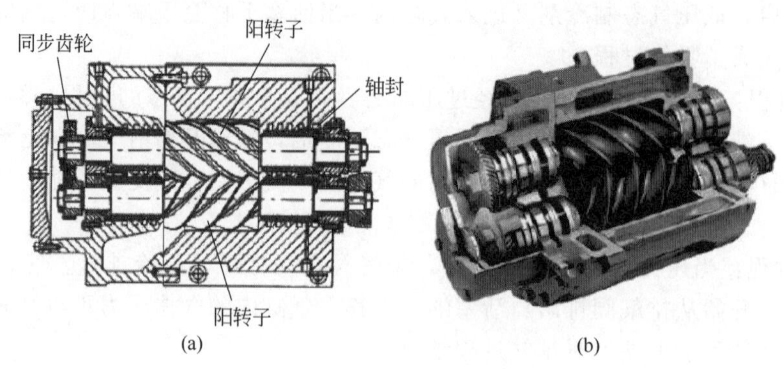

图 3-22　螺杆式压缩机结构

3.4.3.2　螺杆压缩机的工作原理

螺杆压缩机的工作循环可分为进气、压缩和排气三个过程。随着转子旋转，每对相互啮合的齿相继完成相同的工作循环。

① 进气过程：转子转动时，阴、阳转子的齿沟空间在转至进气端壁开口时，其空间最大，此时转子齿沟空间与进气口相通；因在排气时齿沟的气体被完全排出，齿沟处于真空状态，所以当转至进气口时，外界气体即被吸入，沿轴向进入阴、阳转子的齿沟内。当气体充满了整个齿沟时，转子进气侧端面转离机壳进气口，在齿沟的气体即被封闭。

② 压缩过程：阴、阳转子在吸气结束时，其阴、阳转子齿尖会与机壳封闭，此时气体在齿沟内不再外流；其啮合面逐渐向排气端移动，啮合面与排气口之间的齿沟空间渐渐减小，齿沟内的气体被压缩，压力提高。

③ 排气过程：当转子的啮合端面转到与机壳排气口相通时，被压缩的气体开始排出，直至齿尖与齿沟的啮合面移至排气端面，此时阴、阳转子的啮合面与机壳排气口的齿沟空间为 0，即完成排气过程。与此同时转子的啮合面与机壳进气口之间的齿沟长度又达到最长，进气过程又再进行。

从上述工作原理可以看出，螺杆压缩机是一种工作容积作回转运动的容积式气体压缩机械。气体的压缩依靠容积的变化来实现，而容积的变化又是借助压缩机的一对转子在机壳内作回转运动来达到的。

3.4.3.3　螺杆压缩机的特点

螺杆压缩机与活塞式压缩机相同，都属于容积式压缩机。就使用效果来看，螺杆压缩机有如下优点。

① 可靠性高：螺杆压缩机零部件少，没有易损件，因而它运转可靠、寿命长；

② 操作维护方便：螺杆压缩机自动化程度高，操作人员不必经过长时间的专业培训，可实现无人值守运转；

③ 动力平衡好：螺杆压缩机没有不平衡惯性力，机器可平稳地高速工作，可实现无基础运转，特别适合作移动式压缩机，体积小、重量轻、占地面积少；

④ 适应性强：螺杆压缩机具有强制输气的特点，容积流量几乎不受排气压力的影响，在宽阔的范围内能保持较高效率，在压缩机结构不作任何改变的情况下，适用于多种工况；

⑤ 相混输：螺杆压缩机的转子齿面实际上留有间隙，因而能耐液体冲击，可压送含液气体、含粉尘气体、易聚合气体等。

同时，螺杆压缩机还存在如下的缺点。

① 造价高：螺杆压缩机的转子齿面是一空间曲面，需利用特制的道具在价格昂贵的专用设备上进行加工，另外，对螺杆压缩机气缸的加工精度也有较高的要求；

② 不适合高压场合：由于受到转子刚度和轴承寿命等方面的限制，螺杆压缩机只能适用于中、低压范围，排气压力一般不能超过 3.0MPa；

③ 不能制成微型：螺杆压缩机依靠间隙密封气体，目前一般只有容积流量大于 $0.2m^3/min$，才具有优越性。

3.5 自动控制系统及常用仪表

自动系统中各仪表与控制中心连接，为各关键参数设定一定的弹性限度，而控制中心接收到相关信息后根据已设定的边界条件作出判断，传输执行信号至各阀门进行相应动作，以达到对工况的实时监控分析、快速控制调整，以保证系统的安全平稳运行。针对上述工艺的智能化设计包括了监测、控制、自动切断以及报警功能。

3.5.1 仪表自控系统功能

3.5.1.1 监控功能

系统中所有传送器都将采集到的运行参数实时发送到调度中心，可在远程控制面板中随时进行查看。监测参数包括：进口压力 p_1，进口温度 T_1，膨胀出口压力 p_2，膨胀出口温度 T_2，进入下游管网前压力 p_3，进入下游管网前温度 T_3，流体马达转速 N，系统流量 Q，原有管路压力 p_0。

3.5.1.2 控制功能

当转速变送器数值在预设区间内且低于额定转速时，PLC 发出控制指令，增加电磁阀 K 开度，增加发电系统流量，以控制流体马达转速达到额定转速；当转速变送器数值高于额定转速且在预设区间内时，PLC 发出控制指令，减少电磁阀 K 开度，减少发电系统流量，以控制流体马达转速达到额定转速；当进口压力数值在预设区间内且低于 0.8MPa 时，PLC 发出控制指令，增加电磁阀 K 开度，使系统进口压力数值趋近于 0.8MPa；当进口压力数值高于 0.8MPa 且在预设间内时，PLC 发出控制指令，减小电磁阀 K 开度，使系统进口压力数值趋近于 0.8MPa。

3.5.1.3 自动切断功能

当读取到以下信息时，PLC 发出控制指令，关闭电磁阀 K，全部天然气从原管路通过：PT1 数值大于设定上限 1MPa；转速变送器 N 数值大于流体马达额定转速时；甲烷在线监测仪数值大于等于 1%；进入下游管网前压力 p_3 大于设定上限值，小于设定下限值。

3.5.1.4 报警功能

当读取到以下信息时，PLC 发出控制指令，启动报警装置：转速变送器 ST 数值大于流体马达额定转速的 1.2 倍时；甲烷在线监测仪数值大于等于 1%。进一步地，为实现无人监控条件下小微型供电技术的安全运行，在系统运行了足够时间并记录下所有运行数据与之对应的运行情况后，根据理论以及工程经验判断，将系统中可监控的基本工艺参数，如压力、温度等，与系统性能指标，如发电机输出电压、电流、马达转速等，通过一定的复合关系联系起来。当系统性能指标出现异常时，系统能智能分析故障原因并作出相应判断以及执行，解除故障。具体控制流程如图 3-23 所示。

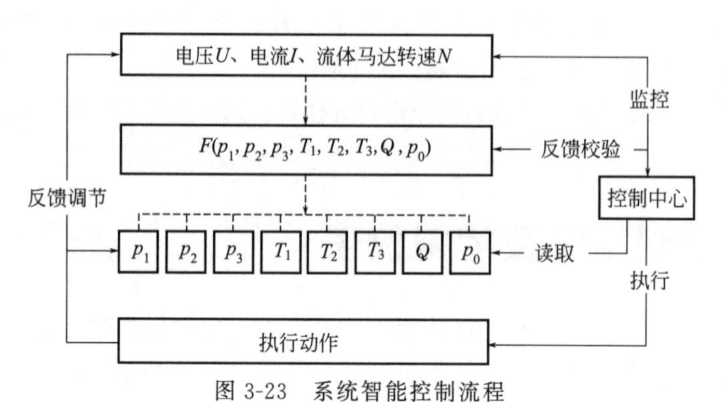

图 3-23　系统智能控制流程

以系统输出电压为例，当用电器电压突然降为零时，智能系统具体控制流程（图 3-24）如下。

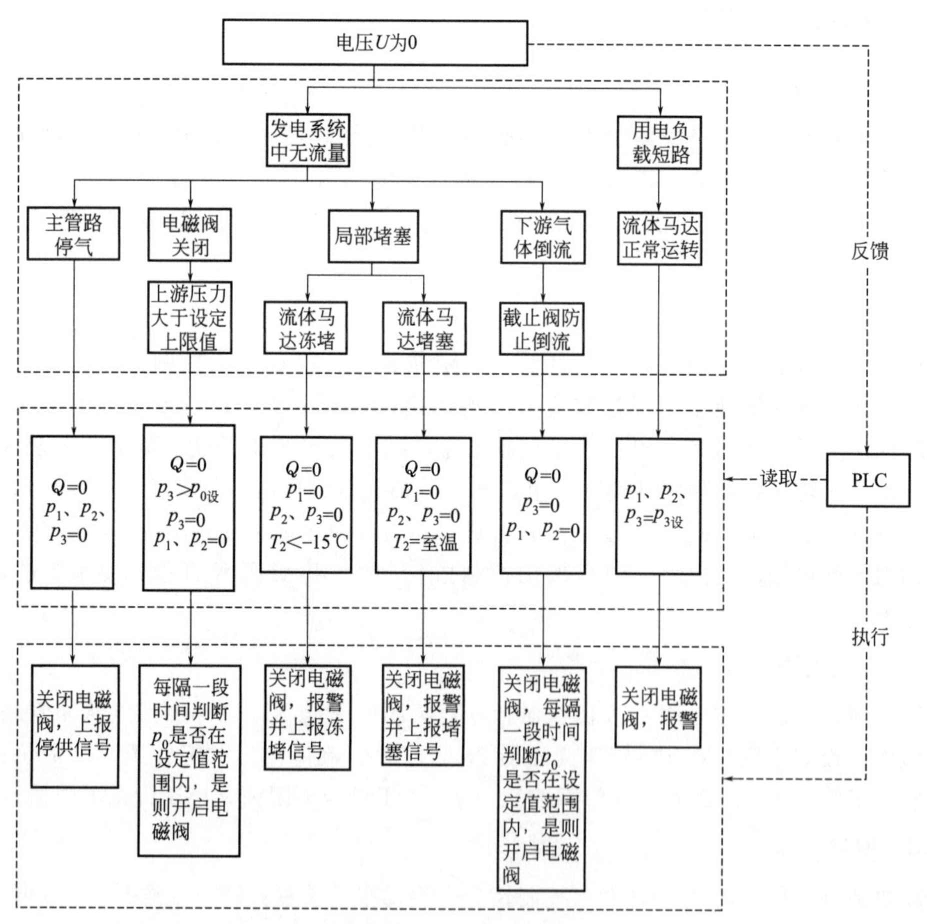

图 3-24　当输出电压为零时系统智能控制流程

当输出电压为零的信号反馈到控制中心后，控制中心读取基本工艺参数并根据已输入的复合逻辑关系，自行判断电压异常原因，并按照已输入编程执行相应指令。例如，当控制中心读取到系统进口压力 p_1、流体马达出口压力 p_2、进下游管路前压力 p_3 以及流量 Q 都为零时，系统自行判断是主管路停气导致系统输出电压为零，因此控制中心关闭电磁阀并上报主管路停气信号，执行结束，等待人工处理。

当微型压力能发电系统通过大量调试以及长时间运行后，结合大量的调试和运行数据可得到更全面的工艺参数与性能指标的复合函数关系，编程输入控制中心后即可通过执行相关指令对某一性能指标进行数值上的调控，系统的适应性增强。

3.5.2 常用仪表

3.5.2.1 压力测量仪表

(1) 压力表

我们常用的压力表有两种：

① 一般压力表（弹簧管）：一般压力表适用测量无爆炸、不结晶、不凝固、对铜和铜合金无腐蚀作用的液体、气体或蒸汽的压力。

② 隔膜压力表：隔膜压力表采用间接测量结构，适用于测量黏度大、易结晶、腐蚀性大、温度较高的液体、气体或颗粒状固体介质的压力，隔离膜片有多种材料，以适应各种不同腐蚀性介质。各种压力表如图 3-25 所示。气体压力测量常用双波纹管差压计。

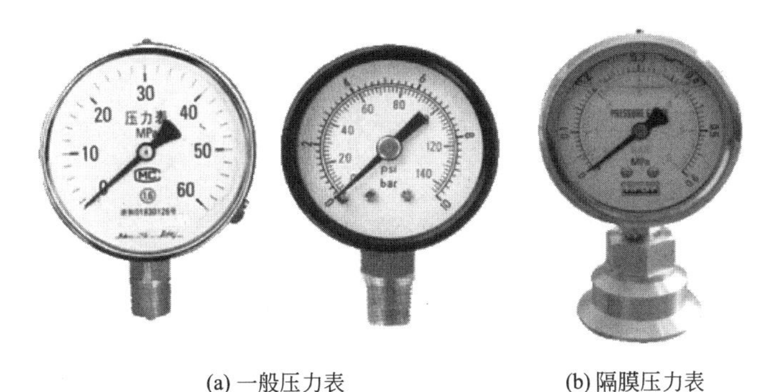

(a) 一般压力表　　(b) 隔膜压力表

图 3-25　压力表实物图

实验室所使用的标准压力表精度较高，而在生产装置中管道上或容器、机泵进出口等设备上作为现场指示的压力表精度都比较低，它们包括：全不锈钢压力表、不锈钢耐振压力表、膜片耐振压力表、隔膜压力表、化学密封压力表。

(2) 智能型压力变送器

工程中常用智能型压力变送器，将被测介质的压力信号转换成 4～20mA DC 标准信号叠加 HART 数字信号，不仅可测量表压，而且还可测量绝压和真空度。压力变送器分为电容式、扩散硅压阻式和单晶硅谐振硅式。实物如图 3-26 所示，有如下特点：

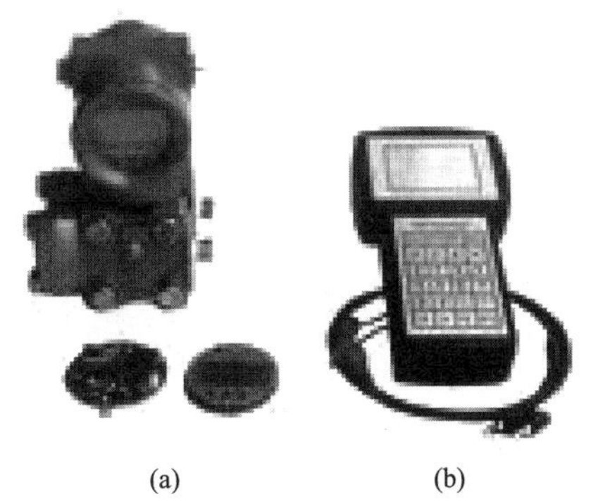

(a)　(b)

图 3-26　智能型压力变送器

① 高可靠性的微控制器及高精度温度补偿；

② 零点自动迁移，零点量程外部可调；

③ 具有完整的自诊断功能和通信功能；

④ 通过手持器和 PC 机可实现远程管理。

3.5.2.2 流量测量仪表

(1) 差压式流量计

差压式流量计测量原理（图 3-27）：在气体的流动管道上装有一个节流装置，其内装有一个孔板，中心开有一个圆孔，其孔径比管道内径小；气体流过孔板时由于孔径变小，截面积收缩，使稳定流动状态被打乱，因而流速将发生变化，速度加快，气体的静压随之降低；于是在孔板前后产生压力降落，即差压（孔板前截面大的地方压力大，通过孔板截面小的地方压力小）。差压的大小和气体流量有确定的数值关系，即流量大时，差压就大，流量小时，差压就小，流量与差压的平方根成正比[29]。

差压式流量计实物如图 3-28 所示，有如下特点。

优点：①应用最多的孔板式流量计结构牢固，性能稳定可靠，使用寿命长；②应用范围广泛，至今尚无任何一类流量计可与之相比拟；③检测件与变送器、显示仪表分别由不同厂家生产，便于规模经济生产。

缺点：①测量精度普遍偏低；②范围度窄，一般仅 3∶1～4∶1；③现场安装条件要求高；④压损大（指孔板、喷嘴等）。

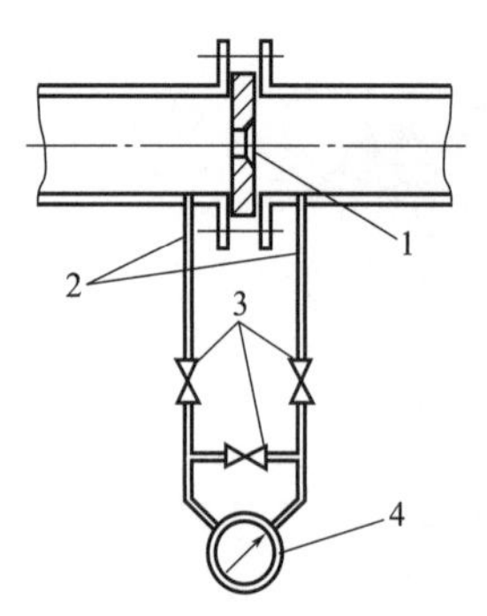

图 3-27　差压式流量计测量原理

1—节流元件；2—引压管路；3—三阀组；4—差压计

(a) 一体化差压式流量计

(b) 流量孔板

图 3-28　差压式流量计

(2) 浮子流量计

浮子流量计又称转子流量计，是变面积式流量计的一种。在一根由下向上扩大的垂直锥管中，圆形横截面浮子的重力是由液体动力承受的，浮子可以在锥管内自由地上升和下降。在流速和浮力作用下上、下运动，与浮子重量平衡后，通过磁耦合传到刻度盘指示流量。一般分为玻璃和金属转子流量计（图 3-29）。金属转子流量计是工业上最常用的，对于小管径腐蚀性介质通常用玻璃材质，由于玻璃材质本身的易碎性，关键的控制点也有用全钛材等贵重金属作为材质的转子流量计。

转子流量计是工业上和实验室最常用的一种流量计。它具有结构简单、直观、压力损失小、维修方便等特点。转子流量计适用于测量通过管道直径 $D<150$mm 的小流量，也可以测量腐蚀性介质的流量。使用时流量计必须安装在垂直走向的管段上，流体介质自下而上地

通过转子流量计。

(3) 涡街流量计

涡街流量计（图 3-30）是根据卡门（Karman）涡街原理来测量流量的，流体在管道中经过涡街流量变送器时，在三角柱的旋涡发生体后上下交替产生正比于流速的两列旋涡，旋涡的释放频率与流过旋涡发生体的流体平均速度及旋涡发生体特征宽度有关。它用于测量气体、蒸汽或液体的体积流量、标况的体积流量，并可作为流量变送器应用于自动化控制系统中[30]。

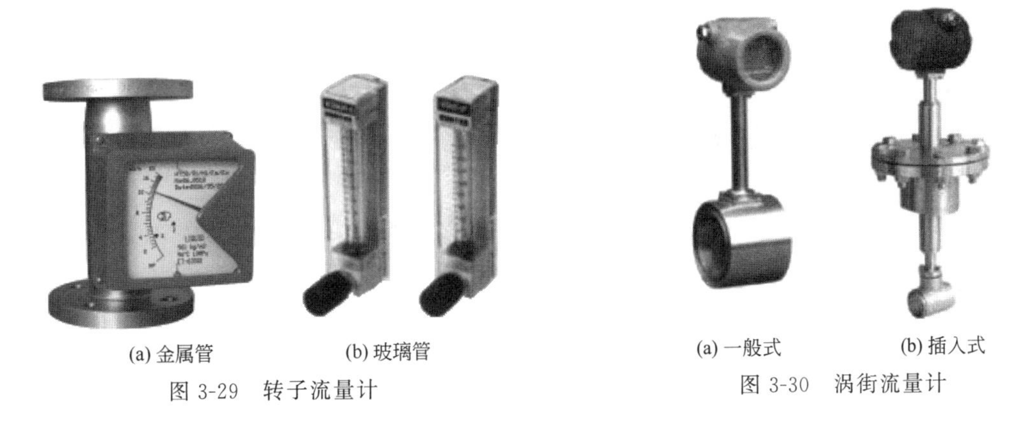

(a) 金属管　　(b) 玻璃管

图 3-29　转子流量计

(a) 一般式　　(b) 插入式

图 3-30　涡街流量计

(4) 电磁流量计

电磁流量计的工作原理基于法拉第电磁感应定律。在电磁流量计中，测量管内的导电介质相当于法拉第试验中的导电金属杆，上下两端的两个电磁线圈产生恒定磁场。当有导电介质流过时，则会产生感应电压；管道内部的两个电极测量产生的感应电压，测量管道通过不导电的内衬（橡胶、特氟龙等）实现与流体和测量电极的电磁隔离。电磁流量计如图 3-31 所示，其特点有：

① 测量精度不受流体密度、黏度、温度、压力和电导率变化的影响，传感器感应电压信号与平均流速呈线性关系，因此测量精度高。

② 测量管道内无阻流件，因此没有附加的压力损失；测量管道内无可动部件，因此传感器寿命极长。

③ 由于感应电压信号是在整个充满磁场的空间中形成的，是管道截面上的平均值，因此传感器所需的直管段较短，长度为 5 倍的管道直径。

④ 传感器部分只有内衬和电极与被测液体接触，只要合理选择电极和内衬材料，即可

(a) 一般式

(b) 分体式

图 3-31　电磁流量计

耐腐蚀和耐磨损。

⑤ 双向测量系统，可测正向流量、反向流量。

⑥ 采用特殊的生产工艺和优质材料，确保产品的性能在长时间内保持稳定。

3.5.2.3 物位测量仪表

(1) 差压式物位仪表

差压式物位仪表是假定物料的重度为恒定值，容器中液体或固体物料堆积的高度与它在某测试点所产生的压力成正比，因而可用测压的方法来测量物位。测量压力可用压力表、压力传感器和压力变送器等。差压式液位变送器的选型原则：

① 对于腐蚀性液体、黏稠性液体、熔融性液体、沉淀性液体等，当采取灌隔离液、吹气或冲液等措施时，可选用差压变送器；

② 对于腐蚀性液体、黏稠性液体、易汽化液体、含悬浮物液体等，宜选用平法兰式差压变送器；

③ 对于易结晶液体、高黏度液体、结胶性液体、沉淀性液体等，宜选用插入式法兰差压变送器；

④ 被测对象有大量冷凝物或沉淀物析出时，宜选用双法兰式差压液位变送器；

⑤ 测液位的差压液位变送器宜带有正、负迁移机构，其迁移量应在选择仪表量程时确定；

⑥ 对于正常工况下液体密度发生明显变化的介质，不宜选用差压式液位变送器。

(2) 电容式物位仪表

电容式物位仪表的工作原理是把物位的变化，变换成相应电容量的变化，然后测量此电容量的变化从而得到物位变化的。电容式物位仪表用于测量导电、非导电液体或固体物料的液位、料位或相界面位置，可供连续测量和定点监控之用[31]。

3.5.2.4 温度检测仪表

(1) 热电偶温度计

热电偶温度计的测温原理是利用热电偶的热电效应来测量温度的。将任意两种不同的导体 A、B 组成一个闭合回路，只要其连接点 1、2 温度不同，在回路中就产生热电动势的现象。热电偶的热电特性由电极材料的化学成分和物理性能决定，热电势的大小与组成热电偶的材料及两端温度有关，与热电偶的粗细无关[32]。

(2) 热电阻温度计

热电阻温度计的测温原理基于金属导体或半导体的电阻会随温度的变化而变化的特性，只要测出感温元件热电阻的阻值变化，就可测得被测温度。其特点：测量精度高，在测量500℃以下温度时，它的输出信号比热电偶大得多，性能稳定，灵敏度高；另外热电阻温度计的输出是电信号，便于远传，同时又不需要冷端温度补偿，在中低温－200～650℃测量中得到了广泛的应用。

(3) 一体化温度变送器

一体化温度变送器是温度传感器与变送器的完美结合，以十分简捷的方式把－200～＋1600℃范围内的温度信号转换为二线制 4～20mA DC 的电信号传输给显示仪、调节器、记录仪、DCS 等，实现对温度的精确测量和控制。一体化温度变送器是现代工业现场、科研院所温度测控的更新换代产品，是集散系统、数字总线系统的必备产品，一般由测温探头

(热电偶或热电阻传感器）和两线制固体电子单元组成；采用固体模块形式将测温探头直接安装在接线盒内，从而形成一体化的变送器。一体化温度变送器一般分为热电阻和热电偶两种类型。

参考文献

[1] 赵冰.现代化工仪表及化工自动化的过程控制分析 [J].化工自动化及仪表，2018，45（05）：345-347.

[2] 黄晓烁.微型天然气管网压力能发电智能化工艺开发及设计 [D].广州：华南理工大学，2018.

[3] 张冬梅.利用长输天然气压力能生产 LNG 系统性能的研究 [D].哈尔滨：哈尔滨工业大学，2017.

[4] 吕颖超.基于非接触电阻抗测量的气液两相流参数检测新方法研究 [D].杭州：浙江大学，2017.

[5] 巩庆霞.蒸气喷射准双级压缩制冷系统的实验研究 [D].天津：天津商业大学，2017.

[6] 高振军.磁力驱动离心泵设计方法及流场特性研究 [D].镇江：江苏大学，2016.

[7] 李新新.基于 DCS 的中央空调制冷控制系统设计 [D].沈阳：沈阳工业大学，2016.

[8] 邓峰.化工仪表中智能自动化的应用 [J].化工管理，2015（32）：9，11.

[9] 蒋玲花.板式换热器的流动与传热分析及结构优化 [D].镇江：江苏科技大学，2015.

[10] 许欢欢.LNG 冷能利用过程中换热系统的优化设计 [D].广州：华南理工大学，2015.

[11] 张辉.天然气管网压力能集成利用工艺研究 [D].广州：华南理工大学，2014.

[12] 田政方.小型双螺杆空气压缩机结构研究与设计 [D].武汉：武汉理工大学，2014.

[13] 牛耀宏.矿用永磁磁力耦合器设计理论及实验研究 [D].北京：中国矿业大学（北京），2014.

[14] 吕达.天然气管网压力能用于热电系统的技术开发与工程化设计 [D].广州：华南理工大学，2013.

[15] 安成名.燃气管道压力能用于发电-制冰技术开发与应用研究 [D].广州：华南理工大学，2013.

[16] 陆涵.燃气管道压力能用于发电-制冰系统的优化 [D].广州：华南理工大学，2013.

[17] 林苑.LNG 冷能用于冰蓄冷空调的技术开发与应用研究 [D].广州：华南理工大学，2013.

[18] 张彦.低温余热的取热理论与应用研究 [D].天津：天津大学，2014.

[19] 曹文斌.调节阀流量特性及动态性能研究 [D].兰州：兰州理工大学，2013.

[20] 张毓.磁力联轴器的设计及涡流损耗研究 [D].杭州：浙江大学，2013.

[21] 李想.板式换热器传热的数值模拟及波纹板参数优化 [D].哈尔滨：哈尔滨工程大学，2013.

[22] 常灵.翅片管式换热器流动与传热特性的实验研究 [D].鞍山：辽宁科技大学，2012.

[23] James M Sorokes，Mark J Kuzdzal，张海界.离心压缩机的发展历程 [J].风机技术，2011（03）：61-71.

[24] 崔箫.永磁调速器的设计及相关性能分析 [D].沈阳：东北大学，2011.

[25] 卢超.双螺杆压缩机的集成技术及应用 [D].杭州：浙江大学，2010.

[26] 郑志，石清树，王树立.天然气压力能回收装置热力学分析 [J].节能技术，2009，27（05）：396-400.

[27] 张清.圆盘式磁力驱动器的涡流分析 [D].长春：吉林大学，2008.

[28] 王红.螺杆压缩机变工况工作过程模拟和性能分析 [D].阜新：辽宁工程技术大学，2007.

[29] 刘新朝.水产食品冷库网络控制系统的研究 [D].广州：广东工业大学，2005.

[30] 黄咏梅.基于差压原理的涡街质量流量测量方法研究 [D].杭州：浙江大学，2005.

[31] 自动化仪表及选型（《石油化工自控设计手册》选登）[J].炼油化工自动化，1976（01）：1-62.

[32] 屈长龙.燃气电厂天然气管道压力能的利用 [J].油气田地面工程，2014，33（07）：35-36.

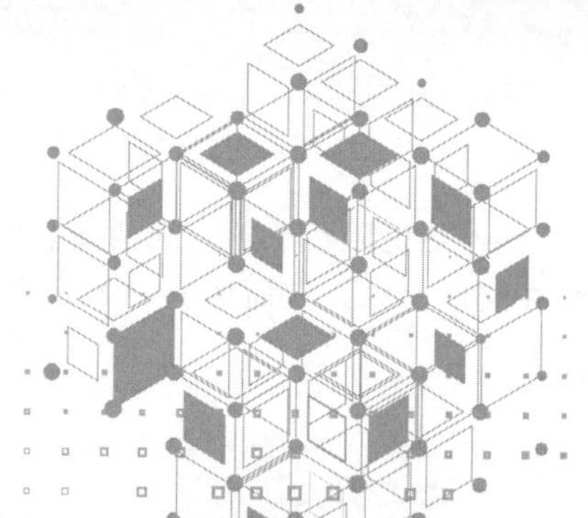

第4章 天然气管网压力能利用系统设计

4.1 引言

在天然气调压过程中，高压天然气中蕴含巨大的能量，若将该部分能量进行回收利用，能有效减少压力能损失，实现能源的高效利用[1]。目前，国内外回收利用天然气管网压力能的方式主要有发电和制冷两大类[2]。利用压力能发电，产生的电能可进入城市电网，或用于发电站自身生活、生产使用，或用于分布式制氢；在制冷方面，目前主要是将膨胀后低温天然气的冷量用于燃气调峰、冷库、冷水空调、橡胶深冷粉碎以及轻烃回收等[3]，如图4-1所示。

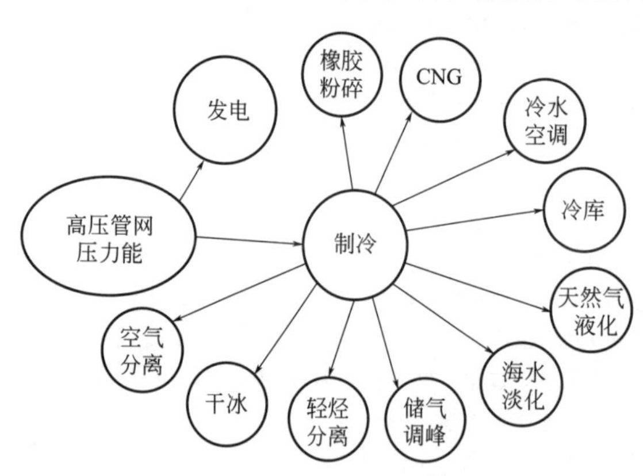

图4-1 天然气管网压力能主要回收利用形式

放眼全球，日本用天然气压差发电来回收管道的压力能已实现产业化；欧美国家利用管道压力能为液化天然气提供冷量的技术比较成熟[4]。目前，国内首个压力能利用项目——深圳燃气集团求雨岭压力能发电制冰项目为我国的压力能回收利用提供了典范；在压力能的其他利用方面，国内外均在开展相关技术的研究，但均尚未建设相应的回收装置[5]。

本章以压力能利用系统设计为切入点，借助大量的科研成果和落地项目经验，对近些年来压力能发电技术的规模化发展和工艺技术性创新予以总结，对制冷技术的前后延续和革新同样做出了有效的归纳整理，并针对技术研发的态势和走势，提出了符合可持续发展性质的“工艺叠加，功能多变”理念，更加侧重系统性工艺的设计开发。

4.2 天然气管网压力能发电系统

将高压管网天然气压力能回收主要是以膨胀机代替传统的调压阀来回收高压天然气降压过程中的压力能[6]，并将其用于发电，具体有3种方式。

① 利用天然气膨胀机输出功驱动同轴发电机发电。这类工艺一般在天然气膨胀前先将

其预热，以保证天然气膨胀后的温度在0℃以上，从而可防止天然气中的水汽凝结。姜小敏等提出将内燃机的余热用于预热天然气至40～200℃，天然气膨胀带动发电机发电，同时将部分膨胀后的天然气燃烧发电。利用该工艺，$1m^3$（标准状态下）天然气可发电7kW·h，是一般的热电联供机组的两倍。

② 不利用天然气膨胀做功，将膨胀后的低温天然气冷量用于燃气轮机进气冷却。该方式可增加进入压气机和燃气透平的空气质量，从而在压比不变的情况下减少所需的压缩功，同时省去了发电厂传统的燃气轮机机组冷却设备。Mahmood等提出一种可使压气机进口空气温度降低4～25℃，并可将一年中近10个月的燃气轮机效率提高1.5%～5%（11～12月份的燃气轮机效率没有明显提高）的发电工艺。该工艺也需要先对高压天然气进行预热，然后进入膨胀机制冷，膨胀后的低温天然气用以冷却压气机进口空气，进而提高燃气轮机效率。

③上述两种方式结合，在利用膨胀机做功的同时也利用膨胀后天然气的冷量。郑志等提出25℃、4MPa天然气膨胀至0.4MPa后温度在−76℃左右，需要将其加热至0℃以上进入燃气管网。为节省加热膨胀后低温天然气的热源，进一步利用了该低温天然气的冷量，将低温天然气冷量用于冷却压气机进口空气。美国专利US 2009/0272115 A1将高压天然气进行多级膨胀做功，并利用冷媒回收各级膨胀后低温天然气冷能。

天然气压力能发电技术作为压力能利用的重要组成部分和核心关键，不仅仅体现在工艺成熟、项目运维深入等方面，更在于它的完整性折射出的在领域内的统治力和影响力。我们习惯性地对不同规模的项目冠以“大型”“小型”等称号[7]，而划分这些称号的标准却是按照工艺的输出功率。事实上，不同规模的压力能发电工艺具体划分如表4-1所示。

表4-1 天然气管网压力能发电工艺规模划分表

名称	输出功率范围
大型天然气压力能发电工艺	>100kW
中型天然气压力能发电工艺	20～100kW
小型天然气压力能发电工艺	5～20kW
微型天然气压力能发电工艺	300W～5kW(外置)
天然气压力能管道内置发电工艺	0～300W(内置)

天然气压力能发电工艺的应用实施，特别是近几年内越来越多的不同规模的项目落地运行成功，对天然气压力能领域内的技术研发和项目建设层面具有很强的示范性[8]。事实上，工艺理论转化为项目实践的意义不仅仅是一次表面上的科研成果转化，更是实际地解决了大部分天然气门站与周边地区的用电需求，偏远地区的缺电少电问题也在一定程度上得到处理，在经济效益和社会效益方面展现了无可替代的影响力。

4.2.1 大型天然气压力能发电工艺系统

我国对于天然气压力能的研发，早在21世纪初便已经有一些落地项目的尝试，由于受到关键技术的限制和其他硬件设备的难题阻碍，这些实际项目的尝试都是基于大型天然气发电工艺来开展的。鉴于我国燃气管网建设的政策很早就提上了议程，全国范围内的天然气输配门站数量每年成千上万地增加，而大型的调压站或者调压箱在工作时，一般情况下都会借助专业的大型调压设备组进行降压，从而有效地利用相应的膨胀机组和发电机组来进行发电。在工程化项目中，调压级制通常在十几到几十个大气压不等，天然气的流量每小时几万立方米，因此，发电量能达到几百千瓦·时甚至上千千瓦·时。如此大的电量，不仅可以满足产区的所有耗电设备和生活用电，还可以从容地解决周边地区工业用电以及城镇居民用电[9]。

4.2.1.1 大型天然气压力能发电工艺流程设计

大型天然气压力能发电工艺设计，取天然气流量为 15000kg/h，压力由 4MPa 降低至 1.6MPa。降压以后的天然气携带冷量又经过冷媒换热，利用这一冷量进行制冰，其工艺流程如图 4-2 所示。

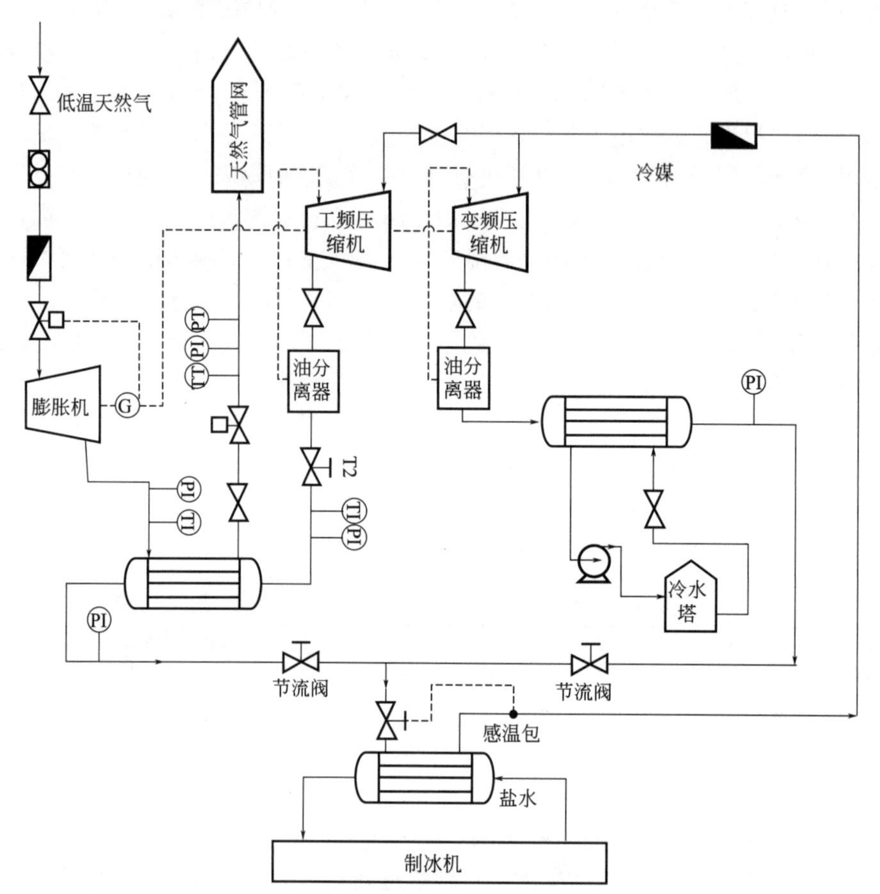

图 4-2 天然气管网压力能发电-制冰工艺流程图

工艺系统流程：30℃、6.0MPa、11500kg/h 的高压管网天然气经节流阀节流至 4.0MPa，温度降低至 20℃；20℃、4.0MPa 的天然气经透平膨胀机膨胀至 1.6MPa，温度降低至－30℃；－30℃的低温天然气与 0.2MPa 的制冷剂 R404A 换热，天然气的温度升高至 5℃后，并入城市次高压燃气管网。

－2℃、0.2MPa、15500kg/h 的制冷剂 R404A 分两路，其中一路 3500kg/h、－2℃、0.2MPa 的制冷剂 R404A 经工频压缩机 COMP01 压缩至 1.3MPa，温度升高至 76℃后，与－30℃的低温天然气换热，R404A 温度降低至－12℃后节流至 0.2MPa，温度降低至－32℃；另一路 12000kg/h、－2℃、0.2MPa 的制冷剂 R404A 经变频压缩机 COMP02 压缩至 1.3MPa，温度升高至 76℃后，与来自冷水塔的 20℃、0.2MPa、30000kg/h 的冷水换热，R404A 温度降低至 25℃后节流至 0.2MPa，温度降低至－31℃；两路混合后成 0.2MPa、－31℃、15500kg/h 的 R404A 制冷剂，与盐水换热后，温度升高至－2℃，进入下一个循环。

20℃、0.1MPa、30000kg/h 的循环水经泵升压至 0.2MPa 后，冷却 76℃的制冷剂

R404A，循环水温度升高至 30℃。

制冰机内的水经盐水持续不断地供冷，水温降至冰点并凝结成冰，6～8h 后运走。

自控系统：高压天然气的入口及中低压天然气的出口分别设置电控阀，一旦系统出现问题，两个电控阀自动切断，天然气经场区原有的调压系统调压后进入下游管网。

在膨胀机出口设置现场温度计和现场压力机，监测天然气膨胀降温后，温度与压力是否达到设定值。在工频压缩机出口设置一个流量计，当换热后天然气温度过高或过低时，通过减少或增加 R404A 的冷媒量，保证天然气出口温度在 0℃以上。在节流后 R404A 的支路上设置一个流量调节阀，在其换热后的支路上设置一个感温包，流量调节阀与感温包属于联动控制；当出口温度过高时，通过增大流量调节阀的开度来降低出口温度，反之，则减小阀门开度，保证 R404A 出口温度在正常范围内波动。最终保证整套工艺的制冰量为 80t/d。

4.2.1.2 大型天然气压力能发电工艺操作弹性

工艺方案设计需要工艺具有一定的操作弹性，以保证天然气高压管网及冷能利用系统的安全性。以上述流程为例，可将该发电制冰系统驳接到调压站二级调压的支路上，驳接工艺流程如图 4-3 所示。

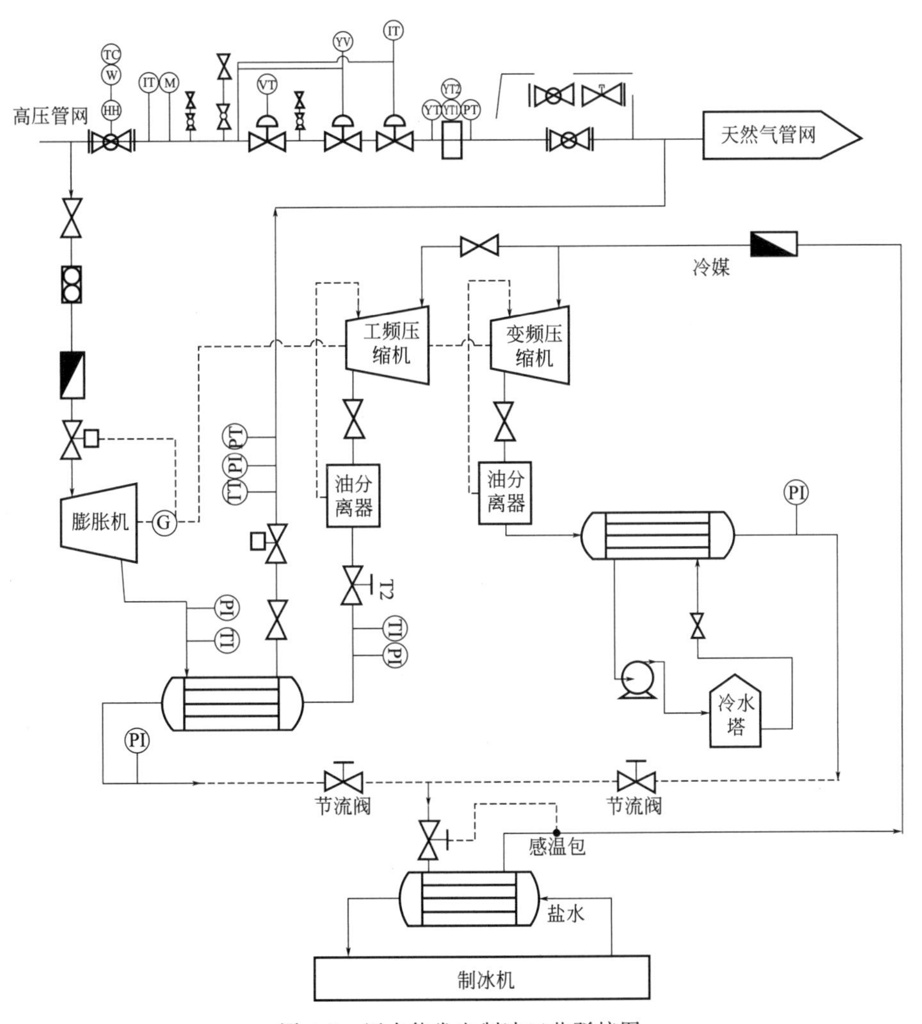

图 4-3 压力能发电制冰工艺驳接图

由 4-3 图可以看出，当天然气的供应量超过正常膨胀发电量时，通过流量控制阀保证进入压力能利用系统的天然气流量，保证正常的发电制冰量。当天然气流量低于正常值时，膨胀机根据流量值自动调整其转速，同时工频压缩机增加冷能提供量，保证下游制冰系统正常运行。当压力能利用系统发生故障时，通过电控阀直接切断发电制冰系统，开启原有的天然气调压系统，保证下游正常用气。因此，本系统的操作是可靠的。即在正常情况下，天然气的调压量能满足膨胀发电制冰运转；而在各种意外情况下，又都能保证调压操作的正常进行。

4.2.1.3 大型天然气压力能发电工艺能量衡算

对上述工艺方案进行能量衡算，以天然气调压量 $10000m^3/h$，调压范围 4～1.6MPa，将所发的电全部带动电压缩制冷系统制冰为基准来核算。通过 Aspen 模拟软件来确定各物流参数，其中冷热物流的基本参数设备由制冷量需求及各自的物性特点决定。本工艺由 Aspen 模拟的部分工艺如图 4-4 所示。

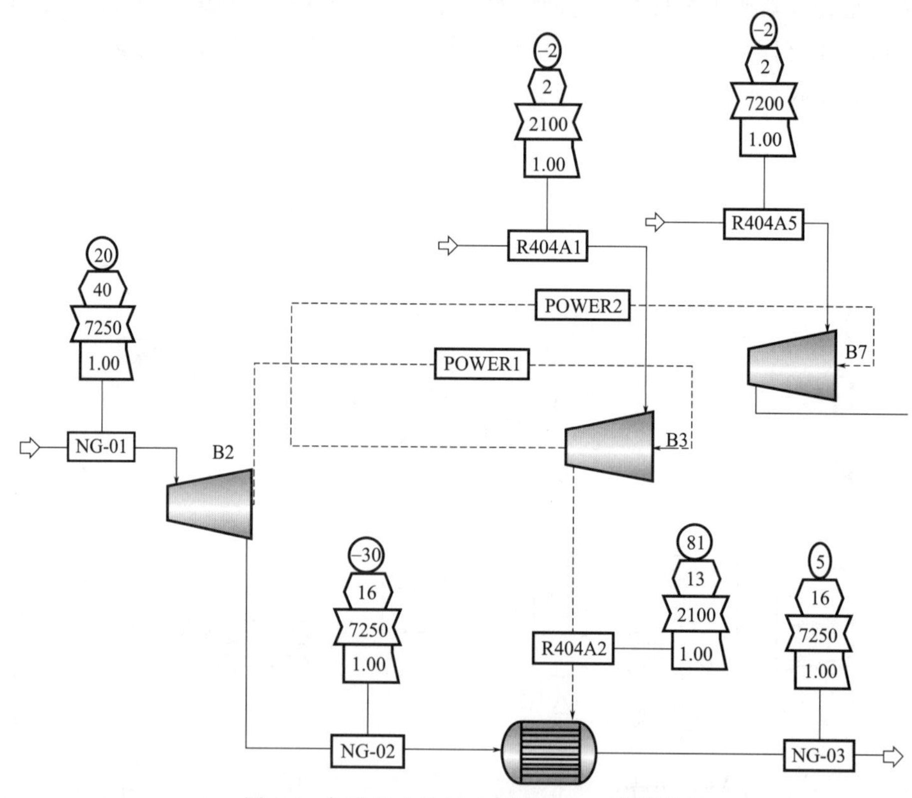

图 4-4 部分压力能发电制冰 Aspen 模拟图

根据上述 Aspen 模拟分析可知，工艺发电功率为 133kW，制冷功率为 153kW，最终传递至制冰系统的冷量利用功率为 207kW。由热力学第一定律计算可知，整套发电制冰系统的冷量利用率达到 73.1%，说明系统的能量利用率整体而言，处于较高能效水平。

4.2.1.4 大型天然气压力能发电工艺设备选型

大型天然气压力能发电工艺涉及的关键设备[10] 主要包括：换热器、膨胀机、压缩机及制冰机，其中换热器和透平膨胀机实物如图 4-5 和图 4-6（见文前彩图）所示，而选型依据如表 4-2、表 4-3 所示。

图 4-5　压力能利用换热器实物

图 4-6　压力能利用透平膨胀机实物

表 4-2　压力能利用换热器的主要参数

设备	热物流进口温度/℃	热物流出口温度/℃	冷物流进口温度/℃	冷物流出口温度/℃	热负荷/kW	换热面积/m^2	备注
HX-01	76	−12	−30	5	250	360	特性设备
HX-02	76	25	20	30	290	630	特性设备
HX-03	−9	−10	−31	−2	470	395	特性设备

表 4-3　膨胀机和压缩机的主要参数

设备	进口温度/℃	出口温度/℃	进口压力/MPa	出口压力/MPa	功率/kW	产品型号
EXP	20	−29	4	1.3	200	PLPT-250/40-16
COMP1	−2	76	0.2	1.3	56	RC2-310B-Z
COMP2	−1	76	0.2	1.3	200	RV670

4.2.1.5　大型天然气压力能发电工艺优缺点分析

大型天然气压力能发电工艺的特点体现在输出电力以及能源利用的规模上。无论是膨胀降压的工艺设计或者发电工艺的流程，都需要在具体的操作参数框架下执行，其突出的特点即是“大”，因此在设计时必须将发电规模、设备尺寸、运行波动情况等全面容纳在内。事实上，在将工艺转化为实践项目成功运行后，燃气降压过程中产生的庞大的压力能有了最佳的利用渠道，用以解决大范围内的用电需求，提供稳定的生产生活保障，产生的巨大效益也是无可估量的[11]。

同样由于“大”的特征，本工艺在日常运营和维护、监控管理，甚至故障排查与事故抢修方面，必须投入相当程度的人力物力。而与“大”对应的，在某些点对点供电领域或者供给小范围内的用电设备，经济性层面就显得捉襟见肘。

4.2.2　中型天然气压力能发电工艺系统

中型天然气压力能发电工艺[12]，其工艺参数如下：

减压阀前天然气压力 1.6MPa（绝压），温度 0℃以上；阀后压力 0.37MPa，总流量在 2500～12000m^3/h，大部分流量在 4500m^3/h 左右，本压力能利用量为 4500m^3/h，发电额定功率为 80kW。

在 1.60MPa 和 0.37MPa 天然气管网之间，以旁路方式（相对于原减压阀）接入 1 台双螺杆膨胀动力机，在满足原工艺要求的同时，利用原减压阀的天然气压差驱动双螺杆膨胀动力机做功而输出动力，拖动 1 台功率 80kW 的低压（400V）发电机发电，以此方式回收原工艺压差能量，衍生发电效益。

发电机发出电能优先供给站内设备使用，如果站内设备消耗不完，多余电量将通过变压器输入上一级电网。通过这一技改措施，在保持原工艺要求的天然气压力、流量都不变的前提下，既可实现减压，又可实现压差能量的回收。

4.2.2.1 中型天然气压力能发电工艺流程设计

在实际应用工艺的设计中，不得忽略的一个因素即是环境温度，特别是在冬季，由于室外温度在 0℃左右，需要对天然气进行外在加热处理，且单台汽化器需要有除冰时间、故障时间。因此，根据不同的进气温度以及汽化器的需求条件，大致有 3 种不同的工艺流程。

（1）10℃以上进气状态

10℃以上进气状态时，中型天然气压力能发电工艺的流程如图 4-7 所示。

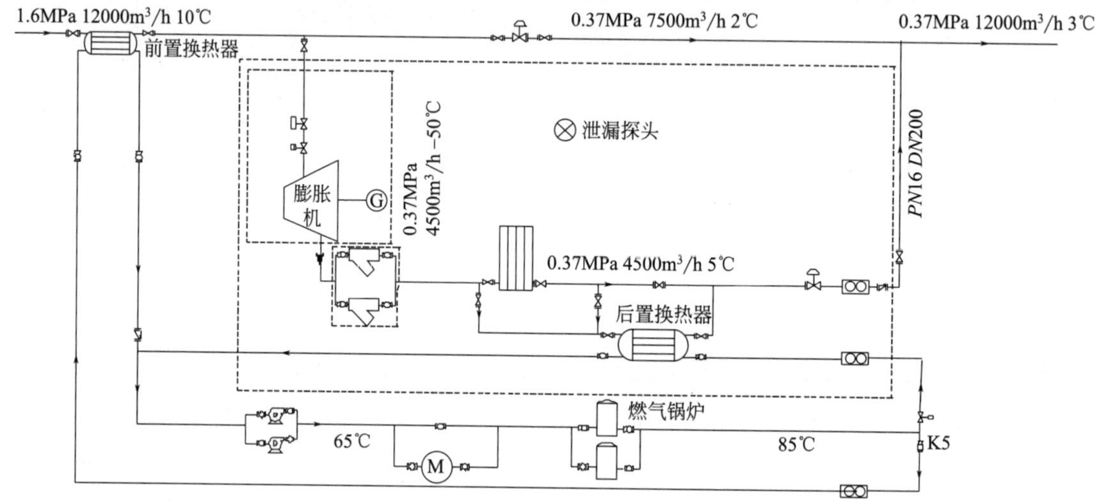

图 4-7 中型天然气压力能发电工艺流程（10℃以上工作状态）

1.6MPa、10℃、12000m^3/h 天然气分成两路，一路 7500m^3/h 经过原有调压器进行降压，温度降至 2℃；另外一路 4500m^3/h 天然气，经过螺杆膨胀发电机组，输出 75kW 电力，天然气转化成 0.37MPa、−50℃、4500m^3/h，经过空温式汽化器（热负荷 102kW），天然气升温成比室外温度低 5℃（5℃），可以进入下游管网。若天然气以 10℃进入下游管网，最多需要提供的热水热值为 34kW，热水进口温度为 85℃；热水出口温度为 65℃；热水循环量为 1500kg/h。若天然气以 3℃以上进入下游管网，无需启动锅炉加热系统，净对外输出电力为 70kW 左右。

具体的工艺参数如表 4-4 所示。

表 4-4 中型天然气压力能发电工艺参数（10℃以上工作状态）

参数名称	参数范围
管道天然气进气温度	10℃
进口压力	1.6MPa
压力能利用流量	4500m^3/h
天然气总流量	12000m^3/h(最高峰)
天然气进入下游管道压力	0.37MPa
天然气进入下游管道温度	3～10℃

(2) 0℃以上进气状态（汽化器工作）

汽化器工作的状态下，0℃以上进气状态，中型天然气压力能发电工艺的流程如图4-8所示。

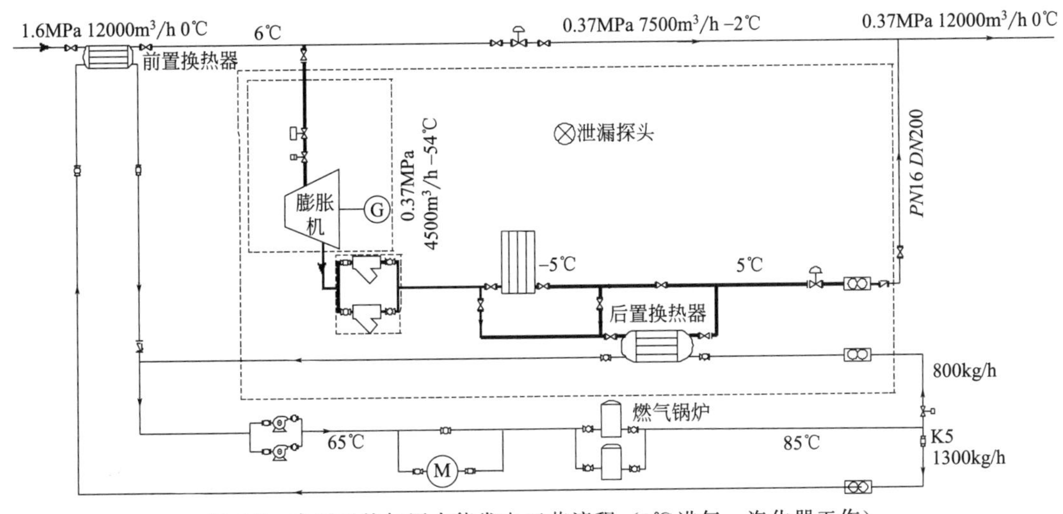

图4-8　中型天然气压力能发电工艺流程（0℃进气，汽化器工作）

1.6MPa（A）、0℃、12000m^3/h天然气，经过热水加热，整体升温成6℃（热水进口温度85℃，热水出口温度65℃，热水循环量1300kg/h），然后分成两路，一路7500m^3/h经过原有调压器进行降压，温度降至－2℃；另外一路4500m^3/h天然气，经过螺杆膨胀发电机组，输出75kW电力，天然气转化成0.37MPa、－54℃、4500m^3/h，经过空温式汽化器（热负荷90kW），天然气升温成比室外温度低5℃（－5℃），经过热水换热器E14（热水进口温度85℃，热水出口温度65℃，热水循环量800kg/h），温度上升为5℃。两股天然气汇总后，混合天然气温度为0℃，进入下游管网。

具体的工艺参数如表4-5所示。

表4-5　中型天然气压力能发电工艺参数（0℃进气，汽化器工作）

参数名称	参数范围
管道天然气进气温度	0℃
进口压力	1.6MPa
压力能利用流量	4500m^3/h
天然气总流量	12000m^3/h(最高峰)
天然气进入下游管道压力	0.37MPa
天然气进入下游管道温度	≥0℃

(3) 0℃以上进气状态（汽化器不工作）

汽化器不工作的状态下，0℃以上进气状态，中型天然气压力能发电工艺的流程如图4-9所示。

1.6MPa（A）、0℃、12000m^3/h天然气，经原有锅炉电加热方式（进口水温85℃，出口水温65℃，流量1900kg/h，热负荷44kW），过热水加热，整体升温成8℃，然后分成两路，一路7500m^3/h经过原有调压器进行降压，温度降至1℃；另外一路4500m^3/h天然气，经过螺杆膨胀发电机组，输出75kW电力，天然气转化成0.37MPa、－52℃、4500m^3/h，

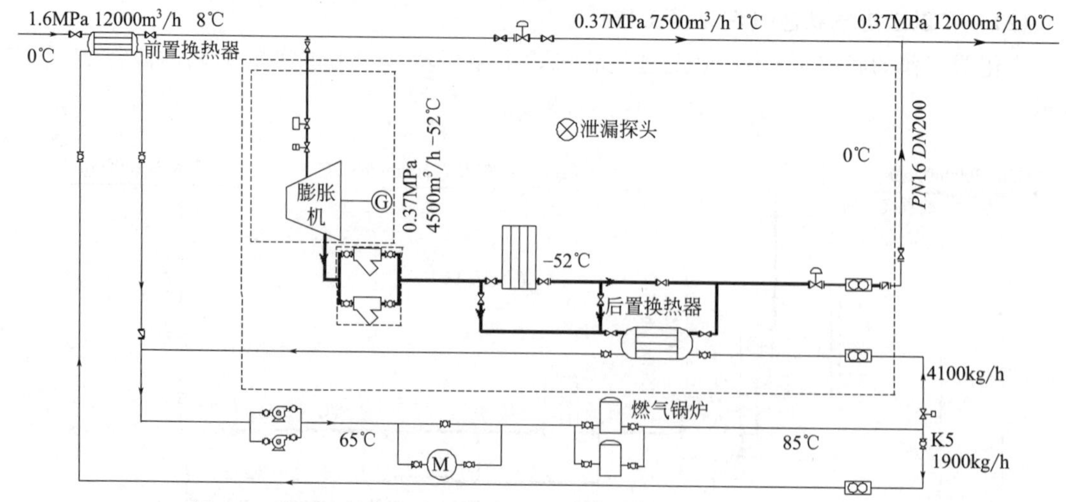

图 4-9 中型天然气压力能发电工艺流程（0℃进气，汽化器不工作）

通过热水加热（热水进口温度 85℃，热水出口温度 65℃，热水循环量 4100kg/h，热功率 95kW），温度上升为 0℃。两股天然气汇总后，混合天然气温度为 0℃，进入下游管网。

具体的工艺参数如表 4-6 所示。

表 4-6 中型天然气压力能发电工艺参数（0℃进气，汽化器不工作）

参数名称	参数范围
管道天然气进气温度	10℃
进口压力	1.6MPa
压力能利用流量	4500m³/h
天然气总流量	12000m³/h(最高峰)
天然气进入下游管道压力	0.37MPa
天然气进入下游管道温度	≥0℃

4.2.2.2 中型天然气压力能发电工艺能量衡算

以上述中型天然气压力能发电工艺为例，对其设计参数与运行参数整理并将发电功率与热量等参数进行汇总，结果如表 4-7 所示。

表 4-7 中型天然气发电工艺能量衡算

序号	总管道流量/发电利用流量/(m³/h)	需要补充热量/kW	净发电功率(装机容量 80kW,发电功率 75kW,自耗电 5kW)/kW
1	12000/4500	0	70
2	12000/4500	34	≥70－34＝36
3	12000/4500	48	≥70－48＝22
4	12000/4500	48	70－48＝22
5	4500/4500	10	70－10＝60
6	4500/4500	10	70－10＝60
7	12000/4500	139	≤－69(燃气量 13m³/h)
8	12000/4500	139	－69(燃气量 13m³/h)
9	4500/4500	109	≥70－109＝－39
10	4500/4500	109	－39(燃气量 6m³/h)

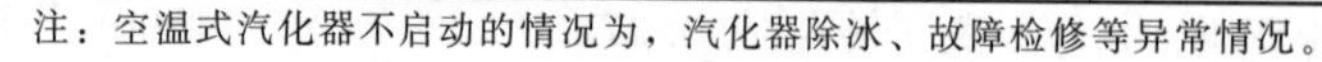
注：空温式汽化器不启动的情况为，汽化器除冰、故障检修等异常情况。

4.2.2.3 中型天然气压力能发电工艺设备选型

中型天然气压力能发电工艺系统关键设备选型如表 4-8 所示，其中关键设备螺杆膨胀机[13] 的实物如图 4-10 所示。

表 4-8 关键设备参数与选型

序号	设备名称	参数
1	螺杆膨胀机	工作介质：CH_4，转速：3000r/min，进口管径：$DN100$，出口管径：$DN150$
2	异步发电机	额定功率：80kW，额定电压：400V，额定频率：50Hz，额定转速：3021r/min，额定电流：137.2A，防爆标志：ExdIIBT4Gb
3	U 型立管式换热器	管程(天然气)进、出(热水)温度：－60℃/5℃，壳程进、出温度：85℃/50℃，换热面积：15.2m^2
4	电加热器	控制柜：70kW，温度传感器：Pt100＋温控开关
5	空浴式 NG 加热器	$DN200$，－50℃/5℃(低于环境温度 10℃左右)，流量：4500m^3/h，工作压力：0.4MPa
6	天然气流量计	精度：1.5%，耐压：1.6MPa，$DN100$，流量：4500m^3/h，带补偿

4.2.2.4 中型天然气压力能发电工艺优缺点分析

图 4-10 螺杆膨胀机实物

中型天然气压力能发电工艺的标准同样是按照输出功率的规模来定位的。对比“大型”和“小型”，“中型”的输出电力除去自身的用电，主要通过发电上网并网，用于解决地理区域较小范围内的用电问题，比如大型的工业厂区、人口比较集中的乡村。中型天然气压力能发电工艺具备如下优点：

① 控制程度高，适应无人看守场站。该工艺通过膨胀发电机所发出电供给电磁阀，对装置进行启动和关闭的操作，实现无人看守的功能。

② 不影响原有产站的日常运行，实现无缝衔接。该工艺通过分流器把主管道分成两股流量，一路经过原有调压器进行降压，温度降至 2℃；另外一路天然气，经过螺杆膨胀发电机组，输出电力；最终合成一股流量进入下游管道，并不影响管道的正常运行，不受气源稳定性和下游设备需求的影响。

③ 设备撬装化，占地面积小。该工艺设备采用撬装化的形式，所占地面积小，适用于调压柜和调压箱的闲置空间，使用范围广泛。

④ 下游压力精确控制。该工艺在流体马达出口通过调压阀控制出口压力在 4bar（1bar＝10^5Pa），实现精确控制流体马达橇后出口压力，从而对下游管网压力不产生任何的波动影响。

⑤ 工艺简单，易控制。该工艺仅有两部分：膨胀部分和压力能发电部分。整个膨胀发电系统能量由天然气膨胀所产生的压力能提供，同时该装置采用一种无油结构、无冷媒、体积小的小型流体马达，膨胀发电后，对管网不产生任何工质的影响。

⑥ 在进口温度 10℃以上时，出口温度 3℃以上，进入下游管网，对外净输出的电力为 70kW，原有燃气加热 E11 表现为不消耗天然气（一般情况下）。

⑦ 当进口温度 0℃以上且无汽化器工作时，最多需要增加热量；对外输出电力 70kW，净发电功率为 70－48＝22(kW)，不需要燃气加热。

⑧ 当进口温度0℃以上且有汽化器工作时，最多需要增加热量；对外输出电力70kW，净需求功率为70－139＝－69(kW)，此时，需要燃气提供热量（$13m^3/h$）。

与“大”的情况类似，“中”的局限同样是规模层面，针对数量庞大的、量级为几十瓦的用电设备，并不能体现出很好的经济性。而且，由于设计规模的限制，灵活性较差，实际落地项目更要着重考虑选址问题和土建问题等，偏远地区和交通不发达地区对于该工艺的实施具有很大的天然障碍。

4.2.3 小型天然气压力能发电工艺系统

基于小型天然气压力能发电技术的特点，即整体输出电力品质为两相电压220V和三相电压380V，输出电功率在0～5kW，通过设计利用新型流体马达并接入原有的调压系统之中，解决燃气门站缺电的情况[14]。根据调压站自身用电功率一般在0.5～5kW范围内，在调压站正常运行的情况下，经调研所用电设备以场站自动控制监控电路和照明用电为主，功率在0.5kW左右。仅在冬季需要对调压设备下游管路进行伴热或者异常情况下需启动场站内风机的情况，功率在2～5kW。而在日常用电中以高精密传感仪器用电为主，对电力品质要求相对较为严格。

4.2.3.1 小型天然气压力能发电工艺流程设计

小型膨胀发电工艺采用与调压站原有工艺并联的方式，并利用自控操作系统来调节下游电量输出，以满足调压站/箱电力供应[15]。小型调压站的压力能发电工艺流程如图4-11所示。

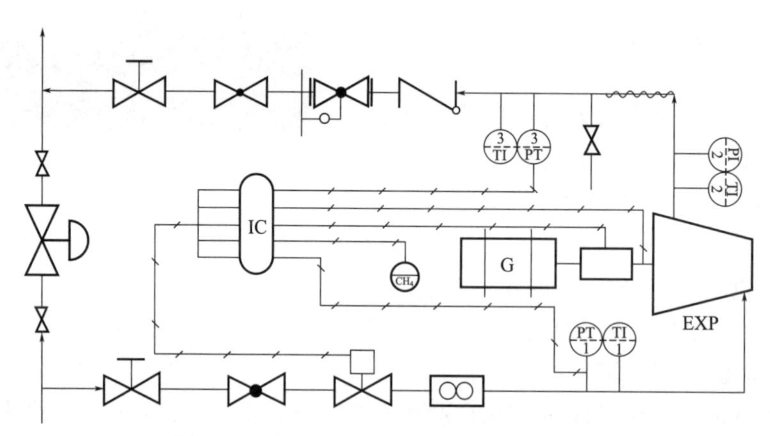

图4-11 小型调压站压力能发电系统工艺

将系统从流体马达天然气进口处和出口处划分为系统前端与后端。为了方便实验阶段对流量和压力通过前段球形阀进行调节，系统前段选用$DN50$的不锈钢管引入天然气，系统后端采用$DN100$的管道将天然气汇入天然气调压站降压后的管路中。工艺设计增加前后端截止阀，当实验过程中出现故障需检修的情况时，人工关闭前后端截止阀，通过放散阀将系统内天然气放空后再对系统各个部件进行单独拆卸检修。在正常实验过程中，前后端截止阀均为全开状态，通过调节前端球形阀开度控制系统内天然气的流量。系统前端的电磁阀将接受自动控制电路IC发送的信号，对系统在故障的时候进行紧急切断。系统前端增加流量计将在实验阶段测试分析系统流量与系统计算流量的偏差，并推算出关联因子η。系统末端增加止回阀，有效地防止系统内发生故障时，天然气回流。工艺设计开发阶段，系统后端设计经过调压阀精确调节天然气压力。

设计工艺从天然气调压站中的降压前管路引入天然气（20℃，0.8MPa），设计系统流量范围在 0～200m^3/h，经过系统前端截止阀和球形阀，调节球形阀的开度使系统前端天然气压力可在 0.2～0.8MPa 之间变化，经过系统前端流量计对系统计算流量进行校正。天然气通过流体马达后压力降低到 0.1～0.5MPa 之间，温度也随之下降。通过下游温度压力平衡器使温度回升和稳定下游的压力波动。通过后端止回阀和调压阀，天然气压力精准调节到 0.1MPa，再经过后端的球形阀和截止阀汇入调压站降压后的管路中。

4.2.3.2 小型天然气压力能发电工艺能量衡算

对上述工艺通过化工流程模拟软件 Aspen 初步理论分析模拟，模拟天然气成分及热力学参数如表 4-9 所示。通过 Aspen 模拟的工艺流程如图 4-12 所示，由于系统的整体压力不高，可选用 SRK 方程进行模拟分析。

表 4-9 天然气各组分基本热力学参数

项目	分子质量/(g/mol)	临界压力/MPa	正常沸点温度/℃	临界温度/℃	临界摩尔体积/(m^3/kmol)	临界压缩因子	含量/%
甲烷	16.04	4.600	−161.5	−82.60	0.1000	0.2900	89.39
乙烷	30.07	4.870	−88.60	32.20	0.1500	0.2800	5.760
丙烷	44.10	4.250	−42.00	96.70	0.2000	0.2800	3.300
正丁烷	58.12	3.800	−0.5000	152.0	0.2600	0.2700	0.7800
异丁烷	58.12	3.640	−11.70	134.7	0.2600	0.2800	0.6600
氮气	28.01	3.400	−195.8	−147.0	0.09000	0.2900	0.1100

测试阶段选择北京燃气集团华源西里调压站的实际用电情况为计算标准，通过 Aspen 软件进行模拟发电量与系统所需天然气流量和压力的关系，模拟流程选用 SRK 方程，设定输出电功率在 2～5kW 之间变化，即可得到所需天然气流量为 40～125m^3/h，而华源西里调压站平均耗气量为 60000m^3/h（此工艺参数适应于一般小型调压站）。模拟结果如表 4-10 所示。

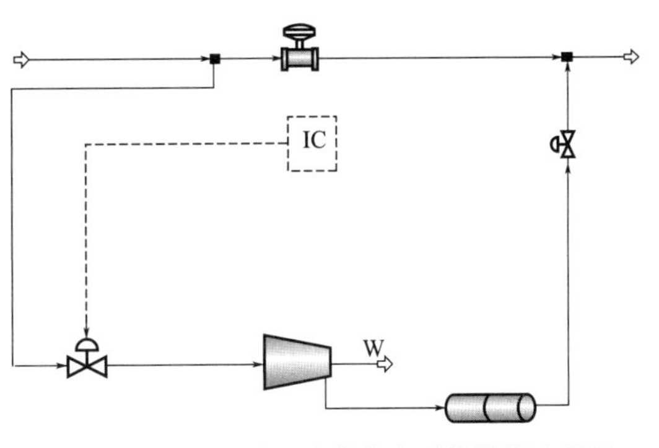

图 4-12 小型门站压力能发电系统模拟流程图

表 4-10 燃气流量、发电率关系表

进口状态		出口状态		流量/(m^3/h)	发电率/kW
压力/MPa	温度/℃	压力/MPa	温度/℃		
0.7	15	0.4	−6.2	45	1.11
0.7	15	0.4	−6.2	205	5.06
0.7	15	0.2	−35.4	40	2.06
0.7	15	0.2	−35.4	100	5.00
0.4	15	0.2	−11.6	120	2.06
0.4	15	0.2	−11.6	290	5.00

经过模拟分析数据，设计的系统工艺所需的流量范围在 30～200m^3/h，系统压降在 0.2～0.6MPa，系统输出功率可满足 0～5kW 的设计要求，系统的温度降低约 30℃。由于系统的流

量占管线流量的一小部分，因此对下游管网并不产生影响。

㶲分析是以热力学第二定理为研究基础，用于研究子系统或整套系统用能情况的分析方法。对于稳定流动的系统，由于忽略了工质的位㶲和动能㶲，因此某工质在某一状态下的㶲可以用下式表示：

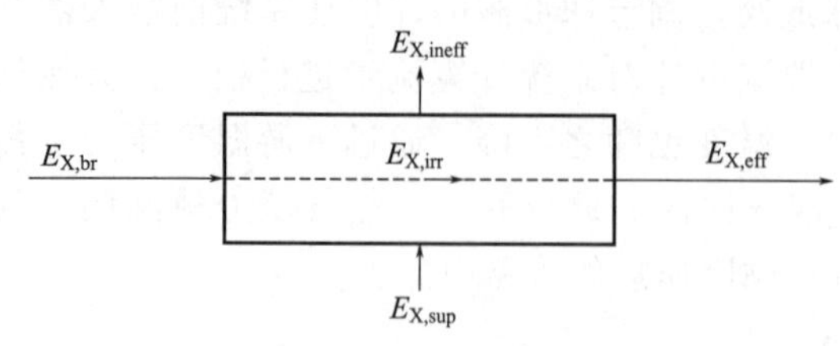

图 4-13　系统的黑箱模型

$E_{X,sup}$—输入系统的供给㶲；$E_{X,br}$—物流的带入㶲；$E_{X,eff}$—输出系统的有效㶲；$E_{X,ineff}$—输出系统的无效㶲；$E_{X,irr}$—系统的内部㶲损

$$E_X=H-H_0-T_0(S-S_0)$$

此工艺选用通用的黑箱模型（图 4-13）分析小型发电系统的㶲效率，为简便计算选取目前小型调压站最为常见的调压规模，即 0.7～0.2MPa，系统输出的电量为 5kW，此时进入系统的天然气流量为 $100m^3/h$，计算系统总㶲效率见表 4-11。

表 4-11　㶲计算结果

物流	流量/(m^3/h)	温度/℃	压力/MPa	焓/(kJ/kg)	熵/[kJ/(kmol·K)]	㶲/(kJ/kg)
天然气	100	25	0.101	−3804.3	5.15	3187.06
输入系统	100	20	0.7	−4851.89	−128.65	46199.48
输出系统	100	0	0.2	−4812.87	−130.17	0

分析可得出系统的㶲效率为：

$$\eta=\frac{E_{X,eff}}{(E_{X,sup}+E_{X,br})} \tag{4-1}$$

可计算出系统总的㶲效率 η 为 38.96%，由此可见在压力能发电的小型系统中，由于压力能利用单一使得能源的㶲效率并不高。但是却能有效地解决调压站以及调压箱的用电问题，因此值得进一步应用推广。

4.2.3.3　小型天然气压力能发电工艺设备选型

小型天然气压力能发电工艺系统关键设备主要包括：膨胀机（星旋式流体马达）、流量计、电控柜、逆变电流、温压平衡器及电磁阀。流体马达的实物如图 4-14 所示。系统主要设备相关的技术参数及在本工艺中的主要作用如表 4-12 所示。

图 4-14　流体马达实物图

表 4-12　系统主要设备及其功能一览表

序号	设备名称	规格	数量/个	功能
1	流体马达	机型：AT35-150，防爆型，转速：0～1500r/min，输出功率：0～5kW	2	一动一备
2	流量计	管径：DN50，电压：24V DC，电流：600mA	1	校正与测定修正因子 η
3	电控柜	类型：交流电，频率：50Hz，电压：380V/220V	1	控制处理中心
4	电磁阀	管径：DN50，常开型	1	实现紧急切断
5	储能电池组	电量为 20kW·h，防爆	2	备用电力
6	温压平衡器	管径：DN100	1	稳压升温

4.2.3.4 小型天然气压力能发电工艺优缺点分析

小型压力能发电工艺的突出优势在于其灵活性。除此之外，还具有以下优点：

① 工艺设计输出功率在300W～5kW，对应压降在0.2～0.6MPa，流量所需范围在30～200m^3/h。

② 工艺设计通过截止阀进行备用，球形阀进行实验室调节操作。

③ 工艺通过电磁阀进行紧急情况下的切断系统运行，确保工艺实验过程中安全零事故。

④ 系统理论设计可输出电量范围大，理论输出电量在0.1～20kW内均可通过文中设计工艺完成。

⑤ 设计工艺经模拟分析后，整体㶲效率约为38.96%。

⑥ 工艺设计通过实验辅助，完成对系统流量自计量的功能校正。最终开发工艺通过实验测试，发现问题并设计解决，实现小型压力能发电阶段的产品化设计。

小型压力能发电工艺相对比大、中型不足之处的原因主要在于时间问题，即小型压力能发电工艺提出时间较晚，工艺研发虽已经相对成熟，但实操项目仍处于不断的调试阶段，对于某些技术问题和管理问题，还需要不断地试错和完善[16]。

4.2.4 微型天然气压力能发电工艺系统

微型天然气压力能发电系统装置，利用天然气管网的压力能收集利用，借助膨胀发电设备发电，填补小型耗电设备和日常小功率电器的电力问题，在更高层面上，有利于偏远地区管网的智能化建设。微型发电工艺与小型工艺在某种层面上有相似之处，只是在电力输出规模上有所区别[17]。

4.2.4.1 微型天然气压力能发电工艺流程设计

以北京某燃气场站400W外置微型压力能发电项目为案例，中低压燃气进入流体马达后驱动马达运转，马达与发电机同轴加工连接，二者做同速运动，发电机输出电力通过充电控制器供蓄电池充电，电力经蓄电池供下游用户，可保证输出电压符合用户需求。

发电机发电电压额定36V，额定功率400W，蓄电池组单块12V，每两块串连，共16块；系统进气压力0.8MPa，出口压力0.1MPa；转速设计值为1250r/min，位于系统进气端的电磁阀与自控系统PLC联锁，对系统出口压力超压、泄漏，蓄电池电压进行实时监控，以保证系统运行稳定；主要包含发电机组和仪表检测显示、远传工艺两部分，其工艺流程如图4-15所示。

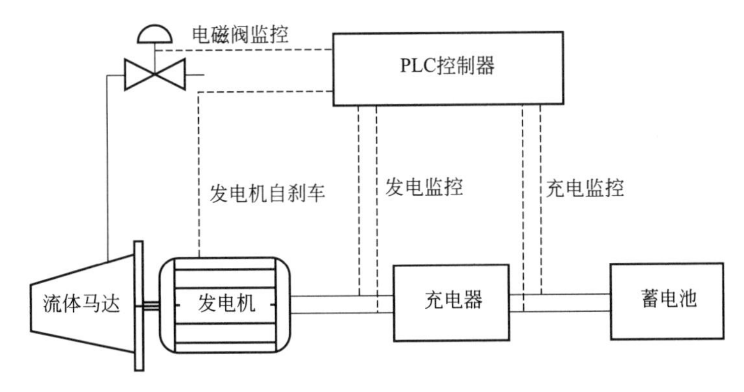

图4-15 微型天然气压力能发电工艺流程

上游的中压管网天然气，经过本产品管网微型压力能发电装置，在膨胀发电的同时压力降低，然后进入下游天然气管网；而发电装置所发出的电通过电力转换与储存系统进行分配，一部分给用电设施，另一部分以逆变电源的形式进行转换与存储。

同时，装置设有智能控制系统，当压力变送器和温度变送器的读数在允许范围波动时，阀门开启，保证整套装置正常运转；当显示读数异常时，PLC 发出控制指令，通过调节阀门开度来进行天然气流量的调节；当显示读数较长时间超出允许范围时，信号反馈到 PLC，PLC 输出切断设备指令，使阀门关闭，将整套装置与管网脱离。

4.2.4.2 微型天然气压力能发电工艺能量衡算

微型天然气压力能发电工艺的能量衡算，主要包括蓄电池组的供电分析与充电分析，通过蓄电池的实验间接获得充电效能。

其中，蓄电池满放时间为 82h。蓄电池接通充电之后，从电压 28V 开始对外供电，放电结束，电压从 27.3V 减少至 24.5V。放电期间，蓄电池共释放 290.4A・h 电容量，并且仍可继续待机 3.4h。蓄电池组放电期间释放电能为 6700W・h。蓄电池组供电参数与时间的关系如图 4-16 所示。

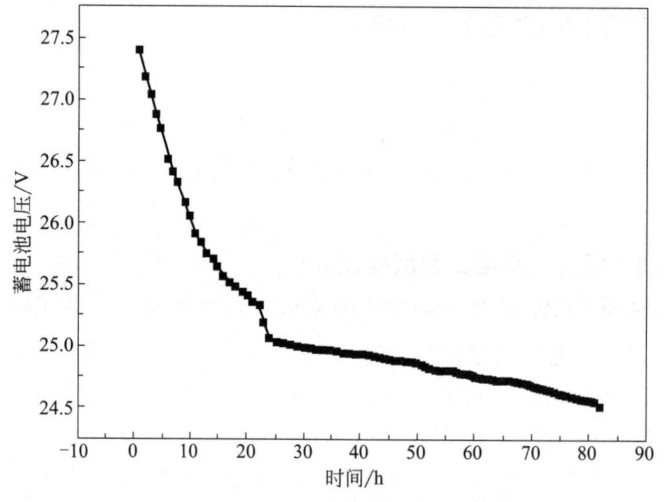

图 4-16 蓄电池组供电参数与时间关系

蓄电池组充电时间共 126h，充电期间，下游用电设备包括自身及远传仪表、调压间电灯、燃气浓度报警仪，共 85W。期间蓄电池电压由 24.5V 逐渐升高至 28V；充电功率在 130～165W 之间；充电量为 14.314kW・h（蓄电池组电能转化率按 80%计）。装置停止运行，蓄电池组可待机 82h，待机过程中释放电能为 6.7kW・h。充电时间与蓄电池电压、功率的关系如图 4-17（见文前彩图）所示。

4.2.4.3 微型天然气压力能发电工艺设备选型

微型天然气压力能发电工艺系统的核心设备是防爆发电机和气动马达。其中，发电机采用衡阳谐和隔爆型发电机，额定功率 400W，额定电压 36V，额定转速 1250r/min，实物如图 4-18 所示。而气动马达采用德国进口德派马达，额定功率 400W，额定转速 1250r/min，实物如图 4-19 所示。

其他关键设备的选型与技术参数如表 4-13 所示。

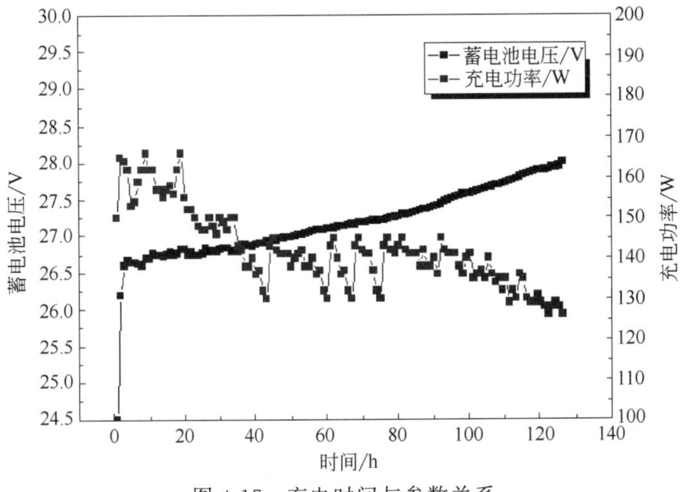

图 4-17　充电时间与参数关系

图 4-18　发电机实物图

图 4-19　马达实物图

表 4-13　微型压力能发电主要设备一览表

序号	设备名称	参数
1	马达	进/出口压力:0.8MPa/0.1MPa;额定转速:1200r/min;额定流量:40～50m^3/h
2	发电机	额定功率:200W;额定电压:24V;额定转速:750r/min
3	电磁阀	*DN*25;24V
4	充电控制器	输入电流范围:0～20A
5	蓄电池组	输出电压:24V;电池容量:400A·h
6	调压阀	调节后压力:0.1MPa
7	阻尼器	*DN*25

4.2.4.4　微型天然气压力能发电工艺优缺点分析

微型压力能发电工艺在输出电力的规模上较之“小型”更小，相对的操作和运行时更加灵活[18]。此外，该工艺还具有以下优点：

① 输出功率较小，适合点对点供电。工艺设计输出功率在百瓦级别，对应压降在0.2～0.4MPa，流量所需范围在30～100m^3/h。

② 技术相对成熟，自控程度高。该工艺可满足天然气无人值守场站的电力供应要求，对数据采集远传和厂区实时监控提供充足电力。

③ 装置占地小，操作便捷。该工艺装置采用撬装一体化的形式，不需要太大的占地空间，安装和移动时非常灵活，受地理位置影响较小。

④ 安全性能强，运营与维护方便。该工艺的关键设备均采用防爆型，从根源上保证了安全操作；工艺中的其他零部件和管道，均采用耐高压、耐低温的材料，在操作上实现安全运行。此外，由于本装置占地较小，检修和维护更加方便。

⑤ 蓄电池存储电力，电力供应灵活。系统输出的电力经稳压后存储于蓄电池组中，可以集中供给到需要电力的地方，持久性和稳定性强。

微型压力能发电工艺与“小型”工艺提出的时间前后相仿，因此，在具体的实操项目中缺少深厚经验的积累，完善的设计规划和运行管理还需要很多的工作来铺陈[19]。

4.2.5 天然气压力能管道内置发电工艺系统

天然气压力能管道内置发电系统装置，将应用在各个城市内部的燃气管道中，解决燃气管道自身状态监测的用电问题；可节约大量的接电成本，且节约能源。目前燃气管网的智能化、监测化低，源于用电问题得不到解决。天然气压力能管道内置系统总成本远低于其他压力能发电设备，总成本不到 0.1 万元。

天然气压力能管道内置发电系统产品化后，适用于城市管网的各中低压管线，应用范围广。进一步智能化产品将与中小型调压器结合，作为微中小型调压器的电源供给使用。因此，管道内置发电系统将广泛应用于燃气行业。

4.2.5.1 天然气压力能管道内置发电工艺流程设计

前后选用 *DN*50 的管道进行连接，由球形阀调节控制入口压缩空气进气流量，经流量计进行测量实际压缩空气流量，通过 PI1 和 TI1 测定内置发电单元前端进气状态。压缩空气经过发电装置单元时，驱动发电装置单元进行发电。得到的 24V 直流电经逆变电源稳定处理后，分别进行储存和负载测试（测试负载为 LED 灯泡）。经发电单元后的压缩空气通过 PI2 和 TI2 测定出口的压缩空气状态，最后通过末端单向阀放出，如图 4-20 所示。

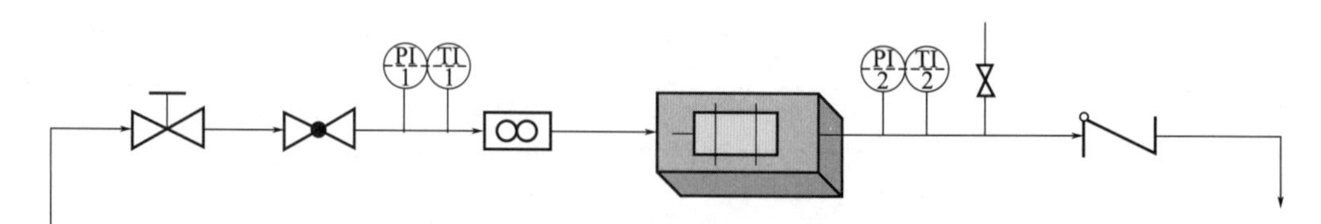

图 4-20 微型管道内置发电系统工艺

其中系统的核心发电单元，选用 *DN*80 的不锈钢管内置发电装置核心部件进行组装，主要包括以下几个方面的焊接成型。

① 小型发电机的固定：实验阶段为设计灵活性，采用可拆卸式固定发电机；对于后期成型产品，为节约成本和提高产品稳定性，直接焊接在管道内部。

② 连接面的转化：为方便设计，设计工艺采用在 *DN*80 的管道中进行内置工艺，通过变径对实际的 *DN*50 管道气进行模拟实验。

③ 引流模型：为提高利用效率，设计增加引流装置。

④ 引线出口密封加工：选用 *DN*10 的内螺纹管焊接在管道 A 距离左端面出口处 80mm 的位置，并在螺纹管内浇铸密封胶，通过螺母高压挤压密封。

此次加工焊接主要包括以上四个方面，后续对加工处的打磨、防腐等处理等，使测试产品向精品化的方向发展。整体工艺测试流程效果如图 4-21 所示。

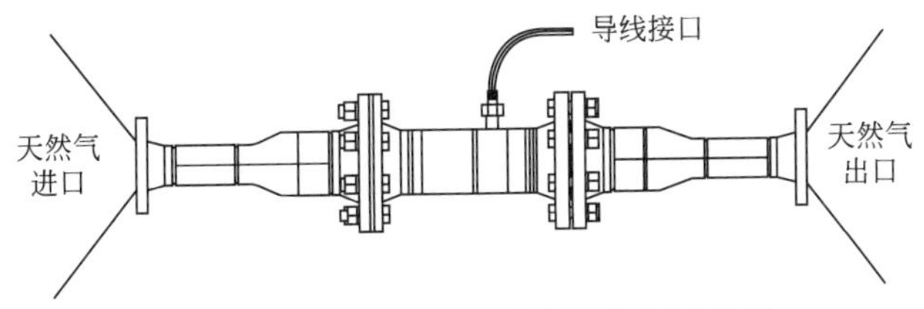

图 4-21　微型管道内置发电工艺测试效果

实验通过设计采用 *DN*89 的管道进行焊接内置发电系统，通过变径连接 *DN*50 的管道进行实验，弥补了原有 *DN*50 管道内置工艺系统的不足。内置管道发电系统与 *DN*89 的管道通过变径和法兰连接至 *DN*50 的管道进出口，其组撬模型如图 4-22 所示。

图 4-22　微型管道内置发电工艺组撬模型图

4.2.5.2　天然气压力能管道内置发电工艺能量衡算

前端压力设定为 0.4MPa，系统启动流量为 $220m^3/h$，调节球形阀开度，并对系统整体输出的电力品质与压降之间的关系测试，记录数据如表 4-14 所示。分析系统的整体压降与流量、输出功率之间的关系，如图 4-23 所示。

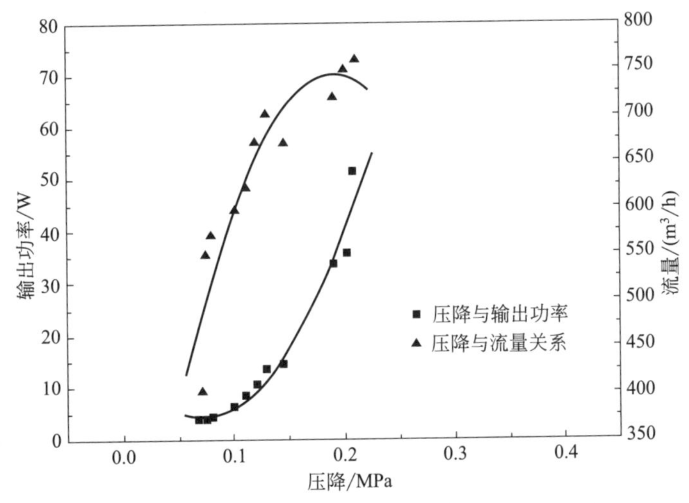

图 4-23　系统产生压降与流量、输出功率的关系

表 4-14　系统工艺整体测试数据

序号	PI1/MPa	PI2/MPa	压降/MPa	流量/(m^3/h)	电压/V	电流/A	功率/W	备注
1	0.2	0.08	0.12	400	4	0.9	3.6	负载
2	0.4	0.275	0.125	550	3.2	1.1	3.52	负载
3	0.4	0.27	0.13	570	3.8	1.1	4.18	负载
4	0.4	0.25	0.15	600	4.9	1.3	6.37	负载
5	0.4	0.24	0.16	620	5.7	1.4	7.98	负载

续表

序号	PI1/MPa	PI2/MPa	压降/MPa	流量/(m^3/h)	电压/V	电流/A	功率/W	备注
6	0.4	0.205	0.195	670	8.3	1.7	14.11	负载
7	0.4	0.16	0.24	720	16.6	2	33.2	负载
8	0.4	0.15	0.25	750	14.8	2.4	35.52	负载
9	0.4	0.14	0.26	760	22.3	2.3	51.29	负载
10	0.5	0.33	0.17	670	7.9	1.3	10.27	负载
11	0.5	0.32	0.18	700	9.5	1.4	13.3	负载

由图 4-23 分析得出，管道内置发电系统理论上能够输出 24V、50W 的直流电，系统产生的压降约为 0.26MPa 以及系统所需流量约 750m^3/h。因此初步设计的管道内置发电系统通过稳压装置将电力转换储存在蓄电池内，可正常地运行供电。通过 Aspen 理论模拟分析，流量约 750m^3/h 的 0.45MPa 空气在压降为 0.26MPa 下，可输出 2100W，因此系统的整体利用效率有待进一步提高。

4.2.5.3 天然气压力能管道内置发电单元结构选型与设计

(1) 发电机类型的选取

小型发电机主要存在的问题在于对发电机自身防爆的处理，需要定制小型的防爆发电机，为后期的燃气管道调试以及市场化生产做好准备。

根据市场调研情况，目前 *DN*80 的管道内置发电系统即可满足我们的设计需求。因此初步仍选用 *DN*80 的管道作为设计基础，逐步增加 *DN*100 的管道实验。此次实验选用的发电机外径尺寸在 30～40mm 之间，根据调研情况可将发电机初步分为以下几种。

① 发电机一如图 4-24 所示。其中，发电机可输出电压为 24V DC，空载电流为 0.25A；额定输出功率为 67W，最大空载转速为 3500r/min。发电机结构为三相直流无刷；主体尺寸为 *D*42mm×35mm，轴径为 6mm；重量为 178g。

② 发电机二如图 4-25 所示。其中，发电机最大输出电压为 24V DC，最大输出电流约为 0.55A，最大输出功率约为 55W，最大工作转速为 6500r/min。发电机长度为 66mm，机轴总长为 94mm，外径为 38mm，轴径为 5.5mm，重量为 225g。

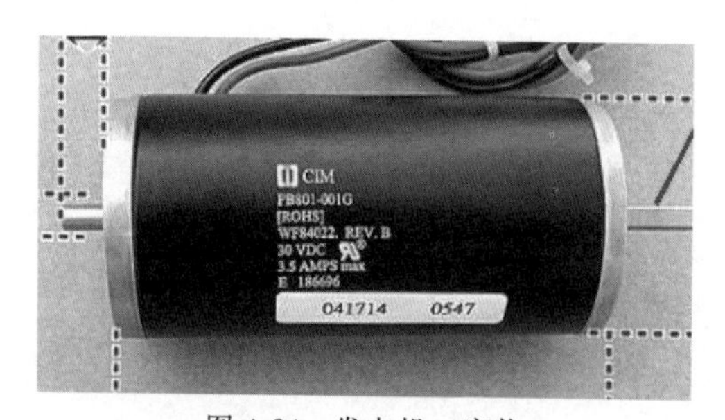

图 4-24 发电机一实物

图 4-25 发电机二实物

(2) 叶轮类型的分析

由于管道天然气的流体属于管道内密集型流体，因此叶轮的尺寸大小和材质具有一定的局限性。根据设计以 *DN*80 的管道为内置实验测试管道，因此将叶轮的直径设计在 40～65cm 的范围内进行选择。根据市场调研，初步确定测试的叶轮类型如表 4-15 所示，叶轮模型如图 4-26 和图 4-27 所示。

表 4-15 叶轮相关参数

名称	材质	直径/mm	类型
叶轮一	塑料	56	离心式
叶轮二	不锈铁	56	涡轮轴流式

图 4-26 叶轮一实物

图 4-27 叶轮二实物

(3) 引流结构和内部结构设计

相对于产品化的发电机固定设计而言，目前是设计的实验测试阶段，针对发电机的固定尽可能兼顾牢固和便于拆卸、更换。如图 4-28 所示，在管道中蓝色部分（见书前相应彩图）对称焊接 4 个支撑块，并在前端面焊接 4 块连接板，通过螺栓将发电机固定在支撑块上。

目前测试的发电机分两个阶段进行，第一阶段发电机暂不考虑防爆的设计要求，通过使用压缩空气作介质驱动测试发电机的输出功率和电压等电力品质情况。第二阶段在此基础上对发电机进行防爆设计，并在燃气管道中进行燃气介质测试。叶轮前端的引流设计是提高发电效率的关键因素之一，由此设计将形成三套引流模式。模型一为简单的约束引流模式，如图 4-29（见文前彩图）所示。

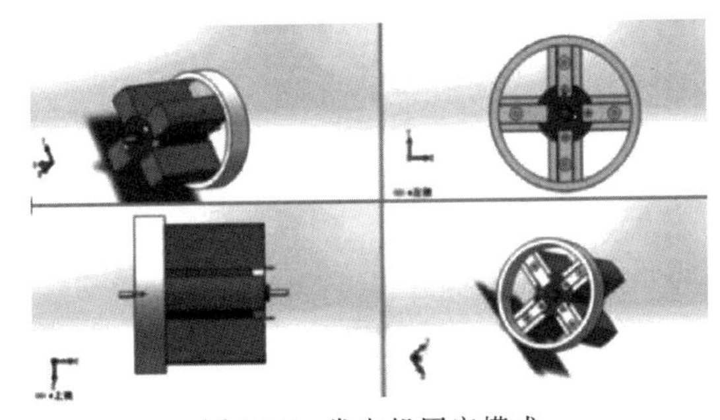

图 4-28 发电机固定模式

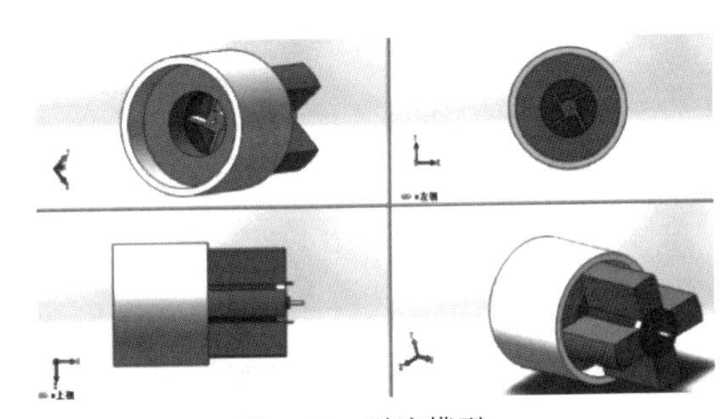

图 4-29 引流模型一

设计将叶轮嵌套在 $DN50$～$DN60$ 的半封闭柱体中，如书后彩图 4-29 中紫色部分所示，并在柱壁上斜切 45°气体出口，在壁上等距设计 4 个切口模型的柱体模型。在次柱体前端面上焊接 $DN89$ 的开孔板，中间孔略大于叶轮直径，厚度设计在 30～60mm。此开孔板用于叶轮前端引流，限定气流全部通过叶轮。模型二在模型一的基础上加长开孔板，并在中间增加引流锥体进行强化引流，如图 4-30 所示。

图 4-30 引流模型二

模型二在叶轮中心实体上方增加引流锥形体，使得气流更好地驱动叶轮并有效地提高了发电效率。模型三将在模型二的基础上，对开孔板进行旋转切除，使得气流经过开孔板形成漩涡流。针对这三种模型将一一进行实验测试，并确定综合性能更好的模型。

(4) 密封及防爆设计

导线接线出口主要针对密封和防爆这两点进行设计，如图 4-31（见文前彩图）所示，通过开孔处引出导线，通过螺栓连接挤压密封。连接点 1 和连接点 2 两端分别接 $DN89$ 的标准管道，导线电缆从连接点 3 接出。

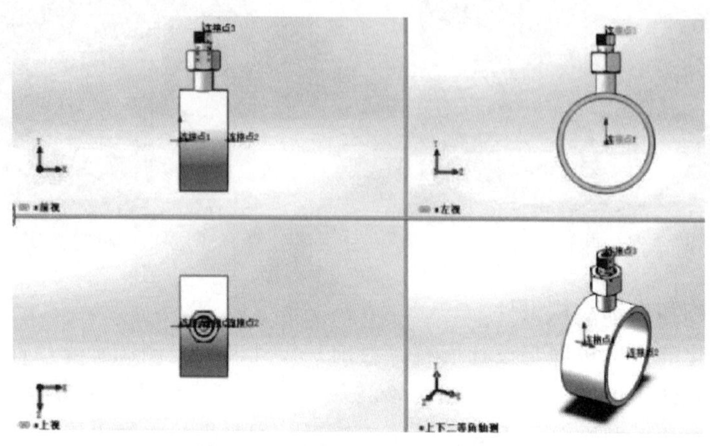

图 4-31　导线出口密封防爆设计

对于连接点 3，可以通过螺纹挤压密封住导线电缆出口，也可在连接点 3 小管内焊接导线连接板面进行密封，如图 4-32（见文前彩图）所示。

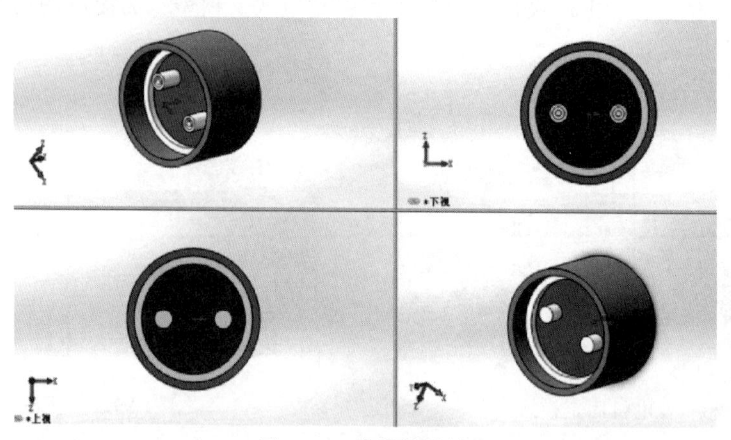

图 4-32　接线柱设计

通过图 4-32 所示白色不锈钢连接圈中嵌入整体的绝缘板，再将整体通过不锈钢圈焊接在连接点 3 管道内部进行密封。绝缘板中对称插入导线接线柱，再进行整体灌注绝缘胶密封并引出导线。

(5) 关键设备选型

上述天然气压力能管道内置发电系统的关键设备主要包括：小型永磁直流发电机、涡轮叶轮、测功机和流量计等，具体的设备选型如表 4-16 所示。

表 4-16 微型管道内置发电系统主要设备

序号	设备名称	规格	数量
1	永磁直流发电机	输出功率 55W;最大工作转速 6500r/min	1
2	涡轮叶轮	不锈铁材质;叶轮直径 60mm	1
3	星旋测功机	额定电压 24V;功率 45W	1
4	流量计	管径 *DN*50;电压 24V DC;电流 600mA	1
5	球阀	*DN*50	1
6	截止阀	*DN*50	1
7	单向阀	*DN*50	1

4.2.5.4 天然气压力能管道内置发电工艺优缺点分析

天然气压力能管道内置发电工艺的核心优势在于管道内置的结构技术以及其带来的设计、安装、运行的便利。此外，本工艺还具有以下优点：

① 发电系统采用的管道为 *DN*80，膨胀设备以及发电装置都采用内置固定方式，方便拆卸。

② 叶轮前端安装引流模式，增加流体与叶轮接触面积，提高流体的能量利用率，充分地利用了管道压力能，提高了发电效率。

③ 经过系统后流体产生的压降低，可通过多个内置系统串联发电，提高系统整体的输入功率和电压。

④ 管道内置发电系统将与原有的管线直接合并，在空间上不再占用外部体积，其产品化应用将不再受到地理空间的影响。

⑤ 系统输出的电压经变频和电力储存之后，将稳定地输出电压为 24V 的 0～50W 的交流电供给管线用电设备。

⑥ 管道内置发电装置结构简单，将进一步降低产品化成本，有利于市场推广、生产与应用。

天然气压力能管道内置发电工艺是近几年提出的最新的压力能发电利用形式，在技术研发方面仍然处于成长期，仍然需要攻克许多关键技术，而且，关键设备的选型方面也是影响本工艺落地的一个重要因素。对于防爆装置的选择以及气体介质腐蚀性问题的解决，成为当前和未来亟须解决的难题。

4.3 天然气管网压力能制冷系统

4.3.1 天然气压力能制冷分类

俄罗斯开发了采用涡流管制冷的天然气液化工艺流程（NGGLU），该装置由 Lentransgaz、Sigma-Gas、Krionord 及 Lenavtogaz 公司联合设计，样机由圣彼得堡的波罗的海造船厂制造，安装在维堡的 Vyborgs Kaya 天然气调压站。2002 年 6 月已经通过了生产检测，这为规模化生产此类液化装置打下了基础。该液化装置充分利用了高压天然气管网的压力能，不用消耗额外的能量就能液化天然气。

高压天然气经膨胀设备膨胀降压后温度降低，低温的天然气中蕴含着巨大的冷能，因此，可以将天然气调压过程中巨大的冷能利用在空气分离、深冷粉碎、天然气液化、冷库等方面[20,21]。对于这部分冷能的回收利用，目前国内外有很多利用高压天然气压力能制冷液化管道天然气的工艺。

NAT公司于20世纪70年代先后在亚、非、欧洲的一些油田制造了几十台用于回收油田伴生气或火炬管线中轻烃产品的气波制冷机，即热分离机。日本三菱重工业公司于20世纪70年代中期在引进了NAT公司专利的基础上进行研发，将热分离机广泛地应用在化工厂各种尾气有用组分的回收上。美国和苏联也报道了有关热分离机方面的专利和研究。而我国是从20世纪80年代开始研究气波制冷机的，目前也已经投入工业运行，主要是用于天然气脱水及轻烃的回收、化工工业尾气中有用组分的回收、食品的速冻保鲜、低温粉碎橡胶以及空调业等低温产业方面。此外，我国一些专家也提出了采用气波制冷机和透平膨胀机联合利用高压天然气压力能液化天然气的流程。

4.3.1.1 压力能用于空气分离

传统的空气分离工艺中主要包括冷却器、废氮循环冷却器、后冷却器及空压机中间冷却器等设备[22]。郑志等[23]设计了一种天然气调压过程中冷能用于空气分离的工艺流程，如图4-33所示。在不增加额外制冷设备的前提下，将高压天然气调压过程中的冷能引入该工艺，不仅可以降低空分的单位能耗，而且减少过程中的用水量，同时提高产品的产量和质量。

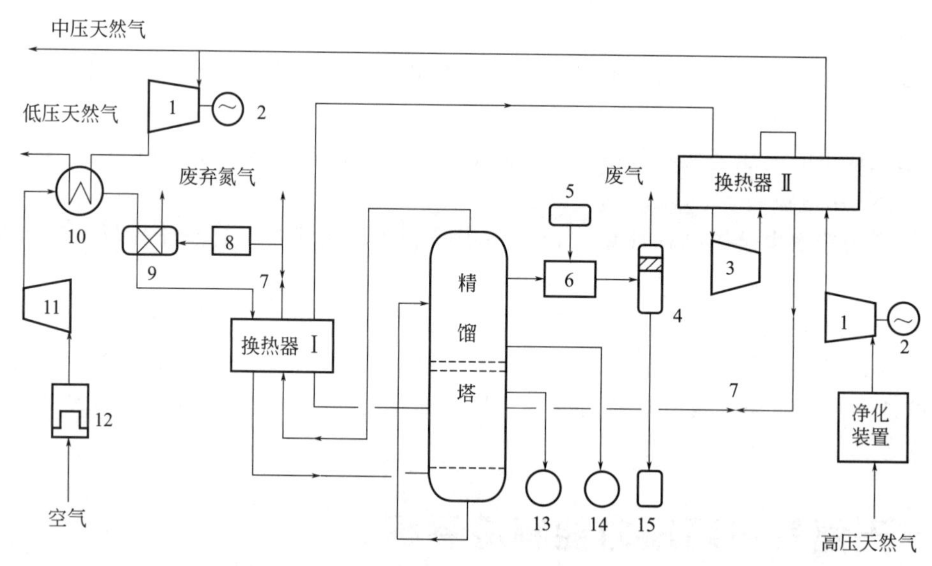

图4-33 天然气管网压力能用于空气分离流程

1—膨胀机；2—发电机；3—循环氮压缩机；4—氨提纯塔；5—氢储罐；6—氢净化器；7—氮节流阀；8—电加热器；9—空气净化器；10—空气预冷器；11—空压机；12—空气过滤器；13—液氯储罐；14—液氮储罐；15—液氨储罐

4.3.1.2 压力能用于废旧橡胶低温粉碎

熊永强等[24]研制提出了一种压力能用于废旧橡胶低温粉碎的工艺，如图4-34所示。一方面有效地回收了天然气调压过程中的压力能，另一方面降低了废旧橡胶粉碎的生产成本。该工艺流程由高压天然气预冷、压力能制冷和冷能利用三部分组成。此工艺仅需利用高压天然气的调压冷能，不需要外加能量，且燃气具有需求量大的特点，可以确保冷能的供给，大大降低了工艺生产成本。

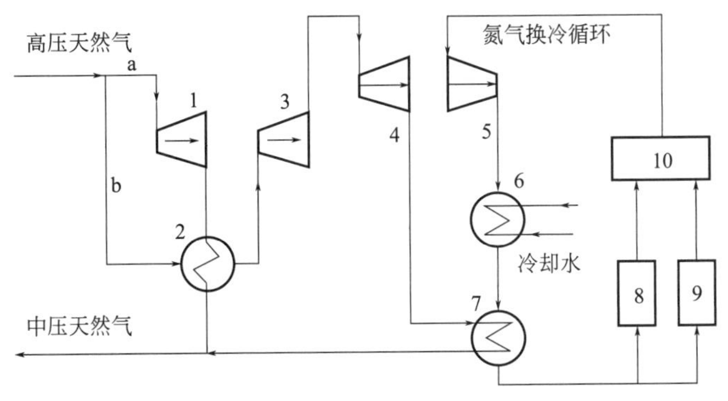

图 4-34　天然气管网压力能用于橡胶粉碎流程

1,3—气波制冷机；2,7—板翅式换热器；4—透平膨胀机；5—氮气压缩机；6—水冷却器；8—粉碎机；9—冷冻室；10—胶粒预冷室

4.3.1.3　压力能用于天然气液化

目前，高压天然气管网压力能用于液化天然气的研究主要有：俄罗斯 Lentransgaz 公司设计了天然气液化工艺流程（NGGLU），此工艺采用涡流管-节流阀，天然气液化比在 2%～4% 之间，产率在 100～500kg/h 之间；Robert W 开发了一种借助透平膨胀进行液化的工艺；为了提高液化天然气的产率，美国 Idaho 国家实验室提出天然气经透平膨胀做功，驱动压缩机液化天然气。

张镨等[25] 提出了一种小型天然气液化的工艺（图 4-35），高压天然气通过涡轮膨胀机输出功率，驱动压缩机，制得高品位的液化天然气。该工艺生产的一方面可用作燃气调峰，另一方面可以二次销售给燃气用户，具有良好的实用性和经济性。

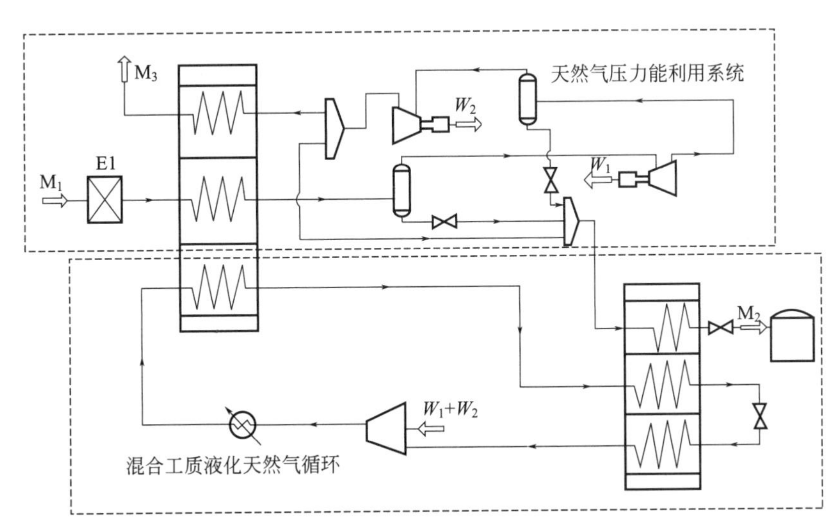

图 4-35　天然气管网压力能小型液化流程

M_1—高压天然气；M_2—液化天然气；M_3—中压天然气；W_1—膨胀透平 1 输出功；W_2—膨胀透平 2 输出功；W_1、W_2—混合工质压缩机输入功

4.3.1.4　压力能用于冷库

罗东晓[26] 提出了一种回收高压天然气压力能用于冷库的工艺流程（图 4-36），在原有

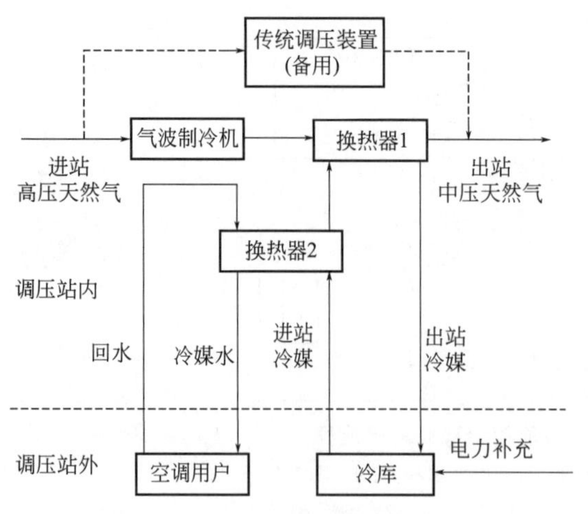

图 4-36　天然气管网压力能用于冷库流程

调压工艺上驳接一套压力能利用的工艺路线，压力能及冷能转换设备及工艺路线均在调压站内，通过中间制冷剂将冷能供应给冷库和空调的用户。此制冷工艺不仅节约能源，而且解决了传统工艺调压过程中产生的噪声和安全隐患等问题，具有良好的经济效益和社会效益。

4.3.2　压力能用于废旧橡胶低温粉碎

4.3.2.1　工艺流程开发

压力能用于废旧橡胶深冷粉碎的工艺流程如图 4-37 所示。流程说明如下。

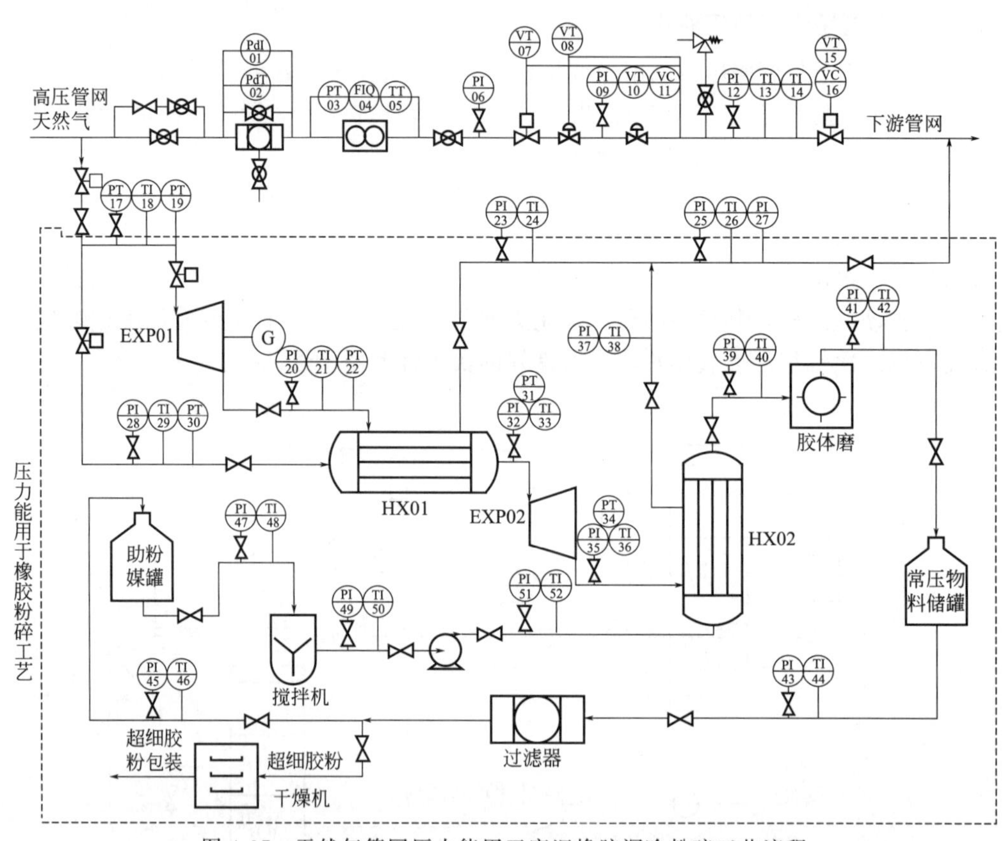

图 4-37　天然气管网压力能用于废旧橡胶深冷粉碎工艺流程

压力能膨胀制冷系统：4.0MPa、20℃的天然气分两路，一路经过天然气膨胀机膨胀发电后，温度降至－74℃左右，调压成 0.4MPa，再进入换热器 1 与高压天然气换热，温度升到 10℃后进入下游天然气管网；另一路天然气与低温天然气换热后，温度降至－35℃左右，进入膨胀机降压，调压成 0.4MPa，温度降至－105℃再进入换热器 2，与粉碎橡胶所用的制冷剂换热，温度升高至 9℃，之后进入辅热器加热后，进入下游天然气管网。膨胀机所发出的电力可用于深冷粉碎系统中的胶体磨、泵等。

深冷粉碎系统：粗胶粉与常温液相助粉媒的混合胶体在混合器中混合成进料，由泵升压，进入换热器 2 与低温天然气换热后，温度降低至－100℃，再经过胶体磨粉碎成超细胶粉和助粉媒的混合胶体，在物料储罐中，分离出所需的超细橡胶粉，粗橡胶粉靠自身压力输送到助粉媒罐，如此循环。

天然气管网压力能用于废旧橡胶深冷粉碎工艺流程的物流表如表 4-17 所示。压力能回收用于废旧橡胶深冷粉碎工艺流程各单元操作模型的模拟数据结果满足能量平衡方程，可根据模拟结果进行核算。

表 4-17　天然气管网压力能用于废旧橡胶深冷粉碎工艺物流表（部分）

项目	MET01	MET02	NG01	NG02	NG03	NG04	NG05	NG06	NG07
温度/℃	20.00	－100.0	20.00	－74.00	10.00	20.00	－35.00	－105.0	9.000
压力/bar	5.000	5.000	40.00	4.000	4.000	40.00	40.00	4.000	4.000
体积分数	0	0	1.000	0.9700	1.000	1.000	0.9700	0.9100	1.000
摩尔流量/(kmol/h)	25.78	25.78	54.36	54.36	54.36	69.04	69.04	69.04	69.04
质量流量/(kg/h)	2170	2170	1000	1000	1000	1270	1270	1270	1270
体积流量/(m^3/h)	2.850	2.540	29.89	212.3	316.3	37.96	26.53	211.0	400.8
焓/(Pcal/h)	－0.8500	－0.9500	－1.010	－1.050	－1.010	－1.280	－1.330	－1.370	－1.280

注：MET 表示甲烷；NG 表示天然气，数字表示序号。

4.3.2.2　工艺热力学分析

本工艺中的基准态为 1atm（1atm＝101325Pa）、25℃，工艺过程是稳态流动系统，不涉及化学反应，故只需计算过程的物理㶲。经计算，各物流的㶲值见表 4-18。

表 4-18　㶲计算结果

物流	温度/℃	流量/(t/h)	焓/(kJ/kg)	熵/[kJ/(kg·K)]	㶲/(kJ/kg)
MET01	20.00	2.170	－1647	－6.800	479.8
MET02	－100.0	2.170	－1830	－7.600	535.1
NG01	20.00	1.000	－4234	－6.850	484.0
NG02	－74.00	1.000	－4410	3.000	241.7
NG03	10.00	1.000	－4210	－5.770	186.0
NG04	20.00	1.270	－4234	－6.850	484.0

经计算，各操作单元的㶲效率和㶲损失结果见表 4-19。

表 4-19　各操作单元的㶲效率和㶲损失

设备	㶲损失/kW	㶲效率/%
EXP01	18.50	72.52
EXP02	21.03	61.06
HX01	7.830	63.35
HX02	10.85	75.45
整个工艺		37.80

注：EXP 表示膨胀机，HX 表示换热器，数字表示序号。

从表 4-19 中可以看出，整个工艺的㶲效率为 37.80%，其中天然气管网压力能用于废旧橡胶深冷粉碎工艺中 EXP02 的㶲效率最低，这是换热过程中冷热物流换热温差较大引起的。

根据 EUD 分析原理，可计算出天然气管网压力能用于废旧橡胶深冷粉碎工艺中各单元能量释放侧和能量接收侧的能量品位 A，分别以过程的焓变 ΔH 和能量品位 A 为横纵坐标作天然气管网压力能用于废旧橡胶深冷粉碎工艺的 EUD 图，见图 4-38 和图 4-39。

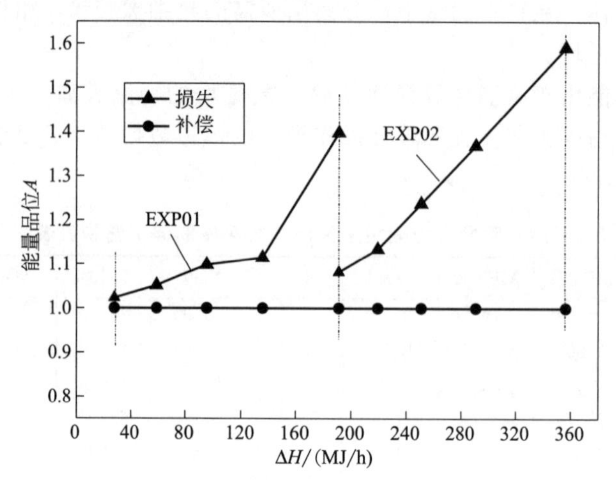

图 4-38 天然气管网压力能用于橡胶粉碎膨胀工艺的 EUD 图

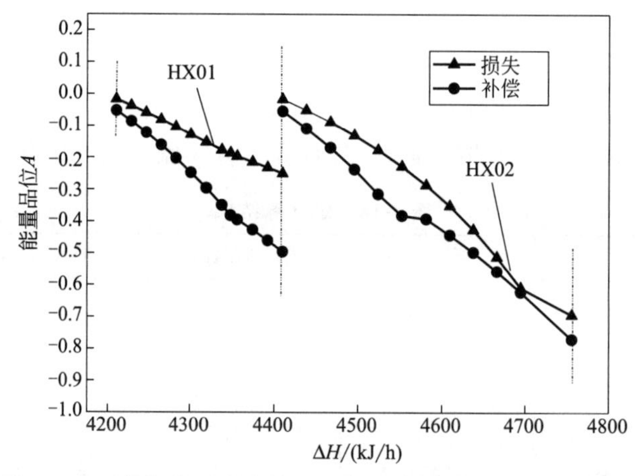

图 4-39 天然气管网压力能用于橡胶粉碎换热工艺的 EUD 图

图 4-38 和图 4-39 中各组曲线所围面积即为相应操作单元的㶲损失。对图中各组曲线分别积分得到各操作单元的㶲损，本工艺中各操作单元的㶲损失见表 4-20。

表 4-20 各操作单元的㶲损失

单元名称	㶲损失/(MJ/h)	占整个㶲损失的比例/%
EXP01	22.40	29.88
EXP02	52.50	70.04
HX01	0.02700	0.03600
HX02	0.02800	0.04400

从图 4-38 和图 4-39 以及表 4-20 中可以看出，EXP02 为本工艺中㶲损失最大的单元，占整个工艺㶲损失的 70.04%。其主要原因在于 EXP02 进出口压差较大，能量品位相差也较大；能量释放侧和接收侧的能量品位分别为 1.59 和 1，其差值达到了 0.59，造成了 EXP02 的㶲损失较大。因此，采取优化膨胀机进出口物流压力或者逐级膨胀进行流程优化

的办法，是解决当前难题的理想途径。

从以上结果来看，高压天然气压力能用于废旧橡胶深冷粉碎技术的温位要求为－130～－80℃，属于深冷温度带类型。

4.3.2.3 工艺特点分析

(1) 工艺特点

① 减少能量浪费，增加经济收益。把天然气调压过程中产生的压力能和冷能有机地结合起来，天然气压力能膨胀发电，膨胀后低温的天然气再与制冷剂换热，把膨胀后的冷量通过制冷剂传递给粗橡胶粉，最后在低温状态下，把粗橡胶粉细磨到精细橡胶粉，这种低温粉碎工艺节约了大量压缩机压缩制冷剂的电耗，减小了旧粉碎橡胶工艺的能耗，增加了企业经济收益。

② 设备成本低，投资小。该工艺包含天然气膨胀、深冷粉碎橡胶系统等两部分设备，设备的数量少、成本低，装置的建设投资小。

③ 安全可靠，运行稳定。该工艺驳接在原有天然气调压工艺上，与原电压缩工艺并联运行，可根据天然气调压站调压流量、压力和深冷粉碎橡胶系统对天然气需冷量进行调整，从而使天然气调压稳定、安全，也保证冷库能正常运行、安全平稳。

(2) 使用地点

该工艺适用于大型调压站附近配备有已建成或将建设的粉碎橡胶项目。

4.3.3 压力能用于天然气液化

4.3.3.1 工艺流程开发

压力能用于辅助液化的工艺流程如图 4-40 所示，具体流程说明如下。

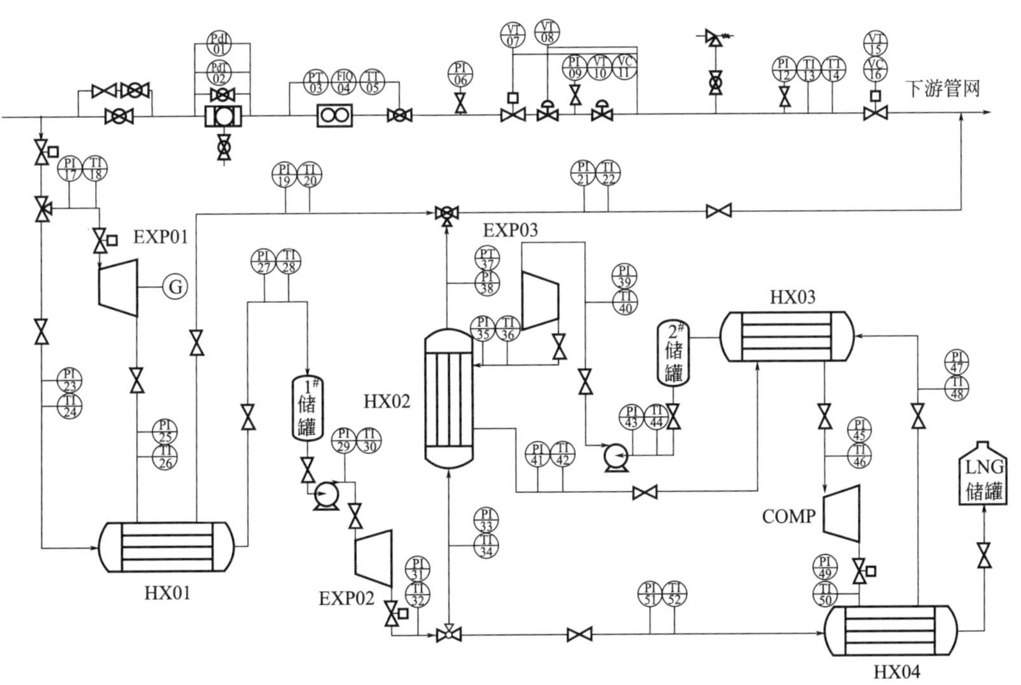

图 4-40 天然气管网压力能用于辅助液化工艺流程

原天然气调压系统：4.0MPa 高压管网天然气经调压设备，压力降低至 0.4MPa，再经过辅热器加热后，进入下游天然气管网。

压力能膨胀系统：4.0MPa 天然气分两路，一路天然气经过膨胀机膨胀发电后，温度降至－69℃左右，压力降至 0.4MPa，进入换热器 1 与高温 30℃的高压天然气换热，温度升到 21℃，之后进入下游天然气管网；另一路天然气直接进入换热器 1，温度降低到－65℃，再经过膨胀机膨胀发电后，温度降至－126℃左右，压力降至 0.4MPa，一部分流量进入换热器 2 与高温氮气换热后，天然气温度升到 30℃，之后进入下游天然气管网，另一部分流量进入换热器 3 与低温氮气换热后，天然气温度降至－160℃，最后进入 LNG 储罐。

氮气制冷系统：来自 2# 储罐的低压氮气，经过氮气压缩机由 0.2MPa 压缩至 0.8MPa，进入换热器 2 与天然气换热，温度降至 34℃；再进入换热器 4 与低温氮气换热，并再次降温至－150℃；然后高压氮气进入膨胀机膨胀并发电后，压力降至 0.2MPa，温度降至－185℃左右，进入换热器 3 与天然气换热；最后再次进入换热器 4，氮气温度升至 30℃后回到 2# 储罐，如此循环。

高压天然气在膨胀机中膨胀做功，带动膨胀机运转产生一部分机械能。根据天然气的量和调压规模，视膨胀机输出功率大小连轴带动 N_2 压缩机或者发电机转动。当产生的机械能较大时，使膨胀机连轴带动 N_2 的压缩机进行液化天然气；当产生的机械能不足时，则连轴带动发电机进行发电，发出的电供给工艺中的泵、自控仪表等小型用电设备。

工艺流程的物流表如表 4-21 所示，工艺流程各单元模型的模拟数据结果满足能量平衡方程，再根据模拟结果进行核算。

表 4-21 天然气管网压力能用于辅助液化工艺流程物流表（部分）

项目	LNG	$N_2$01	$N_2$02	$N_2$03	$N_2$04	NG01	NG02	NG03	NG04
温度/℃	－160.0	30.00	353.0	33.00	－150.0	30.00	－62.00	－126.0	－126.0
压力/bar	4.000	1.000	8.000	8.000	8.000	40.00	40.00	4.000	4.000
体积分数	0.000	1.000	1.000	1.000	1.000	1.000	0.8500	0.8400	0.8400
摩尔流量/(kmol/h)	78.82	571.2	571.2	571.2	571.2	733.9	733.9	733.9	655.1
质量流量/(kg/h)	1450	16000	16000	16000	16000	13500	13500	13500	12050
体积流量/(m^3/h)	3.060	14396	3729	1817	664.0	423.0	202.2	1757	1568
焓/(cal/h)	－1.75	0.020	1.320	0.0300	－0.730	－13.57	－14.56	－14.88	－13.28

4.3.3.2 工艺热力学分析

本工艺的基准态为 1atm、25℃，工艺过程是稳态流动系统，不涉及化学反应，故只需计算过程的物理㶲。经计算，各物流的㶲值如表 4-22 所示。

表 4-22 㶲计算结果（部分）

物流	温度/℃	流量/(t/h)	焓/(kJ/kg)	熵/[kJ/(kg·K)]	㶲/(kJ/kg)
NG	－160.0	1.450	－5067	－11.200	948.2
NG01	30.00	13.50	－4210	－6.770	484.5
NG02	－62.00	13.50	－4514	－8.000	546.6
NG03	－126.0	13.50	－4615	－7.830	395.3
NG04	－126.0	12.10	－4615	－7.830	395.3
$N_2$01	30.00	16.00	4.990	0.02000	0
$N_2$02	353.0	16.00	345.8	0.1700	296.0
$N_2$03	33.00	16.00	6.680	－0.5900	184.0
$N_2$04	－150.0	16.00	－191.7	－1.590	283.0

经计算，各操作单元的㶲效率和㶲损失结果如表 4-23 所示。

表 4-23 各操作单元的㶲效率和㶲损失

设备	㶲损失/kW	㶲效率/%
EXP01	381.0	72.71
EXP02	190.3	66.49
EXP03	184.4	50.60
COMP	199.0	86.86
HX01	32.56	87.73
HX02	200.7	71.27
HX03	107.8	82.20
HX04	177.3	55.68
整个工艺		25.63

注：COMP 表示压缩。

从表 4-23 中可以看出，整个工艺的㶲效率为 25.63%，其中天然气管网压力能用于辅助液化工艺中 EXP03 的㶲效率最低，这是由膨胀机进出口压力差较大引起的。

根据 EUD 分析原理，分别计算出天然气管网压力能用于辅助液化工艺中各单元能量释放侧和能量接收侧的能量品位 A，分别以过程的焓变 ΔH 和能量品位 A 为横纵坐标作天然气管网压力能用于辅助液化工艺的 EUD 图，见图 4-41 和图 4-42。

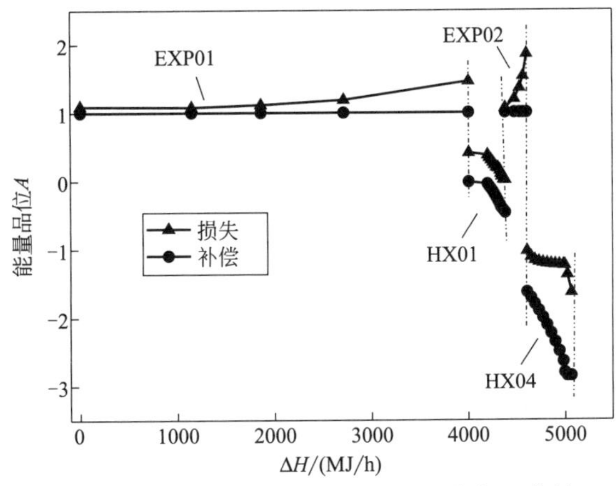

图 4-41 天然气管网压力能用于辅助液化天然气工艺的 EUD 图

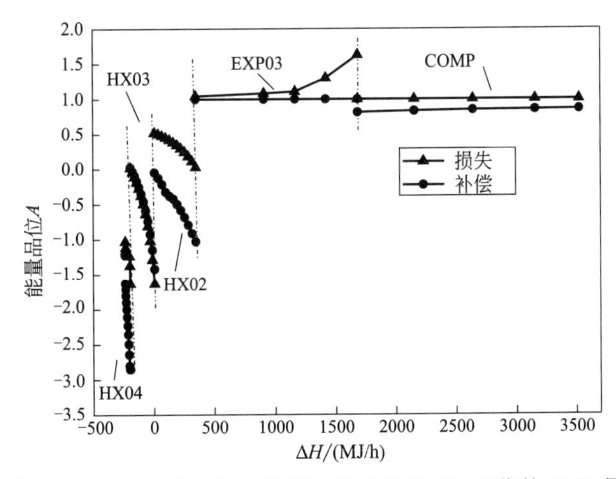

图 4-42 天然气管网压力能用于辅助液化 N_2 工艺的 EUD 图

图 4-41 和图 4-42 中各组曲线所围面积即为相应操作单元的㶲损失。对图中各组曲线分别积分得到各操作单元的㶲损失，本工艺中各操作单元的㶲损失见表 4-24。

表 4-24 各操作单元的㶲损失

单元名称	㶲损失/(MJ/h)	占整个㶲损失的比例/%
EXP01	233.0	12.85
EXP02	67.24	3.710
EXP03	716.9	39.53
COMP	294.3	16.23
HX01	165.8	9.140
HX02	281.9	15.54
HX03	10.77	0.5900
HX04	43.80	2.410

从图 4-41 和图 4-42 以及表 4-24 中可以看出，EXP03 为本工艺中㶲损失最大的单元，占整个工艺㶲损失的 39.53%。其主要原因在于 EXP03 进出口压差较大，能量品位相差也较大；能量释放侧和接收侧的能量品位分别为 1.68 和 1，其差值达到了 0.68，造成了 EXP03 的㶲损失较大。在实际操作中，可以通过优化膨胀机进出口物流的压力或者逐级膨胀进行流程优化来解决。

从以上模拟及分析结果来看，高压天然气压力能用于辅助液化技术的温位要求为－160～－120℃，属于深冷温度带类型。

4.3.3.3 工艺特点分析

(1) 工艺特点

① 节能降耗，提高能源利用率。膨胀机将高压天然气的压力能转换成轴功输出，根据能量大小可以直接连轴带动制冷机压缩机、其他动力设备或者发电机，有效节约原有电压缩工艺的电耗。运用换热器取代原有的外部加热器，既节省了加热的能耗，又节省了天然气储备库液化天然气所需的冷量，大大提升了能源综合利用率。

② 设备成本低，投资小。该工艺设备均为常用的天然气特种设备，设备的数量少、成本低，装置的建设投资小；更可以实现装置的小型化和撬装化，实现一套装置在多个地点使用，即装即用，可选择在经济效益更好的地方运行，实现较快的投资回收。

③ 工艺简单，易控制，安全稳定性高。该工艺设备均为常用的设备，应用技术成熟，选型方便；且流程简单，通过调节阀门和自控系统即可实现针对下游变动的用气量变化和上游高压天然气特性的变化，进行生产状态的调节，装置和工艺稳定性高。

④ 易于推广使用。目前，国内已有多个城市建成了各自的天然气储备库，且为了保障天然气产业安全稳定的发展，国家已经出台相关政策鼓励天然气储备库的建设。未来，国内将会有更多的天然气储备库建成并投入运行。本工艺设计利用了天然气储备库与天然气调压站位置相近的特点，对于国内常见的天然气储备库工艺，可大面积地推广使用。

(2) 使用地点

该工艺适用于大型调压站附近配备有已建成或将建设的天然气储备库。

4.3.4 压力能用于冷库

4.3.4.1 工艺流程开发

天然气管网压力能用于冷库的工艺流程如图 4-43 所示。流程说明如下。

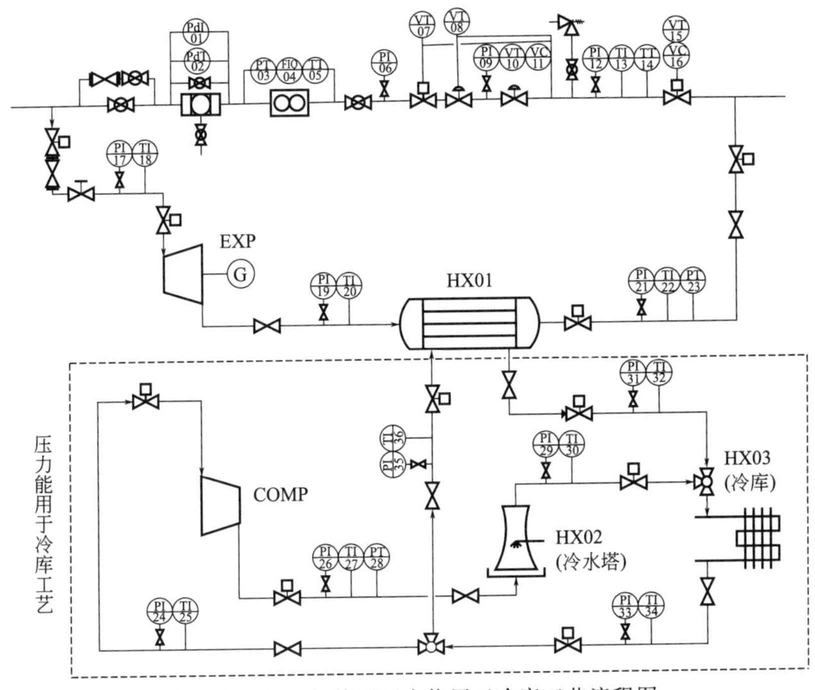

图 4-43　天然气管网压力能用于冷库工艺流程图

天然气系统：4.0～6.0MPa、20～30℃的天然气经过膨胀机膨胀发电后，压力降至0.4MPa，温度降低至－39℃～－100℃，低温天然气在制冷剂换热器中与制冷剂换热后，温度升高，进入下游天然气管网。其中天然气经膨胀机膨胀通过连轴带动压缩机压缩制冷剂，供给冷库制冷。膨胀机所发出的电可用于制冷剂循环系统中的压缩机、泵等。

表 4-25　天然气管网压力能用于冷库工艺流程物流表

项目	H_2O01	H_2O02	NG01	NG02	NG03	R404A01	R404A02	R404A03
温度/℃	20.00	30.00	20.00	－74.00	－20.00	－5.000	－5.000	－30.00
压力/bar	2.000	2.000	40.00	4.000	4.000	3.000	3.000	3.000
体积分数	0	0	1.000	0.9700	1.000	1.000	1.000	0
摩尔流量/(kmol/h)	444.1	444.1	54.36	54.36	54.36	24.59	6.660	6.660
质量流量/(kg/h)	8000	8000	1000	1000	1000	2400	650.0	650.0
体积流量/(m^3/h)	8.010	8.030	29.89	212.3	281.2	171.0	46.32	0.5200
焓/(Mcal/h)	－30.36	－30.28	－1.010	－1.050	－1.020	－5.140	－1.390	－1.430

制冷剂循环系统：制冷剂分两路，一路进入制冷剂换热器与低温天然气换热，温度降低后返回，其冷量供给冷库制冷；另一路进入制冷剂压缩机，压力升高后，经过冷水塔、节流减压后，其冷量供给冷库，这样完成循环。制冷剂的流量可根据具体情况进行调节。

工艺流程的物流表如表 4-25 所示，工艺流程各单元操作模型的模拟数据结果满足能量平衡方程，再根据模拟结果进行核算。

4.3.4.2　工艺热力学分析

本工艺的基准态为 1atm、25℃，工艺过程是稳态流动系统，不涉及化学反应，故只需计算过程的物理㶲。经计算，各物流的㶲值见表 4-26。

表 4-26　㶲计算结果

物流	温度/℃	流量/(t/h)	焓/(kJ/kg)	熵/[kJ/(kg·K)]	㶲/(kJ/kg)
H_2O01	20.00	8.000	−15886	−9.130	1.280
H_2O02	30.00	8.000	−15845	−8.990	1.280
NG01	20.00	1.000	−4234	−6.850	484.0
NG02	−74.00	1.000	−4410	−6.630	242.7
NG03	−20.00	1.000	−4272	−6.000	192.4
NG04	10.00	1.000	−4210	−5.770	186.0
R404A01	−5.000	2.400	−8971	−2.570	29.61
R404A02	−5.000	0.6500	−8971	−2.570	29.61
R404A03	−30.00	0.6500	−9183	−3.410	68.45
R404A04	−5.000	1.750	−8971	−2.570	29.61

经计算，各操作单元的㶲效率和㶲损失结果见表 4-27。

表 4-27　各操作单元的㶲效率和㶲损失

设备	㶲损失/kW	㶲效率/%
EXP	18.22	72.82
COMP	10.15	50.21
HX01	0.01000	64.89
HX02	3.020	89.96
整个工艺		39.91

从表 4-27 中可以看出，整个工艺的㶲效率为 39.91%，其中压力能用于冷库工艺中 COMP 的㶲效率最低，这是可能是由于压缩机进出口压差较大及电㶲转换成物流㶲引起的。

根据 EUD 分析原理，分别计算出天然气管网压力能用于冷库工艺中各单元能量释放侧和能量接收侧的能量品位 A；分别以过程的焓变 ΔH 和能量品位 A 为横纵坐标作天然气管网压力能用于冷库工艺的 EUD 图，见图 4-44 和图 4-45。

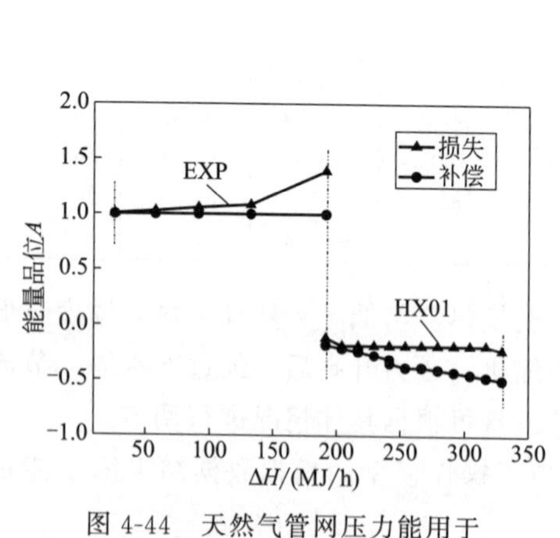

图 4-44　天然气管网压力能用于冷库天然气工艺的 EUD 图

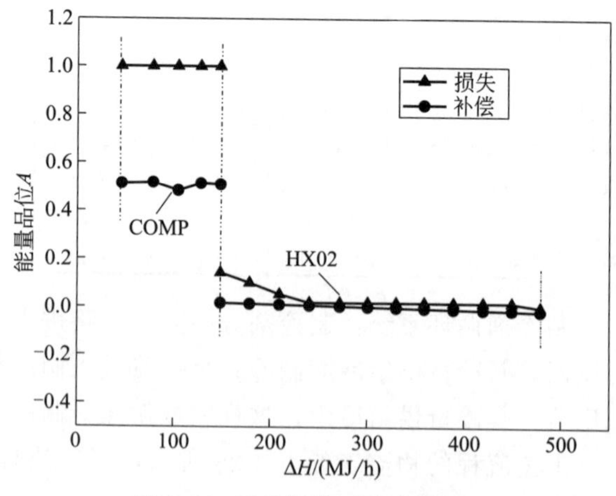

图 4-45　天然气管网压力能用于冷库 R404A 工艺 EUD 图

图 4-44 和图 4-45 中各组曲线所围面积即为相应操作单元的㶲损失。对图中各组曲线分别积分得到各操作单元的㶲损失，本工艺中各操作单元的㶲损见表 4-28。

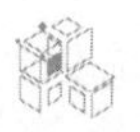

表 4-28　工艺各操作单元㶲损失

单元名称	㶲损失/(MJ/h)	占整个㶲损失的比例/%
EXP	19.03	18.30
COMP	50.62	48.40
HX01	23.57	22.50
HX02	11.43	10.80

从图 4-44 和图 4-45 以及表 4-28 中可以看出，COMP 为本工艺中㶲损失最大的单元，占整个工艺㶲损失的 48.4%。其主要原因一方面在于 COMP 进出口压差较大，另一方面在于电㶲转换成物流㶲过程中的大量㶲损失。其能量品位相差也较大，能量释放侧和接收侧的能量品位分别为 1 和 0.48，其差值达到了 0.52，造成了 COMP 的㶲损失较大。在实际操作中，可以通过优化压缩机进出口物流的压力或者逐级压缩进行流程优化加以解决。

从以上模拟及分析结果来看，高压天然气压力能用于冷库技术的温位要求为－42～－15℃，属于次中冷温度带类型。

4.3.4.3　工艺特点分析

(1) 工艺特点

① 有效地回收了压力能和膨胀后的冷能。该工艺通过膨胀机驱动压缩机压缩制冷剂，回收天然气膨胀过程中的机械功，再通过制冷剂与低温天然气进行换热；所回收的冷量用于冷库制冷，节省了大量原电压缩机制冷的耗电。

② 设备成本低，投资小。该工艺包含天然气换热、制冷剂压缩机和冷却塔等三部分设备，设备的数量少、成本低，装置的建设投资小，可以实现装置的小型化和撬装化，实现一套装置在多个地点使用。

③ 安全可靠，运行稳定。该工艺与天然气调压主管道并联运行，与原电压缩工艺并联运行，可根据天然气调压站调压流量、压力和冷库需冷量对制冷剂进行调整，从而使天然气调压稳定、安全，也保证冷库能正常运行、安全平稳。

(2) 使用地点

该工艺适用于大型调压站附近有水产行业或者配备有已建成或将建设的冷库。

4.4　天然气管网压力能综合利用系统

(1) 压力能集成利用的原则

① 保证安全供气为前提。新设计的压力能集成利用工艺以天然气调压站为依托，旨在回收传统调压过程中的压力能，在工艺运行的过程中要确保下游天然气的正常供应和天然气的品质。因此，压力能集成工艺需要驳接在原有的调压工艺上。

② 温位对口、梯级利用、㶲损失最小化。高压天然气压力能集成化利用应遵循“温位对口、梯级利用、㶲损失最小化”原则，根据能量可用性和用户的需求进行分析，确定能效利用最优的传热温差。根据用能终端的温度带，进行集成化模型的设计，然后用软件进行模拟与优化，得出集成工艺运行的最佳参数。

③ 结合调压站实际情况，增强可实施性集成工艺的设计、建设及运行需要密切结合周边产业或用能需求的特点，发挥压力能集成利用的优势[27]。

(2) 压力能集成利用的意义

天然气压力能集成利用的核心是能量利用效率和质量的最大化。高压天然气降压过程产生的压力能，可以高效地转化为机械能、电能和冷能，将这几种不同的能量放置于恰当的位置，将会在行业内产生积极的效应和影响力。大部分理论设计的出发点都是为工程化服务，当能源集成的理念真正落实到实操中时，我们就可以看到这其中产生的巨大社会效益和经济效益。

4.4.1 天然气压力能集成发电-橡胶粉碎-冷库工艺研究

4.4.1.1 设计思路

高压天然气气源一般为20℃左右、4.0～6.0MPa，天然气经透平膨胀机产生机械能带动发电设备进行发电，供给工艺内部、周围楼宇用电，甚至上网；根据气量的多少，选择合适的用电用户。

① 根据“温度匹配、能量梯级利用”原则，开发设计集成利用工艺，将膨胀后的冷能用于废旧橡胶深冷粉碎和冷库。其中废旧橡胶深冷粉碎属于中冷温度带类型（－130～－80℃），冷库属于次中冷温度带类型（－42～－15℃）。

② 集成工艺能量利用效率高，㶲损失更小。压力能用于橡胶粉碎的㶲效率为37.80%，用于冷库的㶲效率为39.91%，其集成利用会提高整个工艺的㶲效率。

4.4.1.2 工艺流程设计

将天然气压力能用于发电-橡胶粉碎-冷库的流程如图4-46所示，具体流程说明如下。

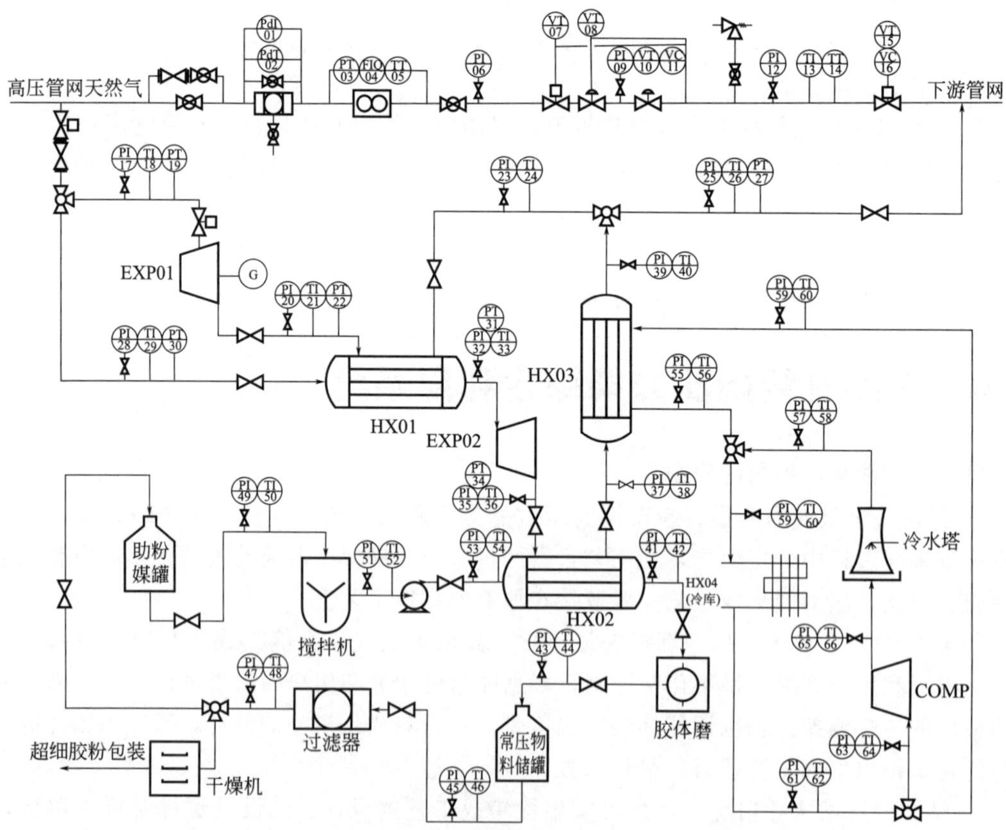

图4-46 压力能用于发电-粉碎-冷库集成工艺流程

压力能膨胀发电系统：4.0MPa、20℃的天然气分两路，一路经过天然气膨胀机膨胀发电后，温度降至－74℃左右，调压成0.4MPa，升温至10℃后进入下游天然气管网；另一路天然气与低温天然气在换热器1中换热后，进入膨胀机2降压，调压成0.4MPa，温度降至－109℃再进入换热器2，与粉碎橡胶所用的制冷剂换热，温度升高至－32℃，之后进入换热器3，与冷库所用的制冷剂换热，温度升高至－26℃，再经过辅热器升温至5℃后进入下游天然气管网。膨胀机所发出电力可用于深冷粉碎和冷库系统中部分设备的用电，例如胶体磨、泵、压缩机等。

深冷粉碎系统：粗胶粉与常温液相助粉媒的混合胶体在混合器中混合成进料，由泵升压，进入换热器2与低温天然气换热后，温度降低至－100℃，再经过胶体磨粉碎成超细胶粉和助粉媒的混合胶体，在物料储罐中分离出所需的超细橡胶粉，粗橡胶粉靠自身压力，输送到助粉媒罐，如此循环。

冷库制冷剂循环系统：制冷剂分两路，一路进入制冷剂换热器3与低温天然气换热，温度降低后返回，其冷量供给冷库制冷；另一路进入制冷剂压缩机，压力升高后，经过冷水塔、节流减压后，其冷量供给冷库，这样完成循环。制冷剂可根据实际情况进行流量调节。

本工艺流程的部分物流如表4-29所示，工艺流程各单元操作模型的模拟数据结果满足能量平衡方程，再根据模拟结果进行核算。

表4-29　天然气管网压力能用于发电-粉碎-冷库集成工艺物流表（部分）

项目	H_2O01	H_2O02	MET01	MET02	NG01	NG02	NG03	NG04
温度/℃	20.00	30.00	20.00	－100.0	20.00	－74.00	10.00	20.00
压力/bar	2.000	2.000	5.000	5.000	40.00	4.000	4.000	40.00
体积分数	0	0	0	0	1.000	0.9700	1.000	1.000
摩尔流量/(kmol/h)	83.26	83.26	13.92	13.92	54.36	54.36	54.36	59.80
质量流量/(kg/h)	1500	1500	1200	1200	1000	1000	1000	1100
体积流量/(m^3/h)	1.500	1.510	1.790	1.570	29.89	212.3	316.3	32.88
焓/(Pcal/h)	－5.690	－5.680	－0.6800	－0.7500	－1.010	－1.050	－1.010	－1.110

4.4.1.3　工艺能效评价

本工艺中的基准态为1atm、25℃，工艺过程是稳态流动系统，不涉及化学反应，故只需计算过程的物理㶲。经计算，各物流的㶲值见表4-30。

表4-30　㶲计算结果

物流	温度/℃	流量/(t/h)	焓/(kJ/kg)	熵/[kJ/(kg·K)]	㶲/(kJ/kg)
H_2O01	20.00	1.500	－15886	－9.130	1.280
H_2O02	30.00	1.500	－15845	－8.990	1.280
MET01	20.00	1.200	－2389	－7.680	0.8100
MET02	－100.0	1.200	－2614	－8.660	67.70
NG01	20.00	1.000	－4234	－6.850	484.0
NG02	－74.00	1.000	－4410	－6.630	242.7
NG03	10.00	1.000	－4210	－5.770	186.0
NG04	20.00	1.100	－4234	－6.850	484.0
R404A01	－5.000	1.500	－8970	－2.530	19.21
R404A02	－5.000	1.200	－8970	－2.530	19.21
R404A03	－20.00	1.200	－8982	－2.570	18.99
R404A04	－5.000	0.3000	－8970	－2.530	19.21

经计算，各操作单元的烟效率和烟损失见表 4-31。

表 4-31　各操作单元的烟效率和烟损失

设备	烟损失/kW	烟效率/%
EXP01	18.22	72.82
EXP02	18.22	55.39
COMP	2.240	65.59
HX01	6.540	58.45
HX02	17.39	56.19
HX03	0.4300	56.72
HX04	1.240	75.80
整个工艺		49.72

从表 4-31 中可以看出，天然气管网压力能用于发电-粉碎-冷库集成工艺中 EXP02 的烟效率最低，这可能是膨胀过程中为低温环境，且进出口压差较大引起的。

根据 EUD 分析原理，分别计算出天然气管网压力能用于发电-粉碎-冷库集成工艺中各单元能量释放侧和能量接收侧的能量品位 A，分别以过程的焓变 ΔH 和能量品位 A 为横纵坐标作天然气管网压力能用于发电-粉碎-冷库集成工艺的 EUD 图，见图 4-47 和图 4-48。

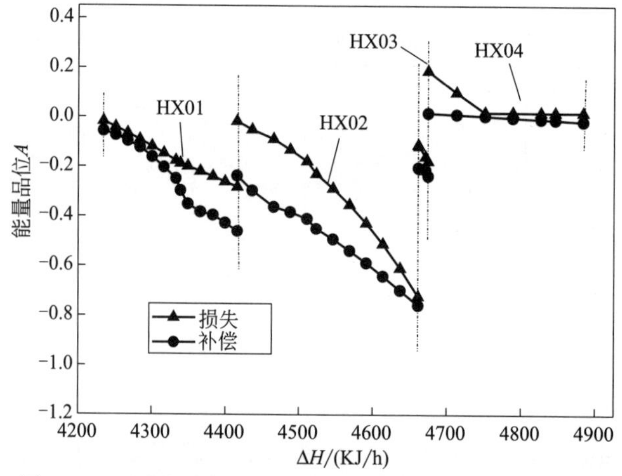

图 4-47　压力能发电-粉碎-冷库集成换热工艺的 EUD 图

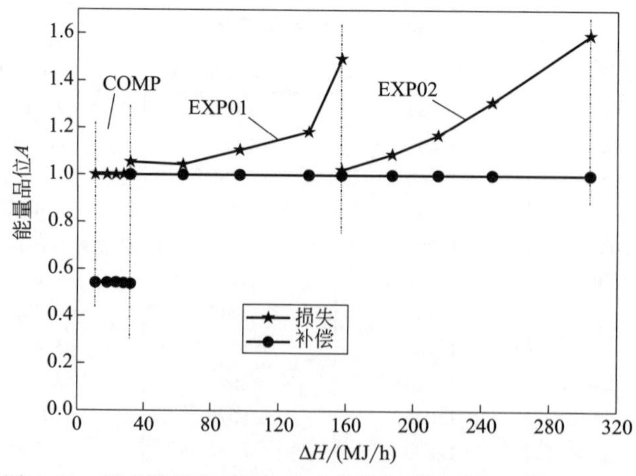

图 4-48　压力能发电-粉碎-冷库集成压缩膨胀工艺的 EUD 图

图 4-47 和图 4-48 中各组曲线所围面积即为相应操作单元的㶲损失。对图中各组曲线分别积分得到各操作单元的㶲损失，本工艺中各操作单元的㶲损失见表 4-32。

表 4-32 工艺各操作单元㶲损失

单元名称	㶲损失/(MJ/h)	占整个㶲损失的比例/%
EXP01	16.50	25.31
EXP02	39.04	59.87
COMP	9.580	14.69
HX01	0.01700	0.02600
HX02	0.04700	0.07300
HX03	0.01000	0.01500
HX04	0.01000	0.01600

从图 4-47 和图 4-48 以及表 4-32 中可以看出，EXP02 为本工艺中㶲损失最大的单元，占整个工艺㶲损失的 59.87%。其主要原因在于 EXP02 进出口压差较大；能量品位相差也较大，能量释放侧和接收侧的能量品位分别为 1.59 和 1，其差值达到了 0.59，造成了 EXP02 的㶲损失较大。

由模拟数据可得，该集成工艺每小时的发电量为 88kW·h，粉碎负荷为 75kW，冷库的负荷为 15kW。

4.4.2 压力能集成发电-CNG-冷库-空调工艺研究

4.4.2.1 设计思路

高压天然气气源一般为 20℃左右、4.0～6.0MPa，天然气经透平膨胀机产生机械能带动发电设备进行发电，供给工艺内部、周围楼宇用电，甚至上网；根据气量的多少，选择合适的用电用户。

① 根据“温度匹配、能量梯级利用”原则，开发设计集成利用工艺，将膨胀后的低温天然气冷能用于制备 CNG、冷库和冷水空调。其中 CNG 属于中冷温度带类型（−80～−70℃），冷库属于次中冷温度带类型（−42～−15℃），冷水空调属于浅冷温度带类型（14～25℃）。

② 集成工艺能量利用效率高，㶲损失更小。压力能用于 CNG 的㶲效率为 37.80%，压力能用于冷库/空调的㶲效率为 39.91%，压力能的集成利用会提高整个工艺的㶲效率。

4.4.2.2 工艺流程设计

将天然气压力能用于发电-CNG-冷库-空调的工艺流程如图 4-49 所示，具体流程说明如下。

天然气系统：4.0MPa、20℃的天然气经过膨胀机膨胀发电，压力降至 0.4MPa，温度降至−74℃，产生的低温天然气与压缩后的天然气在换热器 1 中换热后，温度升高至−30℃；再进入换热器 3 与制冷剂 R404A 进行换热，温度升高至−7℃；之后进入换热器 2 与制冷剂水进行过换热，温度升高至 19℃后进入下游天然气管网。膨胀机所发出电力可用于天然气加压系统、冷库中的压缩机、泵及周围办公用电等。

天然气加压系统：天然气经过天然气压缩机压缩至 25MPa 后，再进入天然气换热器与低温天然气进行换热，温度降低后，进入 CNG 罐或槽车。

制冷剂系统：−5℃的制冷剂 R404A 分为两路，一路进入制冷剂换热器 2 与低温天然气

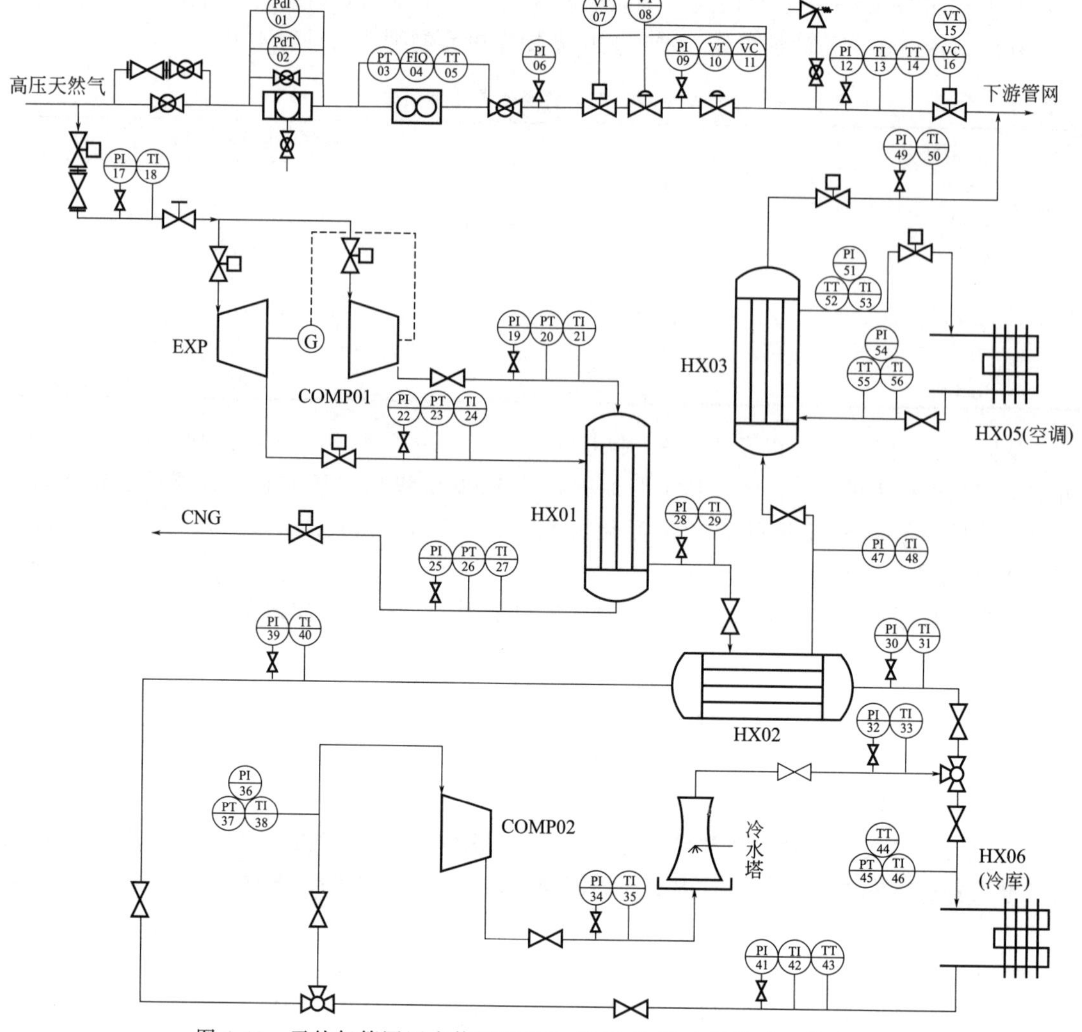

图 4-49　天然气管网压力能用于发电-CNG-冷库-空调集成工艺流程

换热，温度降低至－21℃，将冷量传递给用冷库用户后返回，完成循环；另一路经过压缩机加压，然后经膨胀节流阀降温至－21℃，将冷量供给给冷库。

冷水空调系统：25℃的制冷剂水在换热器 4 中与天然气进行换热，温度降低至 14℃后，进入冷水空调，换热后温度升高至 25℃后返回，完成循环。

发电、CNG、冷库及冷水空调可根据实际情况进行流量调节，冷量优先供给 CNG 加压系统冷却，其余冷量才用于冷库及冷水空调。

本工艺流程的部分物流如表 4-33 所示，流程各单元模型的模拟数据结果满足能量平衡方程，再根据模拟结果进行核算。

表 4-33　天然气管网压力能用于发电-CNG-冷库-空调集成工艺物流表

项目	CNG01	CNG02	H_2O01	H_2O02	H_2O03	NG01	NG02	NG03
温度/℃	223.0	56.00	25.00	14.00	25.00	20.00	20.00	20.00
压力/bar	250.0	250.0	2.000	2.000	2.000	40.00	40.00	40.00
体积分数	1.000	1.000	0	0	0	1.000	1.000	1.000

续表

项目	CNG01	CNG02	H_2O01	H_2O02	H_2O03	NG01	NG02	NG03
摩尔流量/(kmol/h)	9.780	9.780	53.84	53.84	53.84	54.36	9.780	44.58
质量流量/(kg/h)	180.0	180.0	970.0	970.0	970.0	1000	180.0	820.0
体积流量/(m^3/h)	1.710	0.9700	0.9700	0.9700	0.9700	29.89	5.380	24.51
焓/(Mcal/h)	−0.1600	−0.1800	−3.680	−3.690	−3.680	−1.010	−0.1800	−0.8300

4.4.2.3 工艺能效评价

本工艺中的基准态为1atm、25℃，工艺过程是稳态流动系统，不涉及化学反应，故只需计算过程的物理㶲。经计算，各物流的㶲值见表4-34。

表4-34 㶲计算结果

物流	温度/℃	流量/(t/h)	焓/(kJ/kg)	熵/[kJ/(kg·K)]	㶲/(kJ/kg)
CNG01	223.0	0.1800	−3762	−6.450	836.8
CNG02	56.00	0.1800	−4297	−7.770	695.4
H_2O01	25.00	0.9700	−15865	−9.060	1.290
H_2O02	14.00	0.9700	−15911	−9.210	0.06000
H_2O03	25.00	0.9700	−15865	−9.060	1.290
NG01	20.00	1.0000	−4234	−6.850	494.0
NG02	20.00	0.1800	−4234	−6.850	494.0
NG03	20.00	0.8200	−4234	−6.850	494.0
NG04	−74.00	0.8200	−4410	−6.630	242.7
R404A01	−5.000	1.280	−8971	−2.570	29.61
R404A02	−5.000	0.9100	−8971	−2.570	29.61
R404A03	−21.00	0.9100	−9013	−2.730	35.15
R404A04	−5.000	0.3700	−8971	−2.570	29.61

经计算，各操作单元的㶲效率和㶲损失见表4-35。从表中可以看出，天然气管网压力能用于发电-CNG-冷库-空调集成工艺中COMP01的㶲效率最低，这是压缩机进出口压力差较大引起的。

表4-35 各操作单元的㶲效率和㶲损失

设备	㶲损失/kW	㶲效率/%
EXP	17.22	69.92
COMP01	6.460	62.13
COMP02	2.150	64.76
HX01	2.590	63.37
HX02	0.8400	62.52
HX03	0.1900	63.46
HX04	3.060	69.23
整个工艺		56.67

根据EUD分析原理，分别计算出天然气管网压力能用于发电-CNG-冷库-空调集成工艺中各单元能量释放侧和能量接收侧的能量品位A，分别以过程的焓变ΔH和能量品位A为横纵坐标作天然气管网压力能用于发电-CNG-冷库-空调集成工艺的EUD图，见图4-50和图4-51。

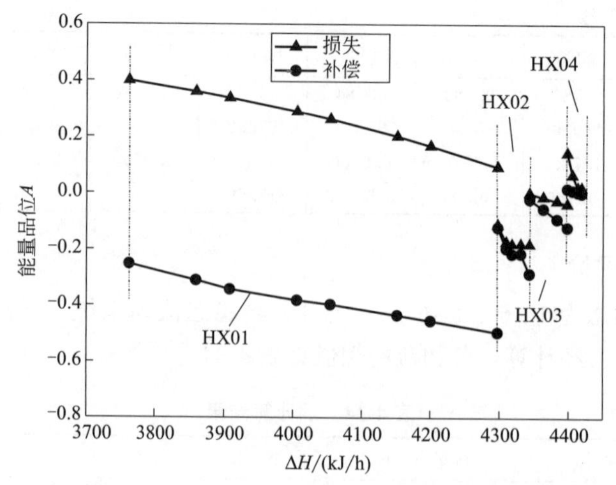

图 4-50　压力能发电-CNG-冷库-空调集成换热工艺的 EUD 图

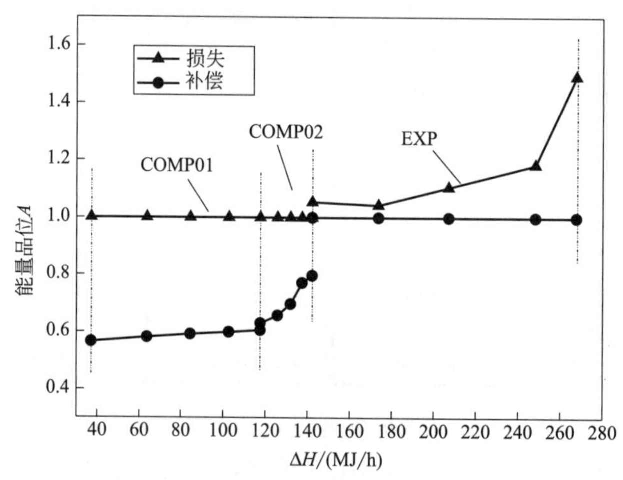

图 4-51　压力能发电-CNG-冷库-空调集成压缩膨胀工艺的 EUD 图

图 4-50 和图 4-51 中各组曲线所围面积即为相应操作单元的㶲损失。对图中各组曲线分别积分得到各操作单元的㶲损失，本工艺中各操作单元的㶲损失见表 4-36。

表 4-36　各操作单元的㶲损失

单元名称	㶲损失/(MJ/h)	占整个㶲损失的比例/%
EXP	16.50	28.72
COMP01	33.19	57.78
COMP02	7.400	12.88
HX01	0.3500	0.6100
HX02	0.001800	0.003000
HX03	0.002700	0.005000
HX04	0.001000	0.002000

从图 4-50 和图 4-51 以及表 4-36 中可以看出，COMP01 为本工艺中㶲损失最大的单元，占整个工艺㶲损失的 57.78%，而换热过程的㶲损失较小。其可能原因一方面在于压缩过程中，较高品位的电㶲转换成物流㶲，造成大量的㶲损失；另一方面在于 COMP01 进出口压

差较大，能量品位相差也较大，能量释放侧和接收侧的能量品位分别为 1 和 0.57，其差值达到了 0.43，造成了 COMP01 的㶲损失较大。

由模拟数据可得，该集成工艺每小时的发电量为 40kW·h，CNG 负荷为 27kW，冷库的负荷为 137kW，冷水空调负荷为 12kW。

4.5 天然气管网压力能的其他应用

4.5.1 天然气压力能用于储气调峰

城市燃气的用量波动性较大，存在月不均匀性、日不均匀性和时不均匀性，但长输管道的天然气供气量却较为稳定。为满足用户需求，不间断地供应燃气，需要将一定量的天然气储存起来用于削峰填谷，即在城市用气低峰时通过管网的压力能将一部分多余的天然气储存起来，在用气高峰时再用储存的天然气补充不足的部分，保证用户平稳安全地用气。因此建设天然气调峰设施就显得很有必要[19]。常用的储气调峰方式有以下几种：高压球罐储气、地下储气库、高压管道储气及液化天然气等。通过高压管网的压力能将天然气储存在地下储气库中的单位储气量造价最低且储气量较大。但此方法需将天然气压缩至 20MPa，消耗大量的能量且对地质条件要求较高。该方法一般适用于季节调峰。高压管道储气和高压球罐储气主要适用于日、时调峰。研究表明，输气压力为 1.6MPa 时，高压球罐储气较为经济。输气压力为 1.6～3.5MPa 时，应对比球罐储气和高压管道储气，选取较为经济的储气方式。输气压力大于 3.5MPa 时，高压管道储气较为经济。表 4-37 为不同状态下天然气调峰技术的比较，其中，NGH 调峰技术具有储气量大和储气条件温和的特点，已经引起了广泛的关注。

表 4-37 天然气管网压力能调峰技术对比

天然气类别	储存压力/MPa	储存温度/℃	生产前气体净化等级	储存容器	安全性
CNG	20.0	25.0	高	耐高压无缝金属容器	较低
LNG	常压	−161.2	高	常压、耐低温、绝热双层金属容器	低
ANG	3.5～6.0	25.0	高	耐压金属容器	较高
NGH	常压	−15.0	低	普通金属容器	高

结合膨胀制冷和热集成技术，熊永强等[28] 回收调压门站或接收站的压力能用于天然气液化工艺，如图 4-52 所示。在用气低谷时，借助膨胀工艺回收调压过程中的压力能，使部分天然气以 LNG 的形式储存起来；在用气高峰时，将储存的 LNG 汽化输送至下游管网，确保下游正常供气。此工艺不仅回收了压力能，有效地缓解了天然气调压过程中低温对设备的影响，而且对天然气管网进行了削峰填谷，有效地解决了城市燃气的不均匀性矛盾，确保了天然气管网的平稳运行。

论立勇等[29] 设计了一种回收天然气管网压力能用于液化调峰的工艺。用气低谷时，充分利用燃气管网间的压力差，经膨胀设备后产生的冷能液化天然气，即以 LNG 的形式储存起来；用气高峰时，LNG 汽化并输送到下游管网，起到调峰削谷的作用。

樊栓狮等[30] 开发了一种天然气管网压力能用于制备 NGH 的调峰新技术。NGH 储气调峰的原理见图 4-53。用气低谷时，通过膨胀机组进行膨胀，将产生的冷能供给过量的天然气合成 NGH；用气高峰时，NGH 可以分解为天然气进入下游城市燃气管网。此工艺不仅有效地回收了管网压力能，而且具有较好的储气调峰功能，具有广阔的应用前景。

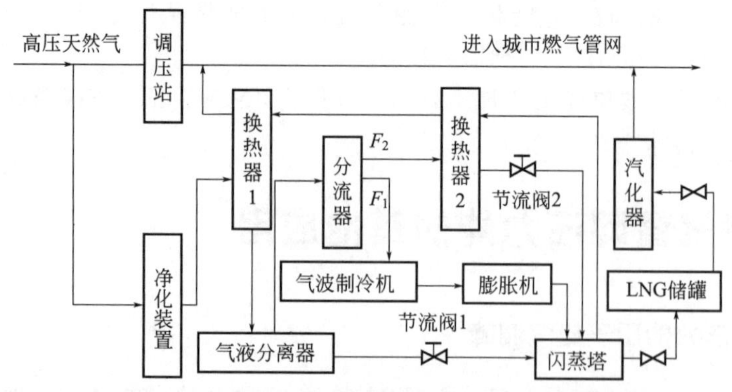

图 4-52 天然气压力能膨胀制冷液化调峰流程

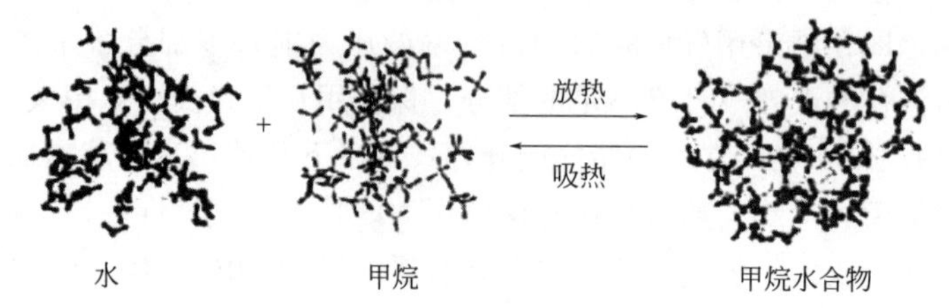

图 4-53 NGH 的储气调峰原理

4.5.2 天然气压力能用于 CNG 加压

4.5.2.1 工艺流程开发

天然气管网压力能制 CNG 加压工艺[25] 可分为两种类型：

① 天然气经过膨胀机膨胀后产生的机械能，通过连轴带动天然气压缩机压缩天然气；

② 天然气经过膨胀机膨胀发电后，所发出电再供给压缩机压缩天然气。

流程说明如下：

方案 1：膨胀机连轴驱动压缩机，工艺流程如图 4-54 所示。

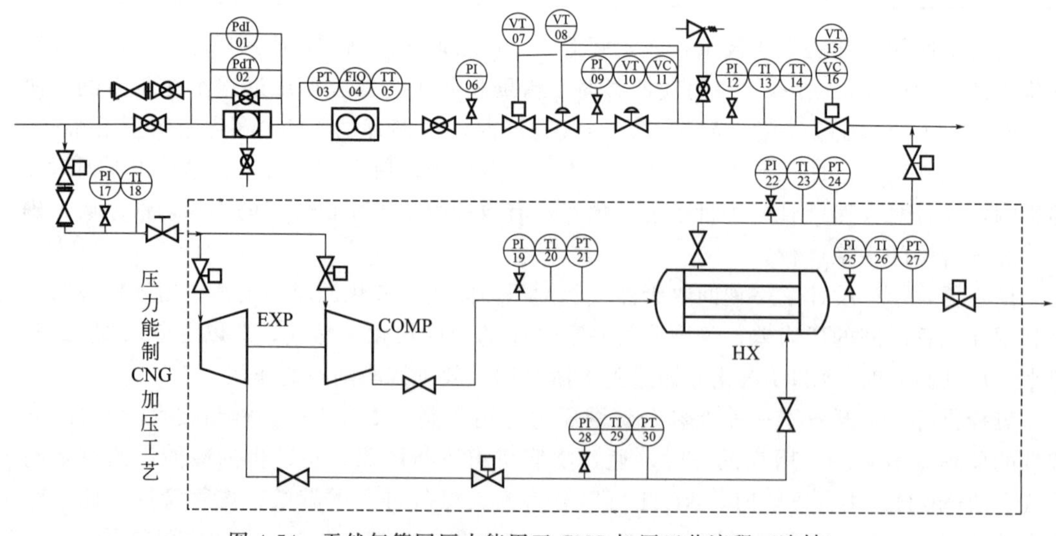

图 4-54 天然气管网压力能用于 CNG 加压工艺流程（连轴）

方案 2：膨胀机膨胀发电，再供给压缩机，工艺流程如图 4-55 所示。

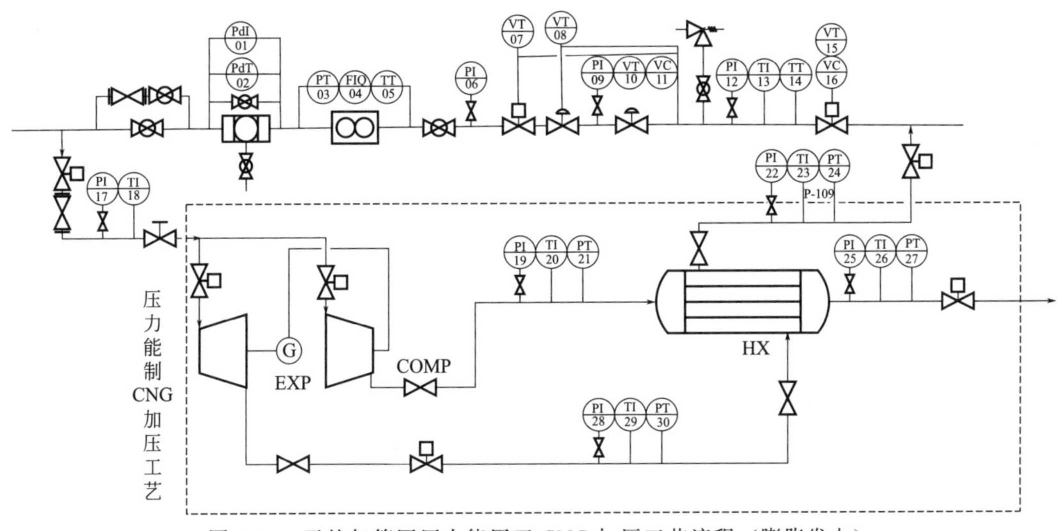

图 4-55 天然气管网压力能用于 CNG 加压工艺流程（膨胀发电）

天然气系统：4.0MPa、20℃的天然气经过膨胀机膨胀发电，压力降至 0.4MPa，温度降至－29℃，产生的低温天然气通过制冷剂换热器与制冷剂换热后，温度升高；再进入天然气换热器与压缩后的高温天然气进行换热，温度升高；之后进入下游城市燃气管网。膨胀机所发出电可用于天然气加压系统中的压缩机。

天然气加压系统：天然气经过天然气压缩机压缩至 25MPa 后，再进入换热器与低温天然气进行换热，温度降低后，进入 CNG 罐、CNG 槽车或 CNG 管道。

制冷剂系统：高温的制冷剂进入制冷剂换热器与低温天然气换热后，温度降低，将冷量传递给用冷用户后返回，完成循环。制冷剂可根据实际情况进行流量调节，冷量优先供给 CNG 加压系统冷却，其余冷量才用于用冷用户。

采用 Aspen 模拟软件对天然气管网压力能用于 CNG 加压工艺进行模拟，如图 4-56 所

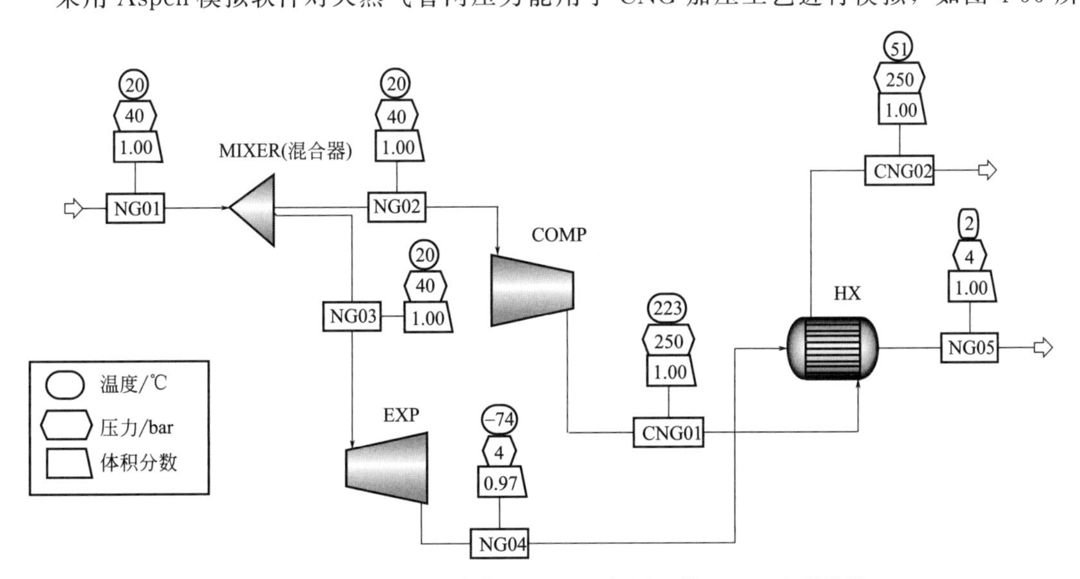

图 4-56 天然气管网压力能用于 CNG 加压工艺 Aspen 流程模拟

示。工艺流程的部分物流如表 4-38 所示，流程各单元模型的模拟数据结果满足能量平衡方程，再根据模拟数据进行核算。

表 4-38 天然气管网压力能用于 CNG 加压工艺流程物流表（部分）

项目	CNG01	CNG02	NG01	NG02	NG03	NG04	NG05
温度/℃	223.0	51.00	20.00	20.00	20.00	−74.00	2.000
压力/bar	250.0	250.0	40.00	40.00	40.00	4.000	4.000
体积分数	1.000	1.000	1.000	1.000	1.000	0.9700	1.000
摩尔流量/(kmol/h)	250.0	250.0	1000.0	250.0	750.0	750.0	750.0
质量流量/(kg/h)	4599	4599	18396	4599	13797	13797	13797
体积流量/(m^3/h)	43.79	24.25	549.8	137.5	412.3	2929	4236
焓/(Pcal/h)	−4.130	−4.740	−18.60	−4.650	−3.950	−4.530	−3.930

4.5.2.2 工艺热力学分析

本工艺中的基准态为 1atm、25℃，工艺过程是稳态流动系统，不涉及化学反应，故只需计算过程的物理㶲。经计算，各物流的㶲值见表 4-39。

表 4-39 㶲计算结果

物流	温度/℃	流量/(t/h)	焓/(kJ/kg)	熵/[kJ/(kg·K)]	㶲/(kJ/kg)
NG01	20.00	18.40	−4234	−6.850	176.5
NG02	20.00	4.600	−4234	−6.850	176.5
NG03	20.00	13.80	−4234	−6.850	176.5
CNG01	223.0	4.600	−3762	−6.450	510.0
CNG02	51.00	4.600	−4311	−7.810	385.8

经计算，各操作单元的㶲效率和㶲损失见表 4-40。

表 4-40 各操作单元的㶲效率和㶲损失

设备	㶲损失/kW	㶲效率/%
EXP	251.6	72.80
COMP	176.9	70.66
HX	54.20	67.55
整个工艺		29.72

从表 4-40 中可以看出，整个工艺的㶲效率为 29.72%，其中压力能用于 CNG 加压工艺中 HX 的㶲效率最低，这是由于换热过程中冷热物流换热温差比较大引起的。

根据 EUD 分析原理，分别计算出天然气管网压力能用于 CNG 加压工艺中膨胀、压缩和换热单元能量释放侧和能量接收侧的能量品位 A，分别以过程的焓变 ΔH 和能量品位 A 为横纵坐标作天然气管网压力能用于 CNG 加压工艺的 EUD 图，见图 4-57。

图 4-57 中各组曲线所围面积即为相应操作单元的㶲损失。对图中各组曲线分别积分得到各操作单元的㶲损失，本工艺中各操作单元的㶲损失见表 4-41。

表 4-41 工艺各操作单元㶲损失

单元名称	㶲损失/(MJ/h)	占整个㶲损失的比例/%
EXP	52.32	3.160
COMP	788.1	47.66
HX	813.0	49.18

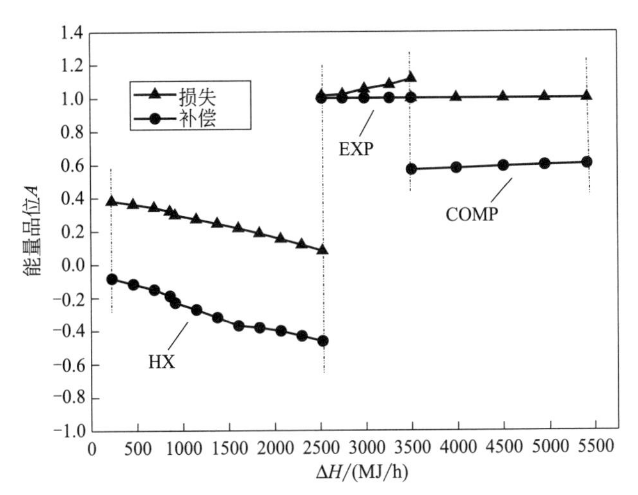

图 4-57 天然气管网压力能用于 CNG 工艺的 EUD 图

从图 4-57 和表 4-41 中可以看出，HX 为本工艺中㶲损失最大的单元，占整个工艺㶲损失的 49.18%；COMP 其次，㶲损失占 47.66%。其主要原因在于 HX 中冷热物流的换热温差较大，能量品位相差较大，能量释放侧和接收侧的能量品位分别为 0.33 和－0.08，其差值达到了 0.41，导致 HX 的㶲损失较大；其次 COMP 进出口压差较大，能量品位相差也较大，能量释放侧和接收侧的能量品位分别为 1 和 0.57，其差值达到了 0.43，造成了 COMP 的㶲损失较大。因此，可以考虑优化压缩机进出口物流的压力进行流程优化。

从以上模拟及分析结果来看，高压天然气压力能用于 CNG 技术的温位要求为－80～－70℃，属于次中冷温度带类型。

4.5.2.3 工艺特点分析

(1) 工艺特点

① 节能减耗，提高能源利用率。该工艺取代了原有的天然气调压工艺，回收了白白浪费的压力能，同时节约了原有调压工艺中外部供热提升天然气温度所耗费的能量和设备。

② 降低 CNG 的功耗和运营成本。该工艺通过膨胀发电机回收了天然气调压过程中的机械能，并用于发电，所发出电用于带动天然气压缩机制取 CNG，节省了大量制 CNG 的功耗；还回收了膨胀后低温天然气的冷能，用于 CNG 降温，减少了企业的运营成本。

③ 设备成本低，投资小。该工艺包含天然气膨胀、天然气压缩机和换热器等三部分设备，设备的数量少、成本低，装置的建设投资小，可以实现装置的小型化和撬装化，实现一套装置在多个地点使用。

④ 安全可靠，运行稳定。该工艺与天然气调压主管道并联运行，与原电压缩工艺并联，可根据天然气调压站调压流量、压力和 CNG 加压功耗对天然气膨胀量进行调整，从而使天然气调压稳定、安全，也保证冷库能正常运行、安全平稳。

(2) 使用地点

该设计工艺适用于大型调压站附近配备有已建成或将建设的 CNG 加压站。

参考文献

[1] 徐文东，郑惠平，郎雪梅，等. 高压管网天然气压力能回收利用技术 [J]. 化工进展，2010，29 (12)：2385-2389.

[2] 安成名. 燃气管道压力能用于发电-制冰技术开发与应用研究 [D]. 广州：华南理工大学，2013.

[3] 高顺利，颜丹平，张海梁，等. 天然气管网压力能回收利用技术研究进展 [J]. 煤气与热力，2014，34 (10)：1-5.

[4] Sun Guoqiang，Chen Shuang，Wei Zhinong，et al. Multi-period integrated natural gas and electric power system probabilistic optimal power flow incorporating power-to-gas units [J]. Journal of Modern Power Systems and Clean Energy，2017，5 (3).

[5] 安成名. 天然气门站管网压力能回收利用技术研发与应用 [J]. 城市燃气，2012 (09)：25-28.

[6] 王庆余，熊亚选，邢琳琳，等. 膨胀机替代天然气调压器方案的模拟研究 [J]. 煤气与热力，2016，36 (01)：81-87.

[7] 王忠平. 天然气管网压力能回收综合利用研究 [A] //中国土木工程学会燃气分会. 2016 中国燃气运营与安全研讨会论文集 [C]. 天津：《煤气与热力》杂志社有限公司，2016：5.

[8] 段蔚，张辉，尹志彪，等. 天然气管网余压发电技术在智能管网建设中的应用研究 [J]. 城市燃气，2015 (10)：33-36.

[9] 陆涵. 燃气管道压力能用于发电-制冰系统的优化 [D]. 广州：华南理工大学，2013.

[10] 焦洋. 浅析天然气管网压力能利用 [J]. 中小企业管理与科技 (下旬刊)，2016 (11)：81-83.

[11] 陈秋雄，徐文东，安成名. 天然气管网压力能发电制冰技术的开发及应用 [J]. 煤气与热力，2012，32 (09)：25-27.

[12] 梁东，徐天宇，张荣伟，等. 天然气压差发电技术应用 [J]. 广东化工，2017，44 (07)：97，98，73.

[13] 熊亚选. 基于单螺杆膨胀机的天然气调压系统性能分析 [A] //中国土木工程学会燃气分会. 2016 中国燃气运营与安全研讨会论文集 [C]. 天津：《煤气与热力》杂志社有限公司，2016：9.

[14] 邢琳琳，张辉，王一君. 天然气管网压力能小型发电系统的工艺开发与应用分析 [J]. 城市燃气，2015 (06)：2529.

[15] 朱军. 小型天然气管网压力能发电工艺开发 [D]. 广州：华南理工大学，2016.

[16] 刘宗斌，徐文东，边海军，等. 天然气管网压力能利用研究进展 [J]. 城市燃气，2012 (01)：14-18.

[17] 黄晓烁. 微型天然气管网压力能发电智能化工艺开发及设计 [D]. 广州：华南理工大学，2018.

[18] 徐文东，陈仲，李夏喜，等. 天然气压力能用于发电与制干冰的一体化工艺 [J]. 华南理工大学学报 (自然科学版)，2016，44 (11)：41-48.

[19] 陈秋雄，徐文东. 天然气管网压力能利用与水合物联合调峰研究 [J]. 煤气与热力，2010，30 (08)：27-30.

[20] 袁丹，徐文东，阮宝荣，等. 天然气管网及工业气体压力能利用技术开发 [J]. 煤气与热力，2015，35 (09)：30-33.

[21] 张辉，李夏喜，徐文东，等. 天然气高压管网余压冷电联供系统研究 [J]. 煤气与热力，2015，35 (07)：35-37.

[22] Chen Shiqing，Dong Xuezhi，Xu Jian，et al. Thermodynamic evaluation of the novel distillation column of the air separation unit with integration of liquefied natural gas (LNG) regasification [J]. Energy，2019，171.

[23] 郑志，王树立，陈思伟，等. 天然气管网压力能用于 NGH 储气调峰的设想 [J]. 油气储运，2009，28 (10)：47-51，84，92.

[24] 熊永强，华贲，李亚军，等. 废旧橡胶低温粉碎中 LNG 冷能利用的集成分析 [J]. 华南理工大学学报 (自然科学版)，2009，37 (12)：58-63.

[25] 张镨，鹿来运，何力，等. 利用天然气管网压力能的小型液化流程设计 [J]. 低温与超导，2013，41 (04)：39-44.

[26] 罗东晓. 回收高压管输气压力能用于冷库的技术 [J]. 上海煤气，2010 (05)：33-35.

[27] 张辉. 天然气管网压力能集成利用工艺研究 [D]. 广州：华南理工大学，2014.

[28] 熊永强，华贲，罗东晓. 用于燃气调峰和轻烃回收的管道天然气液化流程 [J]. 天然气工业，2006，26 (5)：130-132.

[29] 论立勇，谢英柏，杨先亮. 基于管输天然气压力能回收的液化调峰方案 [J]. 天然气工业，2006，26 (7)：114-116.

[30] 樊栓狮，陈玉娟，郑惠平，等. 利用管网压力能制备天然气水合物的调峰新技术 [J]. 天然气工业，2010，30 (10)：83-86，124-125.

第5章 压力能利用相关支撑技术及发展趋势

5.1 引言

天然气压力能的有效利用需要相关技术的有力支撑，如燃气调压技术、智能电网技术、智能管网技术、噪声控制技术以及新型发电技术。本章节对上述支撑技术的定义、原理、现状以及发展趋势进行了详细叙述，并对相关技术的关键设备进行了简要介绍。对压力能利用相关支撑技术的深入了解与研究，有助于调整优化压力能利用工艺以及配套设备。

5.2 燃气调压技术

随着我国天然气管网不断铺展，城市燃气管网相应迅速发展，但同时面临着一些问题：调压站（箱）数量众多、分布广，需要投入大量人力运行；城市交通状况日益恶化，很难保证日常和应急工况调整的及时性；电厂等大用户对供气压力要求严格；区域计量项目的实施，对区域内的压力与计量控制提出了更高要求。因此急需更加先进的调控手段来解决以上问题，满足管网需求。

根据安全、技术以及设备质量等级的不同要求，我国根据输气压力（表压）把城市燃气管道分为七级，如表5-1所示[1]。

表 5-1 天然气管网输送压力等级划分

名称	压力级制区分	压力/MPa
高压燃气管道	高压 A	2.5～4
	高压 B	1.6～2.5
次高压燃气管道	次高压 A	0.8～1.6
	次高压 B	0.4～0.8
中压燃气管道	中压 A	0.2～0.4
	中压 B	0.01～0.2
低压燃气管道	低压	0.01 以下

在需要大量、长距离输送燃气的地方，如长输管线和城市外环网，采用较高压力级制的燃气管道；城市市区内燃气输配管网则采用较低压力级制的管道。根据燃气管网采用的压力

级制不同，可有一级、两级、三级以及多级系统。

无论采用哪种形式的燃气系统，保证供气压力稳定都是安全供应燃气最重要的指标之一，压力变化不得越出允许的压力波动范围。如果较高压力的燃气进入较低压力级制的燃气管道，使管道、设备和用户处于超压状态，则会产生漏气、燃气表和用气设备损坏，导致火灾、爆炸、中毒和其他事故。如果用气设备前的压力波动过大，将造成燃烧不正常，使用气设备的热效率降低；引起过多的不完全燃烧，致使燃烧产物中出现过多的一氧化碳等有害气体；达不到烹调或工业生产的要求，影响产品质量和产量；甚至造成断火、脱火、爆炸、中毒等事故[2]。

所以，燃气输配系统需要一种设备来连接不同压力级制的管网以及稳定燃气管网压力工况。这种装置就是燃气压力调节器，简称燃气调压器，或调压器。它是燃气输配系统的重要设备之一，它与所连接的管网一起构成自调系统，保证整个系统的压力正常。

在燃气输配系统中，所有的调压器均是将较高的压力降至较低的压力，因此调压器是一个降压设备。但与一般的节流降压阀不同的是，调压器还需将压力稳定在一定范围内，所以调压器还是一个稳压设备。燃气调压概念如图 5-1 所示。当调压器的入口压力变化或其出口用气量变化时，能自动地控制出口压力，使之符合给定的压力值，并在规定的允许稳压精度范围内变化[3]。

图 5-1　燃气调压概念

5.2.1 调压器原理及分类

5.2.1.1 调压器原理

燃气系统调压器的种类繁多，但其基本构造与原理相似。调压器一般均由感应装置和调节机构组成。感应装置的主要部分是感应元件薄膜，调节机构是各种形式的节流阀。感应元件和调节机构之间用执行机构相连[4]。图 5-2 为燃气调压器工作原理图。

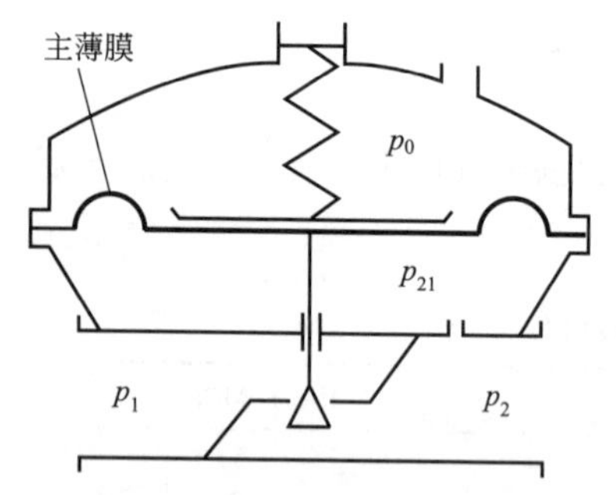

图 5-2　燃气调压器工作原理

燃气作用于薄膜上的力可按下式计算：

$$F_g = A_e p_2 = cAp_2 \tag{5-1}$$

式中　F_g——燃气作用于薄膜上的力，N；

A_e——薄膜的有效面积，m^2；

p_2——燃气作用于薄膜上的出口压力（表压），Pa；

c——薄膜的有效系数；

A——薄膜在其固定端面上的投影面积，m^2。

燃气调压器阀杆的平衡条件可近似认为

$$F_g = F_t \tag{5-2}$$

式中　F_t——弹簧产生的弹力，N。

当出口处的用气量增加或入口处压力降低时，调压器出口压力 p_2 降低，造成 $F_g < F_t$，失去平衡。此时薄膜下降，阀门开大，燃气流量增加，使压力恢复平衡状态。当出口处的用气量减少或入口处压力升高时，调压器出口压力 p_2 升高，造成 $F_g > F_t$。此时薄膜上升，阀门开度减小，燃气流量减少，又使压力恢复到原来的状态。

可见，调压器都可以通过弹簧（或重块）的调节作用，自动地保持稳定的出口压力。其调节结构框图如图 5-3 所示。当由于干扰的作用使被调参数改变时，测量元件感测到这一变化，并将测量值与给定值进行比较，产生偏差信号；传动装置根据偏差信号产生位移信号，使调节机构发生调节作用，作用于调节对象，克服干扰的影响。

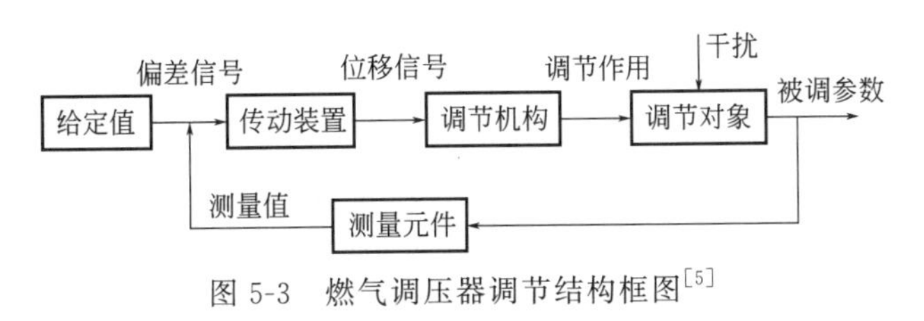

图 5-3　燃气调压器调节结构框图[5]

5.2.1.2　调压器分类

调压器的类型较多，可以从压力、用途、作用原理上加以区分[6]。

(1) 按压力划分

为了明确表示调压器的压力性能，根据调压器的进口压力与出口压力级别加以区分，分为：低压—低压；中压 A—低压；中压 B—低压；中压 A—中压 B；高压—中压 A；高压—中压 B；超高压—高压。

(2) 按用途划分

按用途或供应对象加以区分，分为区域调压器、专用调压器和用户调压器。

区域调压器是用于供应某一地区的居民用户或企事业单位用户的调压器。在三级制供气城市中，一般为高—中压、中—低压调压器。

专用调压器是专供某一单位的特殊需要而设置的，如玻璃厂、冶炼厂等大型工业用户，它们一般需要高于区域供应压力的气源，因此必须为它们设置专用调压器。

用户调压器是一种小型调压器，一般用于一幢楼或一户居民。其主要用于高、中压供气系统。民用液化石油气的减压阀也是一种用户调压器。用户调压器一般分为高—低、中—低压两种。

(3) 按作用原理划分

按作用原理，调压器通常分为直接作用式和间接作用式两种。

① 直接作用式调压器　直接作用式调压器由感应元件（薄膜）、传动部件（阀杆）和调节机构（阀门）组成（图 5-4，见文前彩图）。当出口后的用气量增加或进口压力降低时，

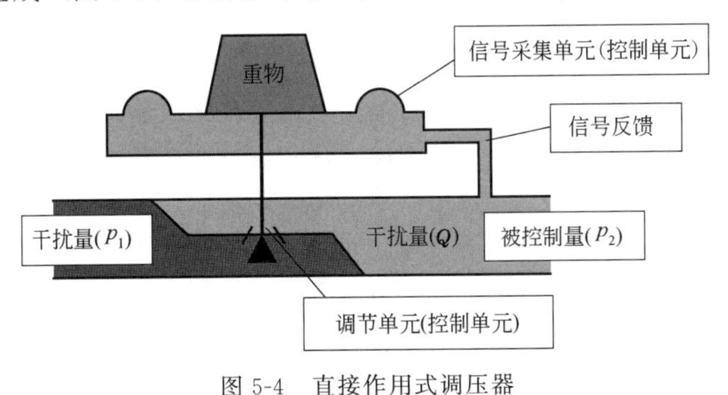

图 5-4　直接作用式调压器

出口压力就下降，这时由导压管反映的压力使作用在薄膜下侧的力小于膜上重块（或弹簧）的力，薄膜下降，阀瓣也随着阀杆下移，使阀门开大，燃气流量增加，出口压力恢复到原来给定的数值。反之，当出口后的用气量减少或进口压力升高时，阀门关小，流量降低，仍使出口压力得到恢复。出口压力值可用调节重块的重量或弹簧力来给定。

直接作用式调压器的特点：结构简单，承压范围受限制，精度低。小型液化石油气减压阀和用户调压器都是直接作用式的。

② 间接作用式调压器　间接作用式调压器由主调压器、指挥器和排气阀组成（图 5-5，见文前彩图）。当出口压力 p_2 低于给定值时，指挥器的薄膜就下降，使指挥器阀门开启，经节流后压力为 p_3 的燃气补充到主调压器的膜下空间。由于 p_3 大于 p_2，使主调压器阀门开大，流量增加，p_2 恢复到给定值。反之，当 p_2 超过给定值时，指挥器薄膜上升，使阀门关闭。同时，由于作用在排气阀薄膜下侧的力使排气阀开启，一部分压力为 p_3 的燃气排入大气，使主调压器薄膜下侧的力减小；又由于 p_2 偏大，故使主调压器的阀门关小，p_2 也即恢复到给定值。

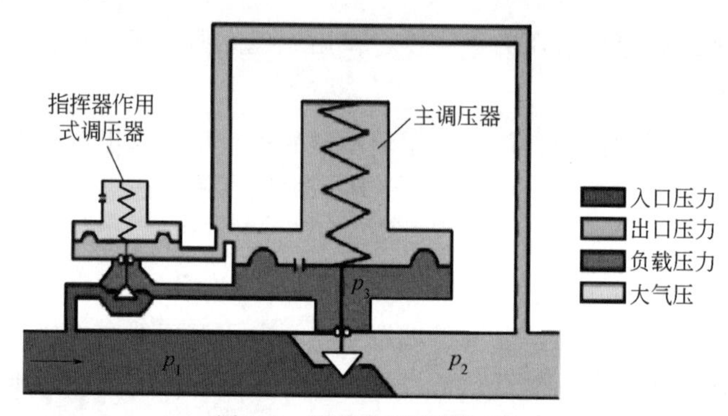

图 5-5　间接作用式调压器

间接作用式调压器的特点：结构较直接作用式复杂，承压范围和连接尺寸比较宽泛，调压精度高。燃气储配站、区域调压站和大型用户专用调压站基本上都采用间接作用式调压器。

5.2.2　调压器工作特性及影响因素

5.2.2.1　调压器工作特性

对燃气调压器性能的基本要求是在较宽的调节范围内保证输出压力的稳压精度，即当输入压力或使用流量发生波动时，输出压力的波动越小，说明调压器的精度越好。

衡量燃气调压器稳压精度，即调压特性的技术指标是压力特性和流量特性[7]。

压力特性是在输出流量不变的情况下，输入压力的变化对输出压力的影响。由于进口压力 p_1 的波动而引起出口压力 p_2 的波动越小，则压力特性越好。压力特性曲线如图 5-6 所示。

流量特性是在输入压力不变的情况下，输出流量的变化对输出压力的影响。当输出流量发生变化时，输出压力要在允许的压力范围内变化。流量特性曲线如图 5-7 所示。

压力特性和流量特性是代表燃气调压器质量的重要指标，设计研究工作绝大部分都是在围绕实现优良的压力特性和流量特性进行的。同时，压力特性和流量特性也是燃气调压器试验、检测的主要内容之一。例如国家标准《城镇燃气调压器》（GB 27790—2011）中规定了中低压燃气调压器出口压力随着通过燃气调压器的燃气流量变化偏离额定值的偏差与额定出口压力的比值，即稳压精度不得超出 15%。

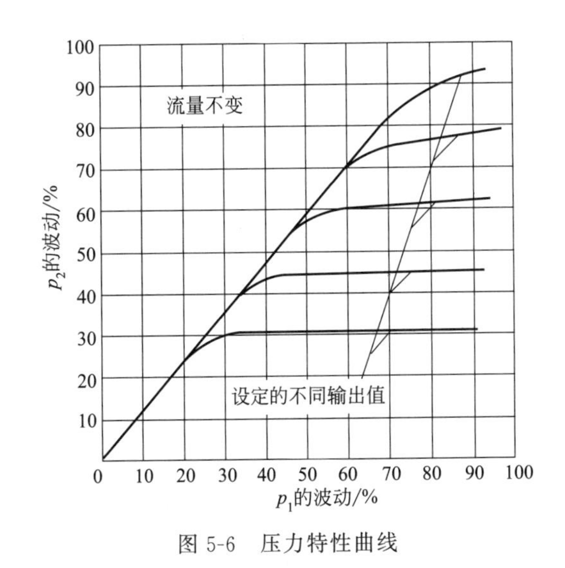

图 5-6　压力特性曲线

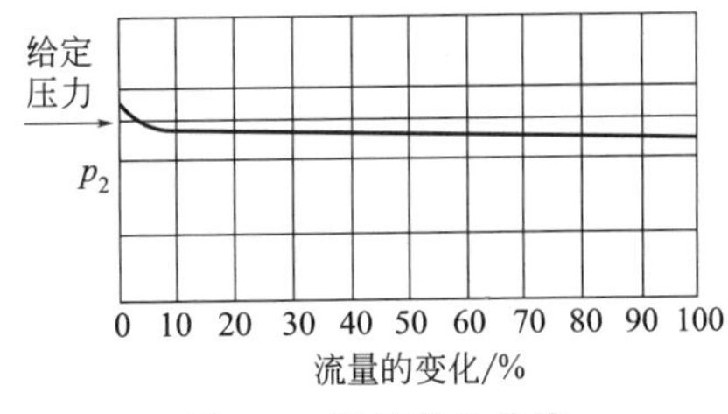

图 5-7　流量特性曲线

压力特性曲线和流量特性曲线是由燃气调压器的一系列稳定工作点组成的，在试验、检测时测出燃气调压器一系列稳定工作点下的进口压力、出口压力和输出流量值，即可得到燃气调压器的压力特性曲线和流量特性曲线，也就获得了燃气调压器的调压特性。

增压机支路和调压支路的切换点可以根据实际情况人为设置，两条支路可以实现自动和手动切换。为保证机组的可靠运行，每台机组需增加备用调压支路。加装串联调压支路后的示意图[8]，如图 5-8 所示。

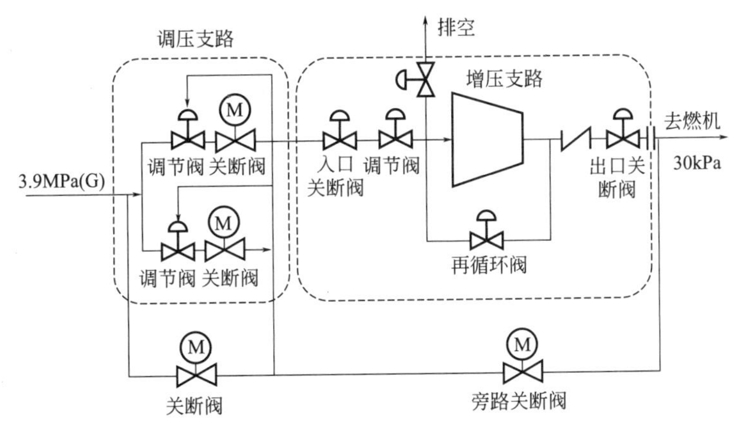

图 5-8　带旁路流程图

图 5-8 串联调压支路方案示意图上部虚线框中为原增压机支路，在增压支路之前串联一个调压阀，在压力高于 30kPa 时，通过调压阀减压至 30kPa 后经由增压机旁路阀向燃机前置模块供气，此时增压机停止运行。在天然气压力低于 30kPa 时，则不进行调压，进入增压机支路，经增压机前的关断阀到增压机调节阀稳定至一定压力，经增压机增压至 30kPa 向燃机供气，此时增压机旁路阀关闭。在调压阀支路并联关断阀，并在阀后加装一个关断阀，用于在天然气压力进一步降低时直接向增压机供气，以减小调压阀的阻力损失。

增压机支路和调压支路的切换可以通过自动和手动进行，调节方式较为灵活。串联方案增压支路和调压支路的前后顺序还可以进行调整，如将增压机支路置于调压支路之前，最终靠调压支路同样也能保证天然气的供气压力稳定。比较上述两种方案，第一种方案较为简单，易于实现，占用空间较小；第二种方案较为复杂，阀门等附属装置较多，操作手段更多些。在满足安全稳定运行的条件下，对两个方案综合比较，调压和增压支路并联方案设备较少，能够节约较多的设备投资，因此经评审被选为最终方案。

天然气调压站的控制方式受各种因素的影响，天然气管网运行压力不但会随季节变化，而且每天也会呈规律性变化，因此需根据具体情况选择天然气调压站两个支路的切换控制策略。增压机支路能否正常快速地投入运行还与增压机设备及电动机的特性有关，一般380V电压等级的增压机在润滑、条件具备的情况下能够完成快速启动，增压机支路可以随时投入。如增压机功率较大，则需选用6kV电压等级的电动机；根据6kV电动机特性，电动机在停运后则需要间隔一段时间后才能再次启动，因此对于大容量增压机的控制方式应在对天然气的压力变化规律进行掌握后提出。否则，为了保证天然气调压站和燃机的正常运行，增压机只能投入伴随运行的状态，用小的流量或低负荷来达到节能的目的，而不能完全退出运行。

一般天然气增压支路和调压支路的切换通过两个支路入口的电动或气动关断阀实现操作，由于两个支路均有压力调整措施，因此在切换过程中能够保证调压站出口压力的稳定。

5.2.2.2 调压器工作特性影响因素

(1) 工况参数影响

调压器的生产厂家在进行调压器的设计时，根据调压器的进出口压差和阀口尺寸进行调压器最大通过能力理论值的计算。许多燃气调压器的流量都远小于其最大通过能力值，一般为理论值的50%～80%。这种现象多见于直接作用式调压器。

其主要原因在于，感应元件薄膜在进口一侧的高压力气流冲击下，使膜腔内压力增高，导致薄膜的灵敏度降低，从而使阀口达不到应有的开度。另外，当弹簧的刚度不够或者传动杠杆比例不符时，通过调压器的流量增加，会出现出口压力降低的情况，从而在未达到其最大通过能力之前，出口压力已经远远低于其设计值，燃气调压器无法正常工作。

此外，出口压力波动也会影响燃气调压器的工作特性。调压器的出口压力在流量特性曲线和压力特性曲线上不光滑、不平整，压力突然升高或降低，会使得使调压器丧失调节压力的功能。这是由于调压器的阀口、阀体等结构设计不合理造成的，由于调压器内部气流扰动较大，致使指挥器无法进行压力调节。

(2) 振动与噪声影响

燃气进口流量频繁波动会引起调压器的振动，也就是俗称的“喘动”[9]。调压器进口流量发生忽高忽低的变化时，调压器的阀口开度不能随其逐渐开大或关小，而是频繁地开启或关闭，导致出口压力不能稳定地处在一个有效的范围内，从U形压力表上可以直接看出液面不停地跳上跳下。

这种现象在间接作用式燃气调压器处于大流量过气的时候比较常见，原因是调压器阀口对进口流量变化的响应滞后，调压器在工作过程中，不能稳定在出口压力所要求的范围内。造成这种现象的原因有以下几点：

① 阀口结构设计不合理，使压力在阀口两侧达不到平衡；

② 主调压器与指挥器之间不配套，致使反馈信号不良。

“喘动”会破坏调压器内部的机械结构，长期出现会使调压器整体形成共振，损坏调压器。同时，由于“喘动”会使燃烧器的火焰剧烈跳动，对用户造成潜在威胁。

进口压力较高或者大流量通过调压器容易产生噪声。阀口节流和机械振动是调压器产生噪声的主要来源。当天然气以较高的进口压力或者大流量快速通过阀口时，阀口的节流效应将产生很大的压降，从而产生噪声。同时，机械部件与一些非固定部分在快速流动的作用下发生共振现象，使噪声更加剧烈。

产生噪声较大的地方往往是城市燃气门站和高压调压站，有的可以达到80dB以上。噪声不仅危害人类的身体健康，同时，噪声形成的机器共振会使调压器零件破损或脱落，不单影响正常供气，甚至会导致设备在无人监管的情况下漏气，引起次生灾害的发生。

(3) 节流效应影响

通常天然气在绝热的状态下，节流膨胀时降温。一般情况下，压力每降0.2～0.3MPa，温度降低1℃左右。因此，负压力越高，越容易在调压器指挥器的导管处或阀口处形成冻堵[10]。现如今的城镇燃气供应系统中，天然气压力从4.0MPa调节到1.0MPa或者0.4MPa是常见的运行工况，尤其是在冬季供气高峰时期。如果天然气的出口温度急剧下降12℃以上，调压器温度为10℃以下时，调压器出口温度将下降至－2℃以下。同时调压器指挥器的导管或阀口的口径相对较小，燃气输配管网中的天然气混合着水及各种杂质，极易引起结冰，一旦阀口结冰，就会造成调压器调压故障，致使调压器关闭，阀口无法正常开启、指挥器失灵等，无法向下游供气[11]。

5.2.2.3 调压器故障分析分析

基于上文所述的影响调压器调压性能的因素，调压器在使用过程中不可避免地出现故障。本节对调压器常见故障予以分析并提出解决办法，见表5-2、表5-3。

表5-2 直接作用式调压器故障分析

故障现象	产生原因	排除方法
调压器前后阀门关闭时，前压降低(外泄漏)	① 主薄膜损坏或未被压紧 ② 切断薄膜损坏或未被压紧 ③ 各连接部位有泄漏	① 更换或压紧薄膜 ② 更换或压紧薄膜 ③ 检查或更换密封件
关闭压力无法稳定一直升高(内泄漏)	① 阀口垫溶胀、老化或损坏 ② 阀口与阀体连接处发生泄漏 ③ 阀体内漏 ④ 阀口上有杂质或阀口损坏	① 更换阀口垫 ② 重新装配阀口 ③ 更换阀体 ④ 清洗或更换阀口
调压器出口压力降低	① 实际流量超过调压器的设计流量 ② 过滤器堵塞导致调压器进口压力降低 ③ 进口压力过低	① 选用适合的调压器 ② 清洗或更换过滤器滤芯 ③ 检查管网压力
出口压力无法调节，直通	① 薄膜损坏 ② 杠杆或阀杆被卡死 ③ 主调弹簧被压并 ④ 后压没有引进执行器下腔	① 更换薄膜 ② 拆卸清洗或更换已变形的零件 ③ 换用适合调压范围的弹簧 ④ 查看信号管路，并使其通畅
切断器切断后，后压继续升高	① 切断阀瓣密封垫溶胀、老化、变形 ② 切断阀瓣密封面有杂质吸附 ③ 阀口与阀体连接处密封不严	① 更换阀垫组合 ② 清理密封垫上的杂质或更换阀垫组合 ③ 重新装配阀口
切断器无法切断	① 切断阀杆卡阻 ② 切断薄膜损坏 ③ 后压没有引进切断器下腔 ④ 切断调节弹簧压并	① 清洗阀杆及其配合件，更换已变形的零件 ② 更换薄膜 ③ 查看信号管路 ④ 更换调节范围合适的弹簧

表 5-3　间接作用式调压器故障分析

故障现象	产生原因	排除方法
调压器不工作	① 切断阀已切断 ② 进、出口压差过小 ③ 调压器的主薄膜损坏 ④ 指挥器薄膜损坏	① 按切断阀的复位方法操作 ② 更换调压器的主薄膜 ③ 更换指挥器薄膜
调压器出口压力降低	① 实际流量超过调压器的设计流量 ② 指挥器阀口堵塞或阀瓣开度不够 ③ 进口压力过低 ④ 调压器内部杂质过多，有卡阻现象	① 选用适合的调压器 ② 清理指挥器阀口或调整阀瓣开度 ③ 检查管网压力 ④ 清洗调压器内部
调压器关闭压力升高	① 指挥器阀瓣处有泄漏 ② 调压器阀口垫溶胀、老化或有杂质 ③ 阀瓣与推杆连接处 O 形圈损坏 ④ 阀口与阀体连接处 O 形圈损坏 ⑤ 阀口有杂质或阀口损坏	① 检查指挥器，更换失效零部件 ② 更换或清理密封垫 ③ 更换 O 形圈 ④ 清理或更换阀口
调压器响应速度慢	调压器内活动部件不灵活	清理调压器内部组件，更换已磨损或变形的零件
调压器出口压力波动	流量过低或调压器前端管线压力波动过大	前端管线压力波动过大时，请与运行管理部门联系

5.2.3　调压器选型及设备

5.2.3.1　调压器选型考虑因素

对调压器进行选型的时候，应该考虑流量、燃气种类、调压器进出口压力、调节精度等因素[12]。

（1）流量

所选调压器的尺寸要同时满足两个条件，一是最大进口压力时通过最小流量，二是最小进口压力时通过最大流量。当出口压力超出工作范围时，调节阀应能自动关闭。若调压器尺寸选择过大，在最小流量下工作时，调节阀几乎处于关闭状态就会产生颤动、脉动及不稳定的气流。所以为了保证调节阀出口压力的稳定，调节阀应在最大流量的 20%～80%之间工作。

（2）燃气种类

燃气的种类影响所选调压器类型、尺寸及材料。例如人工燃气含杂质较多，有一定的腐蚀作用，故所选调压器的阀体宜为灰铸铁，阀座宜为不锈钢，薄膜、阀垫及其他橡胶件，应采用耐腐蚀的丁基橡胶，并用合成纤维加强，所用调压器尺寸较大。天然气较洁净，腐蚀性小，热值高，选用调压器尺寸较小。

（3）调压器进出口压力

进口压力影响所选调压器的类型和尺寸。调压装置需能承受压力的作用，并使高速燃气引起的磨损达最小值。所要求的出口压力值决定了调压器薄膜的尺寸；薄膜愈大，对压力的反应愈灵敏。

当进出口压力降太大时，可以采用串联两个调压器的方式进行调压。

（4）调节精度

调节精度即是稳压精度，就是调压器出口压力偏离额定出口压力的偏差与额定出口压力的比值。所选调压器，还需满足调节精度要求，一般稳压精度值为±5%～±150%。

(5) 阀座形式

当有完全切断气流要求时，以选用柔性单阀座为宜；而当气流压力过高时选用硬性阀座更为适宜，可以减少高速气流引起的磨损。

(6) 连接方式

调压器与管道连接可以用标准螺纹或法兰连接。所选用调压器的尺寸与连接管的尺寸一致。

5.2.3.2 调压器选型计算

(1) 调压器按通过能力（C）的选用计算

① 调压器流通能力 C 的计算　调压器中主阀的容量是用调压器主阀规格的主要参数，流通能力 C 表示的；C 的含义是压降为 0.098MPa 时，流经调节阀门时的时均流量（m^3/h）。可用如下公式进行计算：

当 $p_2>0.5p_1$ 时

$$C=\frac{q_v}{3874.9}\sqrt{\frac{\rho_0 Z_1(273+t)}{(p_1-p_2)(p_1+p_2)}} \tag{5-3}$$

当 $p_2\leqslant 0.5p_1$ 时

$$C=\frac{q_v}{3365.1}\sqrt{\frac{\rho_0 Z_1(273+t)}{p_1}} \tag{5-4}$$

式中　C——主调压器的流通能力，m^3/h；

q_v——气体在基准状态下（$p_v=0.101325$MPa，$T=293.15$K）的流量，m^3/h；

t——气体的流动温度，℃；

ρ_0——气体在基准状态下的密度，kg/m^3；

p_1，p_2——调压器前、后气体的绝对压力，MPa；

Z_1——气体的压缩系数。

② 调压器的调节范围及其选择[13]　调压器的调节范围与所用的指挥器有直接关系，指挥器更换不同型号的压缩弹簧可得到调压器的不同调节范围。调压器前后压差的选择，关系到调压器口径计算的正确与否、调节性能的好坏和经济性。调压器压差过小影响调节性能；压差过大会影响调节性能和阀芯使用寿命，必须采用二次减压。其具体调节范围及压差应按产品使用说明书进行选择。

③ 调压器直径的选择　根据工艺生产能力、设备负荷，决定流通能力计算中应知的数据：计算流量（包括最大流量和最小流量）；计算压差（进口最低压力和调压器后压力）；利用计算公式求得最大、最小流量时的 C 值，即 C_{max} 和 C_{min}。从可控角度出发，$R=C_{max}/C_{min}$ 不应大于 30。

根据调压器产品说明书选取大于并最接近 C 值的型号。根据得到的 C 值，验证调压器开度，一般最大计算流量时的开度不大于 90%，最小计算流量时的开度不小于 10%；如不能满足，则采用两台并联。

根据 C 值决定调节阀的公称直径 DN 和阀芯直径 d_N。

(2) 调压器按管网计算流量的选用计算

在实际工作中，常应用产品样本来选择调压器；产品样本中给出的调压器通过能力（流量）是针对一定的压力降和燃气密度而言的，在使用时需要根据调压器给定的参数进行换算。

① 换算公式　如果产品样本中给出的调压器所用参数是以 q'(m^3/h)、$\Delta p'$(Pa)、p_2'(绝对压力，Pa) 和 ρ_0'(kg/m^3) 来表示的，则换算公式与临界压力比有关，形式如下。

天然临界压力比：

$$\left(\frac{p_2}{p_1}\right)_C=0.91\left(\frac{2}{k+1}\right)^{\frac{k}{k-1}} \tag{5-5}$$

亚临界流速，即当 $\left(\frac{p_2}{p_1}\right)>\left(\frac{p_2}{p_1}\right)_C$ 时：

$$q=q'\sqrt{\frac{\Delta p p_2 \rho_0'}{\Delta p' p_2' \rho_0}} \tag{5-6}$$

超临界流速，即当 $\left(\frac{p_2}{p_1}\right)\leqslant\left(\frac{p_2}{p_1}\right)_C$ 时：

$$q=50q'p_1\sqrt{\frac{\rho_0'}{\Delta p' p_2' \rho_0}} \tag{5-7}$$

式中　q——所求调压器的通过能力，m^3/h；

q'——产品调压器的给定通过能力，m^3/h；

Δp——选择调压器时的计算压力降，Pa；

$\Delta p'$——产品调压器给定通过能力时采用的压力降，Pa；

ρ_0——选择调压器时的燃气密度，kg/m^3；

ρ_0'——产品调压器给定通过能力时采用的燃气密度，kg/m^3；

p_2——选择调压器时的出口绝对压力，Pa；

p_2'——产品调压器给定通过能力时采用的出口绝对压力，Pa；

p_1——选择调压器时的进口绝对压力，Pa。

② 由最大流量 q 选用调压器　在实际工作过程中，为保证调压器调节的稳定以及考虑调压器有一定的供应余量，调压器的阀门不宜处在完全开启状态。因此，要按计算完全开启条件下的最大流量选用调压器。

调压器最大流量 q 为选用调压器额定计算流量的 1.15～1.20 倍，即

$$q=(1.15\sim1.20)q_n \tag{5-8}$$

选用调压器的额定计算流量与管网计算流量之间有如下关系：

$$q_n=1.20q_j \tag{5-9}$$

式中　q_n——选用调压器的额定计算流量，m^3/h；

q_j——管网计算流量，m^3/h。

因此选用的调压器最大流量，由该调压器所承担的管网计算流量 q_j 的 1.38～1.44 倍确定，即

$$q=(1.15\sim1.20)q_n=(1.38\sim1.44)q_j \tag{5-10}$$

现在许多调压器生产厂家生产用于天然气的调压器，出厂前就用天然气测试，因此选用调压器时就可采用其样本内标出的性能参数，无须换算。如果不是这种情况，就必须进行调压器通过能力的换算，换算时需要的测试参数由生产厂家提供。

5.2.3.3 调压器设备

目前燃气调压器市场上国产占有率不高，大多为国外产品，如美国的 Fisher 系列和 Amco 系列调压器、意大利的 Tartarini 系列调压器、法国的 Schlumberger 系列和 Mesura 系列调压器、德国的 Rmg 系列调压器等。本文以 Fisher 系列调压器为例，进行调压器的简要介绍。

Fisher 系列调压器分为直接作用式调压器与间接作用式调压器，下面分别予以介绍。

直接作用式调压器主要有 S/SE 系列、FQ 系列等，如图 5-9 所示。

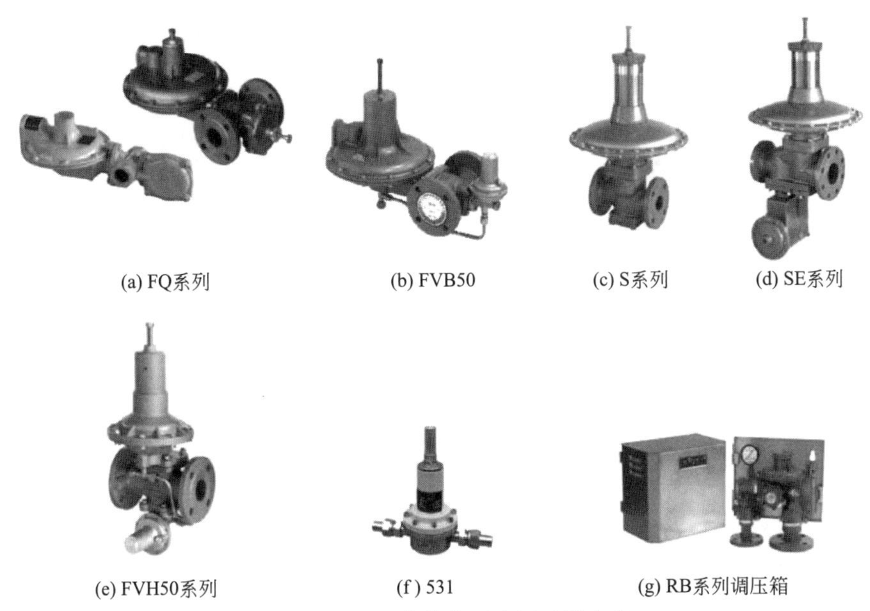

图 5-9　Fisher 直接作用式调压器产品

S/SE 系列调压器广泛应用于中低压城镇燃气管网，作为居民小区及工商业、锅炉等用户的调压设备，适用介质包括天然气、人工煤气、液化石油气及其他无腐蚀性气体。S/SE 系列结构如图 5-10 所示。

S/SE 系列调压设备性能参数如表 5-4 所示。

表 5-4　S/SE 系列设备的性能参数

型号	S 系列	SE 系列
最大进口压力/MPa	0.4	0.4
进口压力范围/MPa	0.02～0.4	0.02～0.4
出口压力范围/kPa	1.5～50	1.5～50
稳压精度等级 AC	达到 AC5	达到 AC5
关闭压力等级 SG	达到 SG10	达到 SG10
切断精度等级 AG	无	达到 AG2.5
公称尺寸	进出口等径 *DN*50、*DN*65、*DN*80、*DN*100	进出口变径 *DN*40～*DN*65、*DN*50～*DN*80、*DN*65～*DN*100、*DN*80～*DN*125、*DN*100～*DN*150
连接法兰	PN16/HG20592 ANSI150/HG20615	PN16/HG20592 ANSI150/HG20615
切断功能	无	有
工作温度范围/℃	$-20<t\leqslant 60$	$-20<t\leqslant 60$

(a) S系列　　(b) SE系列

图 5-10　S/SE 系列调压器结构

FQ系列调压器为弹簧负载直接作用式调压器，集调压、切断、放散为一体，采用模块化结构设计，由阀体、执行器、切断阀组成；多用于民用楼栋调压及中、小型公服用户场所的调压、稳压；适用于天然气、人工煤气、液化石油气及其他燃气。其结构如图5-11所示。

图5-11 FQ系列调压器结构

FQ系列调压器性能参数如表5-5所示。

表5-5 FQ系列调压器性能参数

规格	参数
压力	许可压力:4bar 进口压力范围:0.2～4bar 出口设定范围:1～5kPa(25FQ、40FQ、50FQ)、5～15kPa(50FQ)
连接形式	RTZ-25FQ进出口螺纹连接G1″ RTZ-40FQ进出口螺纹连接G1-1/2″ RTZ-50FQ进出口法兰连接 *DN*50 *PN*1.6
尺寸系列	*DN*25、*DN*40、*DN*50;阀口直径:12mm、16mm、20mm、25mm
流量	最大流量:500m^3/h
调压精度	±5%
关闭精度	+10%
切断精度	±5%
切断时间	≤1s
工作温度	−20℃～+60℃

相比于S/SE系列与FQ系列调压器，RB系列调压箱需要经过两级调压，拥有更高的调压精度，并且在结构上进行了模块化集成，空间利用率更高；应用于燃气输配系统，作楼栋或小型公服用户调压。图5-12为RB系列调压箱的结构。

图5-12 RB系列调压箱结构

过滤后的介质经一级调压后形成稳定压力输入到二级调压单元，经二级调压输出所需的出口压力 p_2。当 p_2 超过放散设定时，调压器就会微量放散；它只用于释放因温差或其他原因产生的微小、短时高压，避免频繁切断。当 p_2 超过切断设定时，脱扣机构动作切断供气，需手动复位后才能恢复供气。其原理如图 5-13（见文前彩图）所示。

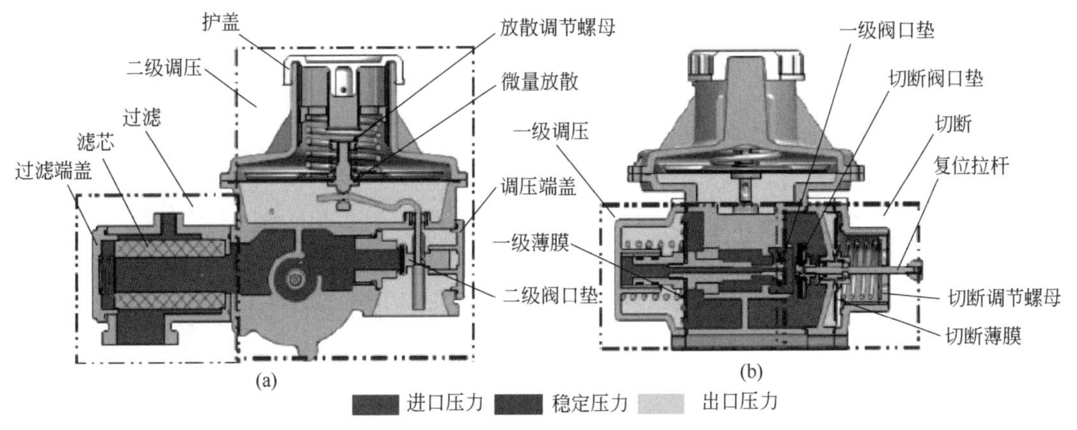

图 5-13　RB 系列调压箱原理

其主要技术参数如表 5-6 所示。

表 5-6　RB 系列调压箱主要技术参数

进口压力范围	出口压力范围	稳压精度等级	关闭压力精度	切断精度等级
0.02～0.4MPa	1.5～10kPa	达到 AC5	达到 SG10	达到 AG5

间接作用式调压器主要有 RTJ-N 系列、RTJ-NH 系列以及 NZ 系列，如图 5-14 所示。

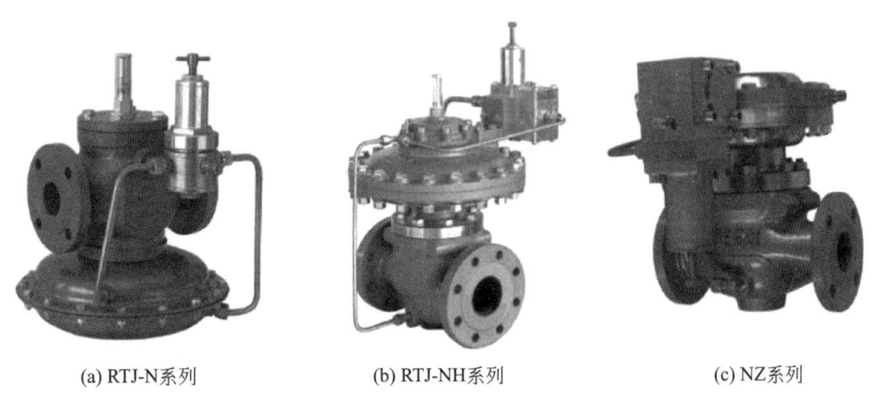

图 5-14　Fisher 间接作用式调压器产品

NH 调压器是双路控制间接作用式调压器，广泛用于高—高压、高—中压燃气管网、站场、CNG 站、大中型工业用户的调压和稳压；适用于天然气、人工煤气、液化石油气和其它无腐蚀性气体。其结构如图 5-15 所示。

该调压器采用双级指挥器，进口压力 p_1 由外信号管输入一级指挥器作为二级指挥器的操作能源，再由二级指挥器输出操作压力 p_3 送至执行器的下腔以操纵阀芯总成的开闭，从而达到控制出口压力 p_2 的目的。为了要精确地控制阀芯的开度以达到精确控制出口压力

p_2，要求指挥器所提供的操作压力 p_3 是平稳的，随出口压力 p_2 的变化而变化。本调压器为气开式结构，当出口压力 p_2 降低时，指挥器提高操作压力 p_3、加大阀芯的开度以提高出口压力 p_2；反之，当出口压力 p_2 增高时，指挥器降低操作压力 p_3、减少阀芯的开度以降低出口压力 p_2。其原理如图 5-16（见文前彩图）所示。

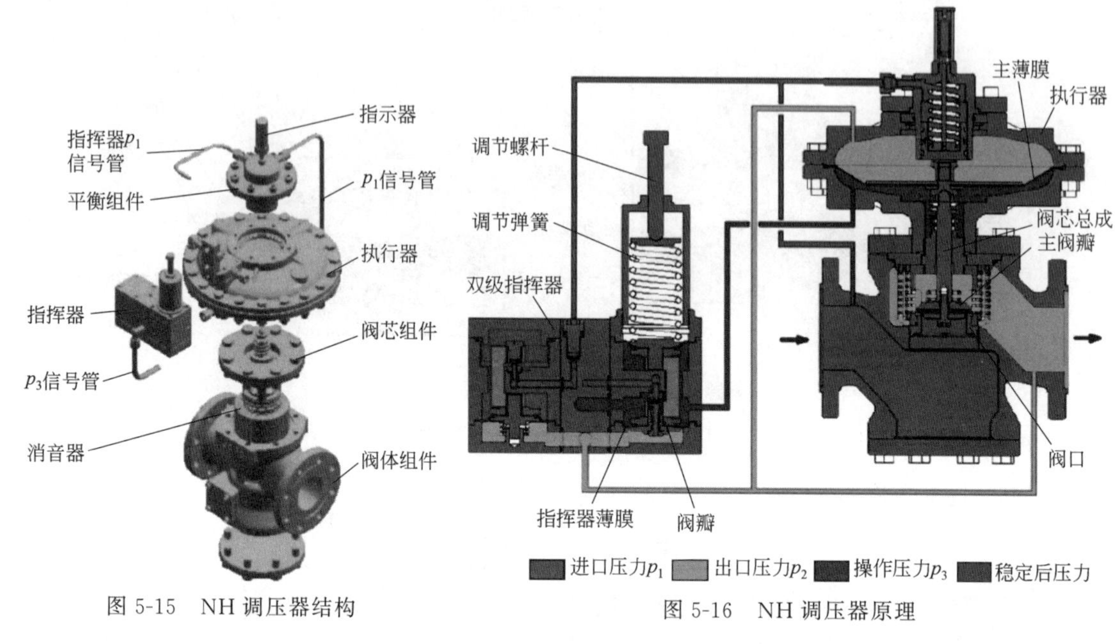

图 5-15　NH 调压器结构

图 5-16　NH 调压器原理

其主要技术参数如表 5-7 所示。

表 5-7　NH 调压器技术参数

规格	参数
压力	最大进口压力：4.0MPa 进口压力范围：0.1～4.0MPa 出口压力范围：0.06～2.5MPa 关闭压力：≤+5%
连接形式	法兰连接，压力等级 *PN*1.6、*PN*2.5、*PN*4.0
阀体尺寸	*DN*50、*DN*80、*DN*100、*DN*150、*DN*200
流量	最大流量：500m^3/h
稳压精度	≤±1%
工作温度	−20℃～+60℃

5.2.4　远程智能调压系统

远程智能调压系统由现场调压控制系统、网络通信系统和 SCADA 系统中的远程智能调压子系统三部分组成[14]。当运营调度中心调度员需要对管线压力进行调节时，可通过 SCADA 系统中的远程智能调压子系统下达远程控制指令；然后控制指令通过通信网络远传至现场调压控制系统；现场调压控制系统在接到控制指令后根据现场压力和瞬流进行压力调节，并最终使现场压力和瞬流在允许的调节范围和调节精度内达到目标指令。同时现场信号通过通信网络回传至调度中心 SCADA 系统，从而完成远程调压。

远程智能调压系统的作用是保证输气管道能够安全、平稳、精确地为各下游用户供气。远程智能调压系统可维持被控调压器出口压力在工艺所需的范围内，确保被控调压器出口压力不超过设定的压力；也可限制被控调压线的流量使其不超过允许值，避免流量过大导致的计量误差，甚至损坏流量计与输气管线等不利情况的发生。

① 节约人力，自动调节　在管网工况发生较大变化时，可以通过手动或自动调压模式及时调整出站压力，合理分配调压站的流量，优化设备的运行工况。曲线模式可以预先设定每天具体时段的调压站出站压力、流量曲线，系统自动跟踪运行参数，并按曲线调整，实现自动按需求运行，有效减少生产运营人员的工作量。自动调压、调流模式可以在下游对压力、流量有恒定需求时，将被控管线出口压力控制在所需的范围内。

② 紧急处置　远程智能调压系统各功能中均设定有调压上下限、调流上限保护，可以在日常或突发情况中有效提升供气的安全性。比如当遇到自然灾害或管网设备出现重大异常时，根据不同的工况，可以紧急关停或启用被控的调压线，有利于事故状态下的应急抢修。

③ 降低计量误差　远程智能调压系统中的低流模式可以减少暖季夜间流量计小流量过气时产生的计量误差。通常在瞬流小于流量计量程下限10%时，无法带动流量计涡轮转动，从而造成计量误差。伴随今后远程智能调压技术在次高压以上关键节点站（箱）的不断推广，配合区域计量项目的实施，可以实现精细化、智能化管理。

远程智能调压系统能够实现日常运行与紧急抢险时对调压站（箱）内调压管线的远程调控；可使其按预先设定的压力/流量参数运行；按预定的（24h）压力/流量曲线运行；低流量时智能控制，减少计量误差；从而实现优化管网工况，提高管网自控的精准度和运营效率，保证管网的安全稳定运行，是燃气输配管网智能化、精细化的关键环节。未来可以天然气压力能与远程智能调压系统相结合，形成一套独立的自动化控制管理体系，促进燃气输配管网的智能化、精细化发展。

5.3 智能电网技术

5.3.1 智能电网定义

智能电网是指通过一个数字化信息网络系统将能源资源开发、输送、存储、转换（发电）、输电、配电、供电、售电、服务以及蓄能与能源终端用户的各种电气设备和其他用能设施连接在一起，通过智能化控制实现精确供能、对应供能、互助供能和互补供能，将能源利用效率和能源供应安全提高到全新的水平，将污染与温室气体排放降低到环境可以接受的程度，使用户成本和投资效益达到一种合理的状态[15]。

5.3.2 智能电网特点

① 自愈和自适应。实时掌控电网运行状态，及时发现、快速诊断和消除故障隐患；在尽量少的人工干预下，快速隔离故障、自我恢复，避免大面积停电的发生。

② 安全可靠。更好地对人为或自然发生的扰动做出辨识与反应，在自然灾害、外力破坏和计算机攻击等不同情况下保证人身、设备和电网的安全。

③ 经济高效。优化资源配置，提高设备传输容量和利用率；在不同区域间进行及时调度，平衡电力供应缺口；支持电力市场竞争的要求，实行动态的浮动电价制度，实现整个电

力系统优化运行。

④ 兼容。既能适应大电源的集中接入，也支持分布式发电方式友好接入以及可再生能源的大规模应用，满足电力与自然环境、社会经济和谐发展的要求。

⑤ 与用户友好互动。实现与客户的智能互动，以最佳的电能质量和供电可靠性满足客户需求。系统运行与批发、零售电力市场实现无缝衔接，同时通过市场交易更好地激励电力市场主体参与电网安全管理，从而提升电力系统的安全运行水平。

5.3.3 智能电网关键技术

智能电网旨在利用先进的技术提高电力系统在能源转换效率、电能利用率、供电质量和可靠性等方面的性能。其基础是分布式数据传输、计算和控制技术，以及多个供电单元之间数据和控制命令的有效传输技术[16,17]。

5.3.3.1 电网结构

坚强、灵活的电网结构是未来智能电网的基础。我国能源分布与生产力布局很不平衡，无论从当前还是从长远看，要满足经济社会发展对电力的需求，都必须走远距离、大规模输电和大范围资源优化配置的道路。特高压输电能够提高输送容量、减少输电损耗、增加经济输电距离，在节约线路走廊占地、节省工程投资、保护生态环境等方面也具有明显优势。因此，发展特高压电网，构建电力“高速公路”，成为必然的选择。

如何进一步优化特高压和各级电网规划，做好特高压交流系统与直流系统的衔接、特高压电网与各级电网的衔接，促进各电压等级电网协调发展、送端电网和受端电网协调发展、城市电网与农村电网协调发展、一次系统和二次系统协调发展，成为需要解决的关键问题。

5.3.3.2 通信系统

智能电网不仅需要具有实时监视和分析系统目前状态的能力，既包括识别故障早期征兆的预测能力，也包括对已经发生的扰动做出响应的能力；也需要不断整合和集成企业资产管理与电网生产运行管理平台，从而为电网规划、建设、运行管理提供全方位的信息服务。因此，宽带通信网，包括电缆、光纤、电力线载波和无线通信，将在智能电网中扮演重要角色。

5.3.3.3 计量体系

电网的智能化需要电力供应机构精确得知用户的用电规律，从而对需求和供应有一个更好的平衡。目前我国的电表只是达到了自动读取，是单方面的交流，不是双方的、互动的交流。由智能电表以及连接它们的通信系统组成的先进计量系统能够实现对诸如远程监测、分时电价和用户侧管理等更快和准确的系统响应。

将来随着技术的发展，智能电表还可能作为互联网路由器，推动电力部门以其终端用户为基础，进行通信、运行宽带业务或传播电视信号的整合。

5.3.3.4 智能调度技术和广域防护系统

智能调度是未来电网发展的必然趋势，调度的智能化是对现有调度控制中心功能的重大扩展。调度智能化的最终目标是建立一个基于广域同步信息的网络保护和紧急控制一体化的新理论与新技术，协调电力系统元件保护和控制、区域稳定控制系统、紧急控制系统、解列控制系统和恢复控制系统等具有多道安全防线的综合防御体系。能化调度的核心是在线实时决策指挥，目标是灾变防治，实现大面积连锁故障的预防。

智能化调度的关键技术包括：

① 系统快速仿真与模拟。

② 智能预警技术。

③ 优化调度技术。

④ 预防控制技术，事故处理和事故恢复技术（如电网故障智能化辨识及其恢复）。

⑤ 智能数据挖掘技术。

⑥ 调度决策可视化技术。

另外还包括应急指挥系统以及高级的配电自动化等相关技术，其中高级的配电自动化包含系统的监视与控制、配电系统管理功能和与用户的交互（如负荷管理、量测和实时定价）。

5.3.3.5 高级电力电子设备

电力电子技术在发电、输电、配电和用电的全过程均发挥着重要作用。现代电力系统应用的电力电子装置几乎全部使用了全控型大功率电力电子器件、各种新型的高性能多电平大功率变流器拓扑和 DSP 全数字控制技术。

5.3.3.6 可再生能源和分布式能源接入

在发展智能电网时，如何安全、可靠地接入各种可再生能源电源和分布式能源电源也是面临的一大挑战。

分布式能源包括分布式发电和分布式储能，在许多国家都得到了迅速发展。分布式发电技术包括：微型燃气轮机技术、燃料电池技术、太阳能光伏发电技术、风力发电技术、生物质能发电技术、海洋能发电技术、地热发电技术等。分布式储能装置包括蓄电池储能、超导储能和飞轮储能等。

风能、太阳能等可再生能源在地理位置上分布不均匀，并且易受天气影响，发电机的可调节能力比较弱，需要有一个网架坚强、备用充足的电网支撑其稳定运行。随着电网接入风电量的增加，风电厂规划与运行研究对风电场动态模型的精度和计算速度提出了更高的要求。

5.3.4 智能电网发展趋势

目前电能生产、输送和分配的主要方式分别是集中发电、远距离传输以及大电网互联，由这三种方式组成的电力系统承担着全世界 90%的电力负荷。但是它们也存在着局部事故易扩散、容易受到破坏以及无法灵活跟踪电力负荷等弊端。

要达到智能电网要求的智能化控制，即实现精确供能、对应供能、互助供能和互补供能，将能源利用效率和能源供应安全提高到全新的水平，需要发展智能输电网领域，结合特高压电网的建设和发展，同时发展分布式能源；其发电可作为备用电源为高峰负荷提供电力，提高供电可靠性，提升驾驭大电网安全运行的能力，保证电网的安全可靠和稳定运行。

智能电网的进一步拓展和深化则是能源互联网，即利用互联网及其他前沿信息技术，促进以电力系统为核心的大能源网络内部设备的信息交互，实现能源生产与消耗的实时平衡。

5.3.4.1 分布式发电

分布式发电（distributed generation，DG）通常是指发电功率在几千瓦至数百兆瓦的小型模块化、分散式、布置在用户附近的高效、可靠的发电单元；主要包括：以液体或气体为燃料的内燃机、微型燃气轮机、太阳能发电（光伏电池、光热发电）、风力发电、生物质能发电等。它的投资少、占地小、建设周期短、节能、环保，对于高峰期电力负荷比集中供电更经济、有效。分布式发电可作为备用电源为高峰负荷提供电力，提高供电可靠性；可为边远地区用户、商业区和居民供电；可作为本地电源节省输变电的建设成本和投资、改善能源结构、促进电力能源可持续发展[18]。

分布式发电有着自身特有的优势，下面对其做简要介绍。

(1) 节能降耗

首先，分布式电源供电距离较集中发电方式短得多，网损降低明显；其次，分布式电源能够提供多种形式的能量，能实现能量的梯级利用，典型的是冷、热、电三联产，符合“温度对口、梯级利用”的原则，从而大大提高了能源的总体利用效率。

(2) 减少空气污染

分布式发电以天然气、轻油等清洁能源和风力、水力、潮汐、地热等可再生能源进行发电，能够有效减少二氧化碳、一氧化碳、硫化物和氮化物等有害气体的排放。同时，由于分布式能源系统发电的电压等级比较低，电磁污染比传统的集中式发电要小得多。

(3) 提高电网的经济性和可靠性

由于分布式发电的削峰填谷、平衡负荷作用，现有发输电设施的利用率将大大提高，那些利用率极低、仅为满足高峰负荷需要的发输电设施将不再有建设的必要，大大地提高了电网的经济性。此外，分布式发电还可以作为备用电源为高峰负荷提供电力，通过自身开停机方便、操作简单、负荷调节灵活的特点，与大电网配合，弥补其安全稳定性方面的不足，在电网崩溃和意外灾害情况下也可维持重要用户的供电，大大提高供电可靠性。

(4) 提高电能质量

分布式电源内部通常都设有就地电压调整和无功补偿，从而保证了电能的质量。此外，分布式电源的投资相对大电网、大电厂而言非常小，风险也较小，并且建设周期短，有利于短时间内解决电力短缺的问题。

分布式电源通常接入中压或低压配电系统，并会对配电系统产生广泛而深远的影响。而电能质量问题将是分布式发电方式不可回避的问题，分布式电源并网对电网电能质量的影响如下。

① 受环境和气候条件、用户需求、政策法规等因素的影响，分布式电源的启停与投切，其不确定性易造成配电网明显的电压波动和闪变。同时，分布式电源的控制设备和反馈环节的相互作用也会直接或间接引起电压闪变。

② 分布式电源采用基于电力电子技术的逆变器接入配电网，与传统电网的方式有很大不同，开关器件的频繁开关易产生开关频率附近的谐波分量，对电网造成谐波污染。

③ 分布式电源常位于配电网的终端，离负荷较近，输出的无功会使负荷节点处电压升高，甚至超出电压偏移标准。当分布式电源退出运行时，受其影响较大的节点负荷又因缺少电压支撑而遭受低电压等严重电能质量问题，受影响程度的大小与分布式电源的类型、位置和容量有关。

④ 大量分布式电源在电网随机投入和退出运行加大了电力系统负荷预测的不确定性，使配电系统规划者难于准确预测负荷增长情况；配电网规划是动态规划问题，其动态属性同其维数密切相关，系统增加的大量分布式发电机节点，使得在所有可能网络结构中寻找最优

网络布置方案更加困难。

⑤ 分布式电源的出现改变了配电系统单向潮流结构，使潮流大小和方向无法预测。根据分布式电源安装位置不同，馈线段的潮流可能增加也可能减少；当馈线上分布式电源的输出功率大于负荷需求时，会造成馈线的某些段或者全部潮流完全反向；潮流的改变导致原有电压调整设备如有载调压变压器失去正常调节作用。

⑥ 分布式电源接入系统可能会影响系统的运行可靠性和安全性。对于典型放射状配电系统，分布式电源的出现改变了电网结构，改变了短路电流大小和持续时间，导致按原有网络设计的保护装置误动作，破坏保护设备间的协调运行，妨碍自动重合闸动作。特别是当短路电流大于原有系统断路器中断容量时，将导致设备损坏。

分布式电源能够及时快速地提供电能，当电网关联负载较大时，分布式电源在相关控制策略下可在尽可能短的时间内投入使用，使系统尽可能地减少故障，从而提高整个电网系统的稳定性。

在抑制谐波、降低电压波动和闪烁以及解决三相不平衡方面，目前已经有几种装置可供选择。技术已经相当成熟的有无源滤波器、静止无功补偿装置（SVC）等，随着高性能电力电子元件（例如 GTO、IGBT、LTT 等）的出现以及微处理和微电子技术、信息技术和控制技术的发展，美国电力专家提出了柔性交流输电系统（又称 FACTS)，现在主要的 FACTS 装置有：静止无功补偿（STATCOM)、晶闸管控制的串联投切电容器（TSSC)、可控串联补偿电容器（TCSC)、统一潮流控制器（UPFC）等。作为 FACTS 技术在配电系统应用的延伸——DFACTS 技术（又称 custom power 技术）已成为改善传统集中式发电系统电能质量的有力工具。该技术的核心器件是 IGBT，目前主要的装置有：有源滤波器、动态电压恢复、配电系统用静止无功补偿器、固态切换开关等。APF 是补偿谐波的有效工具，DVR 是抑制电压陷落的有效装置。

以上改善电能质量的技术是建立在电力电子技术和通信控制技术基础上的，而分布式发电正是建立在电力电子技术、计算机、通信技术和控制技术发展的基础上，这样新型电力系统使得复用自身的电力电子转换器成为可能，利用现有电力电子设备吸收或释放有功、无功，从而不仅实现电能的传输转换，而且改善了系统的电能质量，减少了系统的额外投资。实现以上功能要建立精确的控制策略，分布式发电自身的电力电子转换设备不可能完全代替、改善传统电网电能质量的设备技术，能够将分布式发电设备应用到 DFACTS 技术中去，不仅提高电能质量水平，而且减少了设备投资。

5.3.4.2 能源互联网

能源互联网是以电力系统为核心，以互联网技术和新能源发电技术为基础，并结合了交通、天然气等系统构成的复杂多网流系统[19]。建立能源互联网的主要目标是利用互联网技术推动由集中式化石能源利用向分布式可再生能源利用的转变。作为第三次能源革命的核心技术，能源互联网代表着能源产业的未来发展方向。

能源互联网事实上由 4 个复杂的网络系统，即电力系统、交通系统、天然气网络和信息网络紧密耦合构成（图 5-17，见文前彩图)。

首先，电力系统作为各种能源相互转化的枢纽，是能源互联网的核心。其次，电力系统与交通系统之间通过充电设施与电动汽车相互影响；充电设施的布局及车主的驾驶和充电行为会影响交通网络流量；反之，交通网络流量也会影响车主的驾驶和充电行为，进而影响电力系统运行。第三，近年来，随着水平井与压裂技术的不断进步与完善，美国首先爆发了

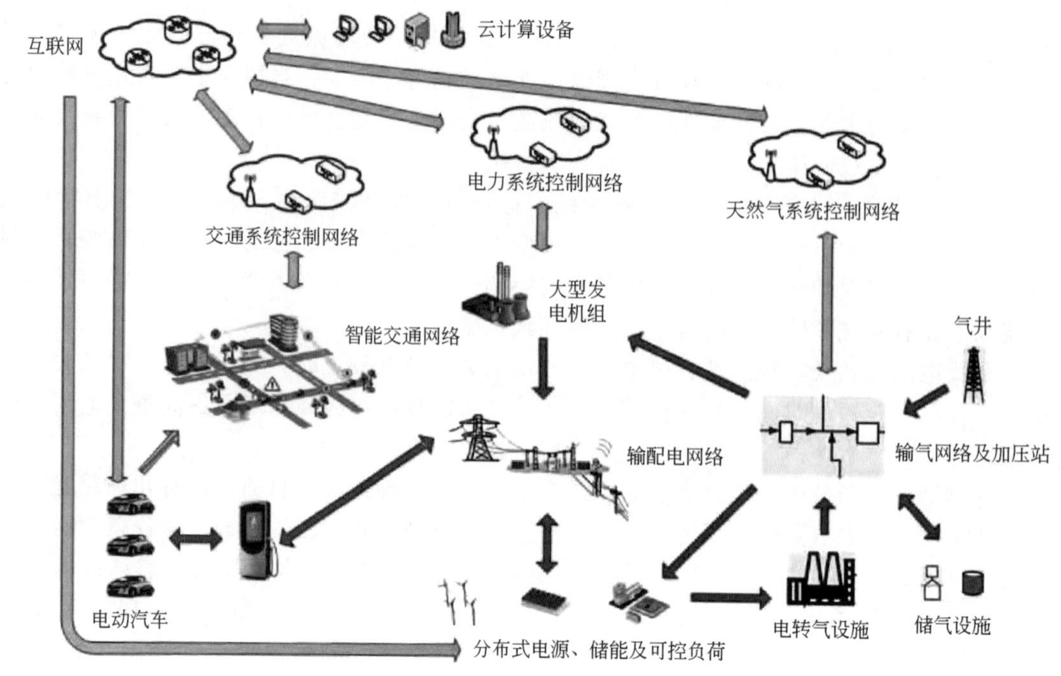

图 5-17 能源互联网的基本架构与组成元素

"页岩气革命"。随着"页岩气革命"的出现和不断深化，天然气的成本呈下降趋势，燃气机组在发电侧的比例因此有望提高。这样，天然气网络的运行将直接影响电力系统的经济运行及可靠性。另一方面，利用电转气（power to gas，P2U）技术，可以将可再生能源机组的多余出力转化为甲烷，再注入天然气网络中运输和利用。因此，未来的电力系统与天然气网络之间的能量流动将由单向变为双向。第四，能源互联网还可能进一步集成供热网络等其他二次能源网络。热能是分布式燃气发电的重要副产品。以热电联产系统为纽带，可以将电力网络和供热网络相互集成和协调，通过利用燃气机组排出的余热，大大提高系统的整体能效。最后，上述系统内的各种物理设备，尤其是分布式发电、储能、可控负荷及电动汽车等，需要通过一个强大的信息网络进行协调和控制。这里，信息网络将不仅是传统的工业控制网络，而应该由互联网等开放网络与工业控制网络互联构成。

从上述内容可以看出，能源互联网与智能电网有很多相似之处，是智能电网概念的进一步发展和深化。然而，能源互联网与智能电网也存在重要的区别：

① 智能电网的物理实体主要是电力系统，而能源互联网的物理实体由电力系统、交通系统和天然气网络共同构成。

② 在智能电网中，能量只能以电能形式传输和使用；而在能源互联网中，能量可在电能、化学能、热能等多种形式间相互转化。

③ 目前，智能电网研究对于分布式发电、储能和可控负荷等分布式设备主要采取局部消纳和控制。在能源互联网中，由于分布式设备数量庞大，研究重点将由局部消纳向广域协调转变。

④ 智能电网的信息系统以传统的工业控制系统为主体，而在能源互联网中，互联网等开放式信息网络将发挥更大作用。

能源互联网发展离不开关键技术的支撑。为了实现大规模可再生能源的稳定利用，海量分布式设备的广域协调和即插即用将是能源互联网的关键技术；电动汽车作为电气化交通系统的核心，可以同时充当储能设备以平抑可再生能源波动，将在能源互联网中发挥重要作用；随着页岩气开采技术的进步和电转气技术的出现，电力网络与天然气网络之间的能量流动将由单向变为双向，通过电力与天然气网络的融合，有望真正实现可再生能源的大规模存储；能源互联网内各种物理设备的协调与交互需要强大的信息网络支撑。

5.4 智能管网技术

2012 年北京燃气率先提出了建设“智能燃气网”的构想，意于打造“更透彻的感知、更互联的通信、更集成的数据、更精准的调控、更科学的运营、更智慧的决策”的智慧燃气平台；包括深圳燃气、上海燃气、新奥燃气，也相继对燃气系统进行了智能化的升级建设。2017 年行业发布《城镇燃气工程智能化技术规范》(CJJ/T 268—2017)，该技术规范首次将智能燃气相关的数据、信息平台及通信、应用基础技术及智能应用做了详细的说明，是我国城镇智慧燃气发展的一个重要里程碑。尽管如此，国内燃气智能化发展仍然存在标准不统一、发展水平良莠不齐、发展路径不明晰等问题。综合来说，我国当前城市燃气的整体智能化运营水平仍处于智慧燃气发展的起步阶段，与能源互联网意义上的智慧燃气相比存在着一定的差距。由于我国的特殊国情，能源供应和消费一般受区域和经营范围等的限制，比如电力公司主要提供电力服务、燃气公司提供燃气服务等，这在一定程度上也制约了燃气朝着能源互联网方向的发展。近期随着能源革命的推进、售电侧市场的逐步放开，燃气也将迎来新的变革。燃气除了注重输配相关的运营，将更注重燃气综合应用领域的拓展和用户体验的提升。这促使城市燃气朝着最终城市综合能源互联网的目标进一步迈进。

城市燃气发展迅猛，对城市燃气管网的建设和管理提出了更高的要求。主要体现在：燃气管网负荷持续增高而且变动较大；区域性、季节性负荷不平衡日益突出；管网架构薄弱，亟待加强燃气管网建设，而燃气管网的智能化建设为解决上述矛盾提供了有效途径。

5.4.1 智能管网概述

城市燃气系统中基础设施［包括管网、调压站（箱）、阀门、燃气表等］的智能化建设是实现智慧燃气的基础；建设既高效智能又安全可靠的燃气体系，是燃气企业的发展方向。

燃气设备设施是智慧燃气的基础，而燃气的智能化信息系统更是智慧燃气的大脑。在信息化建设方面，我国在 20 世纪 80 年代开始引进和开发 SCADA 系统，输配调度管理的 SCADA 系统获得了高度的重视。80 年代中期，地理信息系统（GIS）作为一项新技术进入我国的城市规划应用领域，城市燃气管道 GIS 是城市燃气行业管理中的重要部分。90 年代末期，随着相关通信技术和基础设施的完善、信息系统建设的深入开展，SCADA 系统在技术和实现的功能上都具备了较高的水平。当前国内的智慧燃气目前已经形成了以 SCADA、GIS、北斗技术、企业资产管理、应急调度、客户服务等信息化系统为代表的信息技术应用体系，初步具备了燃气系统智能化的基础。在数据监测方面，实现了远程数据的采集、设备工作状况监控、故障信息反馈等；在用户服务方面，形成了用户在线服务系统，获得了燃气使用大数据，进一步提高了服务质量。在管网设计维护方面，也借助北斗、GPS 等全球卫星导航系统，实现了管网规划、运行、管理、辅助决策的现代化处理手段。在精准化管理方面，应用北斗技术解决了定位、泄漏监测、管网完整性管理、运行安全管理、应急抢修等方面的技术问题。新技术的应用以及积累的经验，为智慧燃气的建设提供了基础条件。只有充分融合互联网＋、人工智能、大数据、云计算等技术，才能实现燃气行业在管网管理、工程建设、应急抢险、智能决策、客户服务等领域工作的智慧化。

智能燃气管网所涵盖的内容是广泛的、多层次的，划分如下[20]。

① 业务领域：业务流程的统一和整合。内容包括智能监控、智能巡检、智能调度、应急作业、设备维修、技术改造、安全检查、隐患管理与风险评估。

② 技术范畴：硬件技术和软件技术的融合。内容包括监控设备、无线通信、智能终端、数据中心、云计算、数据仓库、挖掘分析、智能报表与搜索引擎。

③ 体系特征：从数据的集成到决策的智慧。内容包括数据的完整、数据的集成、数据的关联、数据的挖掘与决策的智慧。

在业务领域上，它涵盖燃气企业生产运营的方方面面，如从智能供气到智能调峰、从智能监控到智能巡检、从智能调度到智慧决策、从设备维修检修到管网完整性管理等。

在技术范畴上，智能燃气管网集成整合了当前最新的管网设备技术和IT软件技术，其底层基于物联网架构，上层提供云计算服务，而且访问终端多样化——从普通电脑到掌上电脑、智能手机和平板电脑等都可以实现查询和访问。

智能燃气管网主要由感知层、通信层、数据层、执行层、决策层组成。

① 感知层：感知层是智能燃气管网建设的基础，它主要负责现场数据的感知和采集，主要包括各种采集仪表、监控终端等。

② 通信层：通信层由通信网、互联网、云计算平台等组成，负责传递感知层获取的信息。数据被采集后，通过通信层传输到数据层。

③ 数据层：数据层负责存储和管理各种实时数据、业务数据。智能燃气管网数据层强调数据的集成和统一。各种管网数据包括地理数据、实时数据、档案数据、业务数据，通过统一的编码体系，分别储存在各个专业数据库中，形成共享数据中心，提供统一的数据访问服务。

④ 执行层：执行层是燃气企业为了保证管网正常运转所涉及的各种管理业务的总和。虽然不同的业务可能分布在各个不同的职能部门，但往往彼此关联并依赖于共同的管网基础数据和实时数据。把所有相关的运营业务（如运行、应急、作业等）串联起来，增强部门之间的交流和协作，提高企业运营的效率，降低运营成本，是智能燃气管网业务执行层要实现的根本目标。

⑤ 决策层：系统通过日积月累的运行，会积累大量的生产管理数据，里面蕴含着丰富的知识和规律；通过建立合理的数据挖掘与分析模型，可以找出其中蕴含的知识和规律并通过直观的方式展示出来。这些知识和规律，将为领导制定各种计划（管网维修检修计划、技改计划等）和管理制度改进提供决策支持。

简而言之，智能燃气管网意味着更广泛的数据监控，更紧密的数据集成，更智能的调度和作业，更智慧的分析和决策。随着我国城市化的不断加快，人民生活消费水平的不断提高以及国家“十三五”优化能源结构的规划，燃气市场将迎来爆发式增长，这给燃气行业带来了更大的机遇和挑战。燃气企业为在竞争中保持稳定、高效的发展，提高技术性和安全性至关重要，智慧燃气和智能管网的建设将迎来快速发展。

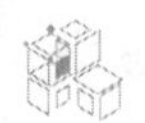

5.4.2 智能管网关键技术及其特点

5.4.2.1 智能管网关键技术

城市燃气管网的智能化建设涵盖智能供气、调峰、监控与数据采集、决策支持、巡检、用气服务及未来用户发展等方面，过程中会产生大量数据、资料，通过整合数据采集与监视控制系统（SCADA 系统）、地理信息系统（GIS 系统）、客户关系系统（CRM 系统）等各类信息化系统，控制管网现场的通信和数据传输设备，可实现对管网运营状况的展示、监控、管理。运用北斗精准定位、智能调压、调压自诊断、终端监控、设备自动控制等科学技术，可实现管网的智能化、智慧化，并且做到及时预警、操控[21]。

实现上述管网的智能化建设离不开基础系统的支持，主要如下：

（1）数据采集与监控系统

它是依托计算机技术对生产过程进行控制，实现自动化调度的系统[22]。它可以对管道、门站、储配站、调压站等设备进行监视和控制，实时采集各设备的数据信息并上传，为后续的计算分析提供数据支持。

（2）地理信息系统

主要用于查看城市燃气网各级管道、调压站、调压箱等设备的地理位置信息，是一个包含了整个城市管网样貌的地理图；点击地图上也可以查询任一位置管网及设备的基本信息，使燃气网的管理更加形象、便捷。

（3）无线通信定位系统

日常用于定位巡检人员和巡检车辆，保证了巡检人员安全的同时也对人员工作情况进行了监督。当有特殊情况发生时，可以通过定位通信系统及时定位故障地点、报告现场情况以及调配抢险人员。

（4）气象信息系统

建立气象信息的采集与传输、存储系统，提供实时的天气情况。

（5）信息管理系统

信息管理系统用来存储城市燃气网中 SCADA 系统、GIS 系统及其他信息系统在不同时刻采集及存档的数据和信息，然后将这些数据整合、分类、统计、备份，以备需要时可调用。

（6）决策支持系统

决策支持系统提供燃气调度分析决策所常用的计算功能，使各级调度部门可便捷地进行调度分析并制定调度方案。其计算功能包括数据分析软件、管网动态模拟软件、对城市用气量预测的软件以及智能决策分析软件，例如管道完整性等级识别分析软件、设备安全等级识别软件、管网运行优化软件等[23]。

5.4.2.2 智能管网技术特点

建设智能管网不是抛弃原有的管网建设，而是在现有的基础上进行升级改造，是管网信息化建设的新阶段。它主要包括以下特点[24]：

（1）涉及的业务内容更加广泛

城市智能管网涵盖了整个运营调度的各个方面。在城市燃气输配方面，包括智能供气、智能调峰；在日常运营管理方面，包括智能监控、智能决策支持、智能巡检；在用户服务方面，包括智能用气服务和智能用气管理以及未来用户发展等。

(2) 对掌握的数据进行集成性的管理

城市管网从规划到实施再到运行使用都会产生大量数据、资料，将管网基础设施档案、实时运行参数、地理位置信息、客户数据集成管理，增强了数据之间的关联性，避免信息孤立，为管网运营管理提供更方便、快捷的访问方式。

(3) 先进的技术支持

从技术范畴来说，智能管网的架构在底层基于物联网，各类设备可以与互联网相衔接，实现了访问终端的多样化，包括电脑、平板电脑、智能手机等；上层基于云计算架构，实现海量数据存储、处理与信息整合。依托先进的技术保证了管网智能化的实现。

(4) 创新的管理模式

智能管网除了在技术上的革新，在管理模式上也与之前有了创新。由以前事故后再解决的管理方法，变为了事故前预防的管理模式，变被动管理为基于风险评价的主动管理。

(5) 互动的管网系统

智能化的管网在客户服务方面也有很大改进。燃气企业与客户的关系不再是单一的“一个只管供气、一个只管用气”的状态，而是彼此之间有互动性。通过提高管网计量水平和自动控制水平，采用分时计价的手段，燃气企业在供气的同时，从用户获取用量数据，再反馈给用户实时信息，可以指导用户采用一种有利于调峰和提高能效的用能方式[25]。

5.4.3 智能管网建设的制约因素

随着中国城镇燃气近年来的高速发展，国内对于智能化诉求也越来越强烈。在燃气智能化建设的过程中，仍急需解决以下四方面问题[26]：

(1) 顶层设计不足，急需推进智能化标准体系建设

燃气行业虽然已经有了工程标准体系和产品标准体系，但是智能化特色的标准体系尚未建立起来。自智能燃气网概念提出以来，各大燃气公司相继投入燃气智能化的建设，并取得了诸多成效。但是由于缺乏智能化标准指标，导致了各公司发展水平参差不齐、产品标准繁杂、平均水平提升慢等诸多问题。虽然2017年行业发布《城镇燃气工程智能化技术规范》(CJJ/T 268—2017)，但该规范并未对智能化建设标准实现完整清晰的规定，在指导具体项目建设时难度较大。故急需推动智能化相关标准体系的建设，以指导燃气行业智能化的统一有序推进。

(2) 基础设施智能化水平不足，亟待升级改造

虽然近几年随着信息通信技术的高速发展，信息通信和智能感知设备的成本正逐步降低，但是全面覆盖地实现智能化感知仍是一笔巨大的投入，尤其是针对改建项目。目前站、箱、井、线、表等基础设施在智能化升级方面往往存在以下不足。

① 站箱：一般来说，高压站等重要节点智能化程度较高；中低压站智能化度较低；次高压以下站箱基本无计量，用户数据无法与站箱衔接，无法封闭计量。

② 阀井：阀井缺乏防侵入、阀位、液位监测、气体监测、温度监测等功能，造成了一定的安全隐患。

③ 管线：现有管线往往缺乏防破坏预警、防腐预警，增加了管线运营风险。

④ 计量表：一般非民用计量表智能化程度较高，大部分实现远传；民用计量表基本不具备远传功能。

⑤ 燃气具：目前种类较少，主要有灶具、热水器、壁挂炉等。当前大部分燃气仅有简单的安全功能及自检测、自诊断功能，只有高端产品具有远程通信、远程控制功能。

(3) 共享数据库建设和管理不够完善完整，影响智能化深度应用

天然气在我国的使用已经有20多年的时间，近几年更是迎来了高速发展阶段，这也造成了急速增长的运营规模、庞大的数据信息与落后的生产运营管理方式以及越来越越高的用户体验之间的矛盾。这里涉及如何建立燃气数据库的问题，这也是实现智慧燃气的基础。当前燃气数据库的建设主要呈现出以下几方面问题。

① 全面性：部分重要管网设备设施缺乏实时监控，设备档案缺乏，而且相互关联的数据大多分散在不同的独立系统中，缺乏设备数据的完整性视图。

② 准确性：燃气企业部分管网设备档案老旧，图档数据与管网实际不相符。

③ 统一性：用户数据并非唯一识别，存在重复开户、无法销户、无法查找等问题，数据采集录用效率低、成本高，数据录入方式落后、效率低，且不能及时更新，缺乏互动性。

④ 便捷性：数据访问手段单一，大部分数据库系统不能充分支持目前快速发展的智能终端随时随地的访问相关数据。

(4) 智能信息平台待进一步完善，核心平台自主可控能力亟待加强

随着近几年信息技术的高速发展，优秀的信息化平台管理越来越成为实现智慧燃气的关键。当前，一般燃气企业都建立了SCADA、GIS、企业资产管理、应急调度、客户服务等为代表的信息化系统，实现了初步的燃气信息数字化。但是要想进一步构建智能信息平台、实现智能化运营，仍需要解决以下几方面问题。

① 平台统一：无法实现在同一个信息化平台对所有的运营相关的信息化系统进行管理，给管理带来了麻烦。

② 统筹规划：燃气公司内部各部门都依据自己的需要进行信息化系统项目申报，缺乏从上而下的统筹管理。

③ 共享管理：各系统独立封闭，如生产运行、应急作业、资产管理等都存在各自独立的系统，数据缺乏共享，流程彼此分割，不利于对异常、事故、作业等管理过程进行闭环跟踪和管理。

④ 智能支持：数据分析、挖掘功能不够深入，不能有效利用积累的业务知识和业务数据，挖掘其中蕴含的规律和模式，为企业领导提供辅助决策支持。

⑤ 自主可控：当前国内燃气企业的很多核心信息平台模块，如仿真系统、工控系统都采用国外公司的技术，并不掌握核心技术，借助当前国内信息化高速发展的契机，急需推进燃气核心信息平台的研发，形成自主可控能力。

5.4.4 智能管网发展趋势

智慧燃气是能源互联网，即“互联网＋”智慧能源的重要组成部分。它基于完善的燃气基础设施，融合高度发展的信息和智能技术，能够实现安全高效、绿色智能的能源服务。智慧燃气与智慧供热、智能电网等共同构成了智慧能源系统，而且以天然气为代表的燃气是一次能源，其能源特性使得智慧燃气将在未来城市能源互联网体系起着核心的作用。首先，燃气在多网融合和多能互补的能源体系中起着中枢的作用。燃气既是热网、电网联系的重要组带，同时又与交通网有着紧密联系，是多能耦合以及智慧能源体系不可或缺的一部分。其次，燃气管网能够作为一种有效的储能手段。利用电制气技术解决高渗透率可再生能源融合到电网所产生的不匹配问题，提高能源利用率，使得未来能源体系能够更多地消纳可再生能源，构建更加低碳的能源系统，提高社会整体经济效益。智能管网未来的发展方向，主要包括四个方面。

（1）精准感控，高效运营

设备是燃气网的组成基础，增进燃气系统的设备管理以及调控水平，提高设备运行的效率以及可靠性，是燃气系统运营的永恒主题。信息技术的发展为燃气设备的监控、维护以及数据采集等多个方面提供了全新的技术手段。例如，物联网技术使得各个燃气设备都能够通过互联网接入到云端，实时反映管网的工作参数和自身的运行状态；智能化技术则使得单个燃气设备具备一定独立处理问题的能力，在燃气系统发生问题时，第一时间采取相应的解决措施，从而尽可能减少损失。

燃气管网既影响着燃气企业的运营状况，又关乎着燃气安全。无论是管网本身的泄漏，还是用户的偷气行为，都给燃气企业带来了很大的损失。同时管道建设维护质量不达标、输配工艺不精确导致的局部压力过不均衡、管网泄漏等都会带来巨大的安全隐患。传统的安全监测方法效率较低，而基于物联网技术以及分布式智能终端能够有效实现对管网进行实时监测，一旦发现不安全因素即可及时消除。

在数据采集方面，设备的广泛互联极大提高了数据采集的效率，同时设备自身的数据智能处理功能将更能促进系统运营模式的转变。以计量数据为例，传统的燃气系统采集的是流量计量的模式，智慧燃气则可通过管网分布、调压站点分布及其燃气流量状况，以及各主要站点安装的色谱仪或热值仪，由配套热值分析软件计算各计量站点的燃气热值，并通过物联网将热值信息发送到各站点流量计或直接发送到燃气计量管理系统，实现燃气能量的精准计量，从而促进城市燃气计量模式的改变。

（2）交互便捷，创新服务

随着移动互联网以及各种电子支付的发展，人们对智能、高效和舒适的要求越来越高。然而传统燃气依然维持着较为落后的运营模式，尤其是在抄表、收费、数据采集这些方面，明显与新兴生活方式格格不入。人工抄表对企业而言，存在效率低、人工成本及管理成本高等诸多问题，造成了企业经营效益的下降；对用户而言，由于传统抄表需要花费大量时间，统计完成后用户又必须在短时间内去指定地点缴费，这与 APP 掌上操作的时代潮流有很大的差距，因此严重降低了用户体验。

当前系统缺乏与用户实时交互的平台，难以及时捕捉用户的需求，并作出相应的响应。一方面，这导致了燃气企业的运行成本居高不下，企业难以通过预知用户需求作出最优决策，燃气网长期处于被动跟随状态，运行效率低。另一方面，相对孤立的运行方式也使得用户的需求无法得到及时的满足，很大程度上降低了用户的消费体验，给用户带来了较多的不便。

智慧燃气致力于解决上述两个关键问题，提高燃气服务水平。首先，针对传统燃气落后的运营模式，智慧燃气强调以用户为根本，站在用户层面考虑问题的理念，充分应用电子化和信息化手段，搭建信息化平台，在多个流行的平台上建立燃气相应的服务点，为用户避免不必要的手续和流程，精炼管理模式；形成以线上为主、线下为辅的运营模式，大幅降低用户的负担，实现信息化、一体化、无纸化的用户服务。其次，针对用户交互问题，智慧燃气注重建立需求侧响应机制，利用当前的大数据以及人工智能技术，主动分析用户数据，提炼用户用能规律，提前预测用户需求，为用户提供更为灵活、可靠且低成本的燃气服务。

在提升交互服务的基础上，燃气企业还要加强其他增值服务；充分利用物联网、移动互联网、大数据、云平台等尖端手段，打造全新的服务平台。新的服务模式不仅仅强调燃气企业的参与，更注重用户和燃气企业的双向互动与联通，强调用户体验的升级。如新平台可以接入用户全部用能数据，包括用电、用热、用气等数据，充分考虑用户可能的潜在需求，为用户提供诸如综合用能分析、节能减排方案、燃气保险、燃气商城以及定期维护等相关服务。新服务模式是智慧燃气的重要内涵，必将成为开创燃气新未来的重要一环。

(3) 引领低碳，广泛应用

加快扩大天然气应用规模，以天然气为过渡手段，逐步建立低碳绿色的能源体系，是能源经济未来发展的重要方向。随着温室效应的进一步恶化，世界范围内都积极开展了 CO_2 减排的应对工作。尽管风能、太阳能以及核能等零碳清洁能源被认为是理想的解决方案，但是由于技术不成熟、产业不完善或市场导向慢等诸多因素，短期内它们都不会直接影响能源大格局。天然气作为清洁低碳的优质能源，相比石油和煤炭，天然气的碳排放量分别低了30%和45%，采用天然气逐步代替煤和石油，无疑是当前世界向低碳绿色能源经济转型的最佳选择。根据2019《BP世界能源展望》，至2040年间全世界一次能源增量的85%将来自天然气和可再生能源。

在绿色交通系统中，燃气发挥着重要的作用。一方面，CNG/LNG（压缩/液化天然气）汽车是一种对环境极为友好的车型，它排放的氮氧化物以及二氧化碳比起传统的燃油车要低很多。同时，CNG/LNG汽车几乎不排放硫氧化物，比起燃油车，天然气车的氮氧化物排放减少了25%。相比同样清洁的电动汽车，CNG汽车的技术更为成熟，全生命周期同等排放条件下，它具有比电动车更低的使用成本。世界范围内，天然气汽车的市场份额在不断提升，根据世界天然气汽车协会2018年最新统计，全球87个国家与地区的天然气汽车保有量已逾2616万辆，加气站保有量已逾3.1万座。中国继续蝉联这两个保有量的世界第一位，拥有天然气汽车608万辆，加气站8400座。另一方面，氢能是燃气体系中的重要一员，氢能革命正席卷而来。氢能是智慧能源体系中重要的能源枢纽，是实现多种能源耦合的关键。以氢能作为燃料被誉为未来汽车的终极解决方案。2014年底，丰田发布Mirai氢燃料电池车，并宣告实现了商业量产，这预示着零碳交通时代正逐渐开启。而当前中国已经是全世界最大的商用氢能燃料电池汽车市场，可以预见氢能将进一步推动绿色交通的发展。

在综合供能系统中，燃气分布式系统同样发挥着越来越重要的作用。燃气分布式系统一般指的是燃机冷热电系统，相比传统的供能模式，它具有很多优势。第一，燃气分布式系统可按用户需求就近设置，实现能量的就地消纳，既提高了能量利用效率，又为某些特殊地域的供能提供了更好的解决方案。第二，燃气分布式系统能够广泛地融合其他能源系统，如分布式光伏、风能、储能等。通过这种融合，能够促进能源梯级利用，大幅度提高能源利用效率和供能安全性，满足用户气、电、热的全方位需求。第三，分布式燃气系统结合信息化手段，能够提高整个能源网络的能量配置效率，并且为用户提供低成本化、智能化的服务。根据我国《天然气利用政策》文件，天然气分布式能源项目是优先发展的应用领域。利用燃料电池系统的燃气分布式能源系统具备更高的发电效率和环保优势，在未来能源系统中将发挥越来越重要的作用。

(4) 多能融合，开放互联

传统的电网、气网以及热网相对孤立，彼此之间尽管有联系，但只存在低层次、小范围、低效率的能源交互。随着可再生能源的不断融入、分布式能源的逐渐崛起，能源越来越向着集成化、一体化的方向发展。结合先进的信息技术，企业能够获得大量的数据为高效的调度策略提供保障，这使得传统上分立的气、电、热三网能够有机地结合起来，构建成真正意义上的能源互联网。而燃气在能源互联网系统中涵盖了能量的生产、输运与转化、回收与储能以及消纳等所有环节，是城市能源体系的中枢。

在能量的生产方面，通过使用天然气，能源系统获得了一种技术成熟、较低成本的稳定供应方式。天然气发电设备的规模从大型的 CCGT 和 CHP 一直延伸到微型燃机，可在不同时间、空间尺度给予能源系统足够的可调节裕度，能够应对大电网到微网等不同尺度的调节任务。此外，智慧燃气的范畴里还包含其他燃气，如生物沼气、合成气、氢气等。这进一步丰富了能量的来源，提高了可再生能源的利用率。

在能量的输运及转化方面，燃气是一种被广泛使用的能量媒介，拥有成熟的输运管网。在能源市场与交易方面，燃气拥有广泛的使用用户，能够有效促进世界范围内的能源流动。燃气一方面与电网紧密相连，可以借助燃气发电设备进入电力系统；另一方面还与热网系统有着极为密切的关系，例如燃气通过锅炉燃烧可直接转化为热能。此外燃气通过燃机热电联产可同时生产电和热，也可以通过燃料电池技术更高效地将化学能直接转变为电和热。因此，燃气能够充当能源互联网中能源转换的枢纽。

在能源的回收和储存方面，燃气是重要储能手段。一般电力储能量为 GW·h 级别，而燃气储能量可达 TW·h，远高于电力储能形式。同时，燃气是包含可再生能源的能源互联网灵活性的重要来源。由于可再生能源的随机和间歇性，以其为核心分布式能源的发展必然要求与之配套的储能，在电力负荷的高峰期释放能量缓解电网压力；低谷期储存能量以消除电网峰谷差。尽管有着多种储能方式，但真正要达到网络层面，实现与大电网相匹配的储能，则首选与之规模相近的天然气。目前，世界上多个国家都在开展 PtG 项目，即电制气（power to gas），旨在利用气网的储存能力对电力进行更好的调节。

在能源用户侧，天然气能够应用于需求响应；与传统的供给追随需求的思想不同，需求侧管理强调用户负荷的主动跟随，实现电力系统和燃气系统的耦合联动。这种模式要求用户具有可控负荷，具备一定范围的调节能力，而天然气储能能够满足这种要求。具体的，当电力过剩时，用户收到管理信号，通过电解方式将多余电力转换为氢（或进一步转换为天然气）储存起来，这相当于提高了用户负荷。当电力不足时，用户可以采用燃料电池发电，消耗天然气（或氢气），满足部分负荷，相当于降低了用户负荷。通过这种方式可以达到用户侧需求响应的目的。

因此，智慧燃气和智能管网的建设势必成为一个开放的能源互联平台，它能协调全局，使能源互联网系统更加充沛、更加灵活、更加可靠。

5.5 噪声控制技术

城市天然气管道的大面积铺设，需要建设相应的调压站、调压箱用于调节稳定燃气压力与流量，而在调压过程中产生了噪声，因此需要寻求噪声控制技术用于减少噪声污染，在保障燃气管网平稳运行的同时提升城市生活与环境的质量。

5.5.1 噪声危害

调压站场在燃气输配系统中是用来调节和稳定管网压力的设施。一般来讲，调压站不能布置在距离负荷中心和用户过远的位置，应力求布置在负荷中心，作用半径则根据经济比较确定。所以，调压站场就可能处于居住和工、商业的混杂区。调压站场的噪声就会形成以下三种问题[27]：

① 噪声扰民问题。通过全面的数据检测，燃气调压站场的调压阀噪声量在 110dB 左右。所以，就出现了噪声扰民的问题。

② 噪声引起的职工运行及维护检修设备的劳动保护问题。

③ 噪声及噪声引起振动引发的安全隐患。噪声不但增加工作人员的疲劳，而且影响调压站场的运行安全。噪声引起的长时间不间断的振动对调压站场设备的影响最为直接，除引起零部件连接的松动，易造成泄漏点外；还会造成管道焊缝间疲劳破坏区的形成和扩大，影响站场的使用寿命。另外就是站场设备与地坪的共振，也会影响整个站场区域的运行环境。

5.5.2 噪声根源分析

国标《工业企业厂界噪声标准》对不同区域的厂界噪声制定了严格的标准。要对燃气调压站场的噪声进行控制，就必须清楚地知道噪声产生的根源，加以分析和控制，才能达到国标所要求的标准。

(1) 调压器噪声

① 机械振动噪声。机械振动噪声是指机械类振动、固有频率振动和由阀芯振荡性位移引起流体的压力波动而产生的噪声。这一类噪声产生的原因与调压器的设计、零部件材料、加工工艺、装配质量有关。

② 流体动力学噪声。流体动力学噪声由流体通过调压器阀口之后的湍流及涡流所产生，即由湍流流体与调压器或管道内表面相互作用而产生的噪声。

③ 空气动力学噪声。当天然气通过调压器内的减压部位和调压器出口的扩径部位时，流体的机械能转换为声能而产生的噪声称为空气动力学噪声。这种噪声在调压器噪声中所占比例较大。该噪声的频率约 1000～8000Hz，一般没有特别陡尖的峰值频率。空气动力学噪声不能完全被消除，可以采取一定的技术措施予以降低。

(2) 管道噪声

管道噪声是湍流流体在管道内表面相互作用而产生的噪声，其频率和噪声级通常都比较低。

(3) 墙壁反射噪声

此类噪声主要是由于调压站场内没有经过专业声学设计，噪声在室内空间来回传递，从而形成混响，甚至产生共振，形成的干扰噪声。

5.5.3 噪声控制技术

在燃气调压站场以往的设计中，已经注意到了调压站内的环境噪声问题，一般要求距调压设备 1m 处的噪声水平不能高于 80～85dB。从以上对燃气调压站场的噪声分析，降低噪声应从设备本体或出口管路及外部建筑上解决[28]。

(1) 调压站内工业设备降噪

① 调压器内降噪。调压器内降噪，通常方式为在调压器阀口处加装内置消声器。此类消声器属于小孔喷注消声器范畴，它的原理是从发声机理上减小噪声。气体从阀筒内经消声器向外喷注，喷注噪声峰值频率与喷口直径成反比，即喷口辐射的噪声能量将随着喷口直径的变小而从低频移向高频。如果小孔小到一定程度，喷注噪声将移到人耳不敏感的频率范围。

② 调压器后降噪。当天然气流出调压器进入下游管道时，由于流速的要求，通常会有一个扩容的过程。气体在这个阶段压力降低且极不稳定，湍流大量产生。这部分噪声是对现状调压器噪声处理时最需要解决的问题。根据节流降压原理，当高压气体通过具有一定流通面积的节流孔板时，压力得到降低。通过多级节流孔板串联，就可以把原来直接排到下游时的一次大的突变压降分散为多次小的渐变压降。噪声功率与压降的高次方成正比，因此把压力突变改为压力渐变，便可以取得消声效果。一般情况下，靠增加调压器出口管道的壁厚，降噪（实际上是隔噪）效果不明显（可降低 2～3dB）。如果从设备本体上解决，或者从设备出口管路上采取降噪措施，可能会对调压器的流通能力产生影响。如果要达到厂界噪声要求，那么，调压器通过能力的损失可能会高于 15%[29]。

③ 管道内降噪。管道内置式消声器是解决管道噪声的一种消声设备。

④ 管道外敷吸声、隔声材料降噪。好的吸声材料多为纤维性材料，称为多孔性吸声材料。多孔性吸声材料有一个基本吸声特性，即低频吸声差，高频吸声好。当材料厚度增加时，可以改善低频的吸声特性。好的吸声材料一般采用 5cm 左右的厚度，可较好地解决较大频率覆盖范围的吸声问题。

噪声经过吸声处理后，仍有部分以声波的形式向外传播，此时可以包裹高密度阻尼隔声板进行处理；主要原理为通过反射和阻尼进行隔噪。隔声材料材质的要求是密实无孔隙或缝隙，有较大的密度。这种降噪方式简单易行、成本较低，如果计算选材得当，是一种较好的降噪方式。

(2) 建筑降噪

在调压站外部建筑结构的降噪方面，通常也采用吸声处理和隔声处理方式，只是所解决的目标和侧重点不同。吸声处理所解决的目标是减弱噪声在室内的反复反射，即减弱室内的混响声，缩短混响声的延续时间（即混响时间）。在连续噪声的情况下，这种减弱表现为室内噪声级的降低[30]。隔声处理则着眼于隔绝噪声自声源房间（站内）向站外的传播，以使相邻建筑物及居民免受噪声的干扰。当调压站考虑建筑结构降噪时，应同时考虑吸声措施、隔声措施。吸声措施可以改善调压工作环境，隔声措施可以阻止噪声向站外传播，降低调压站外噪声。

5.5.4 噪声控制技术发展趋势

现阶段的噪声污染控制各项技术大多集中在对噪声能量的控制上，对噪声其他物理特性的控制技术仍处于初级阶段，包括对噪声传播中波幅的控制和噪声频谱的控制，例如噪声脉冲的评价和控制技术等。未来噪声控制技术的发展将会深入到低频段噪声的控制与消除上，借助现代计算机辅助技术和现代信息处理技术，噪声控制技术将向着高新技术产业领域发展，加强并完善现在的噪声控制技术。新型噪声吸收与消除材料，如环保和绿色声学材料、复合型材料、多功能材料将注重对噪声传播途径的消除和阻隔[31]。总体而言，噪声控制的未来发展方向会在低频噪声控制领域做出新的突破，高精密仪器设备将更多地融合计算机辅助和信息处理技术，新型材料更多用在保护人类的居住和工作环境之中。

对于燃气调压站场，管道及设备众多，采用新型噪声吸收与消除材料成本较高，实施噪声控制技术不仅受制于技术层面，很多时候也受制于电力。未来场站的噪声控制可与智能控制系统相结合，借助压力能发电技术，实现无噪声天然气场站。

5.6 新型发电技术

本节介绍了几种新型的发电技术，如波浪能发电技术、热电偶发电技术以及纳米发电机；主要从技术原理和相关应用方面进行介绍，同时探讨相关发电技术在天然气压力能领域利用的可行性。

5.6.1 波浪能发电技术

地球表面积约为5.1亿平方千米，其中海洋面积占总面积的四分之三，约为3.61亿平方千米，而在这浩瀚的海洋里，蕴藏着丰富的可再生能源。海水受到海洋表面风、太阳辐射以及不平衡冷却条件的影响，形成了各个海域不同的温度和含盐量，这些差异产生各种各样的海洋能量，并以位能、热能、动能、化学能等形式出现，比如潮汐能、波浪能、温差能、盐差能、海上风能、海上太阳能等，这些能量统称为海洋能[32]。

其中海洋波浪能在海洋中无处不在，而且受时间限制相对较小，同时波浪能的能流密度最大，可通过较小的装置提供可观的廉价能源（主要以电能为主），并且也可以为边远海域的国防、海洋开发、农业用电等活动提供帮助。

5.6.1.1 波浪能发电原理

波浪能发电最基本的原理是通过波浪的运动使装置工作并带动发电机发电，将水以动能和势能形式存在的机械能转化为电能。通常波浪能转换成电能要经过三级转换，第一级转换是捕获装置吸收波浪能；第二级转换由中间转换装置优化第一级转换，产生稳定的能量；第三级转换由发电装置把稳定的能量转化成电能[33]，如图5-18所示。

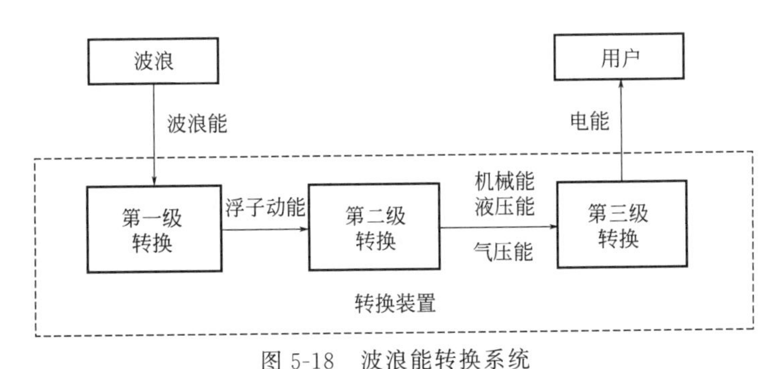

图5-18　波浪能转换系统

5.6.1.2 波浪能发电装置分类

根据波浪能发电装置内在联系、外部特征、结构和用途等方面的不同，可将波浪能发电装置按不同的方式进行分类[34]，如表5-8所示。

表 5-8 波浪能发电装置的分类

分类方式	种类
固定形式	固定式、漂浮式
结构形式	振荡水柱式、振荡浮子式、摆式、越浪式、鸭式、筏式
能量传递形式	气压式、液压式、机械式
能量转换形式	直驱式、气压式、液压式、机械式

波浪能发电技术已实现应用化，目前正在走向商业化，下面按照结构形式的分类简单介绍一下几种波浪能发电装置。

(1) 振荡水柱式

振荡水柱式是发展最早，也是目前技术和应用比较成熟的一种波浪能转换装置。如图 5-19（见文前彩图）所示，它以空气为媒介，装置内水柱随着波浪力的冲击不断上升或者下降，冲击柱内的空气流出或者流入气室上方的出气孔，吹动出气孔口的涡轮机，带动与涡轮机相连的发电机发电[35]。该发电装置的最大优点是防腐性好，因为涡轮机组和发电机不与海洋波浪直接接触，避免了海水对装置的损坏，因此故障率低。但是该类装置的转换效率较低，对建造条件有较高的要求，成本比较高[36]。

(2) 振荡浮子式

振荡浮子式又称点吸收式波能转换装置，主要由浮体、能量转换机构和发电机组成。浮体随着波浪起伏做垂直运动，将吸收的波浪能通过能量转换机构（链轮、气压等）转化为稳定的机械能或者液压能，再通过多组合齿轮或者液压马达转化为可供旋转发电机使用的机械能[37]，如图 5-20（见文前彩图）所示。振荡浮子式波浪能发电装置具有成本低廉、转换效率高的优点，但是其机械传动机构或者液压传动机构的保养较为困难，易受海水腐蚀[38]。

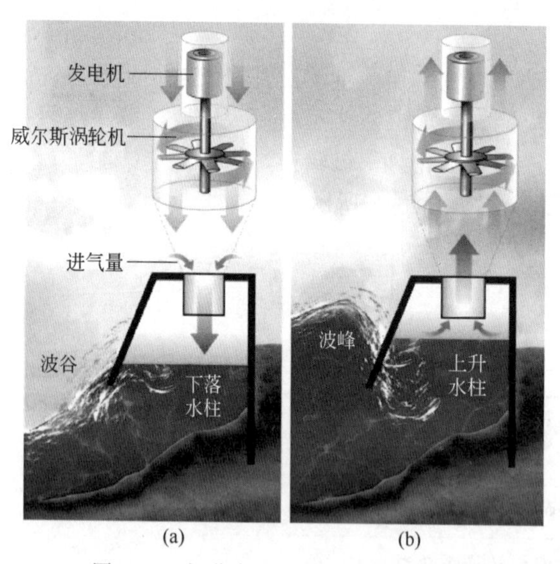

图 5-19 振荡水柱式波浪能发电原理

图 5-20 振荡浮子式波浪能发电原理

(3) 摆式

如图 5-21（见文前彩图）所示，摆式波浪能发电装置依靠波浪冲击摆板前后摆动将波浪能转化为机械能，同时与摆轴相连的液压装置将机械能转化为液压能，带动发电机发电[39]。摆式波浪能转换装置为固定式，它直接与波浪能接触，具有较大的推力和较高的转换率，但是其中间能量转换机构的维修和保养较为困难。其特点是结构简单、可靠性高[40]。

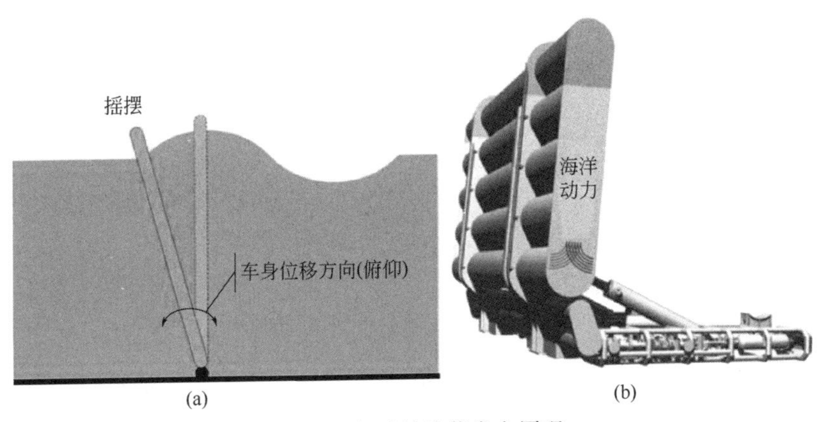

图 5-21 摆式波浪能发电原理

(4) 越浪式

如图 5-22（见文前彩图）所示，越浪式波浪能发电技术原理是将波浪引入高水位水库形成水位差，再经过收窄的水道推动水轮机发电。越浪式波能发电结构又可分为收缩波道结构、槽式结构和波龙结构等。该类装置在水库较大时可以稳定发电，可靠性较好；但是对地形要求较高，在海洋波浪较小时，发电率较低[42]。

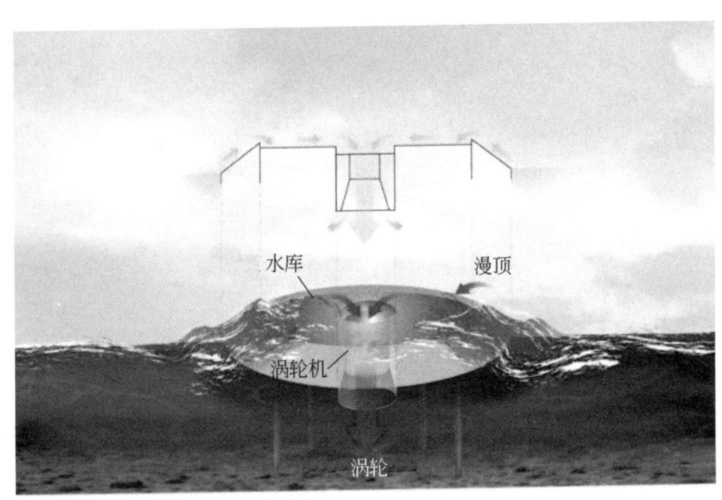

图 5-22 越浪式波浪能发电原理

(5) 鸭式

鸭式波浪能发电装置的运动特性与鸭的运动比较相像，并因此得名。如图 5-23（见文前彩图）所示，在波浪力的作用下，该装置的鸭体一直围绕中心轴旋转，通过鸭体与水下浮体间的相对运动捕获能量[41,42]。此类装置具有很高的转换效率，理想状态下最高可达 90%，但是在不规则波浪中的转换效率则较低，且装置设计较复杂、结构脆弱、安全性低。

(6) 筏式

筏式波浪能转换装置由多节波面筏通过铰链铰接而成，且每一铰接处都接有能量转换

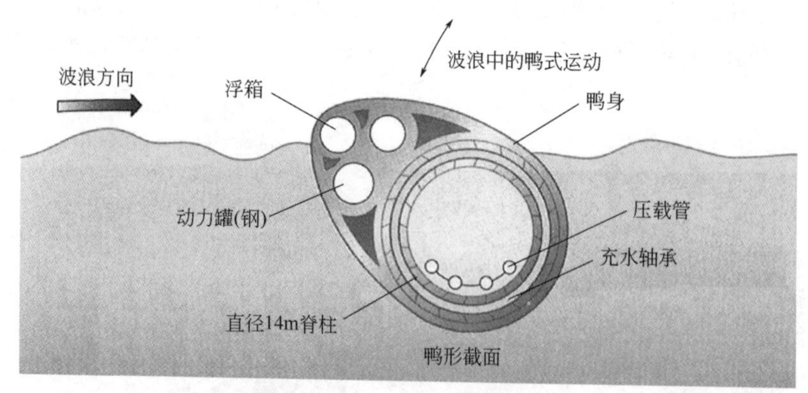

图 5-23　鸭式波浪能发电原理

器，如图 5-24（见文前彩图）所示。随着波浪能的入射，两个波面筏之间将产生相对运动，并带动液压泵的活塞运动，将波浪能转化为液压能，最终转化为电能[43]。该装置的固有频率接近波浪能的频率时，转化效率较高，但是在大风浪时易损坏，故其可靠性能不好。

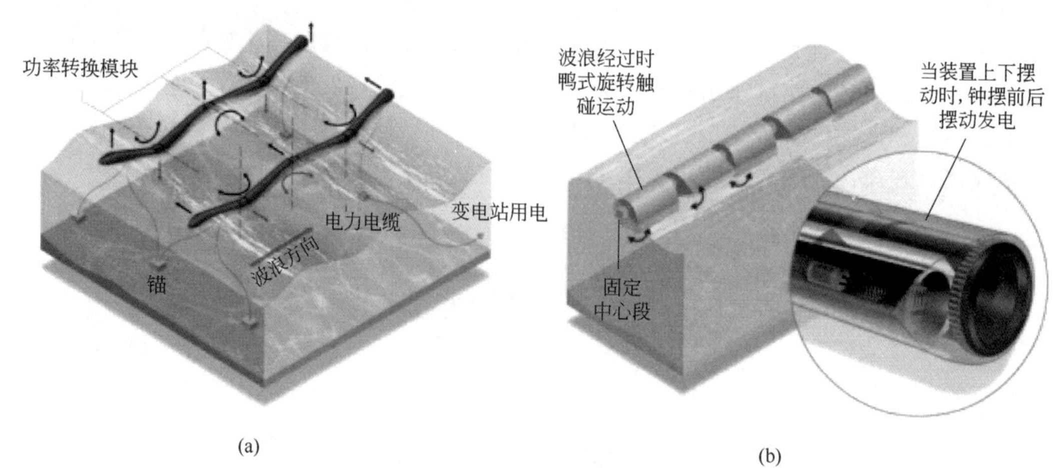

图 5-24　筏式波浪能发电原理

波浪能转换装置（wave energy converter，WEC）按照其波浪能捕获的形式可以分为气压式、液压式、机械式和直驱式。

常见的气压式 WEC 为振荡水柱式，在波浪上下起伏时，压缩空气推动汽轮机进行发电。该类装置的转化效率低，即使是高效率的多室振荡水柱式波浪能转换装置，在最优控制下的转换效率也很难超过 45%，且其发电机噪声大，装置对安装位置有较高的要求。

液压式 WEC 又可分为摆式和筏式，利用波浪能驱动液压装置，通过液压涡轮机带动传动发电机进行发电。该类装置的液压机构维护较为困难，存在液体泄漏污染海水的危险。

机械式 WEC 利用驱动轴和齿轮箱将波浪能转化为旋转的机械能进行发电，而齿轮箱等机械结构的使用，增加了能量转化的次数，降低了转换效率，可靠性较低，维护成本较高。

直驱式 WEC 一般采用直线发电机直接将波浪的机械能转化为电能，省去中间转换环节，在提高转换效率的同时也降低了维护成本。

各种形式的波浪能发电装置性能比较如表 5-9 所示[44]。

表 5-9　几种波浪能发电装置的优缺点及适用场合

装置名称	优点	缺点	适用场合
振荡水柱式	采用空气传递能量，没有水下活动部件；气室将低速运动的波浪能量转换为高速运动的气流；可靠性好	建造费用昂贵，发电成本高；转换效率低（10%～30%）	适用于大风浪区域
振荡浮子式	建造难度和成本相对较低，建造相对简单；吸收波浪能的效率较高	浮子受过多的冲击，对其强度要求高	适用于小容量发电或阵列化布置组成电站
摆式	成本略低；转换效率较高	可靠性较差；易损坏；维护较为困难；转换效率较高但不稳定	适用于在防波堤上的大型发电装置
越浪式	可靠性好；维护费用低；系统出力稳定；不受波高和周期的影响	对地形和波道有严格的要求，不易推广	适用于地形狭窄区域
鸭式	水动力性能极好；理想运行下，效率高（接近 90%）	结构复杂，可靠性差，极易损坏	适用于理想海况，波浪规律的场合
筏式	理想状况下，转换效率高	系泊困难，波面阀制造费用过高	适用于波能密度较大的海域

5.6.1.3　波浪能发电发展趋势

（1）波浪能发电应用领域

从应用领域来看，目前波浪能发电主要在离网发电和并网发电两个方面得到推广。

① 离网发电。

利用海洋波浪能为远离大陆的设备或者海岛提供电力，是波浪能发电研究的一个重要方向。在我国，对波浪发电技术的研究首先在气动式航标灯用微型波浪发电装置方面取得成功，并在南北沿岸海域的航标灯和大型灯船上推广应用，其中弯管型浮标波浪发电转换装置在国外也得到了广泛的应用。2015 年，多家日本船企开展利用海洋能发电的项目研究，预计 2020 年后可实现商业化。英国作为当前时代全球海洋能产业的领跑者，无论是从财政上还是政策上都大力支持海洋能发展，自 2000 年以来已投入超过 2.5 亿英镑公共资金，在 2003 年和 2014 年分别建立了欧洲海洋能源中心和波浪中心试验场，研制出了多种高性能的波能转换装置，并进行了海上测试。我国在 1994 年和 2000 年分别研制了 8kW 和 30kW 的摆式波浪能发电站，并实现了发电站在离网的状态下为岛上居民供电。2015 年 8 月，由中国船舶重工集团公司制造的“海龙一号”波浪发电装置成功通过测试，顺利投入运行，并预计在波浪条件允许的情况下产出 100kW 的电能。2015 年 11 月，中科院广州能源研究所研制的“万山号”鹰式波能转换装置在珠海市海域投放，该装置装机容量为 120kW，可以像船舶一样停泊，也可以像潜水艇一样下潜至特定深度的海域，在浪高小于 0.5m 的情况下不断地储能、发电。

② 并网发电。

波浪能发电的并网可以在提供居民用电的同时，将多余电力传输给电网，实现资源的有效利用，缓解传统发电方式的压力，是研究波浪能发电的主要方向。2000 年，英国在艾莱岛上建立了一座发电量为 250kW 的波浪能电站，实现并网发电；2016 年，英国展开了项目名为“CET06”的并网式波能发电厂建造计划，并预计于 2020 年完成 15 个 1MW 波浪能转换装置的安装。而在 2016 年 6 月，艾克波浪能发电站成为欧洲首个并网波浪能电站，向直布罗陀电网输出电力。但是我国波浪能发电的并网史依旧空白，这是因为我国能流密度相对于欧洲较低，导致现阶段波浪能发电的成本较高，与风能、太阳能等其他可再生能源相比缺乏价格方面竞争力，需要不断提高效率和降低发电成本使其综合成本降低。

（2）技术领域研究现状

从技术角度方面看，波浪能发电的研究目前主要集中在转换装置的结构、功率控制技术及发电机类型等方面。

① 波浪能转换装置的结构。

波浪能转换装置（WEC）按照其波浪能捕获的形式可以分为气压式、液压式、机械式和直驱式。常见的气压式WEC为振荡水柱式，在波浪上下起伏时，压缩空气推动汽轮机进行发电；该类装置转化效率低，即使是高效率的多室振荡水柱式波浪能转换装置，在最优控制下的转换效率也很难超过45%，且其发电机噪声大，装置对安装位置有较高的要求。液压式WEC又可分为摆式和筏式，利用波浪能驱动液压装置，通过液压涡轮机带动传动发电机进行发电；该类装置的液压机构维护较为困难，存在液体泄漏污染海水的危险。机械式WEC利用驱动轴和齿轮箱将波浪能转化为旋转的机械能进行发电，而齿轮箱等机械结构的使用，增加了能量转化的次数，降低了转换效率，可靠性较低，维护成本较高。直驱式WEC一般采用直线发电机直接将波浪的机械能转化为电能，省去中间转换环节，在提高转换效率的同时也降低了维护成本。

② 功率控制技术。

波浪能发电研究的最终目的是提高转换效率和降低发电成本。波浪能发电系统的功率控制研究分为两种，第一种是通过对波浪能转换装置的机械控制实现波浪能的最大捕获；第二种是通过对电力电子器件的控制实现电功率的最大跟踪。

当波浪能转换装置的固有振动频率与海洋波浪能的传播频率一致时，装置将在共振的情况下捕获最大的波浪能，获取最大功率。因为海洋波频率是时刻变化的，所以可以通过调节转换装置的惯性力或者质量达到近似共振的状态，提高波浪能的捕获率。但是这种控制方法不仅增加了装置设计和机械控制的难度，而且需要对海洋环境进行精确的实时监测和预测。闭锁控制适用于气压式和液压式的波浪能捕获装置，是目前最有前景的装置控制技术；该技术通过打开或者关闭安装在涡轮机上的高速截止阀使波浪转换装置的振荡速度与波浪激励力同相位，从而达到获取最大波浪能的目的。闭锁控制不仅需要对波浪进行监测和预测，而且还需要对转换装置进行优化控制和行为预测。

③ 发电机类型。

用于波浪能发电的发电机分为旋转发电机和直线发电机，旋转发电机多用于气压式、液压式和机械式的波浪能转换装置中，因为其技术已经成熟，所以针对波浪发电用途的旋转发电机研究较少。直线发电机应用于直驱式波浪能发电系统中，直驱式装置便于电力控制并具有较高的转换效率，已成为各国学者研究的热点，针对波浪发电的直线发电机的设计与研究也受到广泛关注，比如开关磁阻直线发电机和永磁同步直线发电机。

（3）技术难点

波浪能发电的研究虽然已有100多年的历史，但是进展和推广比较缓慢，与风能和太阳能相比，尚未真正得到普及。这是因为波浪能发电有很多关键性的难点亟待解决，主要为装置的稳定性和可靠性偏低、装置发电效率较低、成本较高等。

① 波浪能发电装置的可靠性与稳定性。

由于波浪发电装置工作于海洋环境之中，海水的腐蚀性、海洋生物的附着及海洋气候的多变性等将有可能导致发电装置的失效，因此波浪发电装置需要具有在极端恶劣天气下的保护机制，延长使用寿命、降低维修次数，保证可靠及稳定的供电。

② 波浪能发电装置的发电效率较低。

目前缺少对专用波浪发电机的研究和制造，而普通发电机在波浪运动特性的影响下，不仅损耗能量较多，而且易出故障。在随机变化的海洋中，很难做到对海况的精准监测，因此以共振为目的的机械控制也很难实现，使整个装换装置并不能达到理想状态。另外，对于直驱式波浪发电装置，过高的峰值功率与平均功率比，也对发电机提出了新的要求。

③ 成本较高。

成本较高的问题阻碍着波浪能发电技术的发展与普及。波浪能发电的高成本来自其设备的安装与运营成本，设备的防腐和后期维修成本也需要降低。

(4) 未来波浪能发电发展方向

未来波浪能发电技术主要发展方向应包含以下几个方面：

① 目前的理论研究主要是基于线性波浪理论开展的，已经解决了大多数线性理论范围内的问题，但对非线性问题特别是非线性随机问题的研究显得尤为紧急，若上述问题解决，可以使波浪能发电装置的设计出现十分巨大的革新。

② 波浪能开发的研究难点是高效转换，这是由于波浪的不稳定造成转换装置长期处在非设计工况；除此之外，能流密度和转换效率低也进一步提高了发电的成本。因此，波浪能研究的目标始终是提高转换率和降低发电成本，需要提高波浪发电装置的波浪适应性，使之在较宽的波况范围内都能保持较高效率。

③ 装置稳定性问题。如何将不稳定、低密度的波浪能高效吸收起来转化为可用的电能，需要充分考虑储能系统的配置，以保证装置能够稳定地发电，同时还需要加强系统功率控制技术的研究。

④ 装置的可靠性问题。主要的研究发展方向应包括：波浪发电装置承受海浪冲击及其在大风浪条件下的生存技术，如设计合理转换装置和锚泊系统、良好的下潜避浪技术；装置在建造与施工过程中的海上工程技术；防腐技术和防生物附着技术。

⑤ 波浪能发展的另一新方向是多元综合利用。波浪能与海上风能、太阳能、潮流能可构成综合能源供应系统，可起到互补的作用，使得整个系统可靠性、稳定性更好，成本更低；波浪能也可用于提取深层海水和供氧以及改善海水牧场和养殖场的养分；利用波浪能清除海洋污染或者波浪能船舶推进等；利用波浪能进行深海养殖、制氢、海水淡化等综合研究也是一些新途径。

5.6.2 热电偶发电技术

热电偶发电又叫温差发电，是一种绿色环保的发电方式。温差发电技术具有结构简单、坚固耐用、无运动部件、无噪声、使用寿命长等优点，可以合理利用太阳能、地热能、工业余热废热等低品位能源转化成电能。基于以上优点，温差发电频繁地应用于航空、军事、汽车尾气发电、太阳能热电偶发电等领域。

温差发电是基于热电材料的 Seebeck 效应发展起来的一种发电技术。将 P 型和 N 型两种不同类型的热电材料（P 型是富空穴材料，N 型是富电子材料）一端相连形成一个 PN 结，如图 5-25 所示，置于高温状态，另一端形成低温，则由于热激发作用，P（N）型材料高温端空穴（电子）浓度高于低温端。因此在这种浓度梯度的驱动下，空穴和电子就开始向低温端扩散，从而形成电动势，这样热电

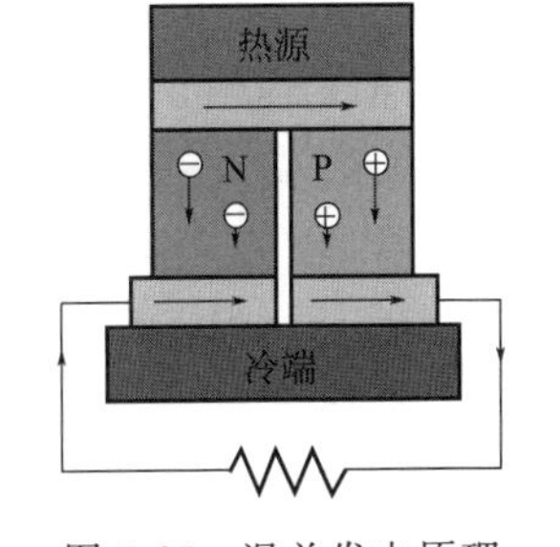

图 5-25 温差发电原理

材料就通过高、低温端间的温差完成了将高温端输入的热能直接转化成电能的过程。单独的一个 PN 结，可形成的电动势很小，而如果将很多这样的 PN 结串联起来，就可以得到足够高的电压，成为一个温差发电器[45]，原理如图 5-25 所示。

温差发电器的工作效率主要受热电材料性能的影响[46]。

热电材料的性能主要体现在转化效率的高低，而品质因子 ZT 值是表征热电材料转换效率的重要指标。ZT 值越高，材料的热电性能越好，能量转换效率越高。

$$\mathrm{ZT}=\sigma S^2 T/k$$

式中　S——材料的 Seebeck 系数，V/K；

σ——电导率，1/(Ω·m)；

k——热导率，W/(m·K)；

T——绝对温度。

$\sum S^2$ 或 S^2/ρ（ρ 为电阻率）又被称为功率因子，用于表征热电材料的电学性能。

由式中可以得出，提高热电材料的能量转换效率可以通过增大其功率因子或降低其热导率来实现，但这 3 个参数并非独立的，它们取决于材料的电子结构和载流子的散射情况。

同时，温差发电器的输出功率和发电效率与高温端温度（T_h）、低温端温度（T_c）、温差发电回路电流（I）、负载电阻（R）、发电器内阻（r）等因素密切相关。

热电发电机通常由换热器、热电发电组件、冷却系统以及支撑框架等组成。热电发电组件（thermoelectric module，TEM）是热电发电机的核心部分，它的高温面与换热器紧密接触，而低温面与冷却器紧密接触。如图 5-26 所示，热电发电组件由若干个热电偶串并联组成，每个热电偶由一个 P 型半导体和一个 N 型半导体构成；热电发电组件的高温面和低温面通常由绝缘的瓷片层组成。

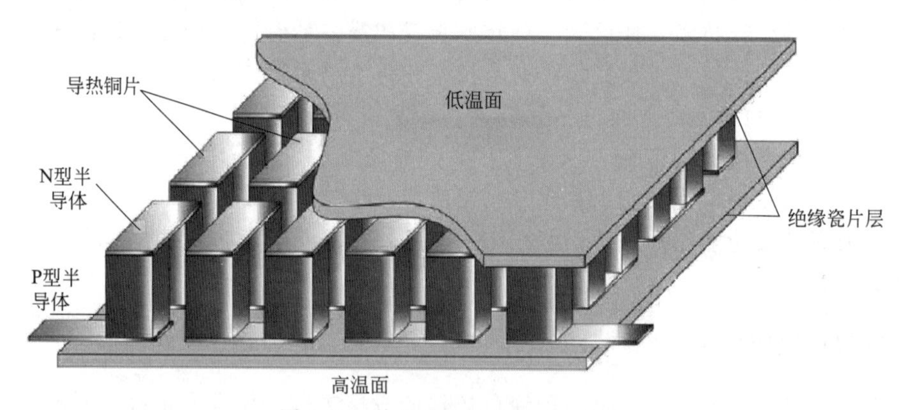

图 5-26　热电发电组件组成示意图

对于天然气压力能利用领域而言，温差发电技术不失为一种稳定的能量方式。集热器吸收流经天然气压力能回收装置内腔上游天然气所携带的热量，并将所收集的热量均匀地传到每个热电模块热端。热电模块冷端由经膨胀过后的天然气冷却，达到冷端散热的目的而形成热电模块冷热两端的温差；当冷热端温差达到一定值时，热电发电组件发电，形成稳定电流。

目前，美国、日本以及欧盟的多个国家都拥有热电发电组件的研究机构和生产厂家。反观国内的热电技术却是起源于小家电类行业，特别是家庭用饮水机的发展，因此国内与热电设备相关的生产厂家几乎全部都是生产热电制冷组件的。虽然我国在热电制冷组件方面的生产技术及制造工艺都已经相当成熟，但是热电制冷组件的工作温度较低，不能替代热电发电组件，也不能满足汽车工业和航天工业对热电发电组件工作环境方面的要求。显而易见，我国关于热电发电组件的生产研发方面仍然处在起步伊始阶段。

5.6.3 纳米发电机

纳米发电机是一种将微小物理变化引起的机械能/热能转换成电能的装置。纳米发电机目前主要有 3 种类型：压电式、摩擦电式、热释电式[47]。

5.6.3.1 压电纳米发电机

压电纳米发电机是通过纳米级的压电材料将捕获的外界机械能转换为电能的装置。当发电机所处的环境中存在机械能，如微风、声波/超声波、噪声和机械振动时，这些机械能使压电材料发生形变，由于压电效应的存在，在材料表面产生了压电势，因此实现了机械能向电能的转变，原理如图 5-27 所示。

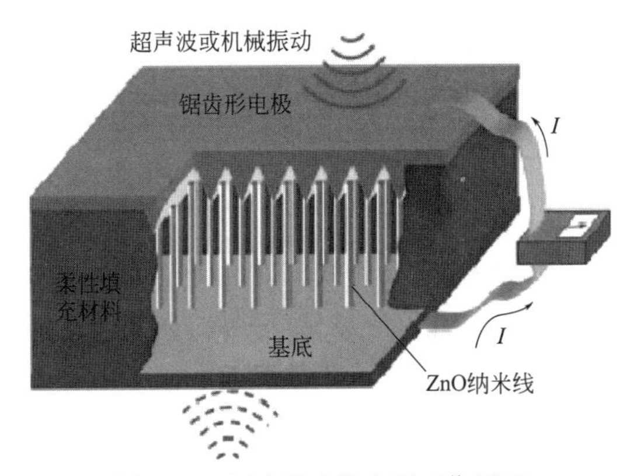

图 5-27 压电纳米发电机工作原理

5.6.3.2 摩擦电纳米发电机

摩擦电纳米发电机是利用摩擦起电和静电感应的原理，将外界的机械能转化为电能的装置。摩擦电纳米发电机的典型结构是两种不同聚合物的一面贴上或镀上一层金属电极，这两个电极即为电能输出电极，聚合物另一面即摩擦面。这两种聚合物必须具有较大的电子俘获能力差异，并且在没有外力作用下，两种聚合物之间存有间隙，原理如图 5-28 所示。

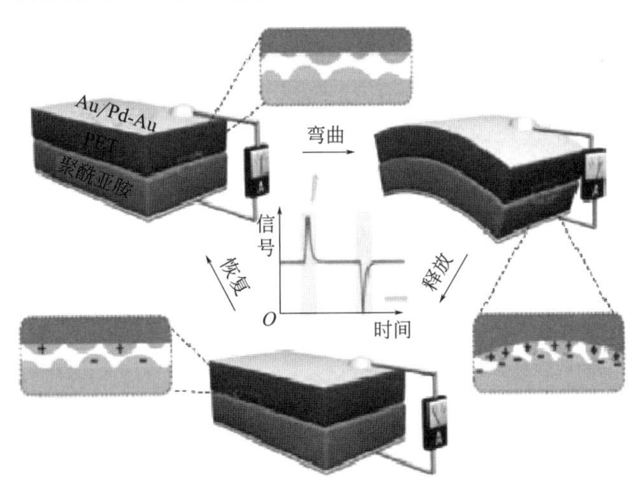

图 5-28 摩擦电纳米发电机工作原理

5.6.3.3 热释电纳米发电机

热释电纳米发电机是利用环境中的温度变化，如海洋昼夜温差、工业锅炉温差，通过纳米级热释电材料的热释电效应将收集的热能转化为电能的装置。通常，热电能的收集主要依靠器件两端温差驱动载流子扩散的 Seebeck 效应。然而，环境中温度的分布往往具有空间一致性而没有梯度，此时，Seebeck 效应无法产生。在这种情况下，热释电效应是个合适的选择，它是指某种各向异性的固体中随温度波动而产生的自发极化结果。

热释电纳米发电机的工作原理分两类：第一类基于初级热释电效应；第二类基于次级热释电效应。初级热释电效应是指热释电效应仅来源于温度改变造成的热释电材料极化强度改变，从而产生电荷的过程。次级热释电效应是指由于材料热膨胀而发生形变，通过压电效应改变材料极化强度，导致电荷产生的过程，原理如图 5-29 所示。

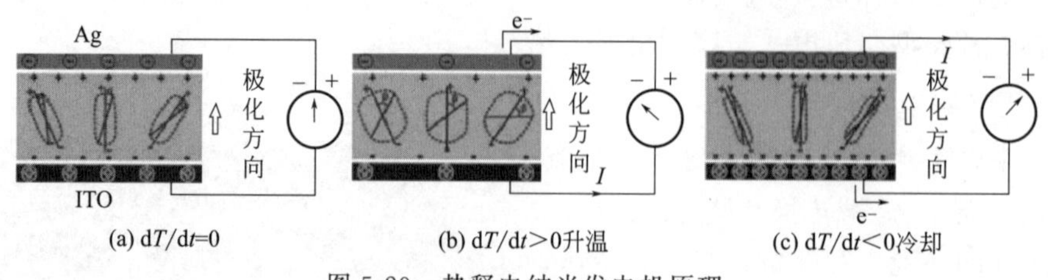

图 5-29 热释电纳米发电机原理

利用纳米技术，日常生活中的振动能、形变能、肌肉活动能、化学能、生物能、微风能、太阳能和热能等能量可转换为电能，从而带动一些小型的电子器件，进而制造出自驱动的微纳系统[48]，该系统具有如下优点：

① 纳米发电机不需要使用重金属，使得其非常环保，不易造成环境污染。

② 纳米发电机可以由与生物体兼容的材料制备而成，嵌入到人体内也不会对健康造成伤害，可作为将来纳米生物器件的组成部分。

③ 纳米发电机加工能耗非常低。

对于目前最主要的 3 类纳米发电机，由于发电的原理不同，导致了产生的电能各具特色，也有着各自适用的场合和优缺点。压电纳米发电机必须在具有振动源的环境中才可使用，而且制备的工艺较为复杂；摩擦电纳米发电机电能转换效率高，但是必须要通过特定的材料接触摩擦才能运作，具有良好的应用前景，可以从人类活动、轮胎转动、海浪和机械振动等众多不规则活动中获得能量，可为个人电子产品、环境监控、医学科学等提供自供电和自驱动设备，有着巨大的商用和实用潜力；热释电纳米发电机的电能产生必须利用热电材料两端的温度差，要求在存在温差的环境中使用，而且产生的能量比较小，电能的利用难度大。

参考文献

[1] GB 50028—2006 城镇燃气设计规范

[2] 姜林庆，张美玲，朱万美. 城镇天然气输配管网系统的选择 [J]. 煤气与热力，2007，27 (2)：5-6.

[3] 北京燃气集团. 设备使用及维修手册 [D]. 2011.

[4] Yang Z，Wu T，Li X H. Experimental Studies and Estimates of the Explosion Limit of Some Environmentally Friendly Refrigerants [J]. Combustion Science and Technology，2005 (3)：613-626.

[5] 于碧涌. 燃气调压器数值模拟与试验研究 [D]. 哈尔滨：哈尔滨工业大学，2007.

[6] 吕瀛. 城镇燃气调压工艺 [M]. 重庆：重庆大学出版社，2011.

[7] Bolk J W，Westerterp K R. Influence of Hydrodynamics on the Upper Explosion Limit of Ethene-air-nitrogen Mixtures [J]. American Institute of Chemical Engineers Journal，1999，45 (1)：124-144.

[8] Mulbauer W K. Pipeline Risk Management Manual. Houston Gulf Publishing Company，1996.

[9] 李伟. 天然气调压器的稳定及均匀性分析 [D]. 北京：北京建筑大学，2014.

[10] 刘华芳. 基于防止燃气调压器结冰的方法的分析 [J]. 中国石油和化工标准与质量，2013 (12)：77.

[11] 孟祥军，许宏良，刘宏亮. 天然气调压器工作性能影响分析 [J]. 山东工业技术，2017 (17)：41-42.

[12] 黄敏. 燃气调压器自动选型系统设计与实现 [D]. 西安：西安交通大学，2008.

[13] 李钊，邓淋予，赵状，等. 浅谈调压器的选择 [J]. 内蒙古石油化工，2017，43 (05)：34-36.

[14] 曹印锋.智能燃气管网建设中的远程智能调压技术应用 [J].城市燃气，2014，03：19-24.
[15] 陈树勇，宋书芳，李兰欣，等.智能电网技术综述 [J].电网技术，2009，33 (08)：1-7.
[16] 华贲.区域分布式能源与智能电网供电保障和调峰的战略协同 [J].中国电业（技术版)，2011 (03)：1-6.
[17] 华贲.关于能源互联网层次架构的思考 [J].南方能源建设，2017，4 (04)：1-7.
[18] 董朝阳，赵俊华，文福拴，等.从智能电网到能源互联网：基本概念与研究框架 [J].电力系统自动化，2014，38 (15)：1-11.
[19] 刘满平.我国天然气分布式能源发展的制约因素及政策建议 [J].中国石油和化工经济分析，2013 (12)：13-16.
[20] 段蔚，张辉，尹志彪，等.天然气管网余压发电技术在智能管网建设中的应用研究 [J].城市燃气，2015 (10)：33-36.
[21] 陈肖阳.智能燃气管网的探讨 [J].煤气与热力，2012，32 (06)：25-29.
[22] 郭远刚，刘晓.城市燃气综合管理信息系统建设探索 [J].城市燃气，2006，4 (374)：29-33.
[23] 刘旋.城镇燃气智能管网生产运营技术管理 [D].北京：北京建筑大学，2017.
[24] ZRSC-005-2009 (V2.0) 中国燃气控股有限公司标准.
[25] 国家能源局.国家能源科技“十二五”规划 (2011—2015).
[26] 中国城市燃气协会.中国城镇智慧燃气发展报告 (2019).2019.
[27] 陈功剑，宋峰彬，王丽丽，等.天然气调压器设计原理及影响因素分析 [J].天然气与石油，2011，29 (03)：67-71，89.
[28] 杨波，王国新，王磊，等.天然气门站噪声治理工程与效果 [J].天然气与石油，2010，28 (04)：8-10，3.
[29] 安少苦.浅谈天然气调压站场的噪音控制措施 [A]//土木建筑学术文库：第 12 卷 [C].郑州：河南省土木建筑学会，2009：2.
[30] 颜丹平，高顺利，朱凌，等.天然气调压站的噪声控制实践 [J].煤气与热力，2008，28 (12)：51-54.
[31] 于东升，郭东升，江涛，等.天然气场站工艺系统技术改进 [J].油气储运，2012，31 (11)：827-829，836，887.
[32] 张丽珍，羊晓晟，王世明，等.海洋波浪能发电装置的研究现状与发展前景 [J].湖北农业科学，2011，50 (01)：161-164.
[33] Li Ye，Yu Yi-Hsiang. A synthesis of numerical methods for modeling wave energy converter-point absorbers [J]. Renewable and Sustainable Energy Reviews，2012，16 (6)：4352-4364.
[34] Nicola Delmonte，Davide Barater，Francesco Giuliani. Review of Oscillating Water Column Converters [J]. Ieee Transactions on Industry Applications，2016，52 (2)：1698-1709.
[35] 黄鹏.振荡浮子式波浪能发电装置研究 [D].青岛：中国海洋大学，2015.
[36] 王淑婧.振荡浮子式波浪能发电装置的设计及功率计算分析 [D].青岛：中国海洋大学，2013.
[37] Zhang H，Nie Z，Xiao X，et al. Design and simulation of SMES system using YBCO tapes for direct drive wave energy converters. IEEE Trans Appl Supercon，2013，23 (3)：1-4.
[38] 肖文平.摆式波浪发电系统建模与功率控制关键技术研究 [D].广州：华南理工大学，2011.
[39] 张文喜，叶家玮.摆式波浪能发电技术研究 [J].广东造船，2011 (01)：20-22.
[40] 韩光华.越浪式波能发电装置的能量转换系统设计研究 [D].青岛：中国海洋大学，2013.
[41] 李海龙.弹性储能鸭式波浪能采集转换器的研究 [D].哈尔滨：哈尔滨工业大学，2015.
[42] 王立国，游亚戈，盛松伟，等.鸭式波浪能发电装置中蓄能工质的选择研究 [J].太阳能学报，2014 (12)：2525-2529.
[43] 唐友刚，赵青，黄印，等.筏式波浪能发电装置浮体水动力相互作用与能量俘获研究 [J].海洋技术学报，2016 (04)：87-92.
[44] 郑明月.振荡浮子式波浪能发电技术研究 [D].广州：华南理工大学，2017.
[45] 赵建云，朱冬生，周泽广，等.温差发电技术的研究进展及现状 [J].电源技术，2010，34 (03)：310-313.
[46] 李洪涛，朱志秀，吴益文，等.热电材料的应用和研究进展 [J].材料导报，2012，26 (15)：57-61.
[47] 郭隐犇，张青红，李耀刚，等.可穿戴摩擦纳米发电机的研究进展 [J].中国材料进展，2016，35 (02)：91-100，127.
[48] 陈志敏，荣训，曹广忠.纳米发电机的研究现状及发展趋势 [J].微纳电子技术，2016，53 (01)：36-42，53.

第6章 压力能利用项目与相关产业衔接和发展

6.1 引言

高压气体在降压膨胀的过程中因为放热而导致温度降低，膨胀后产生的低温流体中蕴涵着非常大的冷能。对于这部分冷能进行回收利用，可用于冷库、制冰、空调、干冰制取、废旧橡胶回收利用、冷却制取液化天然气（LNG）和数据中心散热。本章主要介绍各相关产业的发展现状、主要工艺和设备要求、与天然气压力能利用站点结合的可能性以及针对到天然气压力能产品与千家万户对接过程中衍生的分布式数据中心发展趋势。

6.2 冷库行业与天然气压力能利用衔接

6.2.1 冷库行业发展现状

近几年，我国生鲜、冷冻冷藏食品的产量、销量及市场份额都在不断增加。人们对生鲜、冷冻冷藏食品的需求日益增加，冷链市场有着良好的发展前景；但随着生鲜、冷冻冷藏食品加工行业的不断发展壮大，冷链物流面临着巨大的压力与挑战，物流成本的居高不下严重影响了企业的经济效益。冷链物流过程中极易出现热侵入，导致产品保质期缩短，甚至腐坏变质，为了保证适当低温必然会使冷链物流成本有所提高[1]。因此，提高冷链物流技术、降低其物流成本、提高经济效益，对整个冷链物流行业也有着重要而深远的意义。

冷库的市场容量可根据文献资料及实际经验估算，一般同时容纳100人的餐厅应配备约15m^3的冷库。因此，可通过各个宾馆、饭店的建设规模，估算出应配备的冷库规模及其用冷量。

传统的冷库都是采用多级压缩制冷装置维持冷库的低温，电耗很大（较新工艺耗电要高出接近20倍）。如果采用低温天然气冷能作为冷库的冷源，将冷媒冷却到－65℃，然后通过冷媒制冷循环冷却冷库，可以很容易将冷库温度维持在－55～－50℃，电耗降低65%[2]。

与传统低温冷库相比，采用低温天然气冷能的冷库具有占地少、投资相对较少、温度梯度分明、维护方便等优点。回收的冷能供给冷库是一种非常好的冷能利用方式，既可以节省由于压缩机用电产生的大量能耗，又可以减少设备投资。据初步估算，我国制冷产品的用电量已占社会总用电量的20%左右。低温天然气与冷媒在低温换热器中进行热交换，冷却后的冷媒经管道进入冷冻、冷藏库，通过冷却盘管释放冷能实现对物品的冷冻冷藏。这种冷库不用制冷机，不仅节约大量投资费用和运行费用，而且还可以节约1/3以上的电力。

另外，随着我国天然气产业的发展，在我国广大的内陆地区，LNG卫星站已经成为了内陆城市燃气的重要来源之一。LNG卫星站具有流量小、分布广、流量波动大和运转时间不定的特点。LNG卫星站的LNG冷能利用较难。LNG卫星站大多采用空气汽化器汽化，没有安排LNG冷能的利用项目，造成了LNG冷能的巨大浪费。考虑到LNG卫星站的特点及其冷能利用项目的特性，LNG冷能用于冷库技术成为LNG卫星站冷能利用的主要方式之一。因此，LNG基地和大型的冷库基本都设在港口附近，所以回收LNG冷能供给冷库是很方便的冷能利用方式。例如位于日本神奈川县根岸基地的金枪鱼超低温冷库，采用LNG作为冷库的冷源，将载冷剂冷却到一定温度，冷却后的载冷剂经管道进入冷冻、冷藏库，通过冷却盘管释放冷量实现对物品的冷冻冷藏[3]。

6.2.2 低温天然气冷能用于冷库工艺

图6-1是某门站利用气波制冷机回收压力能的工艺流程简图[4]。调压站内为压力能/冷能转换及相关的换热设备、工艺管线等，保留了一套传统的调压设备作为备用；调压站外是冷能利用部分，即冷库和空调用户，通过冷媒管线与调压站设备相连。按照相关要求，冷库可设在距调压站3km的范围内。

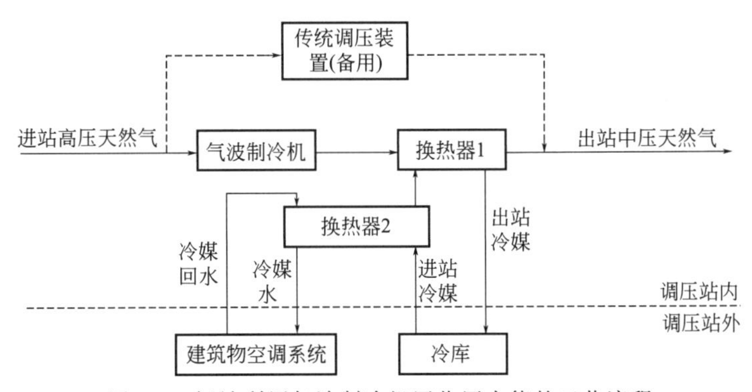

图6-1 门站利用气波制冷机回收压力能的工艺流程

冷能获取部分设在门站内，冷能利用部分设在门站外。调压站根据自身的地理位置和周边的冷能用户需求来经营压力能回收的冷能，即起到降压的作用，同时回收了冷能供用户使用，不影响正常供气的同时得到收益又不至于能量的浪费。

中国专利101245956A[5] 采用气波制冷机降压得到低温天然气，然后与常温冷媒换热，通过冷媒逐级供给－30℃冷库、－15℃冷库和空调冷水系统，升温后的天然气进入管网。以一个$50\times10^4 m^3/d$规模的调压站为例，生产干冰的节电效益约为1024万元每年，用于冷库产生的节电效益约为527万元每年，用于冷水空调的节电效益约为250万元每年，其工艺如图6-2所示。

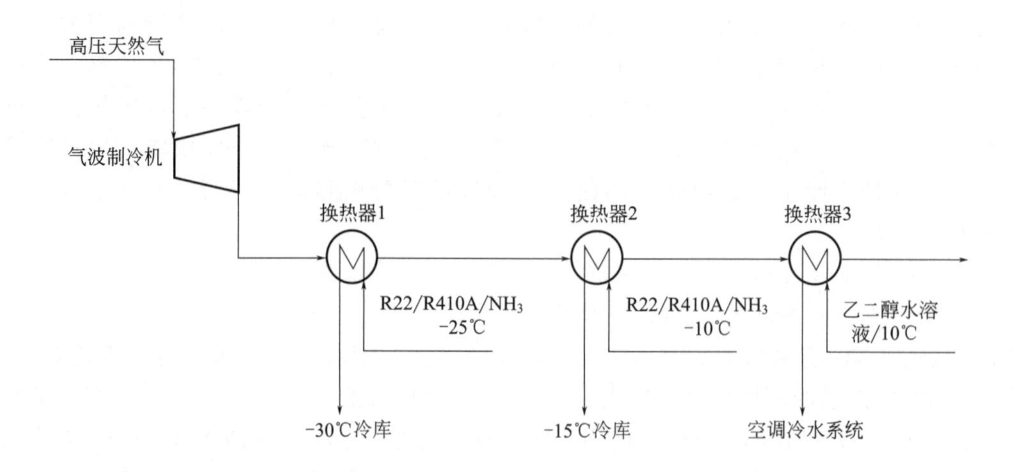

图 6-2 高压天然气经制冷机膨胀制冷并用于不同温位冷能用户

6.2.3 制约冷库工艺发展的主要矛盾简述

冷能回收用于冷库与制冰一样，虽然较传统工艺有较多优点及可取之处，但其发展受制约的因素还是比较多的。受制于天然气场站地处偏僻，与接受冷藏冷冻需求的海产品养殖场、各水果蔬菜主产区、大中城市郊区的蔬菜基地及海鲜商业区、生活区距离较远；新工艺回收冷能用于冷库示范基地的建立时间不长，运行冷库资金回收时间相对较长，冷能回收利用的方式单一化，暂时还不能被广泛接受和推广；前期国家对引进低温天然气的冷能回收处理政策、资源整合、资金投入、人才培养等方面滞后以及针对环保要求的冷污染缺乏强制性制约等诸多因素，造成发展相对缓慢。后期，尤其是近几年随着佛山杏坛 LNG 卫星站及广亚铝业冷库示范基地的建立以及国家对该行业强制执行冷能回收、减少冷污染的能源引进强制附加条件的建立，促成了冷能回收用于冷库的快速发展，也体现了能源的绿色环保循环使用；其市场潜力巨大，应用领域非常广泛[6]。

6.2.4 冷能回收利用冷库项目市场前景与预测

伴随着经济的快速增长和物流行业的迅猛发展，人们的生活水平得到了显著提高，人们的消费观念也慢慢向快捷化、多样化方向转变。消费观和需求的转变使人们对生鲜肉类、保鲜果蔬、乳制品、水产品等高营养、低温度食品的需求量越来越大，对冷冻冷藏速食产品的认知度、接受度也越来越高，生鲜产品市场因此逐步建立，并带动冷链物流业不断发展。

近几年，我国生鲜、冷冻冷藏食品的产量、销量及市场份额都在不断增加。人们对生鲜、冷冻冷藏食品的需求日益增加，冷链市场有着良好的发展前景；但随着生鲜、冷冻冷藏食品加工行业的不断发展壮大，冷链物流面临着巨大的压力与挑战，物流成本的居高不下严重影响了企业的经济效益。冷链物流过程中极易出现热侵入，导致产品保质期缩短，甚至腐坏变质，为了保证适当低温必然会使冷链物流成本有所提高。因此，提高冷链物流技术、降低其物流成本、提高经济效益，对整个冷链物流行业也有着重要而深远的意义。国家天然气发展、天然气节能减排等政策直接影响我国天然气发展前景和实施措施，其趋势有利于我国天然气节能项目的展开[7~9]。

6.3 制冰行业与天然气压力能利用衔接

6.3.1 制冰行业发展现状

冰作为一种防暑、降温、保鲜物质，被广泛应用到社会各领域，如新鲜果蔬类食品保鲜及渔船水产品的储存；还有一些化工企业，控制化学反应的温度；建筑业为避免混凝土干燥收缩过快而开裂，将温度控制在一定程度时需大量用冰。一旦社会用冰供应不足，人们的生活及企业的生产将受到很大影响。冰是一种高能耗产品，生产1t冰需近70度电，没有电力的持续供给，社会制冰厂的生产将得不到保证。近年来社会用电持续紧张，大量工业企业不得不停三开四，避峰让电。这种缺电状况还将持续几年，这对社会各方面的影响不言而喻。目前，需要用到冰的行业如下。

① 菜场：主要用于水产蔬菜的保鲜，用户众多，比较零散。

② 饭店、餐馆：用于未经过加工的各种水产、肉类和蔬菜的保鲜以及各种活的水产品的降水温，以延长其成活时间。

③ 工厂企业：高温时工厂企业用于环境的降温，相对于使用中央空调来说是较经济的。

④ 化工厂用冰：化工厂的反应过程中一般都要控制温度，大部分做颜料、染料、印染助剂的企业都需用到冰块。

⑤ 混凝土降温用冰：一些精度要求高的水库大坝、桥梁，必须严格控制裂纹的产生，所以混凝土的温度必须控制在7～10℃，因此需要大量的冰块。

⑥ 渔船用冰：小船每日用冰在2～3t，充冰较频繁，而大的船一次可充冰50～60t，但次数较少。

6.3.2 国内制冰工艺

目前国内制冰技术主要有盐水制冰、片冰机快速制冰和桶式快速制冰三种工艺，其各有各的特点。

6.3.2.1 盐水制冰

工艺流程：盐水制冰系统属于间接冷却系统，制冷剂（氨）通过制冰池中的蒸发器蒸发吸收热量，使流过蒸发器的盐水温度降低；低温盐水通过冰桶时，吸收冰桶中水的热量，使水温迅速下降，凝结成冰。流过冰桶后的盐水温度升高，再次流过蒸发器而被冷却，如此不断循环，使冰桶中的水全部凝结成冰。池中盐水的循环依靠搅拌器来完成。

工艺特点：盐水制冰是使用较早的制冰方式，制出的冰坚实、不易融化，便于储藏和运输，目前在国内冷库运用较为普遍。盐水平均温度一般为－10℃，盐水温度与氨蒸发温度差因为受限于压缩机单位功耗，一般为5℃，所以盐水换热较慢，导致制冰速度相对较慢。由于属于载冷剂敞开式系统，因此盐水与空气直接接触，一方面容易使盐水被稀释，另一方面会有较大热损失。

6.3.2.2 片冰机快速制冰

工艺流程：片冰机是一种连续制冰装置。通过水位开关的控制，使冰桶内始终保持一定的水位，制冷机一直在制冷，冰不断地在制冰桶内表面形成，而旋转的螺旋削冰刀随时将冻成的薄冰片剥离，冰片被挤压成冰块。

工艺特点：制冰过程与出冰过程同时进行，冷却面积大，冷却效果好，属于省水制冰。但由于片冰融化速度快不容易保存，因此多应用于超级市场鲜活商品与远洋渔船作业的海鲜储存。

6.3.2.3 桶式快速制冰

工艺流程：采用蒸发器与冰桶组成的直接蒸发式冰桶，水先在水箱中预冷，之后加入冰桶，氨液在冰桶夹层和指形蒸发器内同时蒸发，直接吸收冰桶内水的热量，使冰桶内壁和指形蒸发器上同时结冰。

工艺特点：由于在制冰机的冰模外部和内部均设置了直接蒸发冷却管，同时进行冷却，因此大大缩短了冻结时间。当蒸发温度为－15～－16℃时，制冰过程仅需要 90min，大约只有盐水制冰 1/10 的时间。

目前，制冰工艺整体的发展方向都是在向快速制冰、设备小型化和集成化方向发展。根据对目前制冰工艺的研究与分析，不难看出，主要面临的问题有以下几点。

① 快速制冰必将要求更低的蒸发温度以提高换热速度，但蒸发温度直接与压缩机功耗相关，更低的蒸发温度将带来更高的压缩机功耗。

② 压缩机机组占据了制冰设备的很大一部分比重和体积，要做到设备小型化、集成化这必然是不可忽视的问题。

③ 压缩机也成了整套设备的投资重点，设备的成本控制将与之息息相关。

6.3.3 低温天然气冷能用于制冰工艺

我国的天然气工业快速发展，规模也越来越大，设计一个完备的天然气冷能制冰工艺，并希望通过改进以往的制冰工艺流程，在回收低温天然气冷能、减少环境冷污染的同时尽可能充分利用冷能的价值，实现更佳的经济效益；通过优化设计，提高设备性能，以此减少原有汽化站基础投资的费用。目前国内没有天然气压力能用于制冰的项目，工艺设计上可参考 LNG 冷能用于制冰项目。

国内第一套 LNG 冷能用于制冰的项目已经在广东省潮州市港华燃气登塘汽化站建成并投产（图 6-3，见文前彩图），生产规模为 100t/d；该项目建成后填补了国内 LNG 冷能用于制冰的空白，有效地消除了汽化时的冷雾污染，年经济收益达 360 万元。该项目采用 LNG 能冷制冰工艺，工艺流程大致为盐水制冰工艺；不同之处在于用 LNG 冷能作为冷源，并且用乙二醇水溶液作为冷媒介质替代盐水进行制冰。该项目的制冰流程如下：

① 通过加水器，向将冰桶内倒入制冰用水；

② 用行车将连接冰桶的冰桶架吊装进入制冰池；

③ 将制冰池中的冷媒、乙二醇水溶液调整到－10℃左右；

④ 保持冰桶静止约 6h（8kg 冰块），可完成一个冷冻生产周期；

⑤ 用行车将连接冰桶的冰桶架吊装进入融冰槽，并保持浸泡状态；

⑥ 待冰桶中冰块上浮时，融冰过程完成；

⑦ 用行车将连接冰桶的冰桶架吊装进入倒冰架，使冰块顺利滑出；

⑧ 工人可将倒出的冰块装车或储存；

⑨ 用行车将连接冰桶的冰桶架吊装放入加水器下方，并向冰桶内倒入制冰用水；

⑩ 重复以上步骤，为保证制冰池内乙二醇水溶液的温度均衡，通过搅拌器使其缓慢流动。

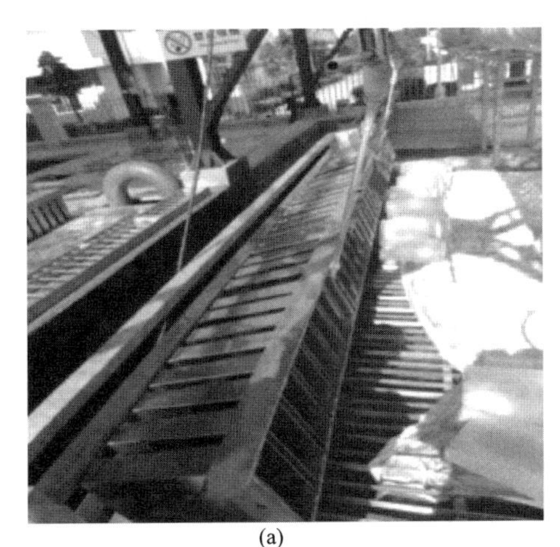
(a)

(b)

图 6-3 潮州港华 LNG 冷能用于制冰现场

此项目在根本上保证了 LNG 汽化站的安全，该方案将装置与 LNG 汽化站的空温式汽化器并联，当系统启动时，原去往空温式汽化器的管线将由流量控制系统减少流量或关闭。如果在冷能利用生产中出现紧急情况，则可在第一时间切断 LNG-冷媒的换热支路，立即开启空温式汽化器，以满足正常汽化的需求，不影响汽化操作的大局，使 LNG 汽化进入天然气管网。

6.3.4 制冰工艺对比

传统制冰行业发展都比较成熟，但是缺陷也比较多，工艺流程烦琐、设备造价及投资回收和经营回收期的费用比较高、对电能依赖程度比较高等，电力成本约占制冰总成本的 50%以上，所以也就造成制冰行业的利润空间越来越小；但是利用低温天然气的冷能制冰工艺就完全打破了这一格局，其工艺流程简单、造价低廉，占地面积也比较小，尤其是在总成本方面占有很大的优势。该方法可进行大规模的冷能制冰，具备较强的实用性及创新性，可以将生产成本降低至总成本的 15%以内，增强了产品的市场竞争力。制冰工艺对比见表 6-1。

表 6-1 制冰工艺对比一览表（以生产 80t/d 块冰为例）

序号	对比项目	传统电压缩工艺	低温天然气冷能用于制冰
1	年运转时间/h	8000	8000
2	占地面积/m^2	500	500
3	主体设备投资额度/万元	200	400
4	对电能依赖程度/kW	228	10
5	年运营成本/万元	160	20
6	年收益/万元	110	250
7	投资回收期/年	1.8	1.6

尤其是将换热器做成一体化，替代原有的多台换热器多次换热的制冰模式，具有创新性，能逐步形成技术成熟度高、设备高度创新的产业化工程，具备典型的示范意义。

虽然开发回收利用低温天然气冷能的新工艺有诸多优点，可避免传统制冰行业的诸多缺陷。但还是受制于天然气场站地处偏僻，与接受冰需求的商业区、生活区距离较远；

新工艺回收冷能示范基地的建立时间不长，暂时还不能被广泛接受和推广；前期国家对引进低温天然气的冷能回收处理政策滞后以及针对环保要求的冷污染缺乏强制性制约等诸多因素，造成发展相对缓慢。后期，尤其是近几年随着潮州登塘及深圳留仙洞制冰示范基地的建立以及国家对该行业强制执行冷能回收、减少冷污染的能源引进强制附加条件的建立，促成了冷能回收制冰的快速发展，也体现了能源的绿色环保循环使用；其市场潜力巨大，应用领域非常广泛。

6.3.5 冷能回收利用制冰项目市场前景与预测

面对制冰市场巨大的缺口，低温天然气用于制冰项目可参照已经成熟的 LNG 冷能利用除雾制冰技术，不单解决了 LNG 卫星站汽化时产生的大量冷雾所造成的冷污染，又能将冷能直接应用于制冰，并且摈弃了传统的电压缩制冷模式，大大降低制冰的能耗，增加冰产品的利润。如果是 LNG 卫星站投资该项目，消除冷雾的同时更是能够增加制冰所带来的额外收入，降低天然气成本，增加企业收入。如果为制冰企业投资，利用其已有的成熟市场渠道，可以利用价格优势垄断周边制冰市场。由此可见，此项目具有良好的市场前景。

6.4 空调行业与天然气压力能利用衔接

6.4.1 空调蓄冷方式

空调系统中合理采用蓄冷技术可以提高机组效率、减少设备容量，并有可能降低整个空调系统的造价，常用的有水蓄冷、冰蓄冷、共晶盐蓄冷和气体水合物蓄冷[10~12]。

6.4.1.1 水蓄冷

水蓄冷就是利用水的显热来储存冷量的一种蓄冷方式，蓄冷温度在 4～7℃之间，蓄冷温差为 6～11℃，单位体积的蓄冷容量为 5.9～11.3kW·h/m^3。只要空间条件许可，水蓄冷系统就是一种较为经济的储存大冷量的方式，而且蓄冷罐体积越大，单位蓄冷量的投资越低；当蓄冷量大于 7000kW，或蓄冷容积大于 760m^3 时，水蓄冷是最为经济的。这种蓄冷方式系统简单、投资少、技术要求低、维修方便，并可以使用常规空调制冷机组蓄冷，冬季还可蓄热，适宜于既制冷又取暖的空调热泵机组。水蓄冷空调系统的主要缺点是蓄冷槽容积大、占地面积大，这在人口密集、土地利用率高的大城市是一个问题，也是它的使用受到制约的主要原因。

水蓄冷技术适用于现有常规制冷系统的扩容或改造，可以在不增加或少增加制冷机容量的情况下提高供冷能力。另外，水蓄冷系统还可利用消防水池、蓄水设施或建筑物地下室作为蓄冷容器，从而进一步降低系统的初投资，提高系统的经济性。

6.4.1.2 冰蓄冷

冰蓄冷是利用水的相变潜热（latent heat）蓄冷的一种蓄冷方式。0℃的冰蓄冷密度高达 334kJ/kg，储存同样多的冷量，冰蓄冷所需的体积仅为水蓄冷的几十分之一。但是，由于冰蓄冷的制冷主机要求冷水出口端的温度低于－5℃，与常规空调冷水机组的出水温度 7℃相比，冰蓄冷制冷机组制冷剂的蒸发温度、蒸发压力大大降低，制冷量约降低 30%～

40%，制冷系数（COP）也有所下降，耗电量约增加 20%。由于制冰槽及冰水管路温度常低于 0℃，因此还需增加绝热层厚度，以避免外部结露，减少冷损失。

另外，冰蓄冷的蓄冷温度几乎恒定；设备容易标准化、系列化；对蓄冷槽的要求比较低，可以就地制造，为广泛应用创造了有利条件。当然，冰蓄冷空调系统设备与管路复杂，低温送风还会造成空气中的水分凝结，导致送到空调区空气量不足和空气倒灌。在常规空调系统改造为冰蓄冷空调时，会因为制冷主机的工况变化太大、空调末端设备（风机盘管）的不适应和保温层厚度不符合要求等变得很困难。

6.4.1.3 共晶盐蓄冷

共晶盐蓄冷是利用固液相变特性蓄冷的一种蓄冷方式。蓄冷介质主要是由无机盐、水、成核剂和稳定剂组成的混合物，也称优态盐；目前应用较广泛的相变温度约 8～9℃，相变潜热约为 95kJ/kg。这些蓄冷介质大多装在板状、球状或其他形状的密封件中，再放置在蓄冷槽中。共晶盐蓄冷能力比冰蓄冷小，但比水蓄冷大，所以共晶盐蓄冷槽的体积比冰蓄冷槽大，比水蓄冷槽小。共晶盐蓄冷的主要优点是相变温度较高，可以克服冰蓄冷要求很低的蒸发温度的弱点，并可以使用普通的空调冷水机组。但共晶盐蓄冷在储-释冷过程中换热性能较差，设备投资也较高，阻碍了该技术的推广应用。

6.4.1.4 气体水合物蓄冷

20 世纪 80 年代美国橡树岭国家试验室开始以 R11、R12 等为工质研究气体水合物蓄冷，其机理是在一定的温度和压力下，水在某些气体分子周围会形成坚实的网络状结晶体，同时释放出固化相变热。气体水合物属新一代蓄冷介质，又称“暖冰”，其相变温度在 5～12℃之间，适合常规空调冷水机组，溶解热约为 302.4～464kJ/kg，与冰的蓄冷密度 334kJ/kg 相当。采用气体水合物蓄冷，蓄冷温度与空调工况相吻合，蓄冷密度高，而且储-释冷过程的热传递效率高，特别是直接接触式储-释冷系统。

气体水合物低压蓄冷系统的造价相对较低，被认为是一种比较理想的蓄冷方式。但该方法还有一系列问题有待解决，如制冷剂蒸气夹带水分的清除、防止水合物膨胀堵塞等，工程实用还有困难。

表 6-2 列出了上述几种蓄冷空调系统的性能比较。由比较可见，气体水合物蓄冷空调系统在各方面的性能是最好的[13]。

表 6-2 不同蓄冷空调系统性能比较

蓄冷方式	蓄冷水	蓄冰	冰/水型	共晶盐	气体水合物(直接接触释冷)
蓄冷槽尺寸	8～10	1*	约 1	2～3	0.89～1.0
蓄冷温度/℃	约 7	0	0	8～12	5～12
机组效率比较	1*	0.6～0.7	0.6～0.7	0.92～0.95	0.98～1.0
热交换性能	好	一般	好	差	好
冷量损失	一般	大	大	小	小
不冻液需否	否	是	否	否	否
泵-风机能耗	1*	0.7	0.7～0.9	1.05	1.0
投资比较	约 0.6	1*	1.3～1.8	1.3～2.0	1.2～1.5

* 为参考基准。

6.4.2 空调蓄冷发展现状

蓄冷技术作为一种移峰填谷调节能量供需、节约运行费用、实现能量的高效合理利用的手段已经引起了人们的高度重视，许多国家的研究机构都在积极进行研究开发，其目标集中在如下几个方面。

(1) 区域性蓄冷空调供冷站

已经证明，区域性供冷或供热系统对节能较为有利，可以节约大量初期投资和运行费用，而且减少了电力消耗及环境污染，建立区域性蓄冷空调供冷站已成为各国热点。这种供冷站可根据区域空调负荷的大小分类自动控制系统，用户取用低温冷水进行空调就像取用自来水、煤气一样方便。目前最大的区域供冷系统安装在美国芝加哥市，蓄冷总容量达125000th，1996 年 7 月成功投入运行。

(2) 冰蓄冷低温送风空调系统

蓄冷与低温送风系统相结合是蓄冷技术在建筑物空调中应用的一种趋势，是暖通空调工程中继变风量系统之后最重大的变革。这种系统能够充分利用冰蓄冷系统所产生的低温冷水，一定程度上弥补了因设置蓄冷系统而增加的初投资，进而提高了蓄冷空调系统的整体竞争力，在建筑空调系统建设和工程改造中具有优越的应用前景，在 21 世纪将得到广泛的应用。

(3) 开发新型的蓄冷空调机组

对于分散的、暂时还不具备建造集中式供冷站条件的建筑，可以采用中小型蓄冷空调机组。目前，中小型建筑物大量在用的柜式和分体式空调机，夏季白天所耗电量占空调总用电量相当大的份额。国外研究表明，为柜式空调机增加紧凑式冰蓄冷单元是可行且有效的，冰蓄冷空调机组投资回收期一般是 3 年左右。

(4) 开发新型蓄冷、蓄热介质

蓄冷技术的发展和推广要求人们去研究开发适用于空调机组，且固液相变潜热大，经久耐用的新型蓄冷材料。新型便于放置的、无腐蚀性的有机蓄冷介质也在不断开发，如常温下胶状的可凝胶，它不易流动和泄漏、无污染，可置于密封件内蓄冷。利用气体水合物特性进行蓄冷也是目前研究较多的一个课题。除了研究蓄冷介质外，日本还研究开发高温相变蓄热介质，主要用于热泵空调机组冬季蓄热采暖，其相变温度一般要求在 30～40℃范围内。提高高温相变材料的蓄热性能、传热性能是目前该技术要解决的主要问题。

(5) 发展和完善蓄冷技术理论和工程设计方法

蓄冷技术的进一步发展要求加强对现有蓄冷设备性能的试验研究，建立数值分析模型，预测蓄冷设备的性能，从而对蓄冷空调系统进行优化设计。蓄冷空调系统的设计方法与常规空调系统不同，冷负荷计算、机组确定、设备选择、系统控制皆有别于常规空调系统，今后还将通过对已有蓄冷空调系统进行测试和运行总结，丰富蓄冷空调设计方法。

(6) 建立科学的蓄冷空调经济性分析和评估方法

在进行蓄冷空调系统可行性研究时，如何综合评价蓄冷空调系统转移用电负荷能力、能耗水平和用户效益，如何比较常规空调和蓄冷空调系统，是人们一直关心的一个问题。蓄冷空调系统并非适用于所有场合，必须通过认真分析评估，确保能够降低运行费用、减少设备初投资、缩短投资回收期，才能确定是否采用。因此建立一个科学的评价体系对发展和推广蓄冷空调是十分重要的，并需在实践过程中不断完善。

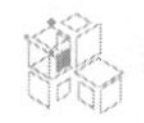

6.4.3 低温天然气冷能用于空调制冷工艺

6.4.3.1 冰蓄冷空调工艺

目前，冰蓄冷空调系统大多利用低谷电制冷，采用蓄冷介质将冷量储存起来，在白天用电高峰时段将冷量释放出来，仍然消耗了电力。据此，一种将天然气冷能与冰蓄冷系统供冷相结合的技术出现了。该技术不仅能解决站区冷污染问题，有效回收低温天然气冷能，同时节省了空调供冷所耗电力。该冰蓄冷空调工艺流程见图6-4。

通过调节阀1和阀2，使低温天然气及乙醇溶液进入换热器换热，低温天然气升至10℃左右进入城市燃气管网；乙醇溶液与低温天然气温度降至－30℃，进入冰蓄冷池中的乙醇溶液盘管，－30℃乙醇溶液与冰蓄冷池中的水换热，水凝结成冰；换热后的乙醇溶液温度升至2℃，通过离心泵进入乙醇溶液储罐。该流程通过冷介质的循环供冷，水不断地凝结成冰储存低温天然气的冷能。冰蓄冷池中敷设空调冷水盘管，12℃的空调循环水通过冷水盘管1和冷水盘管2进入冰蓄冷池，与池中冰接触换热，冰吸热后融化，空调循环水被冷却至5℃后排出冰蓄冷池进入空调系统给办公楼供冷。

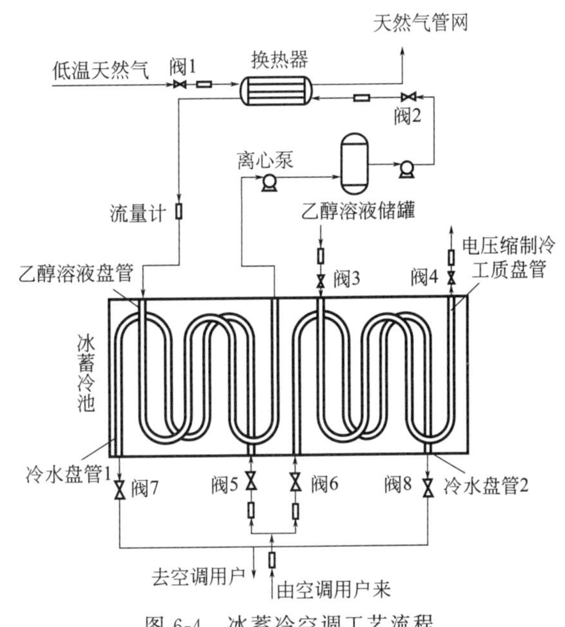

图6-4　冰蓄冷空调工艺流程

在该流程中，冰蓄冷池外的低温传输管道均使用保冷管道，在相应的管道上设有对应的调节阀和流量计。为了保证空调供冷在低温天然气供冷不足时正常运行，将办公楼原有的电压缩制冷装置的制冷工质管道与冰蓄冷池制冷工质盘管连接，通过电压缩制冷供冰蓄冷，从而补充LNG供冷不足时缺乏的冷量。冷水盘管1与乙醇溶液盘管并列设置，冷水盘管2与电压缩制冷工质盘管并列设置，减少盘管占用面积、降低造价。

6.4.3.2 水蓄冷空调工艺

天然气调压站在实际调峰时，为了不使降压后的天然气温度过低，在天然气膨胀前都要先将其预热；将天然气压力能用于制冷，则节省了这部分热源；将膨胀后的低温天然气冷量进行回收用于不同冷量用户，在节省热源的同时为用户提供了冷量，具有一定的实用性。但高压天然气压力能用于制冷时多数只利用了膨胀制得的冷量；且采用气波制冷机时，制冷效率较低。

为进一步提高压力能回收利用率，如图6-5所示，在利用膨胀后低温天然气冷量的同时，利用天然气膨胀机输出功驱动压缩机做功，节省了压缩机电耗。该工艺包含天然气压力能制冷单元和冷能利用两个单元。其中压力能制冷又分为两种方式，即利用冷媒回收高压管网天然气膨胀后的低温冷量，同时将天然气膨胀机输出功用于压缩制冷系统中，压缩后的气态冷媒经冷凝后进入冷媒储罐备用。冷能利用单元是将上述过程所制得的冷能充分用于冷库、冷水空调或

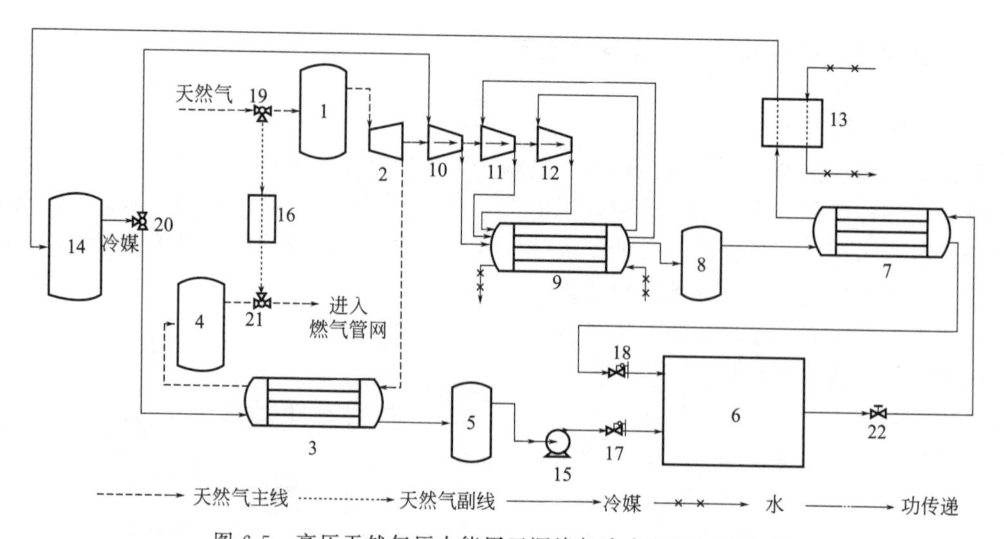

图 6-5　高压天然气压力能用于调峰与冷水空调工艺流程

1—高压天然气调峰罐；2—膨胀机；3,7,9—换热器；4—低压天然气调峰罐；5,8—冷媒液储罐；6—冷库；10～12—压缩机；13—冷水空调；14—冷媒气储罐；15—离心泵；16—天然气门站原有调压阀等调压设备；17,18—调压阀；19～21—三通阀；22—阀门

其他冷产业。该工艺在利用高压管网天然气压力能制冷的普遍方式基础上加入了膨胀机输出功回收环节，并将其与传统的电压缩制冷系统联合，节省了压缩机功耗；同时，工艺中高低压天然气调峰罐的使用，起到了稳流天然气的作用，保证了膨胀机输出功的稳定性。

采用 Aspen 软件，选择 SRK 方程为热力学方程进行工艺模拟。结果显示，1t 25℃的天然气从 4MPa 降压至 0.4MPa，压力能为 322MJ，即 89kW·h，可为冷能用户提供冷量约 151.5kW·h，则每小时可为采用传统压缩氨制冷方式的冷库节省液氨压缩机电力消耗约 76.3kW·h。

6.4.3.3　制冰机

根据市场调研可知，块冰常用于渔业水产保鲜、降温冷却，食品冷藏等领域，其需求量旺盛，发展潜力较大。本方案直接选用成熟的盐水制冰式块冰机。结合本工艺设计其工作原理为：制冰过程中所有的制冰桶加满水后置于盐水池中，启动装置按钮，制冷机组开始运行。盐水搅拌机使盐水循环流动，盐水与制冷剂换热后温度降低，低温的盐水将冷量供给制冰桶内部的水，使制冰桶内的水温降低至 0℃以下，经过一段时间后，制冰桶内部的水全部凝结成冰。融冰过程，用起吊机将某一排制冰桶吊起放入到融冰池内。制冰桶在融冰池内温度上升，制冰桶内部的块冰表层融化，与制冰桶的内壁分离，然后使用起吊机将制冰桶放在倒冰架上固定好，旋转倒冰架，让制冰桶的出口朝下，将块冰倒出制冰桶。摆正制冰桶后，用加水箱上的加水机构加水到规定水位，再使用起吊机将制冰桶放回盐水池的原来位置上，再将另一排制冰桶吊起，融冰、倒冰、加水进行循环操作[14]。制冰设备如图 6-6 所示。

温压平衡器用于解决天然气管道压力能膨胀发电过程中因流量变化、膨胀机构造等原因引起的设备振动、气压不稳定及天然气温度过低等问题，回收天然气膨胀降温过程产生的固体物质。对温压平衡器进行热力学计算可知，$1000m^3/h$ 的天然气从 4.0MPa 降压至 0.4MPa 时，设备的温升幅度约为 2～3℃（一般取 2.5℃），而压力基本不发生变化。

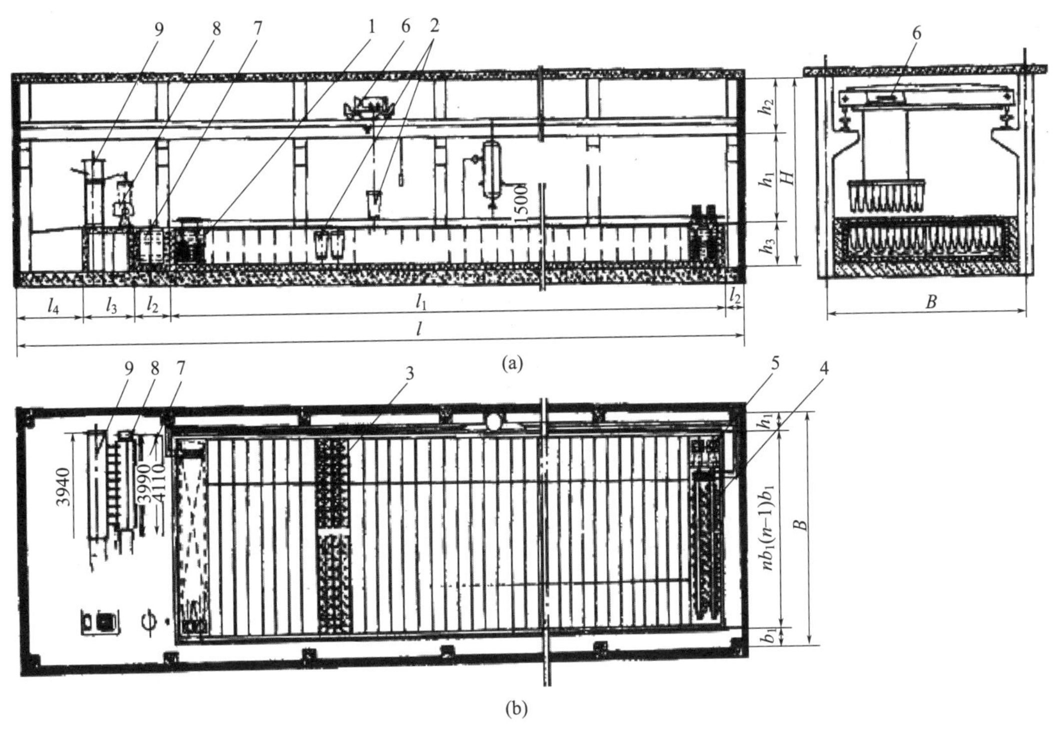

图 6-6 制冰设备

1—制冰池；2—冰桶；3—冰桶架；4—蒸发器；5—搅拌器；6—吊冰行车；7—融冰槽；8—倒冰架；9—加冰器

制冰机的主要参数如表 6-3 所示。

表 6-3 制冰机的主要参数

序号	产品名称	数量	单位重量/kg
1	中国台湾汉钟 RC2-470-B	1 台	450
2	中国台湾汉钟变频螺杆压缩机(RV-670)	1 台	450
3	水冷蒸发器(WN200)	1 台	1000
4	蒸发器(盐水)(GZ300A)	1 套	1000
5	其他制冷配件	1 批	1000
6	304 不锈钢冰模	540 个	—
7	冰模框架、冷冻池	1 套	2000
8	行车	2 套	1000
9	冷库库板	1 套	500

6.5 干冰行业与天然气压力能利用衔接

6.5.1 干冰行业发展现状

干冰是一种比液氮更容易获得的冷却效率高的制冷剂，用干冰制冷时的冷冻设备不但体积小、费用低、冷冻效果好，而且还具有防腐杀菌的作用。干冰制冷时不需经过液态而直接汽化，不会对食品产生任何不利的影响，安全无毒，完全符合卫生要求。因此，国外生产厂家一般将干冰制成重量为 25kg 的立方体块，储存在木制或隔热的塑料容器内，可由公路或铁路在数百千米范围内运送。其应用领域也比较广泛，通常作为冷冻食品、保鲜食品运输车的低温冷却剂，以及放入蔬菜、水果等食品包装袋中作为防腐保鲜剂使用。近年来，国外对于干冰的开发应用发展十分迅速，除大量用于食品冷藏保鲜外，据有关资料报道，干冰新的应用领域也随之拓展，见表 6-4。

表 6-4　干冰开发应用的新领域[15]

应用领域	用途
木材保存剂	在密闭容器中，用干冰含有的 0.1%～10%异硫氰酸烯丙酯蒸气薰蒸木材，以延长其保存期
混凝土添加剂	在混凝土搅拌中混入粉末状干冰，以控制混凝土的热裂解
爆炸成型剂	用干表冰面作爆炸介质，可借被清净的区域引起碎裂，爆炸后留下清洁的表面
核反应堆净化剂	通过核反应堆中的干冰制造装置，来轰击反应堆，以脱除其放射性物质
灰尘遮蔽剂	在冶炼金属的出炉或运输过程中，压入干冰来遮蔽热金属，可使灰尘放逸量减少 87%左右

发电厂、钢铁厂、水泥厂等大量排放的烟道气中，都含有 12%～30%的高浓度二氧化碳；特别是国内的化工厂、氮肥厂等工艺生产过程中，也产生大量的二氧化碳气体。利用本厂化工系统自产的二氧化碳，作为基本化工原料，进行综合利用，开发出了工业用或食用液体二氧化碳和干冰。

山西太原化肥厂早在 1965 年就已建成了干冰生产装置，年生产能力为 30t，年产量约 20t。北京化工实验厂在 1986 年也建成了年产 1000t 的干冰装置，其产品 70%用于食品保鲜，30%用于文艺演出时的舞台效果。湖南株化集团公司氮肥厂于 20 世纪 90 年代初自研开发干冰生产技术，建成了年产 500t 的干冰生产装置。湖南洞庭氮肥厂 1991 年中外合资建成了年产 3000t 的干冰装置，其产品 30%销往深圳和珠江三角洲，70%销往香港和国外市场。此外，大庆石油化工总厂炼油厂和浙江巨化集团公司合成氨厂也都分别建成了干冰生产装置，前者产品供本厂化验部门和科研单位作深冷剂用，后者产品供浙江省内人工降雨用。广州广氮企业集团有限公司 1994 年 8 月建成了年产 5000t 的干冰装置，目前产品尚处于试产、试销阶段。估计国内目前干冰的年生产能力约 10000t，年总产量 2000t 左右。

二氧化碳是一种很有市场前景的基本化工原料，而干冰的生产和开发又是二氧化碳资源综合利用的一个重要方面。国内不少厂家对其开发研究也越来越重视，已有一些氮肥生产厂家，如河北迁安化肥厂、内蒙古乌拉山富兴化肥有限责任公司等，把干冰列入计划开发的项目。干冰目前应用不太广泛的原因主要是产品售价较高，若能把干冰的生产成本和市场售价进一步降低的话，干冰的国内市场必将迅速拓展。

目前，在上海、广州、深圳等地的一些超级市场对海产品、贵重药材和高档蔬菜已开始用干冰来防腐保鲜。各大民航公司也将干冰用于航空食品的冷冻保鲜。此外，干冰在医药卫生、药物制备、消防灭火等领域中的应用也正在开拓。随着国内经济的迅速发展和人民生活水平的进一步提高，预计今后几年国内市场干冰消费量将快速增长。

干冰生产的经济效益也十分可观，其生产工艺简单，装置建设投资费用不多，建年产 3000t 的干冰装置，总投资仅需 40 万元左右。按每吨干冰需消耗 4t 液体二氧化碳计，其生产原料成本为 2500 元/t。目前干冰产品因厂家原料来源、生产规模及市场销售等情况不同，售价 4000～7000 元/t 不等，每吨产品至少获利 1000 元以上。因此，干冰产品的开发经济效益显著，市场前景十分广阔[16,17]。

6.5.2 国内现有干冰制取工艺

根据CO_2气、固、液三相平衡图，CO_2固相升华点的压力为1个大气压，温度为－78.8℃。低于此温度时的二氧化碳即位于固态区。工业上固体二氧化碳（干冰）的生产是利用一部分液体二氧化碳节流膨胀，大量吸热使另一部分液体CO_2降温成雪花状干冰，然后在干冰成形机内经柱塞紧压成密实的块状或粒状产品。

我国现有生产CO_2的工厂，其工艺条件是由温度30℃、蒸气压80个大气压的液体CO_2，经节流膨胀制干冰，相似于上述方法。其生产流程见图6-7和图6-8。

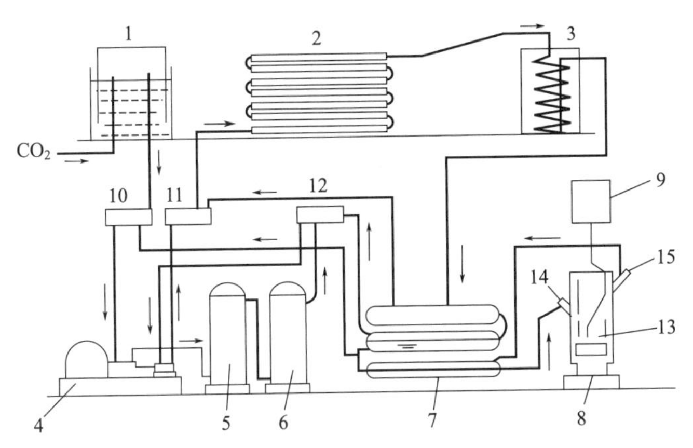

图6-7 固体二氧化碳生产工艺流程

1—气柜；2—冷却器；3—冷凝气；4—压缩机；5,6—净化器；7—热交换器；8—水力压缩机；9—气体缓冲室；10——段混合器；11—二段混合器；12—三段混合器；13—固体CO_2；14—CO_2入口；15—CO_2气体出口

从气柜来的CO_2气体经压缩，脱除杂质气体达到高纯度要求后，经换热器降温，由CO_2入口14进入雪桶，后经水压机8压缩成型，所产生的气体CO_2由气体出口15经换热器返回压缩机。

图6-8是制雪设备，其右面剖视图是卡勃雪桶的喷嘴剖图。卡勃法制雪的流程和图6-7相似，仅是雪桶部分不同。图6-7的雪桶没有喷嘴装置，而图6-8中的雪桶有扩张器喷嘴2和扩散器3。它是在图6-7的基础上改进的。

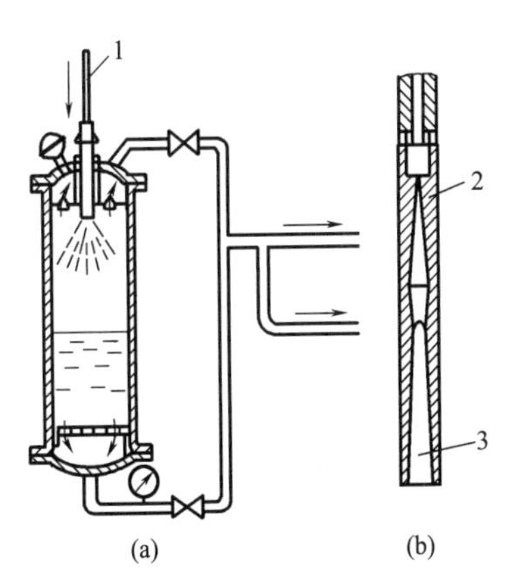

图6-8 卡勃法制干冰流程

1—液体CO_2入口；2—扩张器喷嘴；3—扩散器

6.5.3 利用天然气压力能制取干冰工艺

以化工厂的副产品二氧化碳为原料，经压缩、提纯，最终液化得到液态二氧化碳。传统的液化工艺将二氧化碳压缩至2.5～3.0MPa，再利用制冷设备冷却和液化。而利用冷能，则很容易获得冷却和液化二氧化碳所需要的低温，从而将液化装置的工作压力降至0.55MPa左右。利用回收膨胀后低温天然气的冷能制造液态二氧化碳或者干冰，耗电0.2kW·h/m^3，与传统液化工艺相比可节约50%以上的电能，制冷设备的负荷大为减少，而且产品纯度高达99.99%。

图6-9所示为文中提出的一体化工艺流程。该工艺主要由调压系统、膨胀发电系统以及

制干冰系统 3 部分组成，整个系统的工作全部由可编辑逻辑控制器（PLC）系统监控完成，自动适应性强，安全可靠，电力平衡性能好[18]。

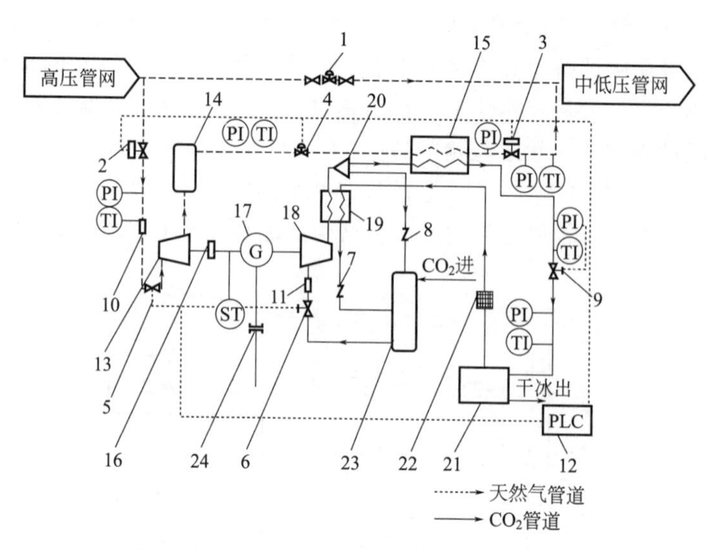

图 6-9 天然气管网压力能用于发电与制干冰的一体化工艺流程[18]

1—原天然气调压设备；2—第 1 电控阀；3—第 2 电控阀；4—气动调节阀；5—第 1 流量调节阀；6—第 2 流量调节阀；7—第 1 截止阀；8—第 2 截止阀；9—节流阀；10—第 1 流量计；11—第 2 流量计；12—PLC；13—透平膨胀机；14—温压平衡器；15—套管式换热器；16—变速器；17—发电机；18—压缩机；19—板翅式换热器；20—分流器；21—过滤网；22—制干冰系统；23—气体储罐；24—变压同步器

调压过程：来自高压管网的天然气通过透平膨胀机 13 膨胀做功，从而降压和降温，接着通过温压平衡器 14 除去因低温形成的固体物质，再通过气动调节阀 4 稳定压力，最后作为冷源进入套管式换热器 15，升高温度后进入原下游管路。

膨胀发电过程：天然气通过透平膨胀机 13 经膨胀过程输出机械功，同时通过主轴带动变速器 16 以及发电机 17 工作，变速器 16 通过改变转矩实现变速调节，使得透平膨胀机 13 与发电机 17 的转速相匹配；发电机 17 为双轴发电机，其一端通过变压同步器 24 输出标准电压 220V/380V，一部分供各种仪表、电动阀门等调压站用电设备使用，另一部分供调压站办公室用电设备使用。为保持透平膨胀机 13 较高的等熵效率，所设计的天然气流量变动范围为±20%。

制干冰过程：发电机 17 另一端轴与压缩机 18 同轴连接，当负载功率变化时，自控系统调节 CO_2 流量，通过调节压缩功率进而匹配发电机的输出功率；CO_2 通过第 2 流量调节阀 6 的调节，从储罐 23 中进入压缩机 18，在绝热状态下被压缩变成高温高压的气体，随后通过板翅式换热器 19 降低温度，再进入分流器，根据工艺生产要求分流，一部分高温高压的 CO_2 气体作为热源进入套管式换热器 15 等压换热冷却成低温高压的 CO_2 饱和液体，另一部分则重新回到储罐 23 中；所得的 CO_2 饱和液体最后经节流阀 9 节流膨胀至常压状态，部分液态 CO_2 汽化带走一部分热量，使剩余的液态 CO_2 冷却凝结为固态 CO_2 进入干冰系统生成合格产品，与此同时，生成的 CO_2 气体温度比膨胀后的天然气温度高，所以经过滤后可作为较低品位冷源进入板翅式换热器 19 与新鲜 CO_2 气体等压换热，升温后与储罐里的 CO_2 混合，再次进入压缩机 18，以此完成一次干冰制备过程。截止阀 7、8 可防止储罐的常温 CO_2 倒流进入压缩机和制干冰系统，主要工艺参数如表 6-5 所示。

表 6-5 所设定的主要工艺参数

压力能调节机制	经过温压平衡器后的温升/℃	CO_2 冷凝温度/℃	CO_2 压缩后压力/MPa
4.0～0.4MPa	2.5	－46.0	0.8

6.5.4 制约干冰项目发展的主要矛盾简述

冷能回收用于液态二氧化碳和干冰项目，打破了国外技术的垄断。利用低温天然气冷能进行液态二氧化碳和干冰产品的生产，节约了电能，更能进行连续快速的工业化生产，并且大大降低生产成本；利用回收低温天然气的冷能制造液态二氧化碳或者干冰，耗电 0.2kW·h/m^3，与传统液化工艺相比可节约 50%以上的电能，制冷设备的负荷大为减少，而且产品的纯度高达 99.99%。但是其发展受制约的因素还是比较多，比如：天然气场站地处偏僻，干冰生产厂选址需要在可以利用化工厂或者排放大量气态二氧化碳的工厂附近；雪花状的固态二氧化碳停留时间很短，极易在大气中直接升华为气态二氧化碳，这为干冰的使用和储运带来了极大的不便，需要将生成的雪花状二氧化碳加工成块状或丸状来方便储运和用户使用；需要选择工业及商业的应用领域相对比较集中和比较近的地方建立生产厂址，减少运输带来的不便；运行液态二氧化碳和干冰项目资金回收时间相对较长等方面的原因，导致还不能被广泛接受和推广；前期国家对引进低温天然气的冷能回收处理用于空分项目宣导的政策、资源整合、资金投入、人才培养等方面的滞后以及针对环保要求的冷污染缺乏强制性制约等诸多因素，造成发展相对缓慢，预计将在 2030 年达到世界二氧化碳排放总量的 27.32%。利用低温天然气冷能回收二氧化碳，一方面对降低干冰和液体二氧化碳的生产效率、成本及市场的开拓有着极其重要的意义；另一方面，回收低温天然气冷能，减少海水和空气的冷污染，不仅节约能源、保护环境，而且可以拓展天然气产业链[19～22]。

6.5.5 冷能回收利用制取干冰项目市场前景与预测

液态二氧化碳和干冰在工业和饮料食品行业有着广泛的用途。从我国二氧化碳主要消费市场和领域看，目前以碳酸饮料、啤酒、焊接、冷藏、烟草等为主。近年来开发出的新用途如植物气肥、蔬菜（肉类）保鲜、生产可降解塑料、油田助采、超临界萃取等均表现出良好的发展前景。二氧化碳其他潜在的消费市场，也已经接近或达到了工业化水平，如：代替氟氯烃用作发泡剂；用于生产无机化工产品；在有机合成化工方面的应用，包括转化为乙醇燃料、合成甲醇等。还有在金属焊接和铸造行业，可明显提高工件质量；在饮料食品行业，可以极大改善饮料的品格风味。还可用于烟草行业的烟丝膨化，食品保鲜冷冻及食品添加，制药、制糖工业，印染、制酒、农林园艺、超临界萃取及科学研究等行业。

利用低温天然气冷能回收干冰及液体二氧化碳的节能效果明显，制造成本大大降低。利用回收的低温天然气冷能提供给二氧化碳，则很容易得到液体二氧化碳冷却所需要的低温，而且只需要把液化装置的工作压力降至 0.9MPa 左右就可以进行液化，工艺流程简单，制冷设备的负荷大为减少。目前国内还没有利用低温天然气冷能回收干冰或液体二氧化碳的具体项目，在个别低温天然气场站规划中，对该方向的研究也较少。使用一种冷却介质，通过二氧化碳气体与低温天然气冷能的热交换实现液化，这种工艺所需耗费的电力只有传统方法的一半左右，因此在节能方面表现极为优异。大阪燃气改良了这种技术，在二氧化碳气体与低温天然气之间使用直接热交换方法对二氧化碳进行预冷处理，而这种新工艺又进一步减少了 10%的加压用电。

除了节能以外，新的气体预冷工艺在冷却二氧化碳时的低温天然气用量也更少，因此在低温天然气冷能利用效率方面也表现非凡。此外，采用这种新工艺还有其他好处，例如降低设施成本、简化控制系统等。并且干冰制备利用的是低温天然气冷能中间品位的部分（－80℃以上的部分），这就可以把更低温、高品位的冷能用于价值更高的深冷项目，对于冷能的逐级利用十分有利。因此采用低温天然气冷能制备干冰，对降低干冰的生产成本和干冰市场的开拓有着非常重要的意义。随着对制作液态二氧化碳和干冰技术的不断探索，并顺应国家提倡的节约环保理念，变废为宝；同时该项目具有很高的利润空间，就产品本身而言更是具有价格优势。因此，液态二氧化碳和干冰项目具有很高的投资价值及广阔的市场前景。

6.6 废旧橡胶回收利用与天然气压力能利用衔接

6.6.1 橡胶回收利用行业现状

6.6.1.1 废旧橡胶回收利用的处理方法

传统处理废旧橡胶的方法如填埋、焚烧等会造成环境污染，进而影响身体健康，如何合理回收利用废旧橡胶成为关注的问题，对废旧橡胶的合理回收利用也体现了经济可持续发展、充分利用再生能源的理念。目前废旧橡胶回收利用的方法有直接利用或翻新、胶粉制作再利用、再生胶、燃烧热能利用[23]。

（1）直接利用或翻新

直接利用可将废轮胎捆成多层胎礁或与石料混合，投入海洋中，作为人工鱼礁，改善水质，是海洋生物的理想场所。此外，废旧轮胎作为优良的缓冲材料，可将其固定在码头、船只、车辆、赛车道等设施周围，充分利用。

对胎体较好的废旧轮胎进行翻新利用，特点是节约成本、有效利用；翻修轮胎的寿命最多可达新胎的九成，且在特定条件下可多次翻修。

目前世界上最先进的技术叫冷翻法，即把已经硫化成型的胎面胶黏合到经过打磨处理的胎体上，装上充气内胎和包封套，送入硫化罐，在较低温度和压力下硫化。冷翻法主要有两种技术路线，一种是以美国 BANDAG 公司为代表的条形硫化翻胎技术，另一种是以意大利 MARANGONI 公司为代表的环形翻胎技术；二者的主要区别在于后者取消了装内胆和上钢圈，缩短了硫化时间，这是高效利用的办法。因为轮胎可多次翻新，所以经过多次翻新后的轮胎总寿命可达新胎的 1～2 倍，而使用的原材料是新胎的 15%～30%。

（2）胶粉制作再利用

利用机械将废旧橡胶加工成胶粉再利用是废旧橡胶回收利用最主要的途径，同时也可以缓解橡胶资源短缺的局面，胶粉仍保持其弹性体的固有属性。来自废旧轮胎的胶粉可直接作为生产轮胎或其他橡胶制品（如制鞋、传送带、管材、油漆等）的原材料。现阶段主流的胶粉制作有以下几种方法：常温粉碎法、低温粉碎法、湿法或溶液法。

常温粉碎是利用滚筒或其他设备的剪切作用在常温下对废旧橡胶进行粉碎的方法，其生产工序主要为粗碎与细碎。首先将大块废旧橡胶破碎成胶块；然后用粗碎机将胶块再粉碎成胶粒，将胶粒送入金属分离机和风选机中分离出金属杂质，除去废纤维；最后用细碎机将上述胶粒进一步磨碎后，经筛选分级最后得到粒径不同的胶粉。低温粉碎是在低温作用下使废旧橡胶脆化，然后再通过机械粉碎完成的方法。其基本原理是利用冷冻室的橡胶分子链段失去运动能力而脆化，使其易于粉碎，用这种方法制得的胶粉粒径可比常温粉碎法更小。湿法或溶液法是我国自行开发的胶粉生产新工艺，这种方法是通过溶剂对磨成一定粒度的胶粉进行溶胀，再进行粉碎而制成超细胶粉。一般来说，常温粉碎法生产的胶粉粒度在50目以下，低温粉碎法生产的胶粉粒度为50～200目，而湿法或溶液法生产的胶粉粒度在200目以上。

还有助磨剂法。D蒂雷利等粉碎硫化橡胶的方法是将5～20℃的水作为冷却液，加入粉碎设备中，加入不超过硫化胶质量的10%；再加入硫化胶质量0.5%～10%的研磨助剂，研磨助剂选用硅酸盐或碳酸盐以及其混合物，提高了粉碎效率和产量。此外，近年来世界各国又研发了一些废旧橡胶制作胶粉的新工艺，如俄罗斯罗伊工艺实验室利用臭氧处理回收废旧轮胎；Ivanov等利用固相剪切挤出法回收处理废旧橡胶，通过剪切力使废橡胶破碎再与其他材料混合；Shahidi等又对此法改进，通过解决剪切过程中的生热问题使生产效率得到很大提高；还有高压爆破法和定向爆破法等。

(3) 再生胶

将废弃的橡胶制品作为原料，经过脱硫加工成能重新使用的橡胶称为再生橡胶，简称再生胶。再生工艺分为物理再生、化学再生两大类别。物理再生法主要有微波脱硫、超声波脱硫、电子束辐射脱硫、远红外线脱硫、剪切流动场反应控制技术、微生物再生、超临界CO_2流体脱硫再生等。化学再生常用的方法为油法、水油法和动态脱硫法，因其通常使用大量的化学药品，会对环境造成污染。目前化学再生法有瑞典的TCR再生法、De Link橡胶再生工艺、RV橡胶再生等。

再生胶最大的优点是价格仅为生胶的1/3～1/4，但是它也存在非常严重的问题，例如二次污染严重、生产效率低、需要的能耗高，尤其是污染，与现代世界提倡的绿色环保背道而驰。同时随着合成橡胶的发展，尤其是充油丁苯橡胶，通过低成本的优势占据了大部分的再生胶市场；更大的冲击来自技术手段的进步，使得生产不同目数、不同规格以及用途的胶粉便捷轻松，而胶粉具备更广阔的潜在使用领域以及更高的经济价值。所以在20世纪80年代以后再生胶不断走下坡路，目前发达国家已经停止了通用型再生胶的生产；在英国，再生胶已经被全面禁止，德国的再生胶生产也已经到了可忽略不计的比例。

(4) 燃烧热能利用

废橡胶加热后产生热解气、热解油及碳质。废旧轮胎的热值高，其燃烧热约为30～35MJ/kg。但如果将废旧轮胎作为燃料，采用直接燃烧的方式，将会引起环境污染，与经济社会发展要求不符。目前废旧轮胎的燃烧利用主要用于焙烧水泥、火力发电以及参与制成固体垃圾燃料（RDF）。其中，焙烧水泥是对废旧轮胎利用率较高的回收方式。在水泥焙烧过程中，废旧轮胎中的钢丝变成氧化铁，氧化铁为水泥原料的主要组成部分；硫黄变成石膏，石膏是生产水泥过程中在得到水泥熟料以后掺入的材料，掺入石膏的目的是调整水泥的凝结时间。经这样的处理，水泥质量不会受到影响，同时不污染环境。

在美国，热能利用为主要的利用方式，约占废旧轮胎产量的一半。

6.6.1.2 废旧橡胶的合理应用

(1) 在水泥中的应用

在过去的20多年时间里，虽然国内外学者对废旧橡胶改性水泥基材料的各项性能以及潜在的工程应用进行了大量的研究。然而，其结论却不尽相同，原因在于不同学者采用的橡胶颗粒的参数不同。可见废旧橡胶的参数对水泥基材料的影响很大，如对新拌混凝土的流动性影响取决于胶粒大小、掺量等。

大体积混凝土施工时尤其要考虑混凝土开裂的问题，在材料选择上要求尽量选择水化热低的水泥；因水泥是热的不良导体，随着水泥水化作用的不断进行，当工程内部产生的水化热积聚过多时，会引起温度应力造成大体积混凝土工程开裂。橡胶改性混凝土抗裂性能具有明显的效果。

废旧橡胶粉应用到水泥中还有很多好处，如水泥的抗冻性能、水泥基材料的疲劳性能、抗氯离子渗透性能、水泥基材料的阻尼性能、水泥基材料的降噪隔热性能等都得以提高。

(2) 在沥青中的应用

沥青的用途很广泛，如可用于铺路的沥青混凝土、防水材料等。橡胶改性沥青是通过一定的工艺将废旧橡胶粉按比例地加入沥青中得到的一种改性沥青混合料。

重庆交通大学的聂浩研究了橡胶改性沥青混合料的性能，介绍了橡胶沥青混合料的主要原料组成、橡胶改性沥青研制与机理、橡胶改性沥青混合料性能评价；通过室内试验，对橡胶改性沥青混合料进行了车辙试验、低温弯曲试验和残留稳定度试验，并与基质沥青混合料、SBS改性沥青混合料进行对比，检验橡胶改性沥青混合料的高、低温稳定性能以及抗水损害性。研究表明，橡胶粉具有良好的复合改性作用，能够很好地改善沥青混合料的低温抗裂性能和抗水损害性能力，有效延长沥青路面的使用寿命。

太原科技大学的葛泽峰等对废旧轮胎橡胶改性沥青进行了报道，文中介绍了废旧轮胎的组成及胶粉裂解产物、橡胶沥青的含义及原理、轮胎种类对改性沥青性能的影响、橡胶沥青的改性机理以及影响橡胶沥青性能的各种因素。废旧轮胎的主要成分为橡胶与炭黑，这两种成分在改性过程中起主要作用；不同类型废旧轮胎对改性沥青的影响主要在于轮胎中橡胶含量不同；橡胶改性机理以物理溶胀填充为主、化学共混为辅，重点讨论了胶粉粒径、胶粉添加比例、搅拌条件等对橡胶沥青性能的影响。

福建师范大学的许兢等对废胶粉改性沥青进行了报道，文中介绍了废胶粉改性沥青的物理共混机理及化学共混机理；影响胶粉改性沥青性能的因素，如沥青组分、胶粉种类、粒径和用量、加工条件、废胶粉改性沥青的储存稳定性。

(3) 与木材复合共用

木材-橡胶复合材料是近年来才被提出来的一类功能复合材料，综合体现了人工林的高效利用、废旧轮胎的无污染循环利用和提高人工林产品附加值等方面的价值，具有良好的防水、防腐、防蛀、防静电、隔音吸音、阻尼减振、隔热保温等性能，可以用作室内装修装饰材料、隔音吸音材料、阻尼减振材料、隔热保温材料。孙伟圣等从木材与橡胶复合材料的结构设计等方面进行研究，力学性能和静音效果都有综合性的提高。T. G. Vladkova 等将松木粉作为填充剂，分别添加到天然橡胶和丁腈橡胶中，研究了添加松木粉后两种橡胶的硫化特性和机械性能。在研究添加松木粉对天然橡胶性能的影响时发现，未经任何预处理的松木粉不会延迟天然橡胶的硫化，硫化机械性能受松木粉添加量的影响非常显著；对松木粉进行电晕处理可以提高其对天然橡胶的增强作用，并使得其他机械性能得到一定提高。在氨气环境中，对松木粉进行电晕预处理比在空气中效果更为显著。

6.6.2 天然气压力能用于橡胶粉碎工艺

高压天然气的膨胀制冷原理同空气涡轮制冷法一样，由于不需耗能来压缩气体，因此制冷费用较低；而且作为城市燃气使用的天然气量非常大，可为废旧橡胶的冷冻和粉碎提供大量廉价的冷能，可以进一步降低精细胶粉的生产成本。冷能领域内相关专家提出了一种将管网压力能用于废旧橡胶粉碎的装置，工艺流程见图 6-10。

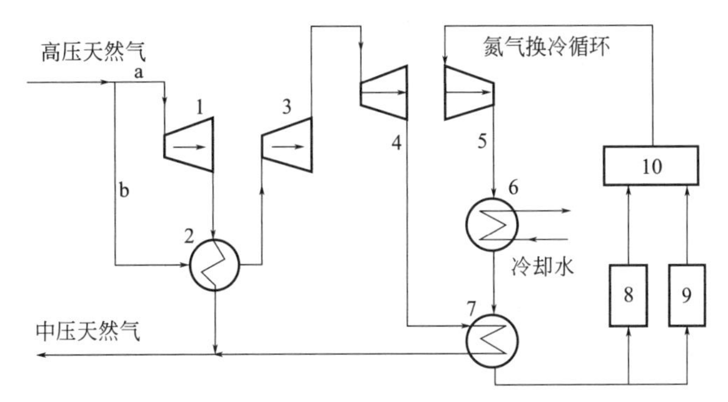

图 6-10　用于橡胶粉碎的天然气压力能制冷装置工艺流程

1,3—气波制冷机；2,7—板翅换热器；4—透平膨胀机；5—氮气压缩机；6—水冷却器；8—粉碎机；9—冷冻室；10—胶粒预冷室

流程主要包括 3 部分：高压天然气预冷、压力能制冷和冷能利用。

(1) 高压天然气预冷

上游输送到调压站的高压天然气被分成 a、b 两股，其中 a 股通过气波制冷机膨胀到中压（如 0.5MPa)，形成低温的中压天然气；在板翅式换热器中，b 股高压天然气与经气波制冷机产生的低温中压天然气进行热交换，高压天然气获得冷量、温度降低，与此同时中压天然气被加热到 0℃以上。

(2) 压力能制冷

由于城市燃气的用气负荷随时间变化波动很大，从而导致上游的供气压力也有较大的波动；用气高峰期时的供气压力最低，用气低谷时的供气压力最高。由于压力波动会导致膨胀机的制冷效率大大降低，因此为了保证获得较高的制冷效率，先将预冷的高压天然气在气波制冷机中膨胀到较低的压力（低于上游供气的最低压力)，然后再进入膨胀机中将压力降到要求的范围，从而产生深冷的中压天然气。

(3) 冷能利用

由于天然气的可燃性，为防止发生事故，使用氮气作为载冷剂；在板翅式换热器中，深冷的中压天然气同循环氮气交换热量，中压天然气获得热量而被加热到 0℃以上，同时氮气被冷却到－70℃以下；此低温氮气输送到废旧橡胶粉碎装置，一部分送入胶粒冷冻室与胶粒换热，使胶粒硬化，另一部分送到低温粉碎机中，用于抵消粉碎时产生的摩擦热；从胶粒冷冻室和低温粉碎机出来的氮气温度仍然很低，为了充分利用这些剩余的冷量，将这些低温氮气输送到胶粒预冷室用于胶粒的预冷，最后氮气的温度升高至接近常温；由于氮气同胶粒换热一般采用流化床式换热器和沸腾式的冷冻室，氮气的压力能有一定的损失，因此将氮气送入压缩机中压缩升压，以提供循环动力，压缩机可由透平膨胀机膨胀做功来驱动；压缩后的氮气温度升高，经过水冷却器冷却后进入板翅式换热器中，形成下一个循环。

6.6.3　制约深冷粉碎项目发展的主要矛盾简述

在很长一段时间内，橡胶仅限于能够粗碎，橡胶粉产品品质规格不高，在 30～120 目之间，这些生产厂也只能为低温天然气冷能利用橡胶深冷粉碎项目提供部分原材料，存在核心技术上面的技术壁垒；国内目前没有成功的大规模橡胶深冷粉碎精细胶粉的生产项目示范基地作为整个行业发展的样板和这一基础依托；回收利用率不高，回收利用的市场拓展范围及力度不够等原因暂时还不能被广泛接受和推广；我国“十一五”规划纲要首次将废旧轮胎回收利用列入国家发展规划，同时在“循环经济示范工程”中又将轮胎翻新列入其中。防止废旧轮胎对环境造成污染，并对其进行有效回收利用，已成为我国经济持续发展必须解决的问题，同时也是橡胶工业发展循环经济的要求。前期国家对引进低温天然气的冷能回收处理用于深冷粉碎宣导的政策、资源整合、资金投入、人才培养等方面的滞后以及针对环保要求的冷污染缺乏强制性制约等诸多因素，造成发展相对缓慢。

6.6.4 冷能回收利用深冷粉碎项目市场前景与预测

如此大的市场潜力，为何国内胶粉生产企业仍然不能正常运转，究其原因就在于国内生产的废旧橡胶粉细度一般只能达到 40 目左右，基本上属于粗加工，直接用于橡胶行业比较少。其次，废旧橡胶的粉碎主要是用电能，集中生产耗电总量极大，用电基础建设及设备投资巨大。由于部分企业将废旧轮胎用于其他行业，以及各个地区的资源回收能力不同，因此可保守估计将我国每年废旧轮胎回收量的 1%～10%用于深冷粉碎项目，则深冷粉碎项目年产量约为 10 万～100 万吨；以年产规模每吨产品投资约 3000 元进行估算，深冷粉碎项目市场预计投资将达到 3 亿～30 亿元。

目前国内所研究的低温深冷粉碎橡胶技术，打破了国外技术的垄断，更优于国外技术；利用冷能进行深冷粉碎，节约了电能，更能进行连续快速的工业化生产，并且大大降低生产成本，加工成本比国内目前的粗胶粉生产还低；所生产的橡胶粉达到 200 目以上，属于精细橡胶粉，广泛应用于建筑、化工、军事等领域，填补国内精细橡胶粉的空白，对国际精细橡胶粉市场将是一次冲击。随着对深冷粉碎技术的不断探索，已经成功进行了中试试验。该项目顺应国家提倡的节约环保理念，变废为宝，对比国际精细橡胶粉具有很高的利润空间，就产品本身而言更是具有价格优势，因此深冷粉碎橡胶粉具有很高的投资价值及广阔的市场前景。

6.7 小型 LNG 液化产业与天然气压力能利用衔接

6.7.1 小型 LNG 液化产业发展现状

经过近 10 年的加速发展，我国小型 LNG 产业链不断完善、商业运营模式日趋成熟、应用领域不断扩大、市场需求量快速增长、商业投资和商业推广应用活动日趋活跃，由此在改善偏远地区居民生活燃料结构、提高居民生活质量、降低车辆燃料成本、缓解城市空气污染、保障城市能源安全稳定供应等方面取得了立竿见影的效果。小型 LNG 项目在我国天然气供应和使用中的作用尤为突出，其地位日益提升。

近两三年来，很多非常规的 LNG 装置，包括一些使用非常规天然气资源（页岩气、煤层气等）的装置和建造在海上的浮式 LNG 装置项目都正在筹划中。这些项目大多采用小型 LNG 装置，以适应分散的非常规天然气资源以及海上平台有限的空间。随着全球经济的不断复苏以及近年来对非常规天然气的逐步重视，相信这些小型 LNG 装置也将会很快发展起来。

近年来我国小型 LNG 工厂发展迅速，截止到 2010 年 1 月，我国已经运营的小型 LNG 装置有 30 多座。这些小型 LNG 工厂分布在新疆、四川、江苏、山东、山西、广东、内蒙古等省区，总规模近 $10^7 m^3/d$，年产量超过 $260\times10^4 t$。

另外，在建和拟建设的 LNG 液化项目还有 30 座左右，近一两年将陆续投入运行，而且单座容量都有增大的趋势，设计规模介于 $200\times10^4\sim300\times10^4 m^3/d$ 之间。

6.7.1.1 城市应急调峰储备气源

小型 LNG 用于天然气应急调峰储备是缓解城市天然气安全供气的重要途径。小型 LNG 不仅适用于季节性调峰，也适用于日调峰。而且它对选址没有太多的限制，可根据供气调峰和应急供气的需要建在供气管网的合适位置。小型 LNG 特别适用于城市调峰的各项要求，城市有了自主的小型 LNG，就有了调控优势和储备优势，可以变被动为主动，同时也减轻了天然气供应商的压力和责任。LNG 储备应急站具有如下功能：

① 当门站发生异常现象并造成城市天然气供应不足时，提供应急供气；

② 在次高压管线发生事故工况时，为城市补充应急供气；

③ 满足城市天然气小时调峰的需要，保证稳定供气；

④ 具备装车功能，可通过汽车槽车为城市其他独立组团、LNG 汽车加气站或小型 LNG 汽化站提供非管道运输供气服务。

目前我国小型 LNG 用于天然气应急调峰还处于初级阶段，制约因素很多。

① 在小型 LNG 来源方面，对一些大城市、特大城市要获得较大的 LNG 调峰能力，能否建设自主 LNG 接收装置尚存在制约；

② 在储备模式上，推荐的储备模式为政府储备与商业储备相结合；

③ 在储备调峰气价上，LNG 的价格应该维持在比管道气稍高的基础上，只有多元化的 LNG 来源才能有利于价格的降低；

④ 在投资渠道上，储备建设的资金来源应以政府投资为主，但政府部门和企业间很难磋商，往往因此而搁浅；

⑤ 缺乏有关小型 LNG 利用的法规和标准。

这些因素都对小型 LNG 用于天然气应急调峰有所制约。

6.7.1.2 汽车燃料

在国内，以 LNG 为燃料的汽车及相应的加气站已初具规模，有以下两大优势：

① 环保优势。LNG 发动机排放的氮氧化物只有柴油发动机排放的 25%，碳氢化合物和碳氧化合物分别只有 32%和 12%，颗粒物的排放几乎为零，LNG 发动机的声功率只有柴油发动机的 36%；据有关资料介绍，使用 LNG 作发动机燃料，尾气中有害物质的含量比使用燃油燃料其二氧化碳、二氧化氮含量分别降低 98%和 30%，更有利于环保。

② 经济优势。相同功率的发动机，基于目前市场上的柴油及 LNG 价格计算，使用 LNG 燃料比使用柴油可节省燃料费用 30%。因此将 LNG 作为替代燃料应用在汽车、船舶等交通运输领域，对国家实现节能减排战略目标具有重要意义。

目前，我国 3 大能源企业（中石油、中石化、中海油）及新疆广汇、新奥燃气、中国港华燃气、华润燃气等一批公司相继进入了 LNG 替代汽、柴油用于新能源汽车的研究领域，并相应作出了 3～5 年建设 LNG 汽车加气站、生产 LNG 公交汽车和重型卡车的规划。

6.7.1.3 城镇居民燃气化的应用

根据小型 LNG 的特点，对于居民汽化，主要适用于以下 3 种情况：

① 在气源地附近，或可在因地制宜、配送方便、价格经济的地区优先汽化；

② 对于距离城市较远、不能通过城市管道输送天然气的乡镇、新城市的汽化；

③ 对管网已覆盖的地区用作调峰和管网汽化的补充用气。

6.7.1.4 工业应用

工业炉窑以燃气作为能源，用于熔炼、加热、热处理、焙烧、干燥等工艺过程的工业化应用，为保证产品质量，清洁燃料是首选；在 LPG 价格居高不下的情况下（正常情况下比天然气价格高 30%），LNG 就成了高档陶瓷工业的唯一选择，其提高了陶瓷产品的综合竞争能力。焊接切割利用可燃气体燃烧时所放出的热量加热金属或进一步实现对金属的切割或焊接，用天然气代替乙炔进行火焰切割和焊接，不仅切割质量更高、节约能源、降低成本(80%以上)，而且还有利于资源的合理利用和环境保护，也更加安全可靠。

6.7.2 天然气压力能制 LNG 工艺

高压天然气膨胀后产生冷能可使部分管道天然气液化生产 LNG。国内外有很多利用高压天然气膨胀后产生冷能生产 LNG 的工艺，但这些工艺都较为复杂且需额外提供冷能，操作费用较高。

俄罗斯开发了采用涡流管制冷的天然气液化工艺流程（NGGLU），该装置由 Lentransgaz、Sigma-Gas、Krionord 及 Lenavtogaz 公司联合设计，样机由圣彼得堡的波罗的海造船厂制造，安装在维堡的 VyborgsKaya 天然气调压站。2002 年 6 月已经通过了生产检测，这为规模化生产此类液化装置打下了基础。该液化装置充分利用了高压天然气管网的压力能，不用消耗额外的能量，就能液化天然气。

Shen 等提出了如图 6-11 所示的利用高压天然气管网压力能制冷的天然气液化工艺流程。该工艺的基本流程是：来自高压天然气管网的高压天然气经过透平膨胀做功，制冷机的

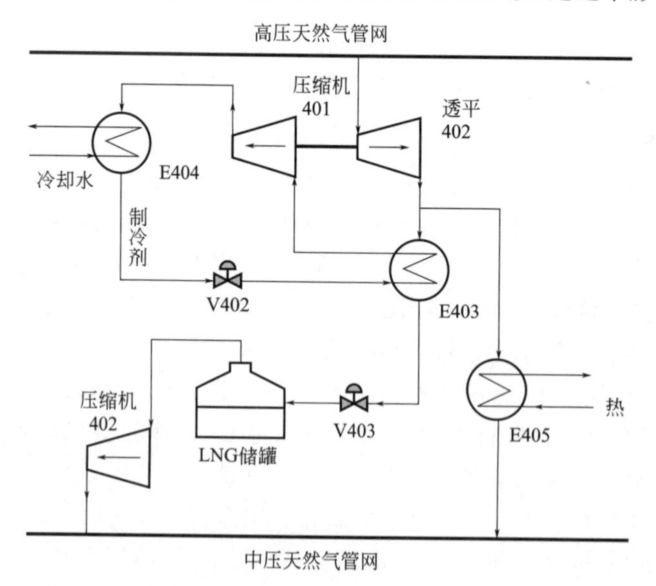

图 6-11 利用天然气管网压力能制冷的天然气液化流程

压缩机被驱动，使温度降低，达到降温的目的。由透平膨胀机带动的压缩机压缩制冷剂并经过冷水塔冷却后，由节流阀降压、降温，最后进入换热器，将部分膨胀降压、降温后的中压天然气液化成 LNG 后，制冷剂进入下一循环。中压 LNG 经过节流降压后变成温度更低的常压 LNG，进入 LNG 储罐。用气时，低温常压天然气从 LNG 储罐顶部输出，一部分通过压缩机升至中压，温度达到 0℃以上，进入下游管网。另一部分无法液化的低温中压天然气需加热至要求的温度后进入中压管网，供给下游用户。

国内一些专家提出了采用气波制冷机和透平膨胀机联合进行的利用高压天然气压力能液化天然气的流程以及如图 6-12 所示的利用高压天然气压力能液化天然气的流程。图中所示的液化天然气的流程以高压天然气作为制冷工质，以透平膨胀机作为制冷部件，利用天然气气源与供气管网之间的压力差来膨胀制冷，省去了压缩机等耗能部件，不用消耗额外能量就能达到液化天然气的目的。

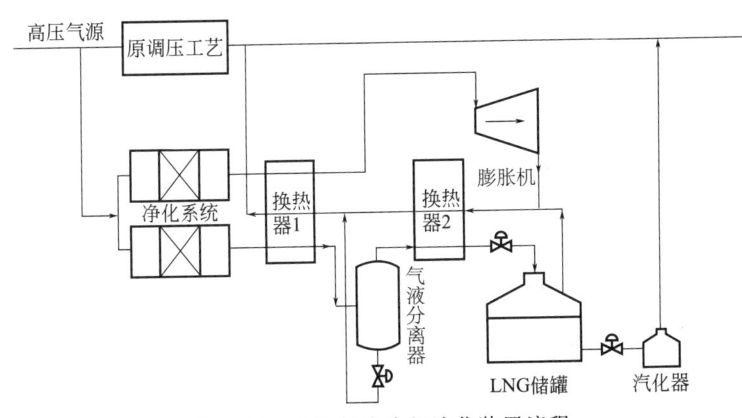

图 6-12　天然气膨胀机液化装置流程

中科院低温中心和中国石油天然气总公司勘探局等单位联合研制了两台用于高压天然气膨胀制冷的天然气液化装置，一台 LNG 产量为 $0.3m^3/h$，另一台 LNG 产量为 $0.5m^3/h$。图 6-13 所示为其工艺流程。

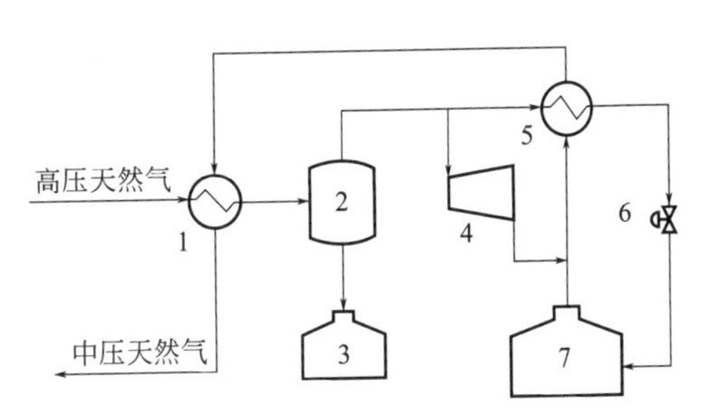

图 6-13　天然气膨胀液化装置工艺流程

1,5—换热器；2—气液分离器；3—重烃储罐；4—透平膨胀机；6—节流阀；7—LNG 储罐

高压燃气先经换热器 1 预冷，天然气中的部分重烃吸收冷量液化形成气液混合物，经分离器 2 后分离出重烃液并储存在重烃储罐 3 中；分离器顶部分离出的高压天然气分为两部分，一部分经过透平膨胀机 4 膨胀降压产生冷能，另一部分在换热器 5 中吸收低温天然气的冷能液化；高压 LNG 经节流阀 6 膨胀降至中压后形成气液混合物储存于 LNG 储罐 7 中，未液化的部分从罐顶分离出去，与经透平膨胀机 4 后的低温天然气混合，经换热器 5 和 1 回收冷能。此工艺主要利用了天然气膨胀后产生的冷量，而压力㶲膨胀后产生的机械能没有得到有效利用，高压天然气膨胀后产生的机械功大于冷量。因此，若在利用管网压力能液化天然气的工艺中有效地利用压力能产生的机械功，不但可以提高管网压力能的利用效率，也可以提高管道天然气的液化率，增加 LNG 产量。

6.8 天然气压力能分布式数据中心

6.8.1 数据中心行业发展现状

宽带网络已成为信息传播与知识扩散的新载体，对全球政治、经济、文化、军事以及意识形态的影响日益深刻和广泛。世界各国日益重视宽带互联网的中坚作用，将信息化发展程度作为国家核心竞争力之一。2015 年，李克强总理在政府工作报告中提出："制定'互联网＋'行动计划，推动移动互联网、云计算、大数据、物联网等与现代制造业结合，促进电子商务、工业互联网和互联网金融健康发展，引导互联网企业拓展国际市场"。"十三五"规划纲要中进一步指出，要实施"互联网＋"行动计划，发展物联网技术和应用，发展分享经济，促进互联网和经济社会融合发展；实施国家大数据战略，推进数据资源共享；完善电信普遍服务机制，开展网络提速、降费活动，超前布局下一代互联网；推进产业组织、商业模式、供应链、物流链创新，支持基于互联网的各类创新[24]。

"十二五"期间，LTE 等宽带移动通信、大容量光传输、光纤宽带接入、物联网、云计算等技术的发展，基于智能终端的新业务不断创新应用，信息通信服务与生产制造和经营管理深入融合。特别是近两年随着移动互联网的加速发展，云计算、大数据、物联网等新技术更快地融入到传统产业，包括金融理财、打车、民生等领域以及家电等传统制造业等；PC 互联网时代升级到移动互联网时代，互联网技术与两化融合进一步相结合。经过"十二五"信息技术的基础打造，在"十二五"收官之年"互联网＋"被作为国家战略在总理政府工作报告中提出，站在新的战略高度来全新定位信息技术和传统产业的"生态融合"。"互联网＋"是两化融合的升级版，不仅仅是工业化，而是将互联网作为当前信息化发展的核心特征，提取出来，并与工业、商业、金融业等服务业的全面融合。而信息通信技术作为国民经济基础性产业的抓手作用也必将因此而进一步显现，ICT 与传统各行各业进一步相结合，必将成为促进宏观经济增长、提高产业效率和企业价值的重要手段。同时，"十三五"期间，国家将支持建设物联网应用基础设施和服务平台，支持公共云服务平台建设，布局云计算和大数据中心。

数据中心作为互联网基础服务的载体，是发展信息产业的硬件基础。近些年在互联网和云计算的带动下，市场扩充的速度进一步加快，很多企业出于业务的需要都开始投建数据中心。但是在为用户提供优质服务的同时，巨大的电能消耗和居高不下的运营成本问题也凸显了出来。2008 年起全球主要市场均开始了数据中心大规模建设的时代，年度投资增长率保持在 10％以上。数据中心机房内放置着大量的服务器、交换机和储存设备，这些 IT 设备需要保持 7×24×365 的在线工作，满足各类数字业务的需求。IT 设备的耗电量是惊人的，每平方米建筑面积的功耗高达 1000～2000W，甚至更高。而常规的民用或商业建筑，功耗仅为 70～150W。目前的数据中心主要是以高密度、大型化为发展趋势。据相关机构发布的数据显示，2016 年前后，超过 100 个机架以上的数据中心在整个数据中心市场中的占比超过 60％。这种大型数据中心的电力消耗弥巨，以 2000 个机架的数据中心为例，如果每个机架平均功率按照 3kW 计算，其总负荷就将达到 6000kW，也就是每小时 6000 度的耗电量；如此算来，全年的耗电量将达到 52560000kW·h，电费支出超过 5200 万元。如果再加上为此配套的空调、照明等其他设施的耗电量，电费将接近 1 亿元。据之前美国斯坦福大学的调查显示，2010 年全球数据中心的耗电量为 2355 亿度，占据了全球电力消耗的 1.3%左右。事实上，这仅仅只是全球总量，美国国内数据中心的耗电量，更是占到了全美电能消耗的 2%，而且其还在以每五年翻一番的速度增加。和美国的情况类似，我国的数据中心也被能耗严重制约。据相关数据显示，我国在 2012 年时，数据中心的能耗就已经高达 664.5 亿度，比例占到了当年全国工业用电总量的 1.8%。

与此同时，和耗电量居高不下形成反差的是，传统数据中心的能源效率却一直无法有效提升，整体水平处于偏低的状态。我国的数据中心 PUE 值大部分还都在 2 以上。电能消耗过大除了给运营带来压力以外，也严重制约了数据中心本身的经营利润。在这种情况下，国内很多地方甚至已经出台规定，限制数据中心的建设。以北京为例，在 2014 年下半年就出台规定，禁止兴建 PUE 值在 1.5 以上的数据中心。我国政府重视数据中心能耗问题，为促进数据中心节能减排，工信部的《工业节能“十二五”规划》中明确指出，2015 年数据中心 PUE 值降 8%；在发改委的“云计算示范工程”中要求数据中心的 PUE<1.5。

对天然气压力能的冷量进行有效回收并灵活利用，对解决上述情况有很重要的帮助。现实中正是因为大型化和绿色节能数据中心的需求，这些年北到内蒙古、哈尔滨，西到西安、新疆，西南到重庆、贵州，三大运营商均布局了大型数据中心基地。因为在这些地方，能获得较低的电力成本，同时能够应用较为节能的制冷技术，比如自然冷却（在冬季室外气温较低时，直接或间接使用室外冷空气来为数据中心散热）。根据当下我国天然气管网的分布密度以及未来规划方案，在包括上述三个数据中心的许多信息处理中枢周围遍及燃气管网，为分布式数据中心提供充足的电力和冷量。

6.8.2 分布式数据中心制冷工艺

天然气压力能冷量回收利用至分布式数据中心制冷工艺，可实现最大限度的节约能源资源。制冷工艺按冷却模式不同，液冷服务器分为直接冷却和间接冷却；根据工作介质不同，分为水冷和其他制冷介质的载冷剂；按照是否发生相变分为温差换热（通过制冷剂温度升高的变化来带走热量）和相变换热（利用载冷剂的汽化潜热带走热量）。间接液冷服务器也叫冷板液冷服务器，载冷剂与被冷却对象不直接接触，而是通过液冷板热传导将被冷却对象的热量传递到制冷介质中。即将原风冷散热片替换为液冷散热片，再通过载冷剂管路将热量带走。在间接冷却系统，制冷剂管并不与机柜内部的电子元件直接接触，为防止载冷剂管路泄漏，需要严格检查管路的密封性。间接冷却方式显然没有直接冷却方式制冷效率高，并且需要额外安装分液换热器对机房的其他电子设备进行散热。

直接液冷也叫浸没式液冷，其原理是制冷介质与发热元件直接接触，即将服务器主板、CPU（中央处理器）、内存等发热量大的元件浸没在制冷介质中。这样冷却介质与被冷却元件直接接触换热，换热效果最好，不需要额外再增加换热设备。直接冷却系统对冷却介质有一定的要求，载冷剂需要绝缘性好（不导电）、无毒无害、无腐蚀性。

通过采用冷板式液冷服务器，充分利用室外空气，可减少制冷系统用电能耗，确保 PUE 值低于 1.2。

如图 6-14 所示的制冷系统共由 5 个系统组成。

① 液冷机柜：冷源全年由冷却塔直接通过 CDU（耦合分配单元）换热后供给机柜芯片冷板。夏季极端情况：CDU 冷源侧供回水温度为 34℃/39℃，热源侧最高承受的极限供回水温度为 60℃/45℃。

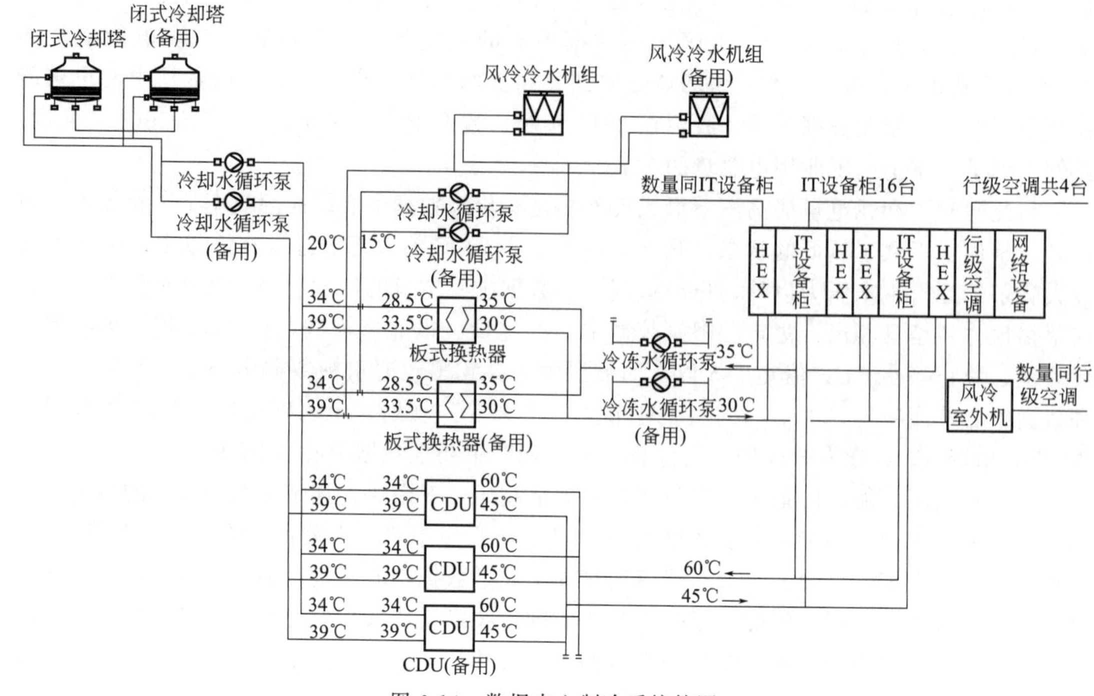

图 6-14　数据中心制冷系统简图

② 分液换热器：由于液冷机柜的构成原理，分液换热器需要单独消耗液冷机柜 30%的热负荷，利用冷却塔一次侧 28.5℃/33.5℃的冷水换成 35℃/30℃的供回水来承担分液换热器所产生的热量。由于分液换热器对温度的限制，当夏季极端天气时，室外冷却塔无法满足系统所需要的供、回水温度。当冷源侧供水温度高于 28.5℃时，需启动另一套风冷冷水机组（供、回水温度为 15℃/20℃）与冷塔混合后进入板式换热器，从而满足液换热器对温度的需求。为使系统正常运行，此系统中冷却塔、风冷冷水机组、板式换热器、冷却水循环泵均采用 1 用 1 备的形式；为了控制灵活，CDU 采用集成设备（内置水处理及循环水泵），为 2 用 1 备。

③ 主机房内的核心交换机、液冷机柜的 5%辐射热负荷及房间外围护结构的热负荷均由风冷直膨空调系统供冷，为提高制冷效率，末端空调采用行级空调（3 用 1 备）。

④（配电室＋UPS＋电池）空调系统：均采用风冷直膨空调系统供冷，末端空调采用房间级空调（1 用 1 备）。

⑤ 主机房新风系统：由于此部分负荷量较小，从灵活性考虑冷源采用风冷直膨式制冷系统。

6.8.3 天然气压力能分布式数据中心前景预测

天然气节能技术与绿色云计算数据中心系统集成项目，互相协调发展，发挥各自优势，在满足能源需求的同时，解决各自发展中所遇到的瓶颈问题。燃气节能技术将为绿色云计算数据中心提供清洁高效的能源保障，解决城市发展过程中高耗能产业与信息需求的矛盾，更可以利用物联网的优势，打造分布式绿色云计算数据中心，充分利用资源的同时，也能够带动燃气节能产业的发展。

国务院发布《关于积极推进“互联网+”行动的指导意见》，明确提出了“互联网+智慧能源”的发展路线图，即要通过互联网促进能源系统扁平化，推进能源生产与消费模式革命，提高能源利用效率，推动节能减排，促进能源利用结构优化。“互联网+”已上升为国家战略，能源体制变革释放改革红利，为其升级发展带来了重大契机。

天然气门站的燃气压力能属于天然气输配行业的余压，余压借助前述技术，可以转化为相当于燃气行业来说的废电、废冷，且电和冷的转化比几乎为1∶1，即每产生1kW的电，可以同步获得1.2kW的冷量。同时，燃气压力能的废电、废冷输出稳定性高，容量的波动性随燃气门站的燃气用量变化，即与社会经济活动波动性相匹配。

另外，数据中心99%的热量均来自IT设备的运行散热，IT设备的散热波动性与IT设备运行的互联网业务波动性相一致。同时，随着IT设备技术的发展，数据中心热密度也越来越高，普遍达到1000～2000W/m^2，远远大于常规民用或商业建筑的热密度。数据中心的能源需求结构，电和冷的匹配几乎也是1∶1的关系；因为1kW的IT设备工作消耗的电力全部转换为热量，在考虑围护结构等太阳辐射热量的情况下，冷量需求略微比电力需求高一些。故，数据中心的能源需求具有稳定、电冷比近乎1∶1、波动性与社会经济运行相匹配的特点。

天然气节能技术与绿色云计算数据中心的协调发展，开创了天然气与“互联网+”的融合发展，双方优势资源互补，满足城市发展绿色环保政策的同时也充实了城市物联网的建设，其总结为以下几点：

① 利用天然气节能技术构建绿色云计算数据中心的能源供给系统，提供电力能源的同时还可以额外提供冷能或单独提供冷能，不但解决了能源需求，更协调了城市发展中高耗能产业与低碳环保的矛盾，为燃气管网压力能发电及绿色云计算数据中心、多项技术的协同发展提供了契机，具有一定的创新性、前瞻性及巨大推广潜力。

② 天然气节能技术的应用点多远离城市人口密集区域。往往城市人口密集区域都是能源需求较大的区域，绿色云计算数据中心如果建立在城市调压站点周边，不但避开了能源消耗核心区域，用地也可以在城市发展中统筹规划，合理解决了城市发展中人口密集、用地紧张与信息需求的矛盾，可实施性高。

③ 天然气场站及数据中心均需要安全稳定的运行条件，工况背景需求的一致性可以在很多基础设施方面避免重复建设，双方的优势资源均能得到有效使用；绿色云计算数据中心可以利用智能管网光纤系统化零为整形成整个城市区域范围内的大型数据中心，燃气调压站点可以利用数据中心作为其燃气节能技术的应用场地。因此，从建设用地、光纤路由、能源成本及安全管理等角度出发，双方互补性较强，且均可节约部分运行成本，经济价值高，必将形成双方共赢的结果。

参考文献

[1] 孙高平.基于作业成本法的冷链物流成本核算研究[D].大连：大连海事大学，2012.

[2] 龚美茹.LNG接收站冷能用于发电与制冰工艺研究及优化[D].广州：华南理工大学，2018.

[3] 赵劼.LNG冷能用于除雾制冰技术工艺开发及应用研究[D].广州：华南理工大学，2017.

[4] 罗东晓.回收高压管输气压力能用于冷库的技术[J].城市燃气，2010，422（4）：3-5.

[5] 乔武康，李静，张德坤等.利用天然气压力能的方法：中国专利，101245956A[P].2008-08-20.

[6] 刘斌.LNG冷能用于冷热联产的工艺开发和工程化设计[D].广州：华南理工大学，2017.

[7] 杨春，徐文东，张辉，等.LNG冷能用于冷库和冷水的技术开发[J].煤气与热力，2012，32（12）：4-7.

[8] 熊永强，华贲.基于LNG冷能利用的低温冷库与冷能发电系统的集成 [J].华南理工大学学报（自然科学版），2012，40（09）：20-25.
[9] 肖芳，申成华，徐鸿，等.LNG气化站冷能用于冷库技术分析 [J].天然气技术与经济，2014，8（04）：45-47，79.
[10] 李金平，王如竹，郭开华，等.蓄冷空调技术及其发展方向探讨 [J].能源技术，2003（03）：119-121.
[11] 林苑.LNG冷能用于冰蓄冷空调的技术开发与应用研究 [D].广州：华南理工大学，2013.
[12] 陈敏.LNG冷能用于发电和空调供冷工艺开发及优化 [D].广州：华南理工大学，2013.
[13] 郭开华，舒碧芬.空调蓄冷及气体水合蓄冷技术 [J].制冷，1995（04）：15-21.
[14] 陈秋雄，徐文东，陈敏.LNG冷能用于冰蓄冷空调的技术开发 [J].煤气与热力，2012，32（08）：6-9.
[15] 娄开利.干冰生产开发及应用前景 [J].川化，1997（03）：24-26.
[16] 李俊丽，陈丽娴.LNG冷能用于干冰和LCO_2技术开发及应用 [J].广州化工，2015，43（21）：167-170.
[17] 赵建河.LNG冷能用于液体CO_2及干冰制备过程工艺开发及优化 [D].广州：华南理工大学，2015.
[18] 徐文东，陈仲，李夏喜，等.天然气压力能用于发电与制干冰的一体化工艺 [J].华南理工大学学报（自然科学版），2016，44（11）：41-48.
[19] 顾安忠.迎向“十二五”中国LNG的新发展 [J].天然气工业，2011，31（06）：1-11，121.
[20] 边海军.液化天然气冷能利用技术研究及其过程分析 [D].广州：华南理工大学，2011.
[21] 顾安忠，石玉美，汪荣顺.中国液化天然气的发展 [J].石油化工技术经济，2004（01）：1-7.
[22] 张美华，朱建一.工业二氧化碳生产技术讲座 第六讲 固体二氧化碳的生产及其成形方法 [J].陕西化工，1985（04）：41-44.
[23] 姜军.废旧橡胶现状及回收利用技术 [J].橡塑资源利用，2016（01）：18-22.
[24] 陈洁琼.高效能云计算中心制冷技术节能研究 [J].制冷与空调，2019（06）：7-9，37.

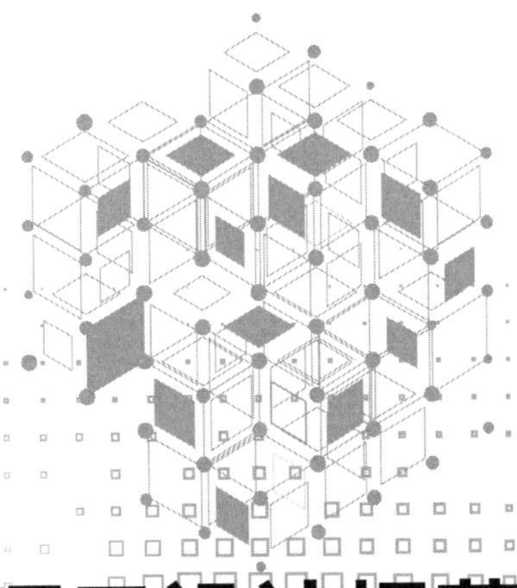

第7章 压力能利用项目设计规范

7.1 引言

目前，压力能利用工程项目还没有形成系统的行业设计规范，项目中涉及的相关规范可参照已有的标准，具体的有“中国标准文献分类法”（以下简称中标分类）中的石油（E）、化工（G）和机械（J）专业，行业分类中的国家标准（GB）、机械（JB）、化工（HG）、石油天然气（SY）、石油化工（SH）、城镇建设（CJ）等；包括但不仅限于本书所列的所有标准，实际运用中可根据具体项目实施内容进行选择及增加。本章主要介绍了压力能利用项目的相关规范，罗列了相关条款，对规范进行解读与分析，并以国内某天然气接收站冷库项目为案例，分析说明工程建设中涉及的标准化、规范化设计。

7.2 石油专业设计规范

7.2.1 天然气规范

GB 17820—2018《天然气》

本标准规定了天然气的质量要求、试验方法和检验规则。

本标准适用于经过处理的、通过管道输送的商品天然气。

GB 18047—2017《车用压缩天然气》

本标准规定了车用压缩天然气的技术要求和试验方法。

本标准适用于压力不大于25MPa、作为车用燃料的压缩天然气。

GB/T 19204—2003《液化天然气的一般特性》

本标准给出液化天然气（LNG）特性和LNG工业所用低温材料方面以及健康和安全方面的指导；本标准也可作为执行CEN/TC 282技术委员会（液化天然气装置和设备）其他标准时的参考文件；本标准还可供设计和操作LNG设施的工作人员参考。

GB/T 19205—2008《天然气标准参比条件》

本标准规定了测量和计算天然气、天然气代用品及气态的类似流体时，使用的压力、温度和湿度的标准参比条件。

标准参比条件主要用于计量交接，将用于描述天然气的气质和数量的各种物理性质统一到一个共同的基准。

GB/T 20604—2006《天然气词汇》

本标准规定了用于天然气专业领域的术语、定义、符号和缩写。

本标准中的术语曾被考查与研究过，以便涵盖欧洲标准化委员会（CEN）起草的欧洲标准、各国国家标准和IGU气体工业词典等其他来源的各方面的特殊术语。

GB/T 11062—2014《天然气 发热量、密度、相对密度和沃泊指数的计算方法》

本标准规定了已知用摩尔分数表示的气体组成时，计算干天然气、天然气代用品和其他气燃料的高位发热量、低位发热量、密度、相对密度及沃泊指数的方法。

本方法同时给出了所计算各物性值的估计的精密度。

本标准适用于任何干天然气、天然气代用品以及通常是气体状态的其他燃料。对于以体积为基准的物性计算，本方法仅局限于组成中甲烷摩尔分数不小于0.5的气体。

GB/T 13609—2017《天然气取样导则》

本标准确立了与已处理的天然气取样各方面有关的导则。除非另外说明，本标准中的所有压力均以表压给出，压力可高至15MPa。压缩天然气（CNG）的压力可高至30MPa，在确保取样系统安全的前提下，可使用本标准。

GB/T 20603—2006《冷冻轻烃流体 液化天然气的取样 连续法》

本标准规定了LNG通过管线输送时一种连续取样的方法。

GB/T 21068—2007《液化天然气密度计算模型规范》

本标准涵盖的LNG密度计算模型，适用于给定压力、温度和混合物组成情况下，饱和LNG混合物密度的计算或预测；在90～120K时，计算值与真值的偏差在0.1%以内。

本标准未旨在涉及安全，如果有，与标准使用相关。使用前建立适当的安全和健康规程并确定限定条件的适用性，是本标准使用者的责任。

GB/T 22634—2008《天然气水含量与水露点之间的换算》

本标准确立了当天然气中水含量或水露点其中之一为已知时两者之间一个可靠的数学关系式；并给出了关联式的不确定度，但对测量不确定度不作量化规定。

本标准的计算方法，既适用于水含量的计算，也适用于水露点的计算。

GB/T 22723—2008《天然气能量的测定》

本标准的修改采用ISO 15112：2007《天然气——能量测定》。

本标准根据ISO 15112：2007重新起草。

本标准提供了采用测量或计算的方式对天然气进行能量测定的方法，并描述了必须采用的相关技术和措施。

本标准适用于从民用气到高压气输送的任何气体计量站。

GB/T 24960—2010《冷冻轻烃流体 液化气储罐内液位的测量 电容液位计》

本标准规定了装载冷冻轻烃流体的船上和岸上储罐所使用的电容液位计的基本要求和检定程序。

GB/T 24961—2010《冷冻轻烃流体 液化气储罐内液位的测量 浮子式液位计》

本标准规定了装载冷冻轻烃流体的船上和岸上储罐使用的浮子式液位计（包括由伺服系统操作的液位计）的基本要求和检定程序。

GB/T 24962—2010《冷冻烃类流体 静态测量 计算方法》

本标准规定了冷冻轻烃流体，如 LNG（液化天然气）和 LPG（液化石油气），将测量条件下的体积换算为标准参比温度和压力条件下等效的液体或蒸气体积，或换算为等效质量或能量（热量）的计算方法。本标准适用于静态储存条件使用液位计测量冷冻轻烃液体在储罐中储存、或从储罐中转移、或转移进入储罐时的计量。

GB/T 27893—2011《天然气中颗粒物含量的测定 称量法》

本标准规定了用滤膜称量法测定天然气中颗粒物含量的方法。

本标准适用于天然气中颗粒物含量的测定，测定压力为 0.1～6MPa，测量范围为 0.1～100mg/m^3。如果滤膜捕集器及整个取样捕集系统可承受更高的压力，则测定压力也可相应地提高到与其相应的压力。

本标准不涉及与其应用有关的所有安全问题。在使用本标准前，使用者有责任制定相应的安全和保护措施，并明确其限定的适用范围。

GB/T 27895—2011《天然气烃露点的测定 冷却镜面目测法》

本标准规定了采用冷却镜面目测法检测管输天然气烃露点的试验方法，本标准适用于经处理的单相管输天然气，不适用于含液相烃类的天然气。

本标准不涉及与其应用有关的所有安全问题。在使用本标准前，使用者有责任制定相应的安全和保护措施，并明确其限定的适用范围。

GB/T 30490—2014《天然气自动取样方法》

本标准规定了使用自动取样器获取天然气及类似气体样品的方法。

本标准仅适用于单相气体混合物，不适用于两相气流。

GB/T 30491.1—2014《天然气 热力学性质计算 第 1 部分：输配气中的气相性质》

本部分规定了天然气、含人工掺和物的天然气和其他类似混合物仅以气体状态存在时的体积性质和热性质的计算方法。

本部分适用于输气和配气过程中在一定压力（p）和温度（T）范围内的管输气体。对于体积性质（压缩因子和密度），计算的不确定度约为±0.1%（95%置信区间）；对于热性质［如焓、热容、焦耳-汤姆孙（Joule-Thomson）系数、声速］，计算的不确定度通常更大一些。

GB/T 31253—2014《天然气 气体标准物质的验证 发热量和密度直接测量法》

本标准规定了采用发热量和密度直接测量验证天然气分析用气体标准物质的方法。

本标准适用于称量法制备的气体标准物质的验证。

7.2.2 设计类相关规范

GB/T 20368—2012《液化天然气（LNG）生产、储存和装运》

本标准规定了 LNG 工厂在选址、设计、施工、安保、操作和维护方面的消防、安全和相关要求。

本标准适用于天然气液化设施，液化天然气（LNG）储存、汽化、转运和装卸设施，LNG 方面的人员培训，所有 LNG 设施设计、选址、施工、维护和操作。

本标准不适用于冻土地下储罐、在建筑物内存放或使用的可移动储罐、所有 LNG 车辆。

GB/T 22724—2008《液化天然气设备与安装 陆上装置设计》

本标准为所有陆上固定式液化天然气装置（包括 LNG 的液化、储存、汽化、转运和装运装置）的设计、施工和操作提供指南。

本标准适用于下列类型站场：

出口终端——指定的气体入口边界与装船汇管之间的部分；

接收站——卸船汇管与指定的气体出口边界之间的部分；

调峰站——指定的气体入口边界和出口边界之间的部分；

总储存能力在200t以上的LNG卫星站，包括装车站到指定的气体出口边界。

《现场组装立式圆筒平底钢质液化天然气储罐的设计与建造》GB/T 26978—2011

第1部分：总则

本部分是关于现场组装的地上立式圆筒平底钢质主容器的液化天然气储罐设计与建造的技术规范。如果设置次容器，次容器可由钢质、混凝土或二者的组合体制成。本部分不包括仅由预应力混凝土制成的内罐。

本部分为在施工、试验、试运行、操作（包括故障）以及停止使用期间“容器”的结构设计规定了原则和适用规则。如果辅助设备诸如泵、泵井、阀、管路、仪表、扶梯等不影响储罐的结构设计，则本部分不对其提出相关要求。

本部分适用于设计储存两相状态下（即液体和蒸发气）大气压沸点低于环境温度产品的储罐。通过冷却产品，使其在等于或略低于其大气沸点的温度，并使储罐内处于微过压，以保持液相和气相间的平衡。

本部分适用于最大设计压力不大于50kPa（500mbar）的储罐。

需要储存的气体，其操作范围应介于0～－165℃之间。

储罐用于大量储存低沸点的液化天然气（LNG）。

第2部分：金属构件

本部分对液化天然气（LNG）储罐金属构件的材料、设计、建造和安装等的一般要求做出规定。

本部分适用于现场组装的立式、圆筒、平底、钢质、操作温度介于0～－165℃之间的液化天然气储罐的设计和建造。

第3部分：混凝土构件

本部分为液化天然气储罐混凝土构件的材料、设计、建造的一般要求做出了规定。

本部分适用于现场组装的立式、圆筒、平底、钢质、操作温度介于0～－165℃之间的液化天然气储罐的设计和建造。

第4部分：绝热构件

本部分规定了液化天然气（LNG）储罐的绝热材料、绝热设计及安装要求。

LNG储罐用于存储低沸点，即低于正常环境温度的液化天然气。

常压储罐储存此类液态产品取决于汽化潜热和绝热的组合。

所以，LNG储罐的绝热系统是储存系统的一个重要组成部分，而不仅是储存系统（对于大多数环境压力下的烃类化合物储罐）的一个辅助部分。如果没有适当的设计、安装和维护，储罐将无法正常工作。

LNG储罐中绝热的主要作用包括：

——保持蒸发低于特定的限度；

——保护储罐的非低温部件/材料（主要是储罐外部），使其处于所要求的环境温度下；

——限制储罐底部的基础/土壤冷却，避免因冻胀而损坏；

——防止和尽可能减少储罐外部表面的水蒸气冷凝和结冰。

可以使用的绝热材料种类很多。然而，在不同类别的材料之间，材料的性质迥异，即使在同类材料间差别同样很大。因此，本部分仅在材料的选择方面给予一般性指导。

本部分适用于现场组装的立式、圆筒、平底、钢质、操作温度介于0～－165℃之间的液化天然气储罐的设计和建造。

第5部分：试验、干燥、置换及冷却

本部分规定了液化天然气（LNG）储罐的试验、干燥、置换及冷却要求。

本部分适用于现场组装的立式、圆筒、平底、钢质、操作温度介于0～－165℃之间的液化天然气储罐的设计和建造。

GB/T 27866—2011《控制钢制管道和设备焊缝硬度防止硫化物应力开裂技术规范》

本标准规定了防止钢制管道和设备焊缝在湿含硫化氢酸性油气环境中发生硫化物应力开裂（SSC）的硬度控制要求。

本标准适用于SY/T 0599规定的可用于酸性环境SSC 1区、2区和3区的抗SSC低碳钢、低合金钢管道和设备的焊缝。

本标准适用的设备包括压力容器、工艺管道、热交换器、常压储罐、阀体、泵和压缩机壳体等。

SY/T 0077—2008《天然气凝液回收设计规范》

本标准规定了天然气凝液回收的一般规定、工艺方法、设备及管线安装、节能和健康、安全与环境的基本要求。

本标准适用于陆上采用冷凝分离法和冷油吸收法回收天然气凝液装置的工艺设计。

7.3 化工专业设计规范

7.3.1 设备设计相关规范

HG/T 20701—2000《容器换热器专业工程设计管理规定》

本标准规定了容器、换热器专业的职责范围与设计各阶段的主要任务，适用于设计管理工作。

HG/T 2387—2007《工业设备化学清洗质量标准》

本标准规定了工业设备化学清洗的技术要求、质量指标和试验方法。

本标准适用于碳钢类、不锈钢类、紫铜及铜合金、铝及铝合金等材质的工业设备表面形成的水垢、锈垢、油垢及其他污垢的化学清洗；工业设备的物料垢化学清洗和其他材料制工业设备污垢的化学清洗可参照执行。

HGJ 232—1992《化学工业大、中型装置生产准备工作规范》

本规范适用于国内化工行业新建的大、中型装置在基本建设阶段的生产准备工作，小型和改、扩建工程亦可参照执行。

SHS 01001—2004《石油化工设备完好标准》

SHS 01002—2004《石油化工设备润滑管理制度》

SHS 01003—2004《石油化工旋转机械振动标准》

SH/T 3003—2000《石油化工合理利用能源设计导则（附条文说明）》

SH/T 3004—2011《石油化工采暖通风与空气调节设计规范》
SH/T 3005—2016《石油化工自动化仪表选型设计规范》
SH/T 3006—2012《石油化工控制室设计规范》
SH/T 3007—2014《石油化工储运系统罐区设计规范》
SH/T 3008—2017《石油化工厂区绿化设计规范》
SH 3009—2013《石油化工可燃性气体排放系统设计规范》
SH/T 3010—2013《石油化工设备和管道绝热工程设计规范》
SH 3011—2011《石油化工工艺装置布置设计规范》
SH 3012—2011《石油化工金属管道布置设计规范》
SH/T 3014—2012《石油化工储运系统泵区设计规范》
SH/T 3015—2019《石油化工给水排水系统设计规范》
SH/T 3017—2013《石油化工生产建筑设计规范》
SH/T 3019—2016《石油化工仪表管道线路设计规范》
SH/T 3020—2013《石油化工仪表供气设计规范》
SH/T 3021—2013《石油化工仪表及管道隔离和吹洗设计规范》
SH/T 3022—2011《石油化工设备和管道涂料防腐蚀设计规范》
SH/T 3023—2017《石油化工厂内道路设计规范》
SH/T 3024—2017《石油化工环境保护设计规范》
SH/T 3026—2005《钢制常压立式圆筒形储罐抗震鉴定标准》
SH/T 3027—2003《石油化工企业照度设计标准》

7.3.2 维护检修相关规范

SHS 01004—2004《压力容器维护检修规程》
SHS 01005—2004《工业管道维护检修规程》
SHS 01006—2004《管式加热炉维护检修规程》
SHS 01009—2004《管壳式换热器维护检修规程》
SHS 01010—2004《空气冷却器维护检修规程》
SHS 01011—2004《钢制圆筒形常压容器维护检修规程》
SHS 01012—2004《常压立式圆筒形钢制焊接储罐维护检修规程》
SHS 01013—2004《离心泵维护检修规程》
SHS 01014—2004《蒸汽往复泵维护检修规程》
SHS 01015—2004《电动往复泵维护检修规程》
SHS 01016—2004《螺杆泵维护检修规程》
SHS 01017—2004《齿轮泵维护检修规程》
SHS 01018—2004《离心式空气压缩机维护检修规程》
SHS 01019—2004《离心式氨气压缩机维护检修规程》
SHS 01020—2004《活塞式压缩机维护检修规程》
SHS 01021—2004《螺杆压缩机维护检修规程》
SHS 01030—2004《阀门维护检修规程》
SHS 01031—2004《火炬维护检修规程》

SHS 01033—2004《设备及管道保温、保冷维护检修规程》
SHS 01034—2004《设备及管道涂层检修规程》
SHS 01035—2004《高速泵维护检修规程》
SHS 01036—2004《气柜维护检修规程》
SHS 02019—2004《特殊阀门维护检修规程》
SHS 03058—2004《化工设备非金属防腐蚀衬里维护检修规程》
SHS 03059—2004《化工设备通用部件检修及质量标准》
SHS 03062—2004《螺杆压缩机维护检修规程》
SHS 03063—2004《透平膨胀机维护检修规程》
SHS 06001—2004《旋转电机及调速励磁装置维护检修规程》
SHS 06002—2004《变压器、互感器维护检修规程》
SHS 06003—2004《高压开关维护检修规程》
SHS 06004—2004《配电装置维护检修规程》
SHS 06005—2004《低压电器维护检修规程》
SHS 06006—2004《电源装置维护检修规程》
SHS 06007—2004《电力线路维护检修规程》
SHS 06008—2004《照明装置维护检修规程》
SHS 06009—2004《接地及过电压保护装置维护检修规程》
SHS 07001—2004《总纲》
SHS 07002—2004《检测仪表》
SHS 07003—2004《单组合仪表》
SHS 07005—2004《执行器》
SHS 07006—2004《在线分析仪表》
SHS 07007—2004《特殊仪表》
SHS 07008—2004《过程控制系统》
SHS 07009—2004《系统维护》

7.4 机械专业设计规范

7.4.1 泵相关规范

GB/T 29529—2013《泵的噪声测量与评价方法》

本标准规定了在包络泵的测量表面上测量声压级的环境要求、测量仪器、泵的安装和工作条件、表面声压级的测量和声功率级的计算以及泵的噪声级别评价方法。

本标准适用于除潜液泵、往复泵以外的各种形式的、电动机驱动的、工作介质为液体的泵或泵的机组。

GB/T 29531—2013《泵的振动测量与评价方法》

本标准规定了在泵的非旋转部件表面进行的振动测量、测量仪器及泵的振动评价方法。

本标准适用于转速为600～12000r/min（小于600r/min可参照使用）的各种形式泵、泵与电动机共轴（或泵轴与电动机轴采用刚性联轴器连接）的泵机组。

本标准不适用于潜液泵、往复式容积泵和内燃机驱动的泵机组。

GB/T 3215—2007《石油、重化学和天然气工业用离心泵》

本标准规定了用于石油、重化学和天然气工业用离心泵的最低限度要求。

本标准适用于悬臂式泵、两端支承式泵和立式悬吊式泵。

GB/T 34391—2017《石油、石化和天然气工业用往复泵》

本标准规定了石油、石化和天然气工业中使用的往复式泵和泵机组适用于直动式和机动式两种形式。

本标准不适用于计量泵和旋转式泵。

注：计量泵查阅 API Std 675；旋转式泵查阅 API Std 676。

GB/T 7782—2008《计量泵》

本标准规定了计量泵的信息确认、要求、试验和检验、交付准备、标志、包装及储存。本标准适用于输送温度为－30～150℃、黏度为 0.3～2000mm^2/s 的液体的柱塞计量泵和隔膜计量泵。输送含固体颗粒液体的柱塞计量泵不适用于本标准。

GB/T 9069—2008《往复泵噪声声功率级的测定 工程法》

本标准规定了一个反射平面上自由声场条件下噪声声功率级的工程测定法和混响室内噪声声功率级工程测定法。本标准中混响室内噪声声功率级的测定，采用标准声源比较法中移动传声器测试方法。

本标准适用于包括原动机在内的往复泵机组（以下简称泵机组）噪声声功率级的测定。

7.4.2 压缩机相关规范

GB 10892—2005《固定的空气压缩机 安全规则和操作规程》

本标准规定了一般用固定或撬装的空气压缩机的设计、安装、操作及维护中应遵守的安全规则和操作规程。本标准适用于轴功率不小于 2kW、额定排气压力为 0.05～5MPa 的压缩机。

GB/T 13928—2015《微型往复活塞空气压缩机》

本标准规定了风冷、单作用、一般用途的有油润滑微型往复活塞空气压缩机（以下简称“空压机”）的型号和基本参数、要求、试验方法、检验规则及标志、包装和储存等要求。

本标准适用于额定功率为 0.18～15kW 的电动机或相当功率的、内燃机驱动的、额定排气压力不超过 1.4MPa 的空压机。

本标准也适用于额定功率为 18.5kW、额定排气压力为 0.5MPa 的空压机。

GB/T 19410—2008《螺杆式制冷压缩机》

本标准是对 GB/T 19410—2003《螺杆式制冷剂压缩机》的修订。

本标准自实施之日起代替 GB/T 19410—2003。

本标准规定了螺杆式制冷压缩机及螺杆式制冷压缩机组的术语和定义、分类与基本参数、技术要求、试验方法、检验规则和标志、包装及储存。

本标准不适用于单机双级的螺杆式制冷压缩机及其螺杆式制冷压缩机组。

GB/T 20322—2006《石油及天然气工业用往复压缩机》

本标准规定了石油及天然气工业用气缸有油润滑或无油润滑的往复压缩机及其驱动机的最低要求。

GB/T 25357—2010《石油、石化及天然气工业流程用容积式回转压缩机》

本标准对在石油、石化和天然气工业设施中，用于抽取真空或提高压力或两者都有的干螺杆和喷油螺杆回转压缩机（以下简称压缩机）规定了术语和定义、基本设计、辅助设备、检验、试验和装运准备及卖方资料等要求。是用作专门用途的工艺流程压缩机。

本标准不适用于一般的空气压缩机、液环式压缩机和叶片式压缩机。

GB/T 25359—2010《石油及天然气工业用集成撬装往复压缩机》

本标准规定了石油及天然气工业用压缩烃类化合物的集成撬装、气缸有油润滑、带有驱动机的分体或整体往复式压缩机（以下简称压缩机）的术语和定义、设计、材料、制造、检验及装运准备的要求。

本标准亦适用于所有必要的辅助设备，如水和气的冷却器、消音器、废气排放控制设备、过滤器、分离器、控制盘和管线等。本标准规定了可遵照执行的采购规范、现场施工和设备采购的最低要求。这些设备按采购规范和现场施工、安装设备最小化的要求，装配成一个可操作的单元。

JB/T 6443—2006《石油、化学和气体工业用轴流、离心压缩机及膨胀机-压缩机》

本标准适用于石油、化学和气体工业中用于输送空气或其他气体的轴流压缩机、单轴和整体齿轮增速传动的流程用离心压缩机及膨胀机-压缩机的最低要求。本标准不适用于升压低于 34kPa（5psi）的通风机和鼓风机，它们包括在 API 673 内。本标准也不适用于整体齿轮增速组装型离心式空气压缩机，它们包括在 API 672 内。300℃（570°F）以上的热燃气膨胀机不包括在本标准之内。

7.4.3 制冷设备相关规范

DB12/T 557—2015《冷链物流 冷库技术规范》

本标准规定了冷链物流冷库技术的术语和定义、环境要求、设计要求、存放设备、温控系统、安全要求及使用规范。

本标准适用于食品与原料的冷冻冷藏场所。

GB/T 10079—2018《活塞式单级制冷剂压缩机（组）》

本标准规定了活塞式单级制冷剂压缩机（以下简称压缩机）和活塞式单级制冷剂压缩机组（以下简称压缩机组）的术语和定义、基本参数、技术要求、试验方法、检验规则以及标志、包装、运输和储存。

本标准适用于活塞式单级制冷剂压缩机及活塞式单级制冷剂压缩机组。

本标准不适用于以 R744 为制冷剂的压缩机（组）及以下产品中的压缩机（组）：

——家用冷藏箱和家用冻结箱；

——运输用及特殊用途制冷空调设备。

GB/T 19412—2003《蓄冷空调系统的测试和评价方法》

本标准规定了制冷蓄冷系统技术性能测试、经济评价方法和蓄冷空调系统经济评价方法。本标准适用于由制冷蓄冷系统和供冷系统所组成的蓄冷空调系统。其中制冷蓄冷系统以某种传热流体制冷、蓄冷和释冷；而供冷系统可以是任何形式和任何供回水条件。本标准既作为已建蓄冷空调系统测试和评价的方法，同时又能用于设计院所、建设单位、电力部门进行蓄冷空调系统方案论证评估的方法。

GB/T 23681—2009《制冷系统和热泵 系统流程图和管路仪表图 绘图与符号》

本标准规定了制冷系统和热泵的系统流程图和管路仪表图的符号和绘图规则。这些图形不仅说明制冷系统的构造和功能，而且是组成制冷系统设计、制作、安装、投产、运行、维护和停产所必需的全部技术文件的一部分。

本标准适用于蒸气压缩制冷、吸收制冷、蒸汽喷射制冷、涡流管制冷、压缩空气制冷、吸附制冷等通过流体工质状态变化实现制冷的制冷系统。

本标准不适用于系统内部热传递由电回路实现的制冷系统，如帕尔贴效应。

GB/T 23682—2009《制冷系统和热泵 软管件、隔震管和膨胀接头 要求、设计与安装》

本标准规定了制冷系统和热泵的制冷剂回路中使用的软管件、隔振管和膨胀接头的要求、设计与安装。

本标准适用于制冷系统和热泵的制冷剂回路中的金属软管、金属挠管、非金属软管、隔振管、膨胀接头。

本标准不适用于仅偶尔受力超过弹性极限的软管（如软管在修理过程中，与自由转动或铰接的接头相连时）。

GB/T 25129—2010《制冷用空气冷却器》

本标准规定了制冷用空气冷却器（以下简称冷却器）的术语和定义、形式与基本参数、要求、试验方法、检验规则、标志、包装、运输和储存。

本标准适用于在冷却物冷藏间、冷冻物冷藏间和冻结间使用的冷却器，其他用途的冷却器可参照执行。

本标准适用于以 R134A、R22、R404A 和氨制冷剂为介质的冷却器及以水、乙二醇等载冷剂为介质的冷却器，以其他制冷剂为介质的冷却器可参照执行。

GB/T 25859—2010《蓄冷系统用蓄冰槽　型式与基本参数》

本标准规定了蓄冷系统用蓄冰槽的型式与基本参数。

本标准适用于蓄冷系统配套使用的蓄冰槽，特定冷源用的蓄冰槽可以参照使用。

本标准不适用于动态制冰的蓄冰槽。

GB/T 25862—2010《制冷与空调用同轴套管式换热器》

本标准规定了制冷与空调用同轴套管式换热器的术语和定义、基本参数、要求、试验、检验规则、标志、包装、运输和储存。

本标准适用于以 R134A、R22、R407C、R410A 等 A1 类制冷剂，水、盐水和乙二醇溶液等为载冷剂的制冷与空调用换热器。

GB 28009—2011《冷库安全规程》

本标准规定了冷库设计、施工、运行管理及制冷系统长时间停机时的安全要求。

本标准适用于以氨、卤代烃等为制冷剂的直接制冷系统及间接制冷系统的冷库，其他类型的冷库和制冷系统可参照执行。

本标准不适用于作为产品出售的室内装配式冷库。

GB/T 29029—2012《大型盐水制冰机组》

本标准规定了大型盐水制冰机组（以下简称“机组”）的术语和定义、形式与基本参数、要求、试验方法、检验规则、标志、包装、运输和储存。

本标准适用于以 R717 或氟代烃类物质为制冷剂，以盐水间接冷却形式制取非食用块状白冰、日产量不小于 10t 的制冰机组。

日产量小于 10t 的小型盐水制冰机组和透明冰盐水制冰机组可参照执行。

GB/T 29032—2012《片冰制冰机》

本标准规定了片冰制冰机（以下简称“片冰机”）的术语和定义、形式与基本参数、要求、试验方法、检验规则、标志、包装、运输和储存。

本标准适用于采用电动机驱动的蒸气压缩制冷循环方式，将淡水连续制成片状冰的工业或商业及类似用途的片冰机。

JB/T 11132—2011《制冷与空调用套管换热器》

本标准规定了制冷与空调用套管式换热器（不包括同轴套管换热器）的术语和定义、形式与基本参数、要求、试验、检验规则、标志、包装、运输和储存。

本标准适用于单独供应的以 R134A、R22、R407C、R410A 等 A1 类制冷剂，水为载冷剂的制冷与空调用换热器。

JB/T 11211—2011《小型制冷系统用电动切换阀》

本标准规定了小型制冷系统用电动切换阀的术语和定义、形式、型号和使用条件、要求、试验方法、检验规则以及标志、包装、运输、储存。

本标准适用于 R600A、R134A 或类似热力性质的制冷剂，其阀门口径不大于 1.0mm 的制冷系统用电动切换阀。

JB/T 7222—2006《大型氨制冰装置》

本标准适用于以 R717 为制冷剂，以盐水间接冷却形式制取非食用白冰，日产 10t 以上的大型制冰装置。小型制冰装置、透明冰的制冰装置及氟利昂制冰装置也可参照使用。

JB/T 7223—2011《小型制冷系统用两位三通电磁阀》

本标准规定了小型制冷系统用两位三通电磁阀的术语和定义、形式、型号和使用条件、要求、试验方法、检验规则及标志、包装、运输和储存。

本标准适用于 R600A、R134A 或类似热力性质的制冷剂，其阀口通径不大于 2.0mm 的制冷系统用电磁阀。

JB/T 8053—2011《小型制冷系统用双稳态电磁阀》

本标准规定了小型制冷系统用双稳态电磁阀的术语和定义、形式、型号和使用条件、要求、试验方法、检验规则及标志、包装、运输和储存。

本标准适用于 R600A、R134A 或类似热力性质的制冷剂，其阀门口通径不大于 1.0mm 的制冷系统用电磁阀。

SB/T 10343—2012《蓄冷设备的性能标定》

本标准规定了蓄冷设备的定义、分类、试验与标定要求、公布的标定性能的最低限度数据要求、运行操作要求、标记与铭牌数据以及要遵守的条件。

本标准适用于采用各种不同的传热流体进行蓄冷与释冷的蓄冷设备，它们可以是全部由工厂装配的，或由工厂供应的部件在现场组装的，或遵循预先确定的设计规范在现场安装的蓄冷设备。

本标准不适用于：

——蓄冷量为 35.17kW・h 或更小的蓄冷设备；

——将制冷剂作为释冷流体的蓄冷装置；

——仅用于供热的蓄热设备。

SB/T 10413—2007《雪花冰制冰机》

本标准规定了雪花机制冰机的术语和定义、形式和基本参数、技术要求、试验方法、检验规则、标志、包装、运输和储存等。

本标准适用于以电动机械压缩式制冷系统、以水（淡水）连续式制取雪花形冰的工、商业用和类似用途的制冰机。

7.5 城镇建设行业设计规范

CJ/T 3069—1997《城镇燃气计量单位和符号》

《城镇燃气计量单位和符号》是城镇燃气建设中的基础标准之一，它涉及城镇燃气的文献、书刊、教材、手册、规范和标准等。由于过去在该工程中无统一的标准，故对计量单位和符号的使用带来诸多不便和混乱，甚至到了1984年2月27日国家发布了《关于在我国统一实行法定计量单位的命令》和《中华人民共和国法定计量单位》后还不能较好地统一起来。为此，建设部在1991年第301号文下达编制《城镇燃气计量单位和符号》。本标准确定了城镇燃气工程中所采用的计量单位和符号。

本标准适用于城镇燃气工程设计、施工和城镇燃气文献、教材、书刊、手册等的编写。

CJ/T 335—2010《城镇燃气切断阀和放散阀》

本标准规定了城镇燃气（液化石油气除外）输配系统用切断阀和放散阀的术语和定义、分类和型号、结构与材、要求、试验方法、检验规则、标志、标签、使用说明书以及包装、运输、储存。

本标准适用于以城镇燃气（液化石油气除外）为工作介质、进口压力不大于4.0MPa、工作温度范围−20～60℃、公称尺寸不大于*DN*300、以流经阀门自身的燃气作驱动源的燃气自力式切断阀。

本标准适用于以城镇燃气（液化石油气除外）为工作介质、整定压力不大于0.1MPa、工作温度范围−20～60℃、公称尺寸不大于*DN*200、以流经阀门自身的燃气作驱动源的燃气自力式放散阀。

户内燃气系统用切断阀和放散阀除外。

CJ/T 394—2018《电磁式燃气紧急切断阀》

本标准规定了电磁式燃气紧急切断阀（以下简称切断阀）的术语和定义、分类和型号、材料和结构、要求、试验方法、检验规则、标志和使用说明书、包装、运输和储存。

本标准适用于最大工作压力不大于0.4MPa、公称尺寸不大于*DN*300、工作温度范围−20～60℃、与城镇燃气安全控制系统实现联动、以电磁力驱动的电磁式燃气紧急切断阀。

CJ/T 447—2014《管道燃气自闭阀》

本标准规定了管道燃气自闭阀的术语和定义、分类及型号、结构与材料、要求、试验方法、检验规则、标志、使用说明书、包装、运输和储存。

本标准适用于使用介质符合GB/T 13611规定的城镇燃气、工作温度不超出−10～40℃范围、安装在设计压力小于10kPa的户内燃气管道上、公称尺寸不大于50mm的管道燃气自闭阀。

CJ/T 514—2018《燃气输送用金属阀门》

本标准规定了输送符合GB/T 13611规定的燃气用金属阀门（以下简称阀门）的分类和型号、结构和材料、要求、试验方法、检验规则、标志、铭牌和说明书、防护、包装、运输和储存。

本标准适用于以下阀门：

——最大允许工作压力不超过 10MPa，公称尺寸范围为 DN50～DN1000，工作温度范围为－20～60℃的球阀；

——最大允许工作压力不超过 1.6MPa，公称尺寸范围为 DN50～DN1000，工作温度范围为－20～60℃的闸阀；

——最大允许工作压力不超过 0.4MPa，公称尺寸范围为 DN50～DN300，工作温度范围为－20～60℃的蝶阀。

CJJ/T 215—2014《城镇燃气管网泄漏检测技术规程》

本规程适用于城镇燃气管道及管道附属设施、厂站内工艺管道、管网工艺设备的泄漏检测。本规程不适用于储气设备本体的泄漏检测。

DBJ 08—46—1995《燃气箱式调压站安装设计标准》

DGJ 08—10—2004《城市煤气、天然气管道工程技术规程（附条文说明）》

DGJ 08—102—2003《城镇高压、超高压天然气管道工程技术规程（附条文说明）》

DG/TJ 08—115—2008《分布式供能系统工程技术规程（附条文说明）》

本规程适用于：

① 以天然气、沼气、轻柴油为燃料的输出电、热（冷）能的分布式供能系统。

② 单机容量 6.0MW（含）以下的分布式供能系统的设计、施工和验收。单机容量在 6MW 以上的分布式供能系统应按《热电联产项目可行性研究技术规定》及国家和上海市的其他有关规定执行施工。

③ 与公用电网并网运行的分布式供能系统。独立运行的分布式供能系统可参照执行。

DG/TJ 08—2012—2007《燃气管道设施标识应用规范》

DGJ 08—2014—2007《液化天然气事故备用调峰站设计规程》

GB/T 26002—2010《燃气输送用不锈钢波纹软管及管件》

本标准规定了燃气输送用不锈钢波纹软管及管件（以下简称“软管及管件”）的产品分类和型号、要求、试验方法、检验规则及标志、包装、运输和储存。

本标准适用于公称尺寸 DN10～DN50、公称压力 PN 不大于 0.2MPa 的软管及管件。

GB 27790—2011《城镇燃气调压器》

本标准规定了城镇燃气（人工煤气和天然气，下同）输配系统用的燃气调压器（以下简称调压器）的术语和定义、符号、分类与标记、结构与材料、要求、试验方法、检验规则、标志、标签、使用说明书以及包装、运输、储存。

本标准适用于进口压力不大于 4.0MPa、工作温度范围（调压器组件及附加装置能正常工作的介质和本体温度范围）不超出－20～60℃且其下限不低于燃气露点温度、公称尺寸不大于 300mm 的调节出口压力的调压器。

管道液化石油气和液化石油气混空气输配系统用的调压器参照本标准执行。

本标准不适用于稳压器、瓶装液化石油气调压器和二甲醚用的调压器。

凡本标准未注明的压力值均指表压值，单位为 MPa。

GB 27791—2011《城镇燃气调压箱》

本标准规定了城镇燃气输配系统用燃气调压箱的术语和定义、型号编制、结构要求、技术要求、试验方法、检验规则、质量证明文件、标志、包装、运输和储存。

本标准适用于进口压力不大于 4.0MPa、工作温度范围不超出－20～60℃的调压箱。

本标准不适用于地下调压箱。

GB 35844—2018《瓶装液化石油气调压器》

本标准规定了瓶装液化石油气调压器（以下简称调压器）的分类和型号、要求、试验方法、检验规则、标志、警示和使用说明书，包装、运输和储存。

本标准适用于进口压力为0.03～1.56MPa，额定出口压力为2.80kPa，额定流量小于或等于$2m^3/h$，使用环境温度为－20～＋45℃的家用瓶装液化石油气调压器（以下简称家用调压器）；以及进口压力为0.03～1.56MPa，额定出口压力为2.80kPa或5.00kPa，额定流量小于或等于$3.6m^3/h$，使用环境温度为－20～＋45℃的商用瓶装液化石油气调压器。

GB/T 36051—2018《燃气过滤器》

本标准规定了燃气过滤器产品的分类、代号和型号、结构和材料、要求、试验方法、检验规则及质量证明文件、标志、包装、运输和储存。

本标准适用于公称压力不大于10.0MPa、公称尺寸不大于600mm、工作温度范围为－20～60℃燃气输配系统中的燃气过滤器。

本标准不适用于石油和（或）天然气生产过程中的气液分离器。

注：本标准所指燃气是符合GB/T 13611规定的燃气。

GB 50028—2006《城镇燃气设计规范》

本标准适用于向城市、乡镇或居民点供给居民生活、商业、工业企业生产、采暖通风和空调等各类用户作燃料用的新建、扩建或改建城镇燃气工程设计。

GB 50494—2009《城镇燃气技术规范》

本规范适用于城镇燃气设施的建设、运行维护和使用。

GB/T 33841.1—2017《制冷系统节能运行规程 第1部分：氨制冷系统》

本部分规定了氨制冷系统运行调节、维护和管理节能要求。

本部分适用于以氨为制冷剂的蒸气压缩式直接制冷系统或间接制冷系统，采用其他制冷剂的系统可参照执行。

7.6 项目运营管理设计规范

7.6.1 天然气压力能利用设计规范案例分析

以国内某天然气接收站冷库项目为案例，分析说明工程建设中涉及的标准化、规范化设计。

首先供冷站选址应在冷媒管路沿线，并应符合GB 50028—2006《城镇燃气设计规范》等相关规定。根据国家标准《冷库设计规范》（GB 50072—2010）的规定，一般的冷库只需维持在－45℃以上，可以提供冷库所需的不同温位的冷能。

冷库设计温度和相对湿度如表7-1所示。

表7-1 冷库设计温度和相对湿度（GB 50072—2010）

序号	冷间名称	室温/℃	相对湿度/%	适用食品范围
1	冷却间	0		肉、蛋类
2	冻结间	－19～－25 －23～－35		肉、禽、蛋、蔬菜、冰淇淋等 鱼、虾等

续表

序号	冷间名称	室温/℃	相对湿度/%	适用食品范围
3	冷却物	0	85～90	冷却后的肉、禽
		−2～0	80～85	鲜蛋
		−1～+1	90～95	冰鲜鱼
		0～+2	85～90	苹果、鸭梨等
		−1～+1	90～95	大白菜、蒜薹、葱、菠菜、香菜、胡萝卜、甘蓝、芹菜、莴苣等
	冷藏间	+2～+4	85～90	土豆、橘子、荔枝等
		+17～+13	85～95	柿子椒、菜豆、黄瓜、番茄、菠萝、柑等
		+11～+16	85～90	香蕉
4	冻结物	−15～−20	85～90	冻肉、禽、冰蛋、冻蔬菜、冰淇淋、冰棒等
	冷藏间	−18～−23	90～95	冻鱼、虾类
5	储备间	−4～−6		盐水制冰的冰块

注：冷却物冷藏间设计的温度一般取0℃，储藏过程中应按照食品的产地、品种、成熟度和降温时间等调节其温度与相对湿度。

7.6.2 公用工程及辅助设施设计规范

7.6.2.1 给排水设计规范

(1) 设计依据

GB 50160—2008《石油化工企业设计防火标准（2018年版）》

GB 50016—2014《建筑设计防火规范（2018年版）》

GB 50013—2018《室外给水设计标准》

GB 50014—2006《室外排水设计规范（2016年版）》

(2) 给水水源

本项目的生产生活用水由各项目建设单位自行提供。

(3) 给水

给水水质必须符合《生活饮用水卫生标准》(GB 5749—2006)。

(4) 给水量

根据一般项目装置的生产及生活用水要求，所需的给水量见表7-2。

表7-2 给水量汇总表

m^3/h

序号	装置名称	新鲜水		循环水	
		平均	最大	平均	最大
1	空分	25	35	1065	1250
2	冷能发电	2	3	165	200
3	冷媒循环	1	1.5		
4	维修	1	2		
5	中心化验室	0.5	2		
6	综合楼	1	2		
7	生活用水	1	3		
8	未预见水	2	5		
	合计	33.5	53.5	1230	1450

(5) 给水系统划分

本项目的给水系统由新鲜水系统、循环水系统和高压消防水系统组成。

① 新鲜水系统。

本系统用于提供各生产装置和辅助生产装置的生产和生活用水。

本项目的给水由场站的给水泵站提供，给水设计能力为60m^3/h，给水系统由给水管网组成。

本项目新鲜水的工艺条件如下。

供水水量：正常为40m^3/h，最大为60m^3/h；

供水规格：压力为0.4MPa（G）（在用水装置界区线），水温为5～30℃。

本系统管线采用焊接钢管，原土直埋，管道外侧采用环氧煤沥青防腐处理。

② 循环水系统。

本系统用于提供各空气分离系统需要的循环冷却水。

本项目拟建一循环水场，循环水场的设计能力为1250m^3/h。循环水场由冷却塔、吸水池、循环水泵、加药设备、杀菌设备、旁滤器及辅助设施组成。循环水场计划由空分成套设备厂家统一供货。

由工艺装置和辅助生产设施返回的循环冷却水回水，利用系统余压进入冷却塔，使水温降低，进入冷却塔水池；经格栅后进入水泵吸水池，由冷却水泵送至用户循环使用。为了抑制水垢、防腐和灭藻，设置全自动加药设备。为保证系统水中悬浮固体$<$20mg/L，系统设置旁滤器1台，用于去除水中悬浮固体。

本项目循环水的工艺条件如下。

循环水量：正常为1065m^3/h，最大为1250m^3/h；

循环水温：给水为32℃，回水为42℃；

循环水压力：给水为0.4MPa（G），回水为0.2MPa（G）；

污垢系数：3.44×10^{-4}（$m^2\cdot K$)/W。

本系统管线采用焊接钢管，原土直埋，管道外侧采用环氧煤沥青防腐处理。

③ 高压消防水系统。

本系统用于提供生产装置、辅助生产装置的高压消防水。消防水由消防水系统提供。

④ 装置区消防管网。

场站的消防给水系统能满足本项目的消防给水需求。

本系统管线采用焊接钢管，原土直埋，管道外侧采用环氧煤沥青防腐处理。

(6) 排水量

根据各生产装置和辅助生产装置的排水情况，本项目排水量见表7-3。

表7-3　排水量汇总表

m^3/h

序号	装置名称	生产污水		生活污水		备注
		平均	最大	平均	最大	
1	空分	5	8			循环水排污
2	冷能发电	2	4			循环水排污
3	冷媒循环	1	2			
4	维修	1	2			
5	中心化验室	1	3			化验室与场站合用
6	生活废水			1	3	生活废水与场站合用
7	未预见	3	5			
	合计	13	24	1	3	
	污水去向	污水处理厂		污水处理厂		

(7) 排水系统的划分

本项目排水系统按清污分流的原则，分为生产污水系统、生活污水系统和雨水系统，以减少对环境的污染和控制污水的排放。

① 生产污水。

本系统用于收集和排放各种生产废水和地面冲洗水。

生产污水经过废水处理站预处理后，和场站废水统一排放。

本系统采用排水铸铁管、石棉水泥接口。

② 生活污水。

因为本项目生产操作和管理人员使用场站的办公设施，所以场站的设计需要考虑冷能利用项目人员的要求。

生活污水与场站生活污水统一处理排放。

本系统采用排水铸铁管、石棉水泥接口。

③ 雨水系统。

装置区和罐区可能产生污染区域的初期污染雨水，经管道收集送至拟建的污染雨水池，经检验后排放或送至拟建污水处理场处理。

本系统管道采用混凝土明渠。

7.6.2.2 供电及电信设计规范

供电范围主要包括空分、冷能发电、供冷站、冷库、制冰和冷水空调等生产装置的供配电。

本工程设计中将遵照国家有关规范和电气设计有关标准，并吸取国外先进经验及有关国际规范、标准。

本项目属天然气储存利用装置，工艺过程存在低温高压、易燃易爆的介质环境，一旦正常供电中断，将会造成较大经济损失、连续生产过程打乱、大量产品报废，因此要求供电连续性、可靠性较高。根据《供配电设计规范》(GB 50052—2009）本项目主要生产装置属于二级负荷，少量不允许停电的关键设备和 DCS 系统属一级负荷，办公楼、维修等属于三级负荷。本项目的电信系统依托场站，主要包括行政电话、内部呼叫对讲系统、无线对讲系统及信息网络系统。

7.6.2.3 维修设计规范

本项目的中修、大修与场站统一考虑。

7.6.2.4 化验设计规范

本项目的化验室设在场站化验室内。

化验室是负责本项目的质量监测单位，同时又对生产运行过程中的物料进行分析和监控，以保证各生产装置的工艺性得以实现。

具体讲，车间化验室负责下列任务：

① 负责进厂和进装置的原材料分析检验；

② 负责出厂和出装置的成品和半成品分析检验。

7.6.2.5 通风和空气调节设计规范

依据当地气象条件，按照设计规定进行通风设计，对生产中有大量热和湿气产生的车间，组织自然通风，排出热量。对生产中产生有害气体或爆炸危险气体的建（构）筑物设计机械通风。对室内空气温度、湿度及洁净度有要求时，采用空气调节系统。

7.6.3 劳动保护、安全、消防设计规范

7.6.3.1 劳动保护与安全卫生设计规范

（1）标准规范

《中华人民共和国安全生产法》（2002 年 11 月 1 日起实施）
《中华人民共和国消防法》（1998 年 9 月 1 日起实施）
《建筑工程消防监督审核管理规定》（公安部 30 号令）
《中华人民共和国职业病防治法》（2002 年 5 月 1 日起实施）
《压力容器安全技术监察规程》（质技监局锅发［1999］154 号）
GB 50183—2015《石油天然气工程设计防火规范【暂缓实施】》
GB 50160—2008《石油化工企业设计防火标准（2018 年版）》
GB 50016—2014《建筑设计防火规范（2018 年版）》
GB 50140—2005《建筑灭火器配置设计规范》
GB 50151—2010《泡沫灭火系统设计规范》
GB 50316—2000（2008 年版）《工业金属管道设计规范》
GB/T 8163—2018《输送流体用无缝钢管》
GB 50219—2014《水喷雾灭火系统设计规范》
GB/T 13401—2017《钢板制对焊管件 技术规范》
GB/T 12459—2017《钢制对焊管件 类型与参数》
GB 8978—1996《污水综合排放标准》
GB 12348—2008《工业企业厂界环境噪声排放标准》
GBZ 1—2010《工业企业卫生设计标准》
GB 3095—2012《环境空气质量标准》
GB 3096—2008《声环境质量标准》
GB 16297—1996《大气污染物综合排放标准》
GB 50116—2013《火灾自动报警系统设计规范》
GB 50187—2012《工业企业总平面设计规范》
GB 50010—2010《混凝土结构设计规范（2015 年版）》
GB 50003—2011《砌体结构设计规范》
GB 50007—2011《建筑地基基础设计规范》
GB 50009—2012《建筑结构荷载规范》
GB 50011—2010《建筑抗震设计规范（附条文说明）（2016 年版）》
GB 50191—2012《构筑物抗震设计规范》
GBJ 22—87《厂矿道路设计规范》
GB 50034—2013《建筑照明设计标准》
GB 50052—2009《供配电系统设计规范》
GB 50053—2013《20 千伏及以下变电所设计规范》

GB 50054—2011《低压配电设计规范》

GB 50055—2011《通用用电设备配电设计规范》

GB 50056—93《电热设备电力装置设计规范》

GB 50057—2010《建筑物防雷设计规范》

GB 50058—2014《爆炸危险环境电力装置设计规范》

GB 50217—2018《电力工程电缆设计规范》

GB/T 50115—2019《工业电视系统工程设计标准》

GB 50200—2018《有线电视网络工程技术标准》

GB/T 3863—2008《工业氧》

GB/T 14599—2008《纯氧、高纯氧和超纯氧》

GB 50222—2017《建筑内部装修设计防火规范》

(2) 生产过程中职业危害因素的分析

本装置主要由三大部分组成：空分系统、循环冷能发电系统和循环冷媒供冷系统（冷量供给冷水空调、制冰、冷库）。

本装置采用的技术是当前的先进技术，装置中产生的废液及废气燃料可用于其他装置，既回收了能源，又减少了三废排放量。该生产工艺成熟，三废排放少。

生产及储存过程中主要危险区域有压缩机区、泵区、塔和换热器等设备，其危险性主要是某些物料中有易燃、易爆组分；泵区有较大的噪声，约为 85～90dB（A）；部分物料有毒性。

主要物料有甲烷、乙烷、丙烷、丁烷、氮气、氧气等，这些原料及产品都具有一定的火灾危险和毒性，与之相关的岗位或区域也具有一定的危险性。

(3) 主要的安全卫生防护措施

针对本装置的危险物料及所存在的区域，采取如下安全防护措施。

① 设计中应严格按照有关标准规范设置安全消防防护措施。有内压的设备和管道均装有安全释放阀和压力调节阀，以防止设备或管道在受到意外超压时损坏。

② 在高噪声区设有隔音室，以降低噪声对人身的影响，人员配有耳罩等防护用品。

③ 装置采用 DCS 控制系统，对反应系统及关键设备的操作温度、操作压力、液位高低进行自动控制和安全报警，并设有连锁系统，在紧急情况时可自动停车。

④ 在人身有可能接触到有害物质而引起烧伤、刺激或伤害皮肤的区域内，均设事故淋浴器和洗眼器。

⑤ 凡表面温度达 60℃以上的设备及管道均采取隔热措施。

⑥ 装置区四周将设有环形消防车道，出入口不少于 2 个，管廊与消防车道交叉处的净空不小于 5m。

⑦ 在含有易燃、可燃液体的污水、雨水管道上设置水封井，以防止火灾蔓延。

⑧ 在具有爆炸危险的区域内，所有电器设备采用防爆型设备。设备与管道设有防雷、防静电接地设施。

⑨ 消防设施分布于装置区内，消防水压力不小于 0.8MPa，消防水管围绕工艺装置四周布置，环状管网上设有供检修用的分段阀。供水由已设计好的 LNG 装置分两处接入环管。

⑩ 装置区四周设有直径 *DN*150 的地上式消火栓，消防栓间距约为 60m，并配有消防栓箱及水带。

⑪ 装置区内的关键部位设有保护半径不小于40m的消防水炮，保证装置区及设备的安全。

⑫ 在装置内还配有推车式、手提式灭火器，以扑救小型火灾或初起火灾。

⑬ 装置内每个关键位置设有手动报警按钮、气体泄漏探测器、火灾报警等防护措施。

7.6.3.2 消防设计规范

(1) 标准规范

GB 50160—2014《建筑设计防火规范（2018年版）》

GB 50160—2018《石油化工企业设计防火标准（2018年版）》

GB 50219—2014《水喷雾灭火系统设计规范》

GB 50116—2013《火灾自动报警系统设计规范》

GB 50058—2014《爆炸危险环境电力装置设计规范》

GB 50140—2005《建筑灭火器配置设计规范》

GB 50151—2010《泡沫灭火系统设计规范》

(2) 消防现状及工程的火灾危险性类别

本项目将重视加强消防设施，配备足够的扑救力量，做到防患于未然。

本工程工艺装置区火灾危险性属于甲类，配套的公用工程部分属于丙类或丁、戊类。

本装置的消防水由场站提供。

目前建厂周边还未有协作的消防条件，将依托待建的工业园区消防中队。

本工程工艺装置区最大消防水量为200～420m^3/h，火灾延续时间为3h，装置区周围高压水管线成环状布置，设消防水炮及消火栓，以满足消防要求。

(3) 消防设施及措施

为了本工程长期内具有高度的可靠性和操作安全性，而采取以下消防设施及措施。

① 严格按照有关的消防法规设置消防设施及措施。

② 工艺装置中有内压的设备和管道均装有安全释放阀和压力调节阀，以防止设备或管道在受到意外超压时损坏。

③ 装置采用DCS控制系统，对关键设备的操作温度、操作压力、液位高低进行自动控制和安全报警，并设有连锁系统，在紧急情况时可自动停车。

④ 为了人员在事故时紧急疏散，每个操作区至少有两个安全出口，且通道上无任何障碍物。

⑤ 总图布置满足防火间距、消防道路及通道等要求。装置区四周将设有环形消防车道，出入口不少于2个，管廊与消防车道交叉处的净空不小于5m。

⑥ 在含有易燃、可燃液体的污水、雨水管道上设置水封井，以防止火灾蔓延。

⑦ 在具有爆炸危险的区域内，所有电器设备采用防爆型设备。设备与管道设有防雷、防静电接地设施。

⑧ 装置区四周设有消火栓，消防栓间距约为60m。装有水枪和水带的消防箱将设置在消火栓附近。

⑨ 装置区和罐区的关键部位设有保护半径不小于40m的消防水炮，保证装置区及设备的安全。

⑩ 在装置区内还配有推车式、手提式灭火器，以扑救小型火灾或初起火灾。

⑪ 装置区内的关键位置如工艺区、泵房、压缩机房等区域将设有手动报警按钮、火灾报警等设施，这些信号将送至控制室的火警盘上。

⑫ 在装置区可能发生可燃气体泄漏的场所均设置可燃气体探测器，以便及时报警迅速处理事故。

⑬ 有可能发生爆炸的建筑物将设有足够的泄爆面积，或采用轻质屋顶、轻质墙体，能采用敞开式的尽量采用敞开式、半敞开式或构筑物。建筑物的耐火等级不低于二级。

7.6.4 环境保护设计规范

7.6.4.1 厂址周围环境质量现状

项目附近海域海水环境基本保持良好状态，近岸海域水质达到海水Ⅱ类标准；大气环境质量全年平均属于二级标准。

7.6.4.2 执行的环境质量标准及排放标准

(1) 环境质量标准

《环境空气质量标准》(GB 3095—1996) 三级标准；《工业企业设计卫生标准》(GBZ 1—2010) 居住区大气标准；《海水水质标准》(GB 3097—1997) 三类标准；《声环境质量标准》(GB 3096—2008) 三类标准。

(2) 污染物排放标准

《大气污染物综合排放标准》(GB 16297—1996) 二级标准；《污水综合排放标准》(GB 8978—1996) 一级标准；《工业企业厂界环境噪声排放标准》(GB 12348—2008) Ⅲ类标准；《危险废物贮存污染控制标准》(GB 18597—2001)；《危险废物焚烧污染控制标准》(GB 18484—2001)；《危险废物填埋污染控制标准》(GB 18598—2001)；《一般工业固体废物贮存、处置场污染控制标准》(GB 18599—2001)。

7.6.4.3 建设项目主要污染源及主要污染物

本项目是冷能利用项目，主要包括空气系统、冷能发电系统、冷媒循环系统，装置规模见表 7-4。

表 7-4　装置规模

序号	装置名称	单位	装置能力
1	空气系统	t/d	600
2	冷能发电系统	kW	20200
3	冷媒循环供冷系统	$\times 10^4$kW	15

(1) 废气

在正常情况下，本项目空气系统、冷媒循环供冷系统及冷能发电系统都不产生废气。

(2) 废水

本项目正常的生产过程不产生废水，项目废水主要来源于设备的检修及地面的清洗废水，废水量平均每天约 7m^3；另外，公用工程的循环水系统也会产生一定量的微污染废水，废水量约为 12m^3/d，见表 7-5。

表 7-5　项目废水统计表

序号	废水名称	废水量/(m^3/d)	主要污染物	备注
1	冲洗废水	7	SS/石油类	—
2	循环水排水	12	SS/COD	—

(3) 废渣

本项目正常生产情况下，生产的废渣主要产生在空气分离系统；本项目没有生活设施，不产生生活固废。

空气分离系统工程工业固体废物主要为空气净化工段中过滤器定期更换的纸质滤芯。

(4) 噪声

本项目噪声设备主要有泵、压缩机、风机、冷却塔等，噪声级一般为 85～105dB (A)。另外，还有空气放空等引起的气流噪声。

本项目主要噪声排放见表 7-6。

表 7-6 主要噪声源特征一览表 dB (A)

序号	设备名称	设备噪声	减噪后噪声	减噪措施
1	大机泵	＜95	＜85	消音、隔音
2	压缩机	＜105	＜90	消音、隔音
3	冷却塔	＜75	＜75	
4	真空泵	＜95	＜85	消音、隔音
5	空压机	＜100	＜90	消音、隔音
6	空气放空	＜100	＜90	消声

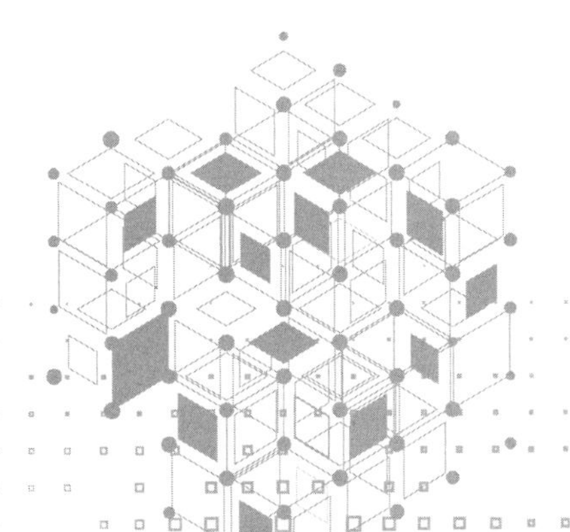

第8章 大型压力能利用工程建设管理

8.1 引言

对于天然气管网压力能利用，目前已有较多研究经验，且技术设备方面具备充分支持。随着天然气产业的不断建设发展和国家对于节能减排方面的大力政策支持，其发展前景广阔，具备很好的落地条件。本章将对大型压力能利用项目落地建设进行介绍，对项目建设前期的实地调研与规划、施工准备、工程设备验收、工程建设等做进一步阐述，对于设备验收和工程建设作业进行详细介绍。

8.2 现场调研及设计

大型天然气压力能利用项目是压力能与冷能的综合利用，涉及燃气、电力、冷能利用方及市政道路等多方利益体，牵一发而动全身。因此，这种大型项目的前期阶段主要是做好调研工作，进行建设条件分析和工程设计，为压力能利用项目打下坚实的基础。

8.2.1 建设条件调研分析

(1) 管网压力能利用气源条件

对目标调压站进行调研，获取该调压站气源输入压力、气源输出压力、管径、气体温度、年运行流量分布及年运行时间，获取该调压站年可用压力能数据。

(2) 电力使用及并网条件情况

调研分析天然气调压站自身的电力使用情况及电力并网条件，结合该调压站年可用压力能所发电量，确定合适的发电功率和电力使用方式。

(3) 冷能利用产品市场

调研分析下游客户用冷需求，包括但不限于冷链及物流、数据中心、轻烃分离、空分、压缩天然气加压、制氢、深冷粉碎等高能耗产业。

(4) 调压站土建条件

调研目标调压站工程建设土地条件，天然气管线分布、电缆分布、冷热水等分布情况，预留项目建设空间，并按照规范设定防爆安全区域。

8.2.2 项目方案设计

在坚持保障天然气调压站安全的原则和保证各燃气站点的主导业务——调压及加压供气安全、可靠的前提下进行压力能利用。结合前期的调研，进行调压站压力能利用方案设计，完成相应项目方案设计、可行性报告和项目建议书。

天然气压力能大型项目旨在努力提高压力能利用效率，创造更大的经济效益。同时，在方案设计上，应使各系统相对独立安全，实现可靠的有效隔离及迅速切换。因此，天然气管网压力能利用设备与调压站原调压设备工艺应是并联运行，项目设备运行时，不影响主管道上工艺设备的正常生产。

8.3 工程建设准备

8.3.1 施工组织及分工

针对工程情况，成立相应项目经理部，全面负责工程的组织、指挥及协调、管理、监督工作，并选派具有丰富施工经验的管道安装队伍承担工程施工。建立健全质量保证管理体系、HSE 管理体系、工程施工管理体系等管理网络，严格按设计图纸、技术标准和施工验收规范精心组织施工。施工全过程中，使用工程项目管理软件进行工程管理，实施关键线路控制，保质、安全、按期完成施工任务。

根据以往工程施工经验及工程管线的现场情况，结合工程工作量和工期要求，相应设置焊接机组、连头机组和土建机组，还可设立测量小组、协调小组、安保小组、运输机组、试压机组等，共同完成该工程的施工任务。

8.3.2 施工准备

大型压力能利用项目施工准备如下：

① 编制切实可行的施工方案，确定施工计划和施工工序要求，送报监理和业主审批。

② 进行技术交底，使操作工人掌握施工技术要求、质量要求及安全要求。

③ 进行施工演练，熟悉施工内容和步骤。

④ 动火作业应在动火方案和动火申请经相关部门批准同意之后进行。

⑤ 动火应在甲方监火人在场时进行。

⑥ 划定作业区域，用围挡做有效隔离，备足防护用品及消防器材；明确现场安全监护人、动火作业人员。

⑦ 对需要切断重新连接的次高压、中压管道进行停气、放空、氮气置换。对作业点附近进行燃气浓度检测，并根据现场具体情况采取相应的安全防火措施。

⑧ 检查作业工具、检测仪器，保证工具、仪器处于良好状态，检查现场员工防护设备，作业区域内如使用非防爆电器设备须经现场指挥批准并采取有效防护措施。

⑨ 人员准备。组织符合规范要求的具有作业资质的土建及安装各工种等进场施工。

⑩ 机具设备准备主要有全站仪、围挡、挖机、土方车、劳动车、焊机等。

⑪ 材料准备。氮气、堵头、盲板、模板、钢筋、混凝土、Q345B 钢管、20 钢管、各类

管件螺栓垫片、镀锌钢管、电缆、自控线、不锈钢导气管、扁钢等。

8.4 项目设备验收

项目设备验收依照 GB/T 30555—2014《螺杆膨胀机（组）性能验收试验规程》，SHS 03063—2004《透平膨胀机维护检修规程》，《石油化工设备维护检修规程》[1~3] 等国家标准进行。

8.4.1 膨胀机验收

8.4.1.1 设备完整性要求

① 膨胀机设备本体及各零部件完整齐全；

② 各连接螺栓齐全、紧固；

③ 仪表、调节阀及连锁装置齐全，且调校完毕，安全灵敏可靠；

④ 各部件安装配合间隙符合规定要求；

⑤ 润滑油、密封气系统检查合格；

⑥ 附属阀门、管件、管线油漆完整，标志明显。

8.4.1.2 试车

① 按照透平膨胀机操作规程投用密封气系统、润滑油系统，并根据开车升速步骤进行试车。

② 膨胀机逐步启动期间要随时检查轴承温度、转速等，整个机组运行情况是否正常；稳步运行后每两小时对运行中的设备进行检视。

③ 密封气温度在 30～50℃之间，不得低于 20℃。

④ 润滑油供油温度不低于 30℃，润滑油压力在 0.8MPa 左右，不低于 0.7MPa，润滑油过滤器差压不高于 0.2MPa。

⑤ 轴承温度在 50～60℃之间，不高于 95℃。

⑥ 转子振动在 20μm 以下，不高于 30μm。

⑦ 透平膨胀机出入口压力、温度、流量等工艺参数符合透平膨胀机操作规程的要求。

⑧ 透平膨胀机试车合格，达到完好标准，办理验收手续，交付生产。

8.4.1.3 技术文件

验收技术文件应包括：

① 有设备总图或结构图、易损件图；

② 使用说明书、产品合格证、质量证明书；

③ 操作规程、维护检修规程；

④ 检修质量及缺陷记录；

⑤ 主要零部件无损检验报告；

⑥ 更换零、部件清单；

⑦ 结构、尺寸、材质变更的审批文件；

⑧ 试车记录。

8.4.2 换热器验收

8.4.2.1 设备完整性要求

设备外观检查：

① 设备表面及管口法兰等检查；

② 焊缝检查，设备焊缝余高＜2mm，焊缝错边量＜2mm，关键焊缝是否按设计图纸制造；

③ 设备是否安装设备铭牌；

④ 设备防腐涂漆。

设备尺寸检查：

① 筒体长度；

② 筒体内径；

③ 管箱长度；

④ 筒体、封头壁厚；

⑤ 管口方位；

⑥ 支座定位尺寸；

⑦ 吊耳尺寸（如果有）；

⑧ 其他。

8.4.2.2 试压

（1）试压要求

① 压力试验必须用两个量程相同并经校验合格的压力表，压力表量程为试验压力的1.5～2倍，精度为1.6级；压力表应装在设备的最高处，避免装在加压装置进口管路附近。试验压力以最高处的压力表读数为准。换热器试验压力依据设备铭牌标识和原设备设计蓝图选取。

② 液压试验介质为清洁水，水温不低于5℃；不锈钢列管试压时，应限制水中氯离子含量不超过25×10^{-6}，防止腐蚀。

③ 试压过程中不得对受压元件进行任何修理。

④ 试压时各部位的紧固螺栓必须装配齐全。

⑤ 试压时如有异常响声、压力下降、油漆剥落或加压装置发生故障等不正常现象时应立即停止试验，并查明原因。

⑥ 当管程的试验压力高于壳程压力时需要与使用单位协商确定。

（2）试压方法

① 换热器试压分类。换热器试压，针对不同形式的换热器要求不同。

a. 固定管板式。

壳体试压：拆除两端管箱，对壳程加压，检查壳体、换热管与管板连接部位。

管程试压：安装好换热器两端管箱，对管程加压，检查两端管箱和有关部位。

b. U形管式换热器。

壳体试压：拆除管箱、外头盖，安装试压法兰，对壳程加压，检查壳体、换热管与管板连接部位。

管程试压：拆下试压法兰，安装管箱和浮头盖，对管程加压，检查管箱和浮头有关部位。

c. 浮头式换热器。

壳体试压：拆除管箱、外头盖，两端安装试压法兰，对壳程加压，检查壳体、换热管与管板连接部位。

管程试压：拆下试压法兰，安装管箱和浮头盖，对管程加压，检查管箱和浮头有关部位。

壳程试压：安装外头盖，对壳程加压，检查壳体、外头盖及有关部位。

② 试验时容器顶部设一排气口，充液时将换热器内的空气排净，从底部上水。试压时应保持换热器表面干燥。

③ 缓慢加压，达到规定试验压力后稳压 30min，然后将压力降至设计压力，至少保持 30min，检查有无损坏、目测无变形、泄漏及微量渗透，如有问题与业主、监理共同协商解决后重新试验。

④ 液压试验完毕后，将液体排尽，并用压缩空气将内部吹干。

⑤ 将设备所有管口封闭。

(3) 换热器试压步骤

试压顺序为先试壳程（同时检查换热管与管板连接接头），再试管程，具体操作步骤如下：

① 试压前打开壳程（管程）阀门上水，令容器充满水，当压力表接头有水溢出时将压力表装上。

② 关闭进水阀门，打开压力控制阀门，启动试压泵对设备加压，泵出口压力由低位压力表读出，壳程（管程）压力由高位压力表读出。

③ 加压到试验压力，试压泵停车，关闭压力控制阀，稳压 30min，然后缓慢打开阀门将压力降至设计压力，至少保持 30min，检查设备情况。

④ 试压完毕，打开阀门放水，当高位压力表显示降至常压时，卸下压力表以免造成负压，继续放水，直至把水放净。

⑤ 用洁净的压缩空气将设备吹干。

(4) 换热器回装、复位

换热器的回装、复位时，筒体检查应该注意以下几个方面：

① 换热器通体内不应有废弃的螺栓及螺母、铁丝、废料、废布头等；

② 换热器通体内壁无铁锈、无油泥，各管箱、小浮头、头盖无铁锈、无油泥，换热器筒体污垢清理干净，允许有轻微浮锈；

③ 换热器管束表面干净、无铁锈，管子之间无杂物，管子内部畅通、无堵塞，垫片规格合适，所有螺栓材质、规格正确；

④ 设备口各接口内无杂物，各密封面无损坏；

⑤ 换热器壳体及管束各密封面清理干净。

8.4.2.3 技术文件

验收技术文件应包括：

① 设备制造竣工图；

② 材料质量证明书（包括焊接材料）；

③ 无损检测报告；

④ 产品外观及几何尺寸检验报告；

⑤ 压力试验报告；

⑥ 焊后热处理报告；

⑦ 产品质量合格证；

⑧ 材料进厂复验报告；

⑨ 产品焊接试板评定报告；

⑩ 焊接工艺评定报告（PQR）和焊接工艺规程（WPS）；

⑪ 无损检测人员和焊工名单及其代号；

⑫ 铭牌的照片或拓印；

⑬ 备品备件清单；

⑭ 设备装箱单。

8.5 工程建设说明

大型压力能利用工程建设一般主要包括混凝土基础浇筑、压力能利用工艺系统安装、冷热水系统（或换热系统）安装、电气系统安装、防静电接地安装五大模块，对应土方作业、压力能利用撬装设备吊装、工艺管道作业、冷热水系统安装和电缆电线、防静电接地安装五大施工作业板块。工程建设作业规范及标准按照 GB 50540—2009《石油天然气站内工艺管道工程施工规范（2012 年版）》，GB 50251—2015《输气管道工程设计规范》等国家标准[4~9] 执行。

8.5.1 土方作业

8.5.1.1 测量放线

按图纸坐标确定需要开挖的管线、撬基础位置。若因原门站内冷热水管道位置后期有变与图纸不符时，应先挖探坑找到冷热水管道，再根据实际情况对图纸坐标确定需要开挖的管线、撬基础位置。

8.5.1.2 作业坑开挖

管沟采用人工开挖，根据土质情况和开挖深度确定放坡系数，根据管径确定槽底宽，管沟挖至设计标高深度。按测量放线确定的位置及图纸设计确定的尺寸进行膨胀发电集成撬装置基础的土方开挖，需严密配合防雷接地施工。

撬基础基坑深度达到设计要求夯实后铺设碎石垫层；然后绑扎模板和混凝土内主筋及配筋；预留地脚螺栓孔，撬基础高出地面 0.1m。

商品混凝土用混凝土罐车运至现场，工人配合浇筑，并不时用振动棒振动，使混凝土均匀分布、不留空隙；保证混凝土的强度；表面反复测量，控制混凝土表面平整度和标高；把多余混凝土清除掉，24h 后用专用毛毯盖上浇水养护 3 天以上。

结合实际温度确定混凝土拆模时间，侧面强度达到拆模要求时拆模。拆模后将混凝土试块送至检测中心检测，检测合格即可。

8.5.2 撬装设备吊装

设备基础需在混凝土强度达 90%以上时方可吊装设备。设备固定应根据设备厂家要求确定，安装前应先校对设备资料再施工。安装地基表面应平整，即指水平尺置于地基表面任意位置，气泡均处于中间位置。基础表面及侧面的水泥砂浆 30mm 厚。

设备吊装时，先吊螺杆膨胀发电设备至混凝土基础上，把穿上地脚螺栓的设备对准预留地脚螺栓孔，保证地脚螺栓在预留地脚螺栓孔中心位置；然后吊装和换热器组装在一起的换热汽化器设备基础，同样穿上地脚螺栓，把穿上地脚螺栓的设备基础对准预留地脚螺栓孔，保证地脚螺栓在预留地脚螺栓孔中心位置；之后吊装汽化器至换热汽化器设备基础预留的位置上，用螺栓固定；最后进行设备基础找平，用一米水平尺找平，不水平的地方用斜铁插入垫起，保证设备槽钢基础水平。完成设备吊装后，再进行设备管道组装；装上垫片，拧紧双头螺栓，设备吊装完成。

8.5.3 工艺管道作业

8.5.3.1 管道材料及设备

(1) 管道材料

工艺管道均选用20无缝钢管，具体管径由相应项目工艺确定。

(2) 管件材料

材料与连接管道一致，弯头、弯管、异径管、三通等为成型管件。弯头、弯管不得使用褶皱弯或者虾米弯，弯头一般选用1.5倍直径弯头。弯管的制作应符合规范SY/T 5257—2012《油气输送钢制感应加热弯管》。

(3) 管道及管件壁厚的确定

根据《城市燃气设计规范》《输气管道工程设计规范》和《钢制压力容器》中的管道壁厚计算公式计算门站工艺装置区的管道壁厚。

(4) 阀门及阀门配件

阀门选择进口设备或者国内优质产品，电动阀门的电动执行机构选用进口设备，阀门的配件（法兰、螺栓、螺母、垫片等）由阀门供应商配套供应。

(5) 计量、加热等设备

计量、加热等设备为进口设备或者是国内与国外具有同等优质的产品，设备连接均为法兰连接。其法兰等连接件由设备供应商配套提供。

(6) 防腐

管道先除锈，用机械除锈，达到3级（执行GB 8923—2008）；刷防锈底漆，采用抗紫外线和防雨淋、配套性好的TO树脂漆防腐。

8.5.3.2 施工及验收技术要求

(1) 管道敷设

架空管道敷设，除不需要挖沟和回填土外，其要求与埋地管一样。管道支架安装前应进行标高和坡降测量并放线，定后的支架位置应正确。安装应平稳、牢固，与管道的接触良好。

(2) 验收规范

站内工艺管道的施工及验收按照GB 50540—2009《石油天然气站内工艺管道工程施工规范（2012年版）》和CJJ 33—2005《城镇燃气输配工程施工及验收规范（附条文说明）》执行。

8.5.3.3 管道组装与焊接

(1) 管道组装

焊接坡口设计与管道组对应符合GB 50236—2011《现场设备、工业管道焊接工程施工规范》的规定。管道组对采用外对口器组对，本工程严禁使用加热或者硬撬方式对口。对于因管口尺寸误差引起的错边，应进行管口级配，使错边量尽量均匀分布。

（2）焊接方式

严格按照施工设计焊接，焊工采用手工氩弧焊打底、手工电弧焊填充、盖帽方式施工。焊缝焊完后，及时清除焊缝表面的焊渣和飞溅，按照相应规范去仔细检查焊缝表面质量；表面不得有裂纹、熔合和夹杂等缺陷。

（3）焊接材料

20钢之间采用E4315，ϕ3.2mm低氢焊条，HO8A焊丝，执行GB 50236—2011《现场设备、工业管道焊接工程施工规范》。

（4）焊接工艺评定

焊接施工前，施工单位应按照设计要求的焊接方式和材料，结合现场作业实际情况，进行焊接工艺并填写焊接工艺评定书。焊接工艺评定试验结果报当地技术监督部门批准后，制定下向焊接机缺陷修补的焊接工艺规程。焊接工艺试验和焊接工艺规程按GB 50235—2010《工业金属管道工程规范》执行。

（5）焊接检验

在强度试验和严密性试验之前，必须对所有焊缝进行外观检查和对焊缝内部进行质量检查，焊缝检验和验收按GB 50683—2011《现场设备、工业管道焊接工程施工质量验收规范》、GB 50235—2010《工业金属管道工程施工规范》和CJJ 33—2005《城镇燃气输配工程施工及验收规范（附条文说明）》等相关条款规定执行。

放散管进行抽样射线照相检验，抽样比例不低于40%，合格等级不低于上述标准Ⅱ级。其余焊缝均需进行100%射线照相检验。所有进行100%内部质量检验的焊缝，其外观质量不得低于现行国家标准GB 50683—2011要求的Ⅱ级质量要求。焊缝内部质量采用射线照相检验，内部质量不得低于现行国家标准的要求。

8.5.3.4 管道吹扫与试压

（1）管道吹扫

采用压缩空气对中压、低压埋地管反复吹扫，压力不大于0.3MPa，气体温度不超过40℃。吹扫多次，直至吹出气流无杂物、污物为合格。吹扫管道范围内的过滤器、流量计、调压器、阀门等设备不应参与吹扫，待吹扫合格后复位安装。

（2）管线试压

① 采用氮气作试压介质。

② 分段充气试压前应将试压工作管段两端试压管头用高压封堵和附属设备焊接安装到位。

③ 将压力表分别安装在试压管道两端，并各在两端使用两支温度计测量地温。

④ 试压要求：

试压采用氮气进行，先向试压管道中加氮气。

待试压管道内氮气基本加满后，方可进行升压。试压时应注意分级缓慢升压，在达到试验压力的30%和60%时，应稳压30min无异常后再升压。严密性试验在强度试验合格后进行。

强度试验：试验压力为设计压力的1.5倍，稳压4h，以不泄漏为合格。

严密性试验：试验压力为设计压力的 1.15 倍，稳压 24h，压力降不大于试验压力值的 1%，且不大于 0.1MPa 为合格。

⑤ 试压前，应对试压所用管件、阀门、仪表等进行检查校验。

8.5.3.5 仪器仪表安装

站内各种设备、仪器、仪表的安装及验收应按照产品更新换代说明书和相关规定进行，需要在供货方技术人员的指导下完成。站内使用的压力容器必须符合国家有关规定，产品应有齐全的质量证明文件和产品监督检验证书方可以安装。安全阀、检测仪表应按照有关规定进行单独检定，阀门等设备、附件压力级别应符合设计要求。阀门应进行外观检查、强度和严密性试验，强度试验压力为阀门公称压力的 1.5 倍，稳压时间 5min；严密性试验压力为阀门公称压力的 1.1 倍，稳压时间 2min，以无泄漏为合格。阀门安装前应检验阀芯的开启和灵活度，并对阀体内清洗、上油；安装时按天然气流向确定其安装方向。阀门安装前应处于关闭状态。调压器、流量计、过滤器、安全阀、仪表等的安装应在进出口管道吹扫、试压合格后进行，应牢固平正，严禁强力连接。

8.5.4 冷热水系统安装

先找到室外原冷热水管，从换热器上预留的球阀后焊保温管，自上向下至撬边沟槽内，沿撬基础边在沟槽内延伸至原冷热水管；在门站原冷热水管停水后，关闭原冷热水管各进出水口阀门，割开原冷热水管，排干原冷热水管的循环水，将现有保温冷热水管加三通和原冷热水管焊接在一起。锅炉房内的原冷热水管在停水排干后，从出水管水表后割开，焊上已预制好的三通和阀门及阀门后与电加热器相连的管道，等管道冷却后，打开送水阀门，检查各焊接点及阀门有无漏水。如无漏水，则三通、弯头和焊接处先用防锈漆防腐，等油漆干后，套上外层防腐套；开个小孔，灌上用 A、B 两种发泡聚氨酯调和的发泡剂发泡，并用堵头堵上小孔，不让发泡剂跑出，保证发泡剂灌满外层防腐套套内空间，保证发泡保温效果；然后在地面上的保温管外面再包上镀锌铁皮，地下部分则用土埋地。

8.5.5 电缆电线、防静电接地安装

按电气图纸设计的要求进行电缆、自控线铺设施工，防雷接地施工；同时按规范要求安装集成撬装置的镀锌电线套管及不锈钢导气管。按设计要求对调压撬进行防静电接地施工。电缆沟深度及电缆、电线、自控线各接线点设计因具体工程而异，安装操作相应变化，此处不再赘述。

8.6 工程建设管理

8.6.1 工程质量和安全管理

燃气工程是民生建设的重要组成，燃气工程安全管理直接关系到居民生活安全；必须加强燃气工程安全管理力度，优化燃气工程安全管理手段，保证燃气工程现场施工质量[9~12]。

① 按照质量管理体系文件结合工程具体情况建立质量保证体系，制定质量目标，建立项目的质量管理工作领导机构，通过质量预防、定期检查和持续的质量改进活动，使不一致

性减到最小，并使现场所有操作人员充分认识到具体的项目质量要求[13]。

② 管道除锈必须达到要求才能刷防锈漆，等油漆干后刷第二遍防锈漆，保证防腐质量。清理管内铁锈和杂质要求清除干净，清理后不允许管内有铁锈和杂质；精心定尺和精准下料，精心打磨管坡口，认真组对；焊工点焊后，反复测量，保证管道的横平竖直；然后用氩弧焊打底、电焊盖面的焊接方式，保证焊接质量[14]。

③ 从值班室出来至撬设备的电缆沟内电缆、电线放一边，自控线放一边，中间用细沙隔开，防止干扰。电缆敷设完后再埋上细沙，盖上盖板。从值班室出来至电加热器柜的电缆、自控线分别用镀锌套管套住，防止干扰。电缆电线头用相应规格铜鼻子套住，用液压钳压紧，保证接头连接质量，两头接上相应位置。自控线两头用专用针形插针，剥皮后自控线接头套入相应规格的针形插针，用压线钳压紧，再插入控制柜和撬设备上的相应位置。必须对电缆电线、自控线接头位置反复核对，保证接线一次性成功。

④ 电缆电线埋地前用摇表摇出电阻值，保证良好的导电性和绝缘性。防静电接地用镀锌角钢∠5×2.5m 打入地下，用镀锌扁铁－40×4 环绕角钢和搭上撬槽钢基础；搭接点要求有 10cm 以上，并与原防静电接地扁铁相连，保证接地质量[16,17]。

⑤ 严格遵守天然气门站规章制度，进门站先登记，不准带入手机进站区，不准在站区内吸烟。按规定穿工作服，正确戴安全帽，进入防爆区穿静电服，电箱放在防爆区外，具备防雨措施；办理进场动火作业手续，动火作业时有专职安全员看护；防爆区管道一律点焊，对口后拉出防爆区再焊接，减少在防爆区焊接，尽量消除在防爆区焊接的安全隐患；在焊接现场，边上放置 4 个灭火器，以防万一。在防爆区尽量做到冷工作业[18]。

8.6.2 工期管理

严格按照施工准备中的施工计划进行，严格按照施工合同及施工组织设计配置人力、物力、机械等资源投入工程施工。合理地配备所需的人员、设备等资源，将涉及本工程施工的各个工序进行优化处理，抓住关键工序，把重点放在布管、焊接、下沟、电缆敷设和接头、试压的工作上。施工完成后，建设单位、监理单位、施工单位、接收单位、监督单位共同进行压力验收与工程验收。

8.6.3 成本管理

成本控制从主管经理到各部门，从项目部到班组每一名职工，全部纳入控制范围之内。首先明确责任，明确不同工种、不同岗位、不同层次的直控责任或相关责任。其次是严格督促，对资金运用、材料支出情况进行全方位检查指导，及时发现和解决问题，形成一整套成本控制措施保证体系[15]。针对生产经费管理难点，一是要净化进料渠道，强化物资归口管理，严格执行物资部统一购料的规定。二是减少中间环节，实行集中管理，以最大限度减少流失浪费现象。三是在资金使用上严格执行审批制度，将有限资金集中起来，统筹规划，优先保证施工生产和重点项目、重点设备整治费用。四是每月定期对资金使用情况进行分析，根据月份分析结果及时调剂余缺，确保资金合理使用。

8.7 环境影响评价及防治

环境影响评价是建立在环境监测技术、污染物扩散规律、环境质量对人体健康影响、自然界自净能力等基础上发展而来的一门科学技术，其功能包括判断功能、预测功能、选择功能和导向功能。

《中华人民共和国环境影响评价法》第四条规定，“环境影响评价必须客观、公开、公正，综合考虑规划或者建设项目实施后对各种环境因素及其所构成的生态系统可能造成的影响，为决策提供科学的依据”。“客观”原则要求在进行环境影响评价活动时，有关单位和个人应当实事求是，一切从实际出发，严格按照评价的规则、规范对客观的各种环境因素进行评价；“公开”原则是指除了国家规定需要保密的情形之外，环境影响评价的有关情况和环境影响评价文件的摘要应当依法向社会公开，征求有关单位、专家和公众的意见；“公正”原则是指有关单位和个人在进行环境影响评价活动时，不得带有任何主观偏见，不得掺杂任何个人利益、部门利益、地方利益或者其他可能影响公正评价的因素，对所有的评价对象一视同仁，严格按照有关法律、法规、规章规定的程序和方法进行调查、分析、预测、评估、编写和审批环境影响评价文件。

具体到天然气压力能建设项目中，在兴建前，即可行性研究阶段，对其选址、设计、施工等过程，特别是运营和生产阶段可能带来的环境影响进行预测和分析，提出相应的防治措施，为项目选址、设计及建成投产后的环境管理提供科学依据；在运行过程中保证“三废”垃圾等合理处理排放，运行时保证安全、环境友好。

项目施工过程中的主要环境污染源包括：施工噪声、建筑垃圾、生活垃圾、施工污水、生活污水以及燃气压力能回收电能和冷能输送管线施工对周边环境的影响等。

针对以上污染源和影响，拟采取以下措施加以防范。

① 施工噪声：为减少施工车辆噪声、施工机械噪声、施工人员噪声对厂区内及周边环境的影响，做好施工车辆型号、路线、数量、工作时间的选择，并对施工机械做防振、减少噪声处理，加强对施工人员的有序管理，将施工噪声控制在最小限度内。

② 建筑垃圾：集中堆放遮盖后，及时外运至城市垃圾处理场。

③ 生活垃圾：全部装袋，集中收集，由环卫部门定时外运，进行无害化处理。

④ 施工污水：在施工现场接排污管将污水排至城市污水暗渠，避免施工现场发生跑、冒、滴、漏现象，避免对现场周围的二次污染。

⑤ 生活污水：经化粪池沉淀后达标排入城市排水暗渠。

⑥ 燃气压力能回收电能和冷能输送管线：依据环境保护优先的原则，合理选择暗敷或架空铺设方式，加强对施工期间管线周边环境的保护和施工后期的复原工作，最大限度减少对环境的影响。

⑦ 废气：调压站管道及换热器超压时，安全阀排放废气，设备和管道吹扫时的排放气；项目本身不产生废气。

参考文献

［1］ GB/T 30555—2014 螺杆膨胀机（组）性能验收试验规程

［2］ SHS 03063—2004 透平膨胀机维护检修规程

［3］ 中国石油化工集团公司. 石油化工设备维护检修规程［M］. 中国：中国石化出版社，2004.

［4］ GB 50540—2009 石油天然气站内工艺管道工程施工规范（2012 年版）

［5］ CJJ 33—2005 城镇燃气输配工程施工及验收规范（附条文说明）

［6］ GB 50251—2015 输气管道工程设计规范

［7］ SY/T 5257—2012 油气输送钢制感应加热弯管

[8] GB 50683—2011 现场设备、工业管道焊接工程施工质量验收规范
[9] GB 50235—2010 工业金属管道工程施工规范
[10] 李思. 燃气工程安全管理的实践举措探寻 [J]. 中国石油和化工标准与质量，2019，39（05)：99-100.
[11] 李秋阳. 关于城镇燃气工程安全管理的思考 [J]. 现代物业（中旬刊)，2019（03)：102.
[12] Sungkwon Woo，Chul-Ki Chang，Siwook Lee，et al. Comparison of Efficiency and Satisfaction Level on Different Construction Management Methods for Public Construction Projects in Korea [J]. KSCE Journal of Civil Engineering，2019，23（6)：2417-2425.
[13] 杨慧丽. 燃气工程建设与运行安全管理的强化对策 [J]. 工程建设与设计，2017（04)：69-70.
[14] 陈锦权. 城市燃气工程施工建设中的现场管理探析 [J]. 建材与装饰，2019（21)：152-153.
[15] 潘曙丹. 浅谈建设工程的结算管理 [J]. 建材与装饰，2019（22)：150-151.
[16] Srinivasan N P，Dhivya S. An empirical study on stakeholder management in construction projects [J]. Materials Today：Proceedings，2019.
[17] 耿梅. 燃气工程施工与安全生产运营管理分析 [J]. 黑龙江科学，2019，10（13)：148-149.
[18] 陈晓秋. 燃气工程施工的安全管理措施探讨 [J]. 中国建材科技，2019，28（03)：142-143.

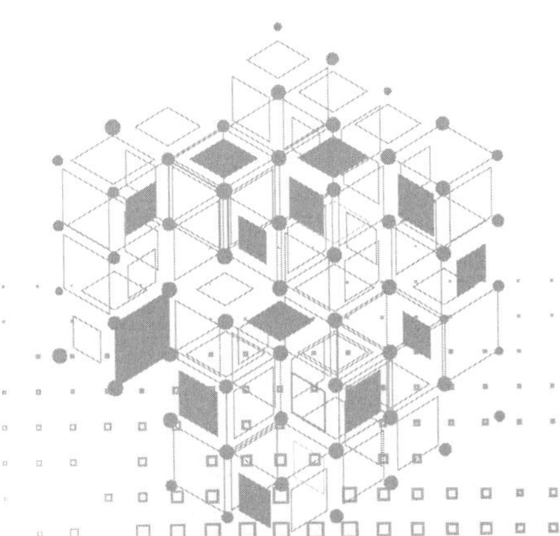

第9章 大型压力能利用项目维护和运营

9.1 引言

天然气管网压力能大型利用项目主要围绕电和冷两方面。一般通过高压天然气膨胀发电，将其蕴含的压力能转化为电能；其次使用载冷剂与膨胀后的低温天然气换热，将其冷量供给冷库、制冰、空调等用冷用户及产业。大型压力能利用项目涉及的产业链广，对维护和运营要求很高。本章以深圳留仙洞大型压力能利用项目为例，对天然气压力能大型利用项目的运行维护、运营模式和影响因素做进一步介绍，并结合具体项目进行案例分析[1,2]。

9.2 大型压力能利用项目简介

深圳留仙洞压力能发电制冰联合利用项目（图 9-1、图 9-2，见文前彩图），在西气东输二期末站科技创新立项，是全国首例天然气发电示范项目工程，原位于深圳市求雨岭天然气门站，后搬迁到留仙洞天然气门站，是目前国内天然气压力能利用发电功率最大的示范项目。留仙洞压力能利用项目由于当时政策影响无法上网，后来改为发电制冰。该项目通过膨胀发电撬、换热撬和制冰撬等设备，将天然气压力能膨胀发电，供给电压缩系统的压缩机进行制冷，同时利用调压后天然气的冷能，为制冰系统协同制冷。

该调压站设计进口压力为 4.0～6.0MPa，出口压力为 1.3～1.6MPa，在设计流量为 $1.5\times10^4 m^3/h$ 时理论发电量可达到 870kW·h；为了降低技术风险，天然气压力能利用工艺小时发电 200kW·h，其中 105kW·h 用于驱动压缩机制冰。整个系统用于制冰的冷量共 441kW·h，其中制冷剂从低温天然气回收冷量 170kW·h，制冷剂的温度为－16℃，其 COP 约为 2；因此，制冷剂从低温天然气回收冷量相当于节电 85kW·h，若每年以 8600h 计，则年节电量为 73.1×10^4kW·h。该项目制冰规模约 80t/d，按照每年约 359d（8600h）计算产冰量，则年产冰量约 28720t；按照市售价格 150 元/t 计算，则年制冰收益约 430.8 万元[1,3,4]。

图 9-1　留仙洞压力能项目现场装置

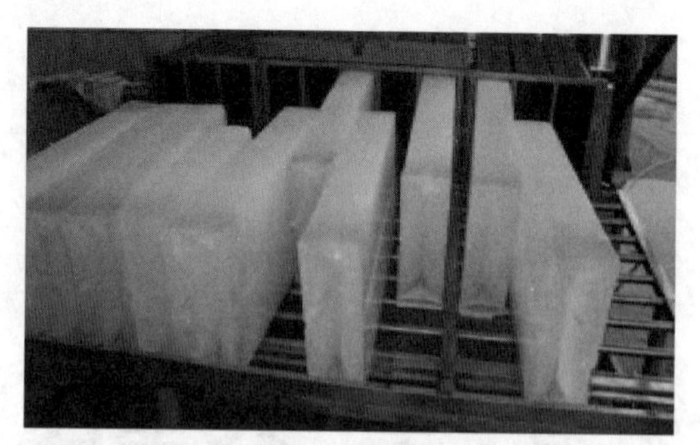

图 9-2　留仙洞压力能项目制冰图

9.3　大型压力能利用项目运行维护

本节以留仙洞压力能发电制冰联合利用项目为例，对大型压力能利用项目的调试运行、故障判断与处理、安全保障、设备操作与维护等进行介绍。

9.3.1　主要设备介绍

9.3.1.1　膨胀发电撬

本机组工作介质为天然气，气源为管输气，压力为6.0～4.0MPa，温度为常温，露点约为−40℃。工质在气体差压作用下通过膨胀机变截面流道，在流道中进行绝热膨胀，将气体内能（压力、温度能）转换为气体的高速流动（气体动能），通过高速气流与叶轮的相互作用推动叶轮旋转，即将气体动能转换为叶轮转子的机械能，再将转子的机械能通过减速箱传递给发电机转换为电能。机组经这一系列功能转换后实现能量的回收。膨胀后的低温工质进入换热器与冷媒进行热交换，以更充分有效地利用装置中的冷能。

机组采用卧式撬装结构。膨胀机叶轮与减速箱高速齿轮共用一个轴，而膨胀机蜗壳直接挂接在减速箱的箱体上。这样使得主机结构简单、紧凑。减速箱与发电机通过膜片式联轴器相连接。

为保护机组，在气体进机组前设置了进口过滤网和进口紧急切断阀。进口过滤网能有效阻止较大颗粒的机械杂质进入机器，而对流道内壁和叶轮造成机械破坏。当机器超速、轴承温度过高等有可能对机器产生破坏的情况出现时，通过控制系统快速切断进口紧急切断阀。

要保证输出电的稳定，就要求发电机的转速维持在一个相对稳定的范围；为保持机器转速稳定，机器通过进口导叶来自动调节进入机器的气量，以维持机器输出的功与最终使用电量平衡。

发电机转速低，因此采用的是油脂润滑，发电机的冷却方式采用风冷。减速箱减速比大，高速轴转速高，因此采用的是强制油润滑。限于现场没有冷却水，而气源气体充足，所以取了一部分气源气经节流降温后通过板翅式换热器去冷却润滑油。

考虑到机组噪声对环境可能的污染，机组外设置了防护隔声罩。

机组运行环境为可能存在可燃气体泄漏的环境区域，根据国家相关标准，机组的防爆等级为ExdIIBT4，为此，机组所有仪电控制、传输仪表、电线都必须严格按照相关要求进行选型设置。防护隔声罩内还设置了可燃气体浓度检测仪和相应的抽风机，当罩内可燃气体浓度超过一定值后，抽风机对罩内气体进行置换。

主要设备包括：膨胀机、减速箱、发电机、进口过滤器、进口紧急切断阀、润滑油系统、密封气系统。

9.3.1.2 换热撬

换热撬主要是换热器，一般采用管壳式换热器，主要涉及换热器的工作压力、设计压力、工作温度、设计温度、工作介质、主体材质、容积、最高允许工作压力、换热面积、容器类别以及相应工艺下冷热物流的进出口参数、设计流量等。

9.3.1.3 制冰系统

制冰系统（图 9-3，见文前彩图）只有在利用冷能制冰时才有。制冰设备一般由 1 台主机、3 个盐水池、2 台盐水水泵、1 台冷却水泵、2 台冷却塔组成。

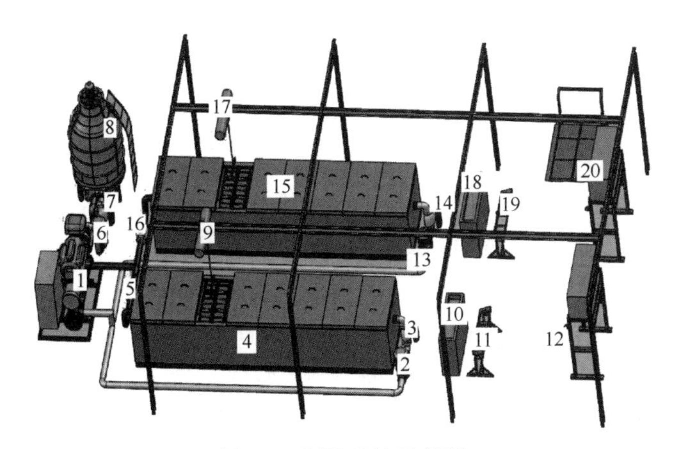

图 9-3　制冰系统示意图

1—机组；2,13—盐水水泵；3,5,14,16—球阀；4,15—盐水池；6—冷却水泵；7—冷却系统球阀；8—冷却塔；9,17—行车；10,18—融冰池；11,19—倒冰架；12,20—补水装置

9.3.2 设备调试

9.3.2.1 调试目的及意义

装置在天然气工况下运行前，需为系统进行质量性能检测，确保系统质量性能达到设计的预期标准。系统的质量性能检测主要有以下三个方面：

① 对系统核心部件、仪表、管线及控制系统进行单体逐步检测，检测其是否达到设计的安全运行性能标准。

② 对系统整体运行质量性能进行检测，包括系统在天然气工况下的执行系统与系统整体输出性能检测。

③ 模拟创造特殊环境，对设备系统在紧急状态下的制动辅助系统进行检测，评估制动辅助系统的可行性。

9.3.2.2 气体置换

设备系统调试前先进行设备内气体置换。气体置换采用氮气置换管内空气，再采用天然气置换氮气的方法进行。具体置换方法如下：

① 先检查各阀门开关情况，机组是否正常。

② 放散阀连接放散管，放散管伸出撬外并固定好。

③ 缓慢打开置换氮气入口阀，观察出口压力表，调节控制压力在合理参数范围内；置换过程内气流应保持连续平稳，流速不大于 5m/s。

④ 在置换出口放空处间断抽样检测放空口氮气浓度，当连续 3 次抽检氮气浓度达到 90%以上时设备系统段置换检查合格；打开放散阀门，置换放散部分管道内的空气约 1min 即可关闭；关闭撬外进口阀门和撬外出口截止阀，氮气置换完成。

⑤ 设备管道内充满氮气后，对设备、管线进行天然气置换。打开撬外进口阀，将纯净的天然气通入管道，并同时排除其氮气；缓慢打开放散阀，在置换出口放空处闻到臭味时，间断抽样检测放空口浓度，当连续 3 次抽检天然气浓度达到 90%以上时，如此即可将工艺管道内全部空气置换成天然气，系统置换合格；用肥皂水检查无漏为合格，拆除放散管，天然气置换完成。

9.3.2.3 冷媒加注

在换热冷媒循环系统运行前，也需要氮气置换空气、天然气置换氮气步骤，然后进行冷媒加注。冷媒加注简单操作如下：

① 在完成抽真空的条件下，完全打开压缩机吸气口的角阀，然后再将角阀往里旋转两圈，接上冷媒充注管，然后往系统里面初步加入适量的制冷剂。

② 在系统运行后，继续按照上面的方法向系统内部加注冷媒，以实际情况加注到合适的时候即可。可分多次加注，具体以现场热交换器的容量而定。

③ 需要排放冷媒时打开各个制冷管道的角阀，将冷媒排出。

④ 如果要再次加注冷媒，需要再次对系统进行抽空，然后再加注冷媒。加注冷媒时请确认与原系统内部的冷媒为同一类型，以免造成设备的损坏和制冷效果的降低。

9.3.2.4 调试前的准备

① 检查是否有异物进入膨胀机组，各气体管路应彻底清洗并吹除干净。

② 按膨胀机供油装置使用维护说明书要求清洗油路，并给油箱充油达到正常油面（油箱液面指示视油路管道长度决定，至少达到液面计 2/3 处）；检查滤油器是否清洁。

③ 检查各进口管中设的阀门和过滤器是否安装正确；检查与设备连接的各仪表、电控线路是否正确连接；确认密封气接口连接是否正确。

④ 确认各阀门是否在正确的“开”“关”位置上。

⑤ 检查紧急切断阀工作的正确性（从全开到全关应在 1～3s 内）。

⑥ 检查压缩机机组电源是否符合相应规定。

9.3.2.5 设备开启与运行

① 利用市电开启空气压缩机，接通仪电控电源，检查换热器进口气动调节阀和膨胀机后气动调节阀。

② 利用市电开启换热撬过滤器中的电热棒。

③ 利用市电开启膨胀机中油循环泵。

④ 接通膨胀发电机中密封气，其压力应符合膨胀机运行要求标准。

⑤ 打开密封气进口阀门，调节减压阀至密封气过滤器后压力。

⑥ 顺序打开油冷却气排气阀、膨胀发电撬进气阀门、节流阀。

⑦ 接通仪电控电源。

⑧ 打开油箱放空阀，调节油箱压力。

⑨ 全开油泵进、出口阀，旁通阀。

⑩ 启动油泵，调节润滑油过滤后压力至相应要求且稳定，控制润滑油进出膨胀机差压在1.1MPa左右，油差压调节阀开度在30%左右。

⑪ 观察膨胀机进口蜗壳的压力，大于0.5MPa后可打开壳体排气阀；检查有无液体排出，如果有液体，排尽后关闭阀门。

⑫ 同步发电机及齿轮箱准备工作就绪（此为膨胀机启动条件）。

⑬ 全开膨胀机出口阀门。

⑭ 全开膨胀机进口截止阀。

⑮ 打开紧急切断阀，逐渐打开膨胀机喷嘴叶片，透平膨胀发电机组开始运转，并根据转速自动调节喷嘴开度；转速离额定转速越远，调节幅度越大，在额定转速的±3%以内，喷嘴叶片不动作。

⑯ 当转速达到相应发电要求时，励磁系统投入使用，开始发电。

⑰ 透平膨胀发电机组开始运转时，与减速箱低速轴直接连接的主油泵开始工作，这时主油泵与辅助油泵在同时工作，当油差压大于0.7MPa时，自动停止辅助油泵；当油差压低0.15MPa时，开启辅助油泵。

⑱ 启动期间要随时检查轴承温度（<70℃）、润滑油压力［>0.4～0.5MPa(G)］、转速、润滑油温度及整机运行情况是否正常。

⑲ 当膨胀发电机发电稳定时，依次启动冷媒循环系统的工频压缩机和变频压缩机，使R404A循环起来。

9.3.2.6 正常停车

① 逐渐减小喷嘴叶片；

② 按下工频压缩机和变频压缩机关闭按钮，3min内将压缩机停止；

③ 延时一段时间再停止循环水泵和冷却水泵；

④ 完全关闭膨胀机喷嘴阀门；

⑤ 关膨胀机紧急切断阀；

⑥ 关天然气进口阀、出口阀；

⑦ 上述步骤完成后，逐步关闭空压机和油泵；

⑧ 观察各仪表读数是否正常，各设备是否处于正常停机状态。

9.3.2.7 紧张停车

(1) 膨胀发电系统出现故障

① 按下工频和变频压缩机停止按钮；

② 关闭膨胀机的紧急切断阀、天然气进口阀、天然气出口阀；

③ 保持空压机和油泵处于正常工作状态，检查各仪表，查找原因。

(2) 换热系统出现故障

① 按下工频和变频压缩机停止按钮；

② 关闭膨胀机的紧急切断阀、天然气进口阀、天然气出口阀、过滤器后球阀、换热器

后球阀；

③ 保持空压机和油泵处于正常工作状态，检查各仪表，查找原因。

(3) 紧急说明

① 转速超过安全值时，报警，超过上限值时联锁停车；

② 轴承温度超过 100℃时，报警，超过 110℃时联锁停车；

③ 设备自身的高低压和油压对压缩机保护产生的急停并报警；

④ 各电动机过载引起的急停；

⑤ 供电电源不稳定引起的电源故障紧急停机。

9.3.3 故障现象及排除措施

9.3.3.1 膨胀发电系统

(1) 天然气进入次高压的管网压力过大 (1.7MPa 以上)

显示现象：仪表 PI3 显示压力在 1.7MPa 以上。

可能原因：

① 压力表显示数值不准确；

② 膨胀发电机天然气出口压力能传感器出现问题。

解决方法：

① 紧急停车，关闭天然气进口阀门 K1，关闭膨胀机出口截止阀 K4 和 K5；

② 减小截止阀 K16 和 K17 开度；

③ 送检查机构评估压力表和检查压力传感器。

(2) 仪表输出数据与理论值相差较大

显示现象：

① 仪表随变量没有波动；

② 与预想理论变化不符合。

可能原因：

① 系统运行时间短；

② 仪表损坏。

解决方法：

① 延长设备调试时间；

② 校正仪表的准确度。

(3) 膨胀发电机启动后，无法启动工频压缩机

显示现象：工频压缩机无法正常启动。

可能原因：

① 膨胀发电机发电功率没有达到工频压缩机所需要的启动功率；

② 膨胀发电机的天然气进气流量不够；

③ 工频压缩机已经损坏。

解决方法：

① 调节膨胀发电机的流量，使之达到设计流量，逐步开启盐水泵和工频压缩机；

② 对工频压缩机已经损坏的情况进行修理。

(4) 轴承温度太高

可能原因：

① 供油不足；

② 油路不清洁（油过滤器堵塞）；

③ 旋转部件不平衡。

解决方法：

① 补充供油；

② 清理油路；

③ 对油路换热系统进行检查。

(5) 内轴承温度太低

可能原因：

① 轴封间隙太大；

② 轴封气压太低；

③ 停车时，装置冷气流窜流。

解决方法：

① 调整轴封间隙合适大小；

② 提高轴封气压；

③ 启动油泵加温轴承。

(6) 膨胀机带液

可能危害：膨胀机出口带液量较大时（超过设计带液量较多），容易打坏喷嘴环和叶轮；同时由于这时叶轮起了“泵”的作用，会使间隙压力增高，加重止推轴承的负荷，可能引起轴承等零件的损坏。

解决方法：

① 调节流量；

② 紧急停车，检查设备是否损坏。

(7) 固体颗粒进入膨胀机

解决方法：检查机前过滤器的工作是否良好。

9.3.3.2 换热系统

(1) 膨胀机出来的天然气在−29℃以上，而进入天然气次高压管网的气体温度低于2℃

显示现象：仪表TI1、TI3显示温度低于2℃。

可能原因：

① 冷媒循环系统没有启动；

② 冷媒循环速度过慢；

③ 冷媒循环量过少。

解决方法：

① 及时启动冷媒循环系统；

② 调节工质压缩机前截止阀K17，增大K17开度，增大R404A流量；

③ 减小天然气进入膨胀机的流量，及时减少冷量输出；

④ 紧急情况下启动放散系统，打开放空管上的截止阀K12和K13，关闭安全阀K14。

(2) 换热器封头处发生泄漏

显示现象：封头处有冷媒溢出。

可能原因：可能是低温冷媒进液阀门开启速度太快。

解决方法：切断低温冷媒进液阀门，对换热器进行检修；在操作中缓慢进液，对管道及换热器进行充分预冷。

(3) 换热器冻堵

显示现象：PI1 和 PI2 压力数值相差较大，约 0.5MPa。

可能原因：天然气中的微量水分经过透平膨胀后，低温结冰。

解决方法：关闭过滤器，启用备用过滤器，关闭阀门 K4，关闭阀门 K5，打开阀门 K6，打开阀门 K7，启用加热棒进行加热，将结冰融化排除。

9.3.3.3 制冰系统

(1) 制冰量不足

显示现象：

① 产冰较少；

② 产一批冰时间延长。

可能原因：

① 制冷剂不足；

② 供水温度太高；

③ 对于风冷型，制冰机所处位置通风不良，将造成冷凝效果变差。

解决方法：

① 补充同类型的制冷剂；

② 由于负荷太大，产冰量稍有减少属正常现象；

③ 需改变机组的通风环境。

(2) 机组低压保护

显示现象：制冰操作系统自动停止操作，设备不能正常运行。

可能原因：

① 供水中断；

② 供水温度太低；

③ 制冷剂泄漏。

解决方法：

① 检查供水系统，保持正常供水；

② 缩短制冰时间；

③ 将系统检漏，并排除，加注制冷剂。

(3) 机组高压保护

显示现象：制冰操作系统自动停止操作，设备不能正常运行。

可能原因：

① 冷却风机或冷却水泵故障；

② 冷却塔底盘内无水；

③ 水冷冷凝器表面结垢较多，造成换热效果变差；

④ 机组冷却系统处于通风环境较差的位置；
⑤ 供水含有大量杂质；
⑥ 供水阀坏了，关不死供水阀；
⑦ 冷凝压力过低；
⑧ 制冰器表面结垢；
解决方法：
① 确定是冷却风机故障还是冷却水泵故障；
② 检查冷却塔补水系统；
③ 清洗水冷冷凝器表面（专用除垢剂）；
④ 改善机组冷却系统通风条件；
⑤ 对供水进行过滤；
⑥ 更换供水阀；
⑦ 关小冷却系统循环管路上的球阀；
⑧ 清洗制冰器。

(4) 压缩机声音不正常

显示现象：压缩机声音不正常。
可能原因：
① 电源相序错误；
② 压缩机润滑不良；
③ 压缩机固定螺栓松动；
④ 循环水管破裂；
⑤ 排水管泄漏。
解决方法：
① 调整相序；
② 补充与制冷剂相对应的冷冻机油；
③ 拧紧固定螺栓；
④ 更换循环水泵；
⑤ 更换循环水管；
⑥ 关闭排水阀。

(5) 机组振动太大

可能原因：安装不牢固。
解决方法：调整安装或需重新安装。

(6) 水泄漏

可能原因：浮球阀损坏。
解决方法：维修或更换浮球阀。

(7) 机组数据丢失

可能原因：机组断电时间太长。
解决方法：接通电源，修改恢复出厂设置参数。

(8) 电源故障

可能原因：

① 电压太低；

② 电源相序错误。

解决方法：

① 检查电网电压，确保电压在机器安全运行的范围；

② 如果电压正常，请更正三相电压的相序。

(9) 变频器故障

显示现象：仪表 TI1、TI3 显示温度低于 2℃。

可能原因：电源电压或电流故障。

解决方法：请与厂家联系。

9.3.4 安全事故与应急措施

9.3.4.1 厂区事故及处理办法

(1) 一般事故（表 9-1）

表 9-1 厂区事故列举

序号	事故(故障)现象	原因	处理措施
1	流程不通	阀门故障	切断气源予以检修
		异物堵塞	切断气源疏通管道
2	法兰漏气	连接螺栓未紧或紧偏	泄压后均匀拧紧
		垫片损坏或偏置	更换或矫正
3	盲板漏气	盲板加工欠缺	更换盲板
		密封件问题	更换密封件
			加密封脂
4	放空管堵塞	有异物	清除异物
5	阀门失灵	操作错误	按规程重新操作
		设备故障	检修或更换设备
6	爆管	误操作	停气并组织进行抢修
		超压	
		施工或设备质量差	

(2) 管线微漏

微漏指的是管道本体、焊缝及阀门、连接法兰因出现砂眼、裂缝、密封不严等而引起的程度不很严重的漏气，这类漏气可采用修补器带压补焊方式解决。如果是临时性措施，待以后适当的机会再采用补焊或更换管段等永久性措施进行处理。

封堵现场要采取严格的安全措施，严格控制一切可燃物进入危险区，避免事态的扩大。

(3) 站场泄漏

① 站场泄漏的原因。

a. 由于误操作引起的泄漏；

b. 由于设备、管线腐蚀穿孔、损坏引起的泄漏；

c. 由于密封失效，从而导致气体外漏。

② 站场泄漏的处理。

对微漏的处理：

a. 用仪器、检漏液、肥皂水/洗涤液或其他方法，查出具体的漏气点，分析漏气的原因，采取相应的措施，如紧固螺栓、更换密封垫、更换密封圈或涂抹密封胶等及时处理；

b. 对不能处理的问题及时上报指挥，请求处理方案。

对严重泄漏、爆管的处理：

a. 向指挥汇报，确认事故位置；

b. 截断事故段气源，组织消防队做好防火、防爆工作；

c. 放空事故管段或设备余气；

d. 现场了解事故情况，并保护现场，防止事故扩大；

e. 组织抢修队伍对事故管线、设备进行维修或更换；

f. 做好事故、截断、放空、流程切换的时间与压力记录。

(4) 管路、设备爆裂

① 引起爆裂的原因。

a. 管线和其他压力容器因为受腐蚀作用，壁厚减薄、承压能力降低而引起爆裂；

b. 违反操作规程，设备超压而引起爆裂；

c. 天然气与空气的混合物（在爆炸范围内）在室内或容器内遇火爆炸；

d. 由于地震、台风等自然因素和第三方人为破坏等原因而引起爆裂。

② 处理措施。

a. 发生爆裂事故时，应首先关闭气源和有影响的电源。

b. 根据现场具体情况，值班人员立即向投产指挥汇报；采取切换流程措施，保护站场主要设备，将损失降低到最小；同时报警“119”，请求消防队支援。

c. 对现场人员、邻近居民的安全和环境保护及时采取果断措施，并组织疏散人员，搞好外部环境和秩序。

d. 设置警戒线，做好现场警戒保卫工作；限制车辆和人员进入现场危险区，组织义务消防队做好灭火工作。

e. 规定统一的指挥信号，配戴醒目标志；抢险人员根据需要配备防毒面具、氧（空）气呼吸器、耳塞、护目镜、阻燃服、防尘口罩、安全帽、手套、无钉鞋、可燃气体氧气检测仪，并根据安全要求和需要，可配备轻便携式对讲机（个人配戴）及其需要防静电的防护用品。

f. 积极主动联系医院，做好伤病员的抢救工作。

g. 保证抢险人员的生活供给，做好后勤保障。

h. 做好事故处理过程记录，及时向投产指挥小组汇报事态的发展，以便及时做出相应的对策。

i. 做好事故现场的恢复工作。

9.3.4.2 操作事故及处理办法

(1) 膨胀撬事故

事故一：轴承温度持续高温。

解决方法：

① 补充供油；

② 清理油路；

③ 对油路换热系统进行检查。

事故二：内轴承温度持续低温。

解决方法：

① 调整轴封间隙大小至合适；

② 提高轴封气压；

③ 启动油泵加温轴承。

事故三：天然气进入次高压管网的温度过低（低于 2℃）。

解决方法：

① 及时启动冷媒循环系统；

② 调节工质压缩机、变频压缩机前截止阀的开度；

③ 减小天然气进入膨胀机的流量大小，及时减少冷量输出；

④ 紧急情况下启动放散系统，打开放空管上的截止阀，关闭安全阀。

事故四：天然气进入次高压管网的压力过大（1.7MPa 以上）。

解决方法：

① 紧急停车，关闭天然气进口阀门，关闭膨胀机出口截止阀；

② 减小截止阀 K16 和 K17 的开度；

③ 送检查机构评估压力表和检查压力传感器。

(2) 换热撬事故

事故一：换热器封头处发生泄漏。

解决方法：

① 按照紧急停车程序停运整套系统。

② 切断低温冷媒进液阀门，查找漏点并对换热器进行检修；在操作中缓慢进液，对管道及换热器进行充分预冷。

事故二：换热器冻堵。

解决方法：

① 启用备用过滤器，关闭过滤器；

② 启用加热棒进行加热，将结冰融化，并打开换热器底部排污阀门将其排出。

(3) 制冰撬事故

事故一：膨胀发电机启动后，无法启动工频压缩机。

解决方法：

① 按照紧急停车方案停止系统运行；

② 联系厂家进行修理。

事故二：盐水管道泄漏。

解决方法：及时检漏并维修补漏。

事故三：电源故障。

解决方法：

① 检查电网电压，确保电压在机器安全运行的范围；

② 如果电压正常，请更正三相电压的相序。

9.3.5 设备维护

9.3.5.1 定期检查

① 所有管道的严密性（每天查看）。

② 紧急切断阀应定期检查（至少每3个月1次）。检查方法是，用急停按钮切断控制电源，如果控制电源被切断，随即又可以回复到开启位置，则其功能是有效的。

③ 检查油过滤器的清洁度（至少每2个月一次）；检查油的质量及润滑性能（外观、黏度、成分、流动点、闪点等）；检查油过滤器的清洁度（每2个月至少一次）。

④ 冷凝器的清洗（冷凝器在运行过程中，冷却水中会在管道内部产生水垢，影响换热效果，应经常清洁，提高制冷效率；清洁的频率取决于水质，在水质极硬的地区，有必要每三个月清洁1次，而在水质正常或“软”的地区，一年只需要清洗2次）。冷却系统包含冷却塔与水冷冷凝器，为了使机器运转顺畅及保障机器的使用寿命，冷却塔也应适时清洗，以确保制冰的效率。

9.3.5.2 冷却塔清洗

① 停机，将冷却塔以毛刷先行清理干净；

② 如果冷却塔高于冷凝器，应先将冷却塔水排空或关闭冷凝器与冷却塔的进出水阀门；

③ 打开冷凝器下方的排水阀，将冷凝器中的水排空；

④ 拆下冷凝器两端的端盖，用专用的冷凝器刷来回清洁每根铜管，之后用水冲洗多次直至干净；

⑤ 清洁完成后，重新装上端盖并连接管道。

注意：如果冷却塔高于冷凝器，应先将冷却塔水排空或者关闭冷却塔与冷凝器的进出水阀。

9.3.5.3 压缩机维护

① 压缩机每小时开停次数不超过3次，最小运行时间不少于20min。

② 检查保护装置及压缩机的所有控制部分，检查电线等是否连接牢固。

③ 开机后应马上检查压缩机润滑情况，考虑到清洁度，建议在运行100h后换一次油，包括清理油过滤网及磁堵。此后约每三年或每运行10000～12000h后必须换一次油，包括清理油过滤网及磁堵。

④ 保持压缩机表面干净。

9.3.5.4 更换压缩机冷冻油

① 停机，关闭总电源；

② 将压缩机高压阀、低压阀及回油管阀全部关闭；

③ 确定高压阀、低压阀及回油管阀全部关闭后，再将压缩机内冷媒抽空；

④ 将压缩机内冷冻油从油阀全部排出；

⑤ 将压缩机抽真空，于油阀处让冷冻油自然吸入，至油视镜1/3～1/2处；

⑥ 油加完后，将油阀关好，压缩机开始抽真空约30min；

⑦ 抽真空完毕后，先将高压阀打开，再将低压阀打开，后打开油管阀；

⑧ 打开电源，让油加温 6h 后，即可开机运行。

注意：制冷剂不要随意放掉，要妥善处理；氯化的油会对环境产生污染，废油处置必须考虑生态污染；冷冻油必须使用特殊的与压缩机型号和制冷剂相符合的冷冻油。

9.3.5.5 膨胀发电机油更换

供油系统的清洗分两次进行，第一次：用清洗油（一般为煤油），油量为 400L 左右，通过油箱上加油口向油箱加油，拆除向主机供油的供油管道，用橡皮管连接供油口及油箱加油口，打开所有供油油路上的阀门，启动油泵用清洗油循环 6h 以上（注意用清洗油循环时不得关闭油路上任何阀，以防损坏油泵），排尽清洗油。第二次：向油箱注入 400L 左右 N46 号透平油继续清洗循环 8h 以上，排尽所有清洗透平油，拆下油箱两端的法兰，清洗油箱底部的机械杂质，直到清洁为止；然后用 500L 左右的 N46 号透平油通过加油口缓缓向油箱注油，要求液面在油箱的 2/3 以上。

9.4 大型压力能利用项目运营影响因素分析

9.4.1 项目的运营瓶颈及制约因素

虽然目前管网压力能利用不断发展，各地压力能发电项目接连落地运行，但是目前压力能利用仍存在很多问题，对压力能利用的推广和大规模产业化形成阻碍。综合各试点的现状和瓶颈，在现有条件下主要存在以下几个因素制约国内压力能利用的发展。

① 大型天然气压力能利用项目，天然气的流量变化对膨胀发电系统的影响很大，发电过程会因为流量的不断波动而不能做到稳定发电，对发电机组设备产生巨大的损耗，制约着管网压力能的节能项目开展。需要进一步的开发切实可行的新工艺和调控方案，做到天然气流量波动、压力能利用膨胀机组工作范围和下游用电用冷需求三方面的统一。

② 输配电改革的试行和供电侧的逐步放开，让传统能源的统购统销模式已不适于天然气压力能这类分布式的能源系统；压力能发电上网电价水平高、波动范围大，新的市场交易模式需要形成，需要理顺价格形成，完善机制。均衡发电商、用户和电网公司多方利益，确保效益最大化的上网电价定价方法有待进一步研究。

③ 天然气企业运营模式及高发电成本限制了压力能利用项目的良性发展，缺少在全面结合新的市场环境下，对运营效益影响因素的系统性分析。除此以外，工艺参数一定的情况下，选择合理的发电量与制冷产品搭配对运营方的运筹和决策能力提出了更高的要求。

④ 缺少针对具体天然气压力能利用系统用电特点的供能系统优化与评估机制。没有价值评估，使得油气企业难以客观地评价天然气管网压力能项目投资计划对公司业务价值的真实影响。

⑤ 目前国家没有完全放宽发电上网并网的政策，对于压力能发电的专项补助政策较少，而且办理手续烦琐。虽然国家在近几年相继推出了传统天然气行业的改革方案、价格调控等意见，但都是对传统天然气行业的调整，并未出台实际针对天然气压力能利用的专项补助或优惠政策。

⑥ 相关配套设备尚不完善，没有形成完整可靠的产业链。关键设备利用率低、质量良莠不齐导致发电效率不理想，产能不足。长期依赖进口设备，固定成本无法降低，不利于长

期发展。天然气管网设施逐步公平开放、打破垄断、有序开放竞争性业务，调整产业结构，实现供应多元化，才是实现规模效应的有效举措。

9.4.2 项目利益相关性分析

9.4.2.1 上游燃气方

燃气公司在输送天然气时，一般都采用高压压缩天然气运输，而输送到用户手中时需要使用调压设备逐级降压，传统的调压阀调压方式浪费了大量的压力能。开展压力能利用项目，可以促进能源的回收利用，实现企业节能减排的目标。与此同时，燃气输配公司部分偏远地区调压站用电困难是不争的事实，也是制约管网信息化、智能化发展的瓶颈，而压力能发电项目就是解决该问题的绝佳途径。此外，还可利用产生的电和冷为燃气公司创造部分收益，为燃气企业开拓一条“副产品线”。据估计，若在北京燃气集团内全面应用压力能发电节能技术，年总发电量可达 2.84×10^{8}kW·h，可折算为标煤约 35500t，对企业而言具有良好的社会效益和经济效益。

燃气调压站是压力能利用项目的资源方，项目可用能取决于通过燃气调压站的气体流量，而气体流量受下游用气量的变化存在大范围波动，整个压力能利用项目的运行也会受此波动影响。就目前的发展状况，大型压力能利用项目仍需要燃气企业的大量固定资产投入，但项目运行的稳定性有待提高，且项目产品的销售渠道和定价运作体系还未完善。因此，对天然气能源企业而言，若想保持竞争优势持续经营，在项目投资前要做好风险预判并制定完善的应急预案，与供应链中的其他利益相关方通力合作来稀释风险。

9.4.2.2 下游消费者

根据天然气管网压力能利用项目的规模和运营方的利益诉求，除发电制冷供场站自用外，其目标客户市场细分包括城市电力公司、冷链及物流、数据中心、高能耗用冷产业等。其中，高能耗用冷产业主要指石油加工业与化学原料及化学制品制造业，如轻烃分离、空分、压缩天然气加压、制氢、深冷粉碎等行业。

项目运营方可选择与下游消费者之一，如电力公司，达成协议，将大规模电能实现并网、上网或采用直供、充电桩等方式实现盈利。也可根据实际情况将电力产品提供给其他高附加值的产业，例如制冰、冷库等，能节约大量的电力成本，并且在与冷产业跟踪合作的前提下，其衍生的经济效益非常可观。

此外，利用燃气场站的闲置空地，采用压力能供能的模式构建分布式数据中心，可实现电子商务的运营与存储物流一体化发展，间接带来巨大的经济效益。

电力公司在并网上网模式下有时会成为既充当上游能源供应方，又充当下游消费者的双重角色。尽管压力能利用运营方都倾向于压力能发出的电量能够在调压站内部或周边区域全部消耗掉，在用不掉的情况下，可以把多余的电量送入电网，然而电网公司却不希望如此。因为这会极大地增加当地电网公司的工作量，如区域配电网容量计算、增加管理的电源点、正反转电表改造、用户用电计量、增加电网公司的抄表量等[28]。不同的电力利用模式，相应的手续办理和流程不同，从而导致项目的建设成本和周期不同，进一步影响项目投资成本和运行收益[7~10]。

9.4.2.3 政府相关部门

天然气管网压力能的综合利用涉及诸多领域和行业，各行各业之间存在天然的壁垒，比如各行业资源协调配合等问题。要处理好这些问题，就需要政府相关部门的帮助协调，来主导行业之间相互协商达成共识，以完成产业融合的过程。此外，利用压力能来发展压缩天然气、制冷、空分、粉碎橡胶及分布式数据中心等高能耗产业，可为城市周边增加数以千计的就业岗位，使得压力能利用成为新的城市经济增长点。这些资源型产业又具有技术密集型的特点和较高的准入门槛，并且刚刚兴起，迫切需要政府有关部门和机构的扶持与资金补贴。更值得注意的是，燃气产业是国家的经济命脉，在我国当前的经济背景下，主要受政策宏观经济调控。

政府及社区也同样会从项目中获利。无论利用压力能大规模发电为城市管网智能化建设提供安全能源保障，还是制冷用于冷链物流产业链，涵盖如农渔业、工业园区等，都是根据用户需求的变化实施调配剩余生产能力的途径，实现长期的产业和社会效益。此举更能够有效帮助当地政府优化公共资源配置，实现灵活配置的生产模式，提升本地配套服务功能[5,6]。

9.4.2.4 项目建设方、设备供应商及运营方

① 项目建设方：从立项之初，项目建设方便启动压力能利用项目的总体规划设计、设备采购与谈判及场站的建设调试等工作。建设单位为了加强供应商管理，首先，应该建立完善的供应商数据库；其次，对各个供应商的设备进行质量评估，对其进行综合排序；最后把评估靠前的供应商确认为优质厂家，在满足设备参数需求的前提下行使优先购买权。

② 设备供应商：设备供应商的选择关系到关键设备的质量、使用寿命、运行维护成本，是压力能发电项目运行的关键之一。设备厂家应积极与项目建设方、运营方共同进行测试研究。此外，设备厂家还负有提供资料，指导项目建设方进行设备与相应电控柜的接线、电控箱与配电室内接地装置的接线等责任，为场站项目安全平稳运行提供保障。仪表及阀门供应商应确保优良的产品质量、合作信誉、售后服务，并能提供强有力的备件和系统配套软件等支持。

③ 项目运营方：压力能利用项目运营方是上游燃气方和下游消费者的中间枢纽，其人员技能素质、管理理念、融资能力和决策水平更直接关系着整个项目的盈利能力及市场占有率。大型压力能利用系统与传统调压系统相比，涉及更多的设备装置，所以需要更为复杂的监管流程和运营维护，体现出了更突出的经济性矛盾。

9.4.3 项目运营模式选择

依 9.4.2 所述，政府、投资者、决策制定者、设备供应商、施工企业、合作企业等都从不同程度上对项目的不同侧面产生影响。因此，现代能源企业中，管理层需要采取合理且有效的运营模式，来约束并权衡各利益相关方的诉求。只有这样，企业才能根据实际情况判定各方的需求应多大程度上给予满足，才能在激烈的竞争中脱颖而出并永续经营，逐步地“走出去”打开市场，取得更大的经济效益和社会效益[12~14]。

9.4.3.1 自运营模式

自运营模式的主要模块是直销，直销实际上是营销领域的词汇，其概念为制造商直接将生产出来的产品交付到最终顾客手中，中间没有批发商和零售商。在压力能利用项目当中，直销意味着门站直接承担起压力能利用及其产品销售的全过程，门站作为调压站的同时，也以生产企业的身份加入到相应行业的竞争当中。

自运营模式下，调压站需要完成的工作有以下内容：

① 投资建设压力能利用设备及厂区的一系列公用工程；

② 明确市场需求和生产计划；

③ 组建运输车队，搭建销售渠道；

④ 生产、储存、销售产品。

在该模式下，门站需要全权负责压力能利用的所有环节，承担了生产运营的所有风险，要求门站有足够的资源去投资建设安全可靠的压力能利用工艺和产品运输车队，搭建销售渠道，以及配备专业的人员负责生产运营工作。但与此同时，由于事务由自己全权负责，省去了许多中间环节，节约了中间环节的时间成本、沟通费用等，能够很好地对运营环节施加影响和控制，降低了外部因素不确定性的不良影响，避免信息不对称的出现[15]。

9.4.3.2 企业承包模式

企业承包模式与BOT模式类似，即“建设-经营-转让”，其内涵是把经营权通过某种方式赋予一民营企业，该民营企业负责项目的投资建设以及运营维护，其间获得的利润归承包企业或根据协议承包企业与调压站分红，项目所带来的风险由承包企业独自承担，在承包期结束后，项目无偿移交给调压站[16]。

企业承包模式下，调压站需要完成的内容有：

① 评估压力能利用项目；

② 公开招标寻找合适的承包企业；

③ 与承包企业达成协议；

④ 协议期满回收经营权。

在企业承包模式下，调压站无需考虑投资建设压力能利用项目，只需要按一定的标准找到承包商，很大程度上减少了调压站的财政支出，也将投资建设的风险转移到承包商上，同时将压力能利用项目承包给有能力、有经验的企业，能够形成优势互补，将调压站在天然气领域的专业能力与其他用电用冷企业在工艺上的专业能力结合起来，有利于压力能利用项目的良好运营。

然而，由于整个项目的投资建设和运营都移交给承包商，因此极大地削弱了调压站对项目的把控力，调压站与承包企业之间的联系也增加了沟通成本，一定程度上降低了工作效率。另外在该模式下，项目的正常运作很大程度上受到当前政策体系的影响。

9.4.3.3 联合运作模式

针对目前国内几个示范项目的运作以及国内用电用冷需求方的特征，基于供应链的思维提出一个场站投资建设，联合各用冷企业形成一个紧密联系的联盟的模式。该模式下，场站在投资建设方面与直销模式无差异，仍由燃气公司负责投资建设压力能利用项目，但在运营方面，将地区的各用户联结起来，形成一张一个中心向四方发散的网络。其中，中心是压力能利用场站，四方即是个各用冷市场，形成看板体系；各用冷市场根据实时需求量，通过“看板”向场站发出需求，场站及时响应需求将冷产品送达，即“逆向”控制生产数量的供应链模式[17,18,27]。

该模式下需要完成的内容：

① 投资建设压力能利用设备及厂区的一系列公用工程；

② 寻求企业合作，构建联系网络；

③ 根据生产规模和企业需求状况联合制定生产运输计划。

联合运作的一大特点是调压门站充分利用了自己生产成本方面的优势，联合其他的用电用冷企业，门站负责生产，企业负责运作，将二者的优势充分结合，尽可能减少经营风险的同时也能够获取足额的利润。冷产品一定程度上等同于易逝品，难以存储，而采用与大小用冷户联合的模式，门站生产的冷产品能够及时地运走，有利于门站降低库存、降低成本，提高门站运行的经济性。

9.4.4 已有项目运营方式分析

留仙洞压力能发电/制冰联合利用项目是全国首个天然气压力能综合利用示范工程项目，也是目前为止功率最大的工程示范项目，设计发电功率为200kW，其中105kW用于驱动制冰机、压缩机制冰。同时制冷剂从低温天然气回收冷量170kW用于制冰。留仙洞天然气门站压力能利用工程旨在开发及建成管网压力能发电-制冰联合技术及其工业示范装置，通过搭建该试点，初步与工业制冰市场接触，并进一步探索和推广该技术的工业应用。该项目总投资约合1000万元，年均收益208万元。该项目中一套设备可撬装化、多地点循环使用，全部设备均可国产化，大大压缩固定成本，实现了产业链的无缝衔接。

然而该压力能制冰项目在运行过程中问题频发，仅运行了一段时间后便停止运营了。经分析，影响该项目运营的主要原因如下：

①“时间不同步”。这是由于天然气压力能存在着严重的不均匀性，下游燃气需求量随季节和昼夜波动，决定了接收站负荷需求的变幅；而生产过程、市场需求则决定冷能用户对冷能负荷需求的变幅。下游燃气需求与冷能用户对冷能负荷需求匹配程度不高，无法维持天然气压力能利用过程的持续稳定。

② 电力系统平衡设计存在匹配性不高的问题。该项目工艺由四个系统构成，为多级工艺。过于复杂的生产流程使得设备在运转一段时间后状况频出，如膨胀机组的润滑油系统不能满足冷却要求，导致系统灵活性下降。多设备联合运转也降低了工艺的寿命。

③ 压力能制冰工艺与生产不匹配。该门站设计了一套压力能发电，然后通过电压缩制冷的方法生产冰块，但在实际生产过程中，在发电量与制冰量的平衡方面考虑不够，使得产冰量时高时低，影响项目运营。

④ 运营方案仍需完善。该项目的生产工艺虽然能够成功运转，但是门站事先没有对制冰市场、物流做出充分的调研，加之门站进入制冰市场本身就处于劣势状态，缺乏市场基础，使得运营困难重重，没有为制得的冰产品找到合适的销路。

9.5 大型压力能利用项目运营案例分析

以留仙洞压力能发电/制冰联合利用项目为例，综合上节所述内容影响因素分析，对该门站的压力能发电制冰进行工程化设计，并对该项目运营进行研究分析，得出一整套压力能制冰的运营方案并对其进行经济性分析和评估，确认其可行性。

9.5.1 技术方案设计

留仙洞压力能发电/制冰联合利用项目，其工艺流程大致可描述为通过透平膨胀机发电来回收管网天然气压力能，发出来的电驱动压缩冷媒循环系统达到制冰的目的（图9-4）。

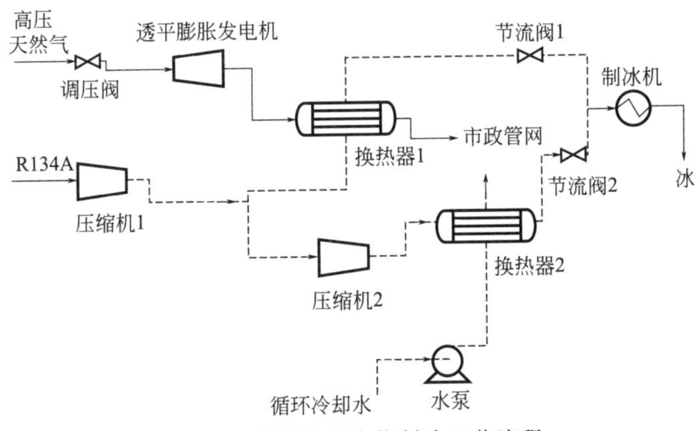

图 9-4　某门站压力能制冰工艺流程

利用化工模拟软件 Aspen 对该项目运行情况进行模拟研究[21]，模拟的流程如图 9-5 所示。

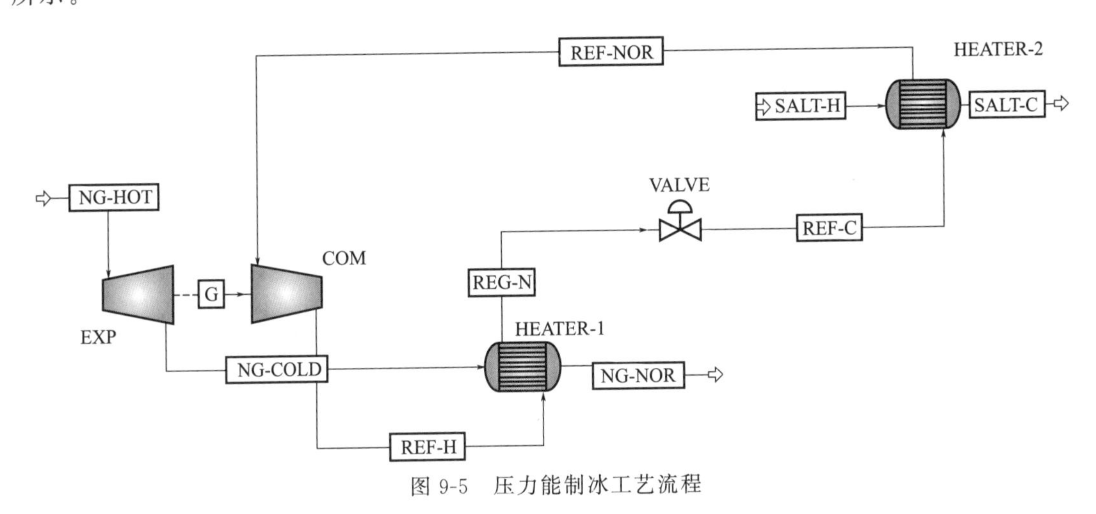

图 9-5　压力能制冰工艺流程

本工艺是在该压力门站为工况背景进行设计的，此工艺所涉及的上游管网流入的为 4MPa 的天然气，将该天然气降压至 1.6MPa，并利用该压力能实行制冰。具体工艺可描述如下。

25℃、4MPa、30000kg/h 的高压天然气从上游管网来，进入透平膨胀机，高压的天然气降低至 1.6MPa，温度下降到−28℃，同时驱动了透平膨胀机发电，一部分的电用以驱动压缩机压缩冷媒，剩下的用于厂房用电或上网并网。随后膨胀后的天然气进入换热器 1 与冷媒 R290 换热，温度升高到 10℃，进入城市管网。

40℃、1.3MPa、7000kg/h 的冷媒 R290 进入换热器 1 与膨胀后的天然气换热，温度下降至 7℃，压力不变；经节流阀膨胀节流，温度再次降低至−25℃，压力降低至 0.2MPa；然后 R290 进入换热器 2 与制冰用的盐水换热，温度升高至 3℃；后进入压缩机压缩升温，压力升高至 1.3MPa，完成了冷媒的循环。

采用的是盐水间接制冰的方法，常压下的盐水从制冰池出来，进入换热器 2 与冷媒 R290 换热，盐水温度降低并回到制冰池中，在制冰池中被不断搅拌使得制冰用水冷凝成冰。

9.5.2 运营关键因素分析

依 9.4 所述相关利益方，本部分对该地区的制冰市场进行调研，分析该门站压力能制冰项目运营的影响因素[22~25]。

9.5.2.1 调压门站

该调压门站接收来自西气东输二线的天然气，经过滤、计量、调压、加臭和分配后输入到城市管网系统中。A 地区管网燃气使用率和管理水平均在全国前列，一天的流量波动相对较小，出现了两次持续时间较长的波峰，分别在早上 8 点与傍晚 7 点。选取其中较具代表性的一天的流量波动，如图 9-6 所示。

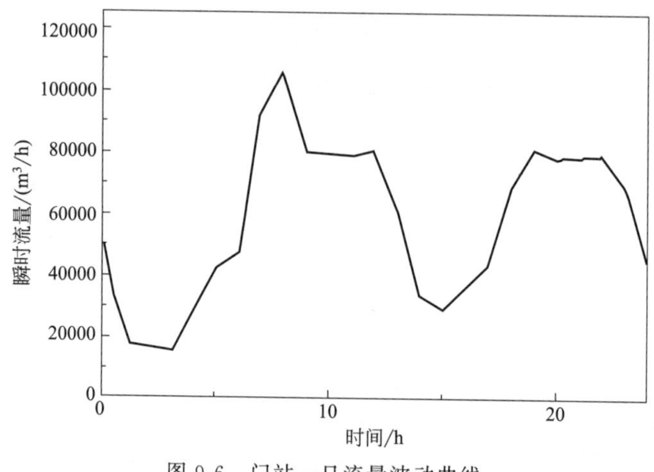

图 9-6 门站一日流量波动曲线

该调压门站位于 A 市偏西南部的工业园区内，园区内环境良好，周边属于物流仓储区，现有的场地可供设备安置，空闲地面积大，可供项目作二期开发。该地的工业用水价格是 0.15 元/t，自来水是 2.25 元/t；距离园区 5km 有两个大型水库，使得该工业园区内的用水温度比市中心要低 3～5℃。

调压门站内驻有十余名拥有化工行业背景的人员，均具备多年的调压站调压、压力能利用的工作经验，对天然气工艺生产、安全等问题有比较好的理解。经过一番的询问测试，发现该门站的员工对于制冰设备的接受程度比较高，能够以较快的速度熟练操作制冰设备，但仅仅局限于生产工艺方面。在制冰市场运营方面，门站缺乏市场销售的基础，市场运作也相当的不了解。

9.5.2.2 当地制冰企业

A 地区有兄弟制冰、合群制冰等十多家中大型制冰企业，主要分布在 A 地区东南的沿海码头及水产批发市场，更有几十家小型家庭作坊型制冰坊分布在市区各地。该调压门站所在区域的冰供应市场尚未成型，主要由于该地区制冰作坊较多，产冰的数量和质量都有较大的波动，同时制冰作坊的运输规模极其有限，这类作坊通常有自己的运输用车。该地区的中型制冰企业较少，仅有两三家制冰厂日产量在 100t 以上，主要给该地区的大码头供应。

据调研，该地某制冰企业，日产 100t 冰，1t 冰需消耗近 70 度电，其业务来往主要源于该地区的大码头，主要是向码头的大型船只如远洋渔船等供应冰块，同时向部分小型渔船供应冰块。但由于远洋渔船返岗时间不定，需求量不稳定，因此该企业有意开发当地小型渔船的冰市场，并逐渐将该业务地位提升。该企业与门站园区边的某物流公司签订了长期的运输协议，由物流公司提供车队负责冰产品的运输和搬运[19,20]。

9.5.2.3 物流

该门站位于省道的交汇处，道路覆盖广、交通便利，省道与市区内的交通干线将该地区的码头、水产市场等连接起来。门站周边属于物流仓储区，有数个具有一定规模的物流公司驻扎。

运输计划可分为自行组建运输车队和第三方物流两种方式进行。第三方物流可以分为临时租用车辆或者与物流公司签订长期合作协议两种方式；临时租车和物流公司签订协议，虽然都是外包，但在成本和运转方式上却有很大的差别。通过调研，得到了当地各运输方式的相关资料，对比如表 9-2 所示。

表 9-2　运输方式介绍

<table>
<tr><th colspan="2">方式</th><th>固定成本(单辆车)</th><th>可变成本(单辆车/每年)</th><th>用车特征</th><th>响应时间</th><th>范围</th></tr>
<tr><td colspan="2">自行组建车队</td><td>10 万元</td><td>5.3 万元</td><td>24h</td><td>即时</td><td>不限</td></tr>
<tr><td rowspan="2">第三方物流</td><td>临时租车</td><td>—</td><td>11 万元(一天用车 5h 计算)</td><td>无法随叫随到</td><td>视情况而定</td><td>市内</td></tr>
<tr><td>长期协议</td><td>—</td><td>12 万元</td><td>按协议规定时间可享受紧急服务</td><td>15min 之内</td><td>省内</td></tr>
</table>

9.5.2.4 用冰户

当地需冰用户比较多，且分散较广，可分为以下几类[26]。

(1) 化工厂用冰

园区内如颜料、染料生产厂商在日常生产当中均需要用冰。另外，一些需要高温作业的工厂也会购置一定量的冰块来维持车间的温度和冰冻食品、饮品，保障员工工作环境的舒适。但据调查，这些化工厂均有配备制冰机，因此只要冰的销售价格不低于这些化工厂自行生产的成本，那么这类化工厂均不会考虑冰块外购。

(2) 渔业用冰

目前在该码头进出的船只大约有 80～100 艘，其中大型船只有约 30～40 艘，一次补充冰量可达 50～60t，但这类远洋渔船冰一般相隔一到三个月才补充一次。小型船只数量较多，每日用冰大约在 2～4t，渔船的出航时间一般在夜晚到凌晨[19]。

(3) 服务业用冰

该地有数个大型的水产、肉蔬市场，以近几年市场的用冰情况分析，可以按地区地大致估计出 A 地的市场需求量，如表 9-3 所示。

表 9-3　该地区市场一年冰块需求量变化

<table>
<tr><th>地域＼月份</th><th>12</th><th>1</th><th>2</th><th>3</th><th>4</th><th>5</th><th>6</th><th>7</th><th>8</th><th>9</th><th>10</th><th>11</th><th>全年合计</th></tr>
<tr><td>东部/(t/天)</td><td colspan="3">7</td><td colspan="3">15</td><td colspan="5">65</td><td>25</td><td>12480</td></tr>
<tr><td>西部/(t/天)</td><td colspan="3">6</td><td colspan="3">12</td><td colspan="5">60</td><td>20</td><td>11220</td></tr>
<tr><td>单价/(元/t)</td><td colspan="3">50</td><td colspan="3">60</td><td colspan="5">90</td><td>60</td><td>—</td></tr>
</table>

商业用冰相较于化工厂用冰，在对冰的类型和质量上有所不同。商业用冰大多是需要利用冰块来冰镇食品、饮料等，因此对于冰的要求是食用冰级别，但是对于冰的质量，如空洞率，就相对随意一些。另外，因为商品属性和订购数量的缘故，大多数的商户对于冰的价格敏感程度要较低。

9.5.2.5 政府政策

《2018年能源发展意见》中明确提出加快推进天然气管网的建设，推进天然气管网互联互通，保证天然气市场平稳运行。作为国内率先引入天然气并拥有庞大天然气管网的A市，其天然气流量将更加地庞大、更加地稳定。另外“十三五”规划也表明，余压余热利用一直是节能减排工作的一大重点，培育天然气市场和促进高效利用是重中之重。A市所拥有的是全国数一数二的天然气管网网络，未来势必加大天然气的利用率，而压力能利用方面也将是其中重要的一部分。

9.5.3 运营方案设计

根据上述对A地区压力能制冰项目运营影响因素的分析，考虑采用供应链合作的模式开展压力能制冰项目[29,30]。

调压门站负责投资建设和生产，由调压门站的专业人员负责压力能制冰工艺的生产运作，保证城市天然气稳定、安全供应的同时生产出冰块产品。综合分析门站流量波动情况和设备安全等问题，来决定发电制冰系统的天然气使用量。因此，拟确定0点到5点设备输入流量为10000m^3/h，5点到14点输入流量为30000m^3/h，14点到17点输入流量为10000m^3/h，17点到24点输入流量为30000m^3/h，如图9-7所示。结合Aspen模拟，可得出产冰量如图9-8所示。

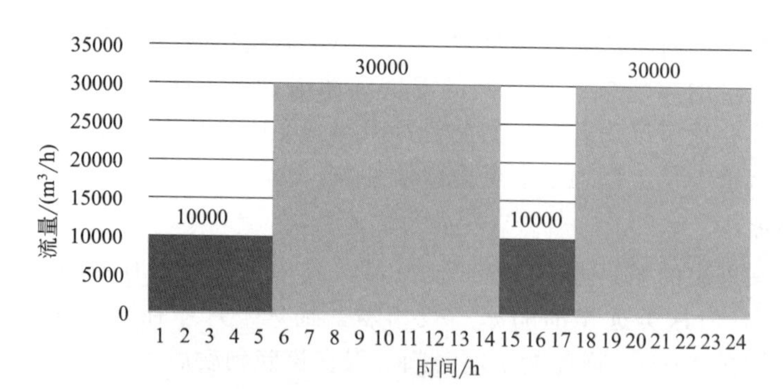

图9-7 门站一日输入流量规律图

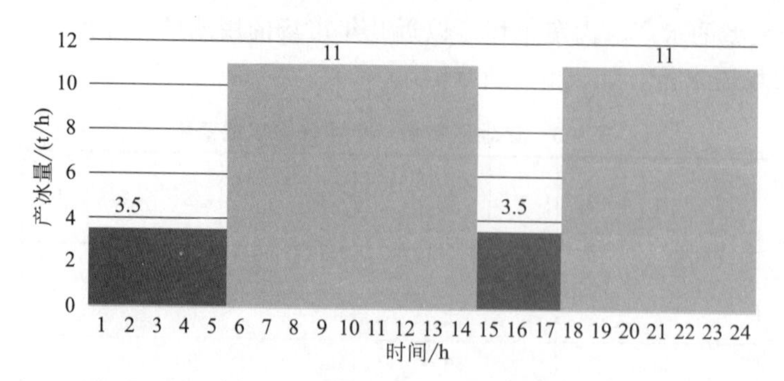

图9-8 门站一日产冰量规律图

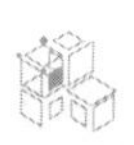

该地 100t 产冰量企业拥有一条运输量较大的渔港码头运输线，其主营业务为向大型渔船供给冰块；出于公司业务扩张和充分利用运输力的考虑，该公司未来计划开发渔港码头的小型渔船用冰市场以及部分的肉蔬市场，但由于用地限制和投资成本高企使得该企业的扩张计划陷入停滞。因此考虑与该企业合作，以低于其综合成本的销售价格，与该企业签订合作协议，将调压门站生产的冰块优先售卖于该企业，该企业作为经销商负责运输和售卖。同时小型渔船数量较多、加冰频繁，加之与码头相邻的海鲜市场，使得冰块的售卖得到了较好的保证，冰块的需求能够将供给完全消化。因此门站需要优先满足合作企业的冰块供给，门站至少要将 90%的冰块供应给制冰企业，这样能够最大程度上保证盈利。同时，将运输与销售环节转移至制冰企业，调压门站仅需要承担生产的风险责任，极大地降低了运营风险，门站仅需保证冰块的供应，即可保证盈利。

另外，联合当地生产规模较大的小型制冰坊，构建一个中心向四周发散的联系网络，调压门站通过该网络及时地将当前冰块存量反馈到各小型制冰坊当中，各制冰坊可向调压门站随时下达需求量，由调压门站负责运输。在选择与该地的制冰企业合作以后，供应完该企业后门站的余冰量需要销售给各小型制冰坊，则需要调压门站配备一到两台小型卡车负责将制冰坊下达的需求量送达。将剩余冰块售卖给小型制冰坊，不仅可以在一定程度上解决调压门站产冰不稳定的问题，更重要的是，调压门站可以在对小型制冰方的销售网络当中，不断获取到制冰行业的信息和积累行业基础，为以后压力能制冰项目的扩大化做好准备。

在冰销售淡季时，可考虑就近低价售卖，将剩余的冰块售卖给门站所属工业园区内的化工厂，销售价格将低于这类化工厂的生产成本；通过这种方式的销售，能够有效地解决淡季冰块销售不出去的问题。简单的售冰流程如图 9-9 所示。

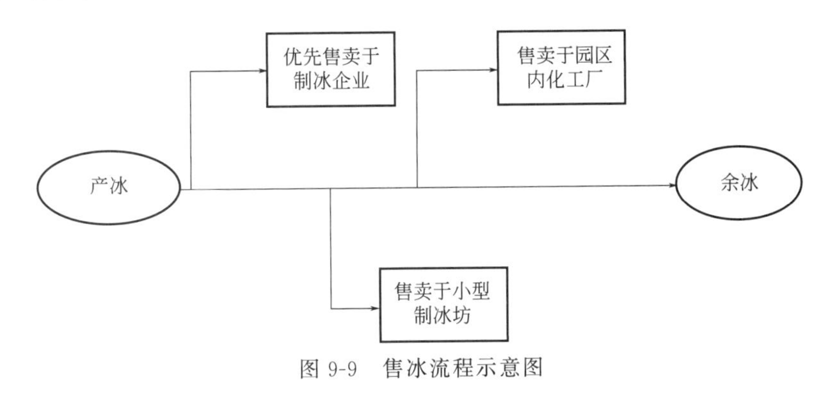

图 9-9 售冰流程示意图

9.5.4 技术经济性分析

通过对该门站运营压力能制冰项目的关键因素进行分析后，设计了适宜的运营方案。为了更明确地阐述该方案运行效益，本部分将对该项目进行初步的投资和经济效益估算[31,32]。

9.5.4.1 初步投资估算

该管网压力能制冰项目的初步投资估算可分为以下几个部分：生产设备、土建罩棚、物流运输等。各项投资固定费用如表 9-4 所示。

表 9-4 一次投资费用表

序号	项目名称	数量	价格/万元
1	膨胀机设备	1套	350
2	换热器	2套	80
3	制冰系统	1套	80
4	工艺管道及设备安装	若干	20
5	压缩机设备	1套	60
6	土建、罩棚	若干	5
7	购车	1台	7
8	冷媒购置	12000kg	25
9	其他不可预见费	—	20
总投资	—	—	647

另外，制冰项目的运营费用涉及较多，包括门站内的生产人员、运输车司机、运营销售网络人员的工资，设备维护、消耗的水电费用。按照运营方案的设计，运输成本的产生仅在于售卖冰块给小型制冰坊以及园区内化工厂的过程当中；售卖于合作制冰企业的过程中，无需门站负责冰块的运输，因此不会产生运输成本[11]。该项目的运营费用如表 9-5 所示。

表 9-5 运营维护费用表

序号	项目名称	价格/(万元/年)
1	工资及福利费	130
2	运输成本	30
3	燃动力及物料费	19
4	设备维护	35
5	其他费用	60
总费用	—	274

9.5.4.2 经济及社会效益

本项目的收入来源为销售冰块，按照上文所设计的运营方案，绝大部分的冰块将销售给制冰企业，小部分销售给附近的小型制冰坊，门站日产冰量约 200t，年产量可达 73000t 冰。按批发价每吨冰 100 元、零售价每吨冰 150 元的价格进行销售，年销售收入可达 766.5 万元。

则该压力能制冰项目年利润总额为 492.5 万元，所得税率按利润总额的 25%计算，则所得税为 123.1 万元，税后每年利润为 369.4 万元，静态投资回收期为 1.53 年。

由上述经济效益分析可得，该项目财务效益较好、投资回收期较短，具有较好的抗风险能力和未来发展前景，因此应当予以接受。

另外，通过对压力能进行利用开发项目，为当地的冰市场注入了强大的动力，为渔业市场、冷饮市场等的发展提供了强有力的保证，同时也积极响应国家关于余热余压利用发展战略的要求，符合“十三五”规划要求提升能源利用率和综合效益的理念，并有望在全社会范围内推广，具有较强的社会效益。

参考文献

[1] 陈秋雄，徐文东，安成名. 天然气管网压力能发电制冰技术的开发及应用 [J]. 煤气与热力，2012，32（09）：25-27.

[2] 高顺利，颜丹平，张海梁，等. 天然气管网压力能回收利用技术研究进展 [J]. 煤气与热力，2014，34（10）：1-5.

[3] 安成名. 燃气管道压力能用于发电-制冰技术开发与应用研究 [D]. 广州：华南理工大学，2013.

[4] 陆涵. 燃气管道压力能用于发电-制冰系统的优化 [D]. 广州：华南理工大学，2013.

[5] 李俊丽. LNG 冷能项目运营管理关键环节分析及方案设计 [D]. 广州：华南理工大学，2016.

[6] Fang Fang，Wang Q H，et al. A Novel Optimal Operational Strategy for the CCHP System Based on Two Operating Modes [J]. Power Systems，IEEE Transactions，2012，2（2）：1032-1041.

[7] 邱志能. 分布式发电及其对电力系统的影响 [J]. 居舍，2018（14）：183.

[8] 韩倩. 从电网企业角度探析分布式能源投资模式的选择 [J]. 机电信息，2015（33）：177-178.

[9] 王妍. 电网企业参与的燃气分布式能源运营模式研究 [D]. 广州：华南理工大学，2017.

[10] 陈宏燕，袁丹，徐文东. LNG 冷能制冰项目建设及问题探讨 [J]. 广东化工，2015，42（15）：138-140，148.

[11] 马帅杰，林文胜. 天然气分输站压力能利用方式经济性分析 [J]. 化工学报，2018，69（S2）：413-419.

[12] Masood Ebrahimi，Ali Keshavarz，Arash Jamali. Energy and exergy analyses of a micro-steam CCHP cycle for a residential building [J]. Energy & Buildings，2011，45.

[13] Kazuo Aoki，Masayuki Sawada，Masatoshi Akahori. Freezing due to direct contact heat transfer including sublimation [J]. International Journal of Refrigeration，2002，25（2）.

[14] Sobhi Mejjaouli，Radu F Babiceanu. Cold supply chain logistics：System optimization for real-time rerouting transportation solutions [J]. Computers in Industry，2018，95.

[15] 关苏瑞，陈建国，袁建立. 天然气分布式能源运营模式思考与优化研究 [J]. 天然气技术与经济，2014（1）：57-61.

[16] 殷虹，庄妍. 天然气分布式能源项目投资管理及建议 [J]. 中国能源，2012，34（11）：32-35.

[17] Qi Y，Wang C. Evaluation of cold chain logistics capability in Sichuan province under the supply-side structural reforms [C] //2018 3rd International Conference on Humanities Science，Management and Education Technology (HSMET 2018). Atlantis Press，2018.

[18] Xian C. Analysis and Application of “Internet + Power Demand Side Management” Institute of Management Science and Industrial Engineering. Proceedings of 2019 5th International Conference on Education Technology，Management and Humanities Science (ETMHS 2019) [C]. Institute of Management Science and Industrial Engineering，2019：6.

[19] 高宏泉，钱芳. 中国渔业用冰量的分析评估 [J]. 上海海洋大学学报，2017，26（06）：953-959.

[20] 于志慧. 2015 年度中国制冷行业发展分析报告制冷设备市场分析 [J]. 制冷技术，2016，36（S1）：51-64.

[21] 俞光灿，李琦芬，梁晓雨，等. 天然气余压发电制冰系统设计及实际产能模拟 [J]. 上海节能，2017（10）：608-613.

[22] Rifkin J. The third industrial revolution：how lateral power is transforming energy，the economy，and the world [M]. New York：Palgrave MacMillan，2011.

[23] 符仁义. S 集团天然气压力能发电项目后评估研究 [D]. 广州：华南理工大学，2018.

[24] 王思文，周宇昊，郑梦超. 利用 LNG 冷能制冰项目研究及经济性分析 [J]. 绿色科技，2015（12）：279-280.

[25] 陈锡林. 新零售背景下生鲜超市运营模式探析 [D]. 南京：南京大学，2018.

[26] 孙金萍. 制冰厂方案确定法 [J]. 制冷学报，1993（02）：38-42.

[27] David H Taylor. Strategic considerations in the development of lean agri-food supply chains：a case study of the UK pork sector [J]. Supply Chain Management：An International Journal，2006，11（3）.

[28] 韩倩. 从电网企业角度探析分布式能源投资模式的选择 [J]. 机电信息，2015（33）：177-178.

[29] Du Wenyi, Fan Yubing, Liu Xiaojing, et al. A game-based production operation model for water resourcemanagement: An analysis of the South-to-North Water Transfer Project in China [J]. Journal of Cleaner Production, 2019, 228: 1482-1493.

[30] Energy; Report Summarizes Energy Study Findings from Babol Noshirvani University of Technology (Comprehensive Analysis of Risk-based Energy Management for Dependent Micro-grid Under Normal and Emergency Operations) [J]. Energy Weekly News, 2019.

[31] 李玲，张文生.能源化工企业科技项目后评估研究 [J].科技进步与对策，2012，29 (16)：114-119.

[32] Guo Kai, Zhang Limao, Wang Tao. Optimal scheme in energy performance contracting under uncertainty: A real option perspective [J]. Journal of Cleaner Production, 2019.